U0915461

高职高专机电类规划教材

机械技术基础

倪森寿　主编

吕伟文　副主编

谈向群　主审

人民邮电出版社

北京

图书在版编目（CIP）数据

机械技术基础 / 倪森寿主编. —北京：人民邮电出版社，2009.4（2015.8重印）
高职高专机电类规划教材
ISBN 978-7-115-19583-8

I. 机… II. 倪… III. 机械学－高等学校：技术学校－教材 IV. TH11

中国版本图书馆CIP数据核字（2009）第015401号

内 容 提 要

本书是将原“工程材料及钢的热处理”、“极限配合与技术测量”、“工程力学”、“机械设计基础”等课程，以“常用机构的正确分析和通用零件的正确选择”为课程主线而编写的综合性教材。全书共11章，分为基础篇和应用篇。基础篇内容包括工程材料与钢的热处理、极限配合与技术测量、工程力学基础；应用篇内容包括平面连杆机构、齿轮传动、带传动和链传动、轴承、轴、联接、其他常用机构和机械创新等。

本书适合作为高等职业院校机电类专业的教材，也可供工程技术人员参考。

高职高专机电类规划教材

机械技术基础

◆ 主　　编　倪森寿
副 主 编　吕伟文
主　　审　谈向群
责任编辑　潘春燕
执行编辑　郭　晶

◆ 人民邮电出版社出版发行　　北京市丰台区成寿寺路11号
邮编　100164　　电子邮件　315@ptpress.com.cn
网址　http://www.ptpress.com.cn
北京艺辉印刷有限公司印刷

◆ 开本：787×1092　1/16
印张：21.25　　2009年4月第1版
字数：516千字　　2015年8月北京第6次印刷

ISBN 978-7-115-19583-8/TN

定价：34.00元

读者服务热线：(010)81055256　印装质量热线：(010)81055316
反盗版热线：(010)81055315

前　言

《教育部关于加强高职高专教育人才培养工作的意见》中指出："课程和教学内容体系改革是高职高专教学改革的重点和难点。要按照突出应用性、实用性的原则重组课程结构，更新教学内容。"建设综合课程是解决这一重点和难点的重要途径之一。综合课程是根据岗位应用能力的需要而建设的，应有明确的岗位能力针对性。我们在多年的教学改革和教学实践中总结了建设综合课程应遵循"确立课程主线"的原则。具体是："以岗位能力培养为目标，确立课程主线，以主线为纲，有机地融合其他课程的内容，建立适合高职教育的新课程体系。"

遵照上述原则，本课程确立以"常用机构的正确分析和通用零件的正确选择"为课程主线，有机融合"工程材料及钢的热处理"、"极限配合和技术测量"、"工程力学"、"机械设计基础"等传统课程内容。在重组课程内容和编写本教材时，摒弃了原各门课程各为体系，分门别类地加以叙述的方法，而以课程主线为纲，从"常用机构的正确分析应用和通用零件的正确选择"的需要出发，引出"必需、够用"的基础理论知识，如从机构的运动副中引出约束力，从机构的分析应用中引出力系平衡，从正确选择通用零件中引出构件拉（压）、剪切、扭、弯等变形概念及强度计算方法等，避免了以往为力学而学力学的倾向，使学生在学习力学的基础理论知识时有一个明确的"应用"方向，有一个实在的"应用"载体。

为使本课程更趋系统化和科学化，同时也为使学生对最基本的理论知识有一个全面正确的理解，便于今后的进一步学习，本书在组合课程内容时，分为基础篇和应用篇。最基本的理论知识，作为基础篇内容。由于确定了课程主线，因此在选用这些最基本的理论知识时，不再受原课程体系所束缚，而以课程主线为依据，使所选内容为新课程体系所选、为新课程体系所用，成为新课程体系的有机组成部分。

创新是教育界永恒的主题，在高职教育界更具现实意义，因此在本教材建设中，始终重视对学生进行创新意识的培养。除了本教材内容的重组和编写是一个创新外，在教材中还添加了机构创新的内容，在某一特定层面上培养学生的创新意识。

教材的各章均附有一定数量的习题，以便学生学完该章后对所学内容进行复习和巩固。

本书可作为机电类各专业、机械类各专业的选用教材，也可供工程技术人员参考。

本书第 1 章、第 6 章由无锡职业技术学院郑贞平编写；第 2 章、第 9 章由无锡职业技术学院张豪编写；第 7 章由无锡职业技术学院朱耀武编写；第 5 章、第 10 章由无锡职业技术学院吕伟文编写；第 3 章、第 4 章、第 8 章、第 11 章由无锡职业技术学院倪森寿编写。全书由倪森寿任主编，吕伟文任副主编。全书由无锡职业技术学院谈向群主审。

本书是高职教学改革中综合课程建设的一次探索和尝试。限于编者的水平，书中难免存在缺点和不妥之处，恳请读者批评指正。

编　者
2009 年 1 月

目 录

基 础 篇

应 用 篇

基础篇

第 1 章　工程材料与钢的热处理

机电产品的制造，首先要解决的是根据产品的工作条件，分析对材料的性能要求，选择适当的材料。因此，了解工程材料的基础知识非常必要。本章主要介绍常用工程材料的性能、分类、牌号和应用，并简要介绍材料改性（钢的热处理）的基本方法。

教学目标

- 了解金属材料的工艺性能指标及材料力学性能的测试方法。
- 掌握金属材料的强度指标、塑性指标和硬度表示方法。
- 掌握常用工程材料的分类、牌号、性能特点和用途。
- 了解钢的常用热处理工艺类型及其各自的作用。
- 初步具有正确选用零件材料和热处理方法的能力。

1.1　材料的力学性能和工艺性能

材料是人类社会发展的重要物质基础，它是现代科学技术和生产发展的重要支柱之一。工程材料之所以获得广泛的应用，是因为它们具备许多优异的性能，这些性能可分为两类：一类是使用性能，反映材料在使用过程中所表现出来的特性，如力学性能（强度、硬度、塑性、韧性等）、物理性能（导电性、导热性、热膨胀性、磁性等）、化学性能（抗氧化性、耐腐蚀性）等；另一类是工艺性能，反映材料在加工制造过程中所表现出来的特性，如铸造性、锻造性、焊接性、切削加工性、热处理性等。

1.1.1　金属材料的力学性能

任何一台机器都是由零件、部件所组成的，而零件在使用时都承受外力的作用。材料在外力作用下所表现出来的特性就是力学性能，它的主要指标是强度、塑性、硬度、冲击韧性、疲劳强度等。上述指标既是选材的重要依据，又是控制、检验材料质量的重要参数。

材料受外力作用时，会引起尺寸与形状的改变，这种外力叫载荷（或称负荷），尺寸和形状的改变叫变形。载荷与变形的关系可用试验的方法测定。

拉伸试验是测定静态力学性能指标的常用方法。通常将材料制成标准试样，装在拉伸试验机上，对试样缓慢施加拉力，使之不断地产生变形，直到拉断试样为止。根据拉伸试验过程中的载荷和对应的变形量关系，可画出材料的拉伸曲线。图 1-1 所示为低碳钢的拉伸曲线，图中的纵坐标表示载荷 F，横坐标表示变形量 Δl，通过拉伸曲线可测定材料的强度与塑性。

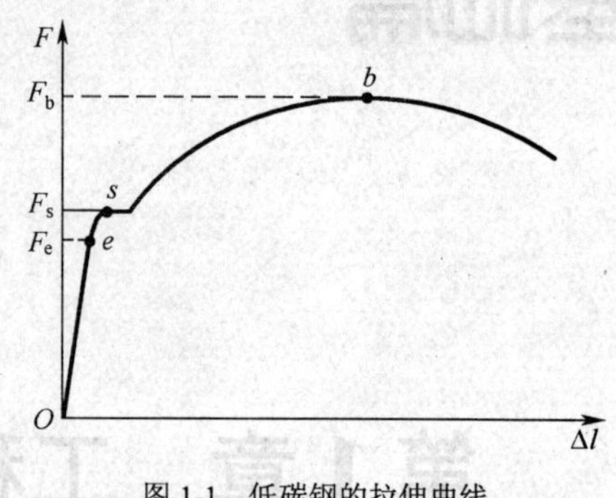

图 1-1 低碳钢的拉伸曲线

1. 强度

强度是材料在载荷（外力）作用下抵抗塑性变形和破坏的能力。抵抗外力的能力越大，则强度越高。

材料受到外力作用会发生变形，同时在材料内部产生一个抵抗变形的力（又称内力），其大小和外力相等，方向相反。

在单位截面面积上产生的内力称为应力，单位为 Pa（帕），即 N/m^2。工程上常用 MPa（兆帕），1MPa =10^{6}Pa，或 1MPa =1N/mm^2。

（1）屈服点。由图 1-1 可知，当载荷增加到 F_s 时，在不再继续增加载荷的情况下，试样仍能继续伸长，这种现象称为屈服。将开始发生屈服现象时的应力，也即开始出现塑性变形时的应力，叫做屈服极限 σ_s。

$$\sigma_s = \frac{F_s}{A_0}$$

式中，F_s——试样屈服时的载荷，单位为 N；

A_0——试样的原始截面积，单位为 mm^2。

屈服强度是设计和选取材料的主要依据之一。

（2）抗拉强度。当载荷超过 F_s 以后，试样将继续变形，载荷达到最大值后，试样产生缩颈，有效截面积急剧减小，直至断裂。抗拉强度是试样在断裂前所能承受的最大应力，用 σ_b 表示。

$$\sigma_b = \frac{F_b}{A_0}$$

式中，F_b——试样断裂前的最大载荷，单位为 N。

2. 塑性

塑性是材料断裂前发生不可逆永久变形的能力。材料断裂前的塑性变形愈大，表示它的塑性愈好，反之则表示其塑性差。常用的塑性指标是断后伸长率和断面收缩率。

（1）断后伸长率。断后伸长率是指试样拉断后的标距伸长量和原始标距比，即标距的相对伸长，用δ表示。

$$\delta = \frac{l_1 - l_0}{l_0} \times 100\%$$

式中，l_0——试样原始的标距长度；

l_1——试样断裂后的标距长度。

拉伸试样通常采用圆棒试样，原始标距 l_0 与原始直径 d_0 之间通常有一定的比例关系。$l_0=10d_0$ 时，称为长试样；$l_0=5d_0$ 时称为短试样。使用长试样测定的断后伸长率用符号 δ_{10} 表示，通常写成 δ；使用短试样测定的断后伸长率用符号 δ_5 表示。同一种材料的短试样伸长率 δ_5 大于长试样的伸长率 δ_{10}。因此，比较伸长率时要注意试样规格的统一。

（2）断面收缩率。断面收缩率是指试样拉断后，缩颈处横截面积的最大缩减量与原始横截面积的百分比，用符号 ψ 表示。

$$\Psi = \frac{A_0 - A_1}{A_0} \times 100\%$$

式中，A_0——试样的原始横截面积；

A_1——试样拉断后缩颈处的最小横截面积。

断面收缩率与试样尺寸无关，所以它能比较确切地反映材料的塑性。材料的 δ 或 ψ 值越大，表示材料的塑性越好。塑性直接影响到零件的成形加工及使用，如钢的塑性较好，能通过锻造成形；而灰铸铁塑性极差，不能进行锻造。金属材料经塑性变形（屈服）后能得到强化，因此塑性好的零件超载时仍有强度储备，比较安全。

3. 硬度

硬度是指金属材料抵抗局部变形，特别是塑性变形、压痕或划伤的能力，因此，硬度也可以看作是材料对局部塑性变形的抗力。

硬度是衡量材料性能的一个综合的工程量或技术量。通常材料硬度越高，耐磨性越好，强度也越高。

测定硬度的方法很多，常用的有布氏硬度测试法和洛氏硬度测试法。

（1）布氏硬度及其测定。布氏硬度的测定是在布氏硬度试验机上进行的，试验原理如图 1-2 所示。

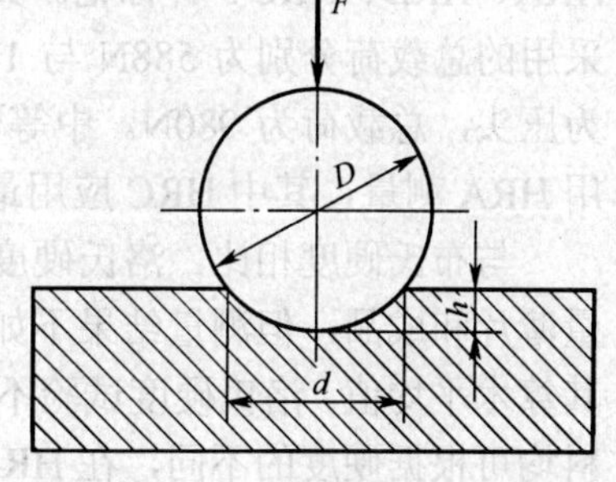

图 1-2　布氏硬度试验原理示意图

用直径为 D 的淬硬钢球或硬质合金球，在规定载荷 F 的作用下压入被测金属表面，保持一定时间后卸除载荷，测定压痕直径，求出压痕球冠形的表面积，压痕单位表面积上所承受的平均压力（F/A）即为布氏硬度值，用符号 HBS 或 HBW 表示（压头为淬硬钢球时用 HBS，压头为硬质合金球时用 HBW）。

$$\text{HBS(HBW)} = \frac{F}{A} = \frac{F}{\pi Dh} = \frac{2F}{\pi D\left(D - \sqrt{D^2 - d^2}\right)}$$

$$h = \frac{D}{2} - \frac{1}{2}\sqrt{D^2 - d^2}$$

式中，F——所加载荷，单位为 kgf；

A——压痕球冠形表面积，单位为 mm^2；

D——球形压头直径，单位为 mm；

d——压痕直径，单位为 mm；

h——压痕深度，单位为 mm。

当所加载荷以 N 为单位时，布氏硬度值表示为

$$\text{HBS}=\frac{F}{A}=0.102\times\frac{2F}{\pi D\left(D-\sqrt{D^2-d^2}\right)}$$

由上式可知，当试验载荷和球体直径一定时，压痕直径 d 越大，则布氏硬度值越小，即材料的硬度越低。在实际应用时，只要测出压痕直径 d，就可在专用表中查出相应的布氏硬度值。

布氏硬度试验的优点是测定的数据准确稳定，数据重复性强。但压痕的面积较大，对金属表面的损伤也大。布氏硬度试验不易测定太薄零件的硬度，也不适合于测定成品件的硬度，多适用于测定原材料、半成品及微小部分性能不均匀的材料（如铸铁）的硬度。

（2）洛氏硬度及其测定。洛氏硬度的测定是在洛氏硬度试验机上进行的。它是以锥顶角为 120°的金刚石圆锥体，或直径为 1.587 5mm（1/16in）的淬火钢球为压头，以一定的载荷压入被测金属材料的表层，然后根据压痕的深度来确定洛氏硬度值。在相同的试验条件下，压痕深度越小，则材料的硬度值越高。

实际测量时，为了减少因材料（试样）表面不平而引起的误差，应先加初载荷，后加主载荷，并可在洛氏硬度试验机的刻度盘上直接读出硬度值。

洛氏硬度值没有单位，只是根据不同的试验材料、不同的压头和所加压力大小，分为 HRA、HRB、HRC 3 种标记。其中 HRA 与 HRC 是用锥顶角为 120°的金刚石圆锥体为压头，采用的总载荷分别为 588N 与 1 471N；而 HRB 值的测定则采用直径为 1.587 5mm 的钢球作为压头，总载荷为 980N。中等硬度材料可用 HRC 测量，软材料用 HRB 测量，较硬的材料用 HRA 测量，其中 HRC 应用最广。

与布氏硬度相比，洛氏硬度试验操作简单、方便、迅速，适用的硬度范围广，可用来测量薄片和成品，但测量结果不如布氏硬度精确，测量时需要在试样上不同部位测定 3 点，取其算术平均值。洛氏硬度试验不宜用于测定各微小部分性能不均匀的材料（如铸铁），其余材料均可根据硬度的不同，在 HRA、HRB、HRC 中选择对应的测量方法。

（3）维氏硬度及其测定。维氏硬度的试验原理与布氏硬度基本相同，它是用顶角为 136°的四棱金刚石，在较小的载荷（压力）F（常用 50～1 000N）作用下压入被测材料表面，并按规定保持一定时间，然后用附在试验计上的显微镜测量压痕的对角线长度 d，以凹痕单位表面积上所承受的压力作为维氏硬度值，用符号 HV 表示为

$$\text{HV}=\frac{F}{S_{\text{压痕}}}\approx 1.854\,4\frac{F}{d^2}$$

维氏硬度法所测得的压痕轮廓清晰，数值较准确，测量范围广，采用较小的压力可以测量硬度高的薄件（如硬质合金、渗碳层、渗氮层）而不致于将被测件压穿。

4. 冲击韧性

机械设备中有很多零件要承受冲击载荷的作用。对于承受冲击载荷的零件不能只以强度和硬度指标来衡量，这是因为一些强度较高的金属，在冲击载荷的作用下也往往会发生断裂，因此，对于这些机械零件和工具，还必须考虑金属材料的冲击韧性。

冲击韧性是指金属材料在冲击载荷的作用下折断时吸收变形能量的能力，常用冲击吸取功或冲击韧度来表示。

冲击韧性的测定方法是将被测材料制成标准缺口（V 或 U 形）试样，在冲击试验机上由置于一定高度的重锤自由落下而一次冲断，试验原理如图 1-3 所示。冲断试样所消耗的能量称为冲击功，单位为 J，用符号 A_{KV}（或 A_{KU}）表示，其数值为重锤冲断试样的势能差，其值可从试验机刻度盘上读得。

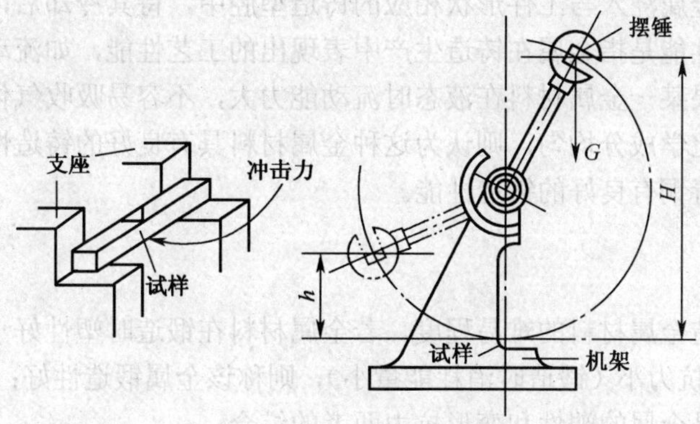

图 1-3　冲击试验原理图

冲击韧度值就是试样缺口处单位截面积上所消耗的冲击功，用α_{KV}（或α_{KU}）表示。

$$\alpha_{KV}=\frac{A_{KV}}{A_0}$$

式中，A_0——试样缺口处横截面面积，单位为 cm^2；

A_{KV}（A_{KU}）——V 形（U 形）缺口试样冲断时所消耗的冲击功，单位为 J。

A_{KV} 或α_{KV} 值越低，表示材料的冲击韧性越差，在受到冲击时越易断裂；反之，数值越大，则韧性越好，受冲击时越不容易断裂。

5. 疲劳强度

疲劳是指在循环应力和应变作用下，在一处或几处产生局部永久性累积损伤，经一定循环次数后产生裂纹或突然产生断裂的过程；这种破坏称为疲劳破坏（或疲劳断裂）。

许多机械零件，如各种轴、齿轮、弹簧、连杆等，经常受到大小和方向周期性变化的载荷作用。这种交变载荷常常会使材料在小于其强度极限，甚至小于其屈服极限的情况下，经多次循环后，在没有明显的外观变形时，发生断裂。

疲劳断裂与静载荷下断裂不同，无论是脆性材料还是塑性材料，疲劳破坏都是突然发生的，常常会造成严重事故，具有很大的危险。

疲劳强度是表示材料经周期性交变载荷作用而不致引起断裂的最大应力，其大小与应力变化的次数有关。对于钢材一般取循环次数 $N=10^7$，对有色金属取 $N=10^8$ 为基数来确定材料的疲劳强度，称为条件疲劳强度。

金属的疲劳破坏与很多因素有关，人们可通过改善零件的结构形状，避免应力集中，改善零件的表面粗糙度，进行表面热处理和表面强化处理来提高金属材料的疲劳强度。

1.1.2 金属材料的工艺性能

金属材料的工艺性能是指金属材料所具有的能够适应各种加工工艺要求的能力，它是力学、物理和化学性能的综合表现，包括铸造性、锻造性、焊接性、切削加工性、热处理性等。

1. 铸造性

铸造是将熔融金属浇入与工件形状相应的铸造型腔中，待其冷却后，得到毛坯或零件的成型方法。而铸造性能是指金属在铸造生产中表现出的工艺性能，如流动性、收缩性、偏析性、吸气性等。如果某一金属材料在液态时流动能力大，不容易吸收气体，冷凝过程中收缩小，凝固后铸件的化学成分均匀，则认为这种金属材料具有良好的铸造性能。在常用的金属材料中，灰铸铁和青铜有良好的铸造性能。

2. 锻造性

锻造性是指锻造金属材料的难易程度。若金属材料在锻造时塑性好（能发生大的塑性变形而不破坏），变形抗力小（锻造时消耗能量小），则称该金属锻造性好；反之，则锻造性差。所以金属的锻造性是金属的塑性和变形抗力两者的综合。

钢的锻造性与化学成分有关，低碳钢的锻造性比中碳钢、高碳钢好；普通碳钢的锻造性比同样含碳量的合金钢好；铸铁则没有锻造性。

3. 焊接性

焊接性是指金属材料对焊接成形的适应性，也就是指在一定的焊接工艺条件下金属材料获得优质焊接接头的难易程度。焊接性能好的材料，可用一般的焊接方法和焊接工艺进行焊接，焊缝中不易产生气孔、夹渣或裂纹等缺陷，其焊接接头强度与母材相近。焊接性能差的金属材料要采用特殊的焊接方法和工艺才能进行焊接。

金属的焊接性很大程度上受金属本身材质（如化学成分）的影响，在常用金属材料中，低碳钢有良好的焊接性，而高碳钢和铸铁的焊接性则较差。

4. 切削加工性

切削加工性是指金属材料被切削加工的难易程度。金属材料的切削加工性不仅与材料本身的化学成分、金相组织有关，还与刀具的几何参数等因素有关，通常可根据材料的硬度和韧性对材料的切削加工性作大致的判断。工件材料硬度过高，刀具易磨损，寿命短，甚至不能切削加工；工件材料硬度过低，容易粘刀，且不易断屑，加工后表面粗糙。所以硬度过高或过低、韧性过大的材料，其切削性能较差。碳钢硬度为 150～250HBS 时，有较好的切削加工性；灰铸铁具有良好的切削加工性。

1.2　常用工程材料

常用的工程材料可分为金属材料和非金属材料两大类，金属材料又分为黑色金属（钢铁）材料和有色金属材料。其中钢铁材料是工业中应用最广、用量最多的金属材料。本节着重介绍常用的铸铁、碳素钢和合金钢的成分、性能、牌号和用途。

1.2.1　黑色金属材料

1．铸铁

铸铁是含碳质量分数大于 2.06%的铁碳合金。工业上常用的铸铁含碳质量分数一般为 2.5%～4.0%。由于铸铁具有良好的铸造性、吸振性、切削加工性及一定的力学性能，并且价格低廉、生产设备简单，所以在机器零件材料中占有很大的比重，广泛地用来制作各种机架、底座、箱体、缸套等形状复杂的零件。

根据碳在铸铁中存在的形态不同，铸铁可分为下列几种。

（1）白口铸铁。白口铸铁中碳几乎全部以渗碳体（Fe_3C）的形式存在，Fe_3C 具有硬而脆的特性，使得白口铸铁变得非常脆硬，切削加工困难。工业上很少直接用它来制造机器零件，而主要作为炼钢的原料。它的断口呈亮白色，故称为白口铸铁。

（2）灰铸铁。灰铸铁中的碳大部分或全部以片状石墨的形式存在，断口呈灰色，故称为灰铸铁。灰铸铁具有良好的铸造性、耐磨性、抗振性和切削加工性，因此是目前生产中用得最多的一种铸铁。灰铸铁的牌号是用两个汉语拼音字母和一组力学性能数值来表示的。灰铸铁有 HT100、HT150、HT200、HT250、HT300 和 HT350 六个牌号，牌号中“HT”是“灰铁”两字汉语拼音的第 1 个字母，其后的数字表示其最低的抗拉强度。表 1-1 所示为常用灰铸铁的牌号、力学性能及应用。

表 1-1　　常用灰铸铁的牌号、力学性能及应用

类　别	牌　号	铸铁壁厚 /mm	抗拉强度 σ_b/Mpa≥	硬度/HBS	用途举例
铁素体灰铸铁	HT100	2.5～10	130	110～166	低载荷和不重要的零件，如盖、外罩、手轮、支架、底板、手柄等
		10～20	100	93～140	
		20～30	90	87～131	
		30～50	80	82～122	
铁素体珠光体灰铸铁	HT150	2.5～10	175	137～205	承受中等应力的铸件，如普通机床的支柱、底座、齿轮箱、刀架、床身、轴承座、工作台、带轮、泵壳、阀体、法兰、管路及一般工作条件的零件
		10～20	145	119～179	
		20～30	130	110～166	
		30～50	120	105～157	
珠光体灰铸铁	HT200	2.5～10	220	157～236	承受较大应力和要求一定气密性或耐蚀性的较重要铸件，如汽缸、齿轮、机座、机床床身、立柱、汽缸体、汽缸盖、活塞、刹车轮、泵体、阀体、化工容器等
		10～20	195	148～222	
		20～30	170	134～200	
		30～50	160	129～192	

续表

类　别	牌　号	铸铁壁厚/mm	抗拉强度 σ_b/MPa≥	硬度/HBS	用 途 举 例
珠光体灰铸铁	HT250	4.0～10	270	175～262	承受较大应力和要求一定气密性或耐蚀性的较重要铸件，如汽缸、齿轮、机座、机床床身、立柱、汽缸体、汽缸盖、活塞、刹车轮、泵体、阀体、化工容器等
		10～20	240	164～247	
		20～30	220	157～236	
		30～50	200	150～225	
孕育铸铁	HT300	10～20	209	182～272	承受高的应力，要求耐磨、高气密性的重要铸件，如剪床、压力机、自动机床和重型机床床身、机座、机架、齿轮、凸轮、衬套、大型发动机曲轴、汽缸体、缸套、高压油缸、水缸、泵体、阀体等
		20～30	250	168～251	
		30～50	230	161～241	
	HT350	10～20	340	199～298	
		20～30	290	182～272	
		30～50	260	171～257	

注：表中数据部分摘自 GB/T 9439—1988。

（3）球墨铸铁。球墨铸铁中的碳以球状石墨形式存在，它是浇铸前在熔化的铸铁中加入一定量的球化剂（稀土镁合金）和孕育剂（硅铁或硅钙合金）获得的。

球墨铸铁是一种性能优良的铸铁，其强度、塑性、韧性等力学性能远远超过灰铸铁而接近于普通碳素钢，同时又具有灰铸铁的一系列优良性能，如良好的铸造性、耐磨性、切削加工性、低的缺口敏感性等。球墨铸铁常用于制造承受冲击载荷的零件，如传递动力的齿轮、曲轴、连杆等。

球墨铸铁的牌号用两个汉语拼音字母和两组力学性能数值来表示，如 QT400-17 牌号中“QT”是“球铁”两字汉语拼音的第 1 个字母，其后两组数字分别表示最低抗拉强度为 400MPa，最低伸长率为 17%。表 1-2 所示为常用球墨铸铁的牌号、力学性能及应用。

表 1-2　　常用球墨铸铁的牌号、力学性能及应用

基 本 类 型	牌　号	力学性能				用 途 举 例
		σ_b /MPa	$\sigma_{0.2}$ /MPa	δ/%	HBS	
		不 小 于				
铁素体	QT400-18	400	250	18	130～180	农机具犁铧、犁柱，汽车和拖拉机的轮毂、离合器壳、差速器壳、拔叉；阀体、阀盖、汽缸；铁路垫板、电动机壳、飞轮壳等
	QT400-15	400	250	15	130～180	
	QT450-10	450	310	10	160～210	
铁素体+珠光体	QT500-7	500	320	7	170～230	内燃机油泵齿轮、铁路机车轴瓦、机器座架、传动轴、飞轮、电动机等
珠光体+铁素体	QT600-3	600	370	3	190～270	柴油机和汽油机的曲轴、凸轮轴、汽缸套、连杆，部分磨床、铣床、车床主轴、农机具脱粒机齿条、负荷齿轮，起重机滚轮，小型水轮机主轴等
珠光体	QT700-2	700	420	2	225～305	
珠光体或回火组织	QT800-2	800	480	2	245～335	
贝氏体+回火马氏体	QT900-2	900	600	2	280～360	内燃机曲轴、凸轮轴、汽车螺旋齿轮、转向轴，拖拉机减速齿轮，农机犁铧等

注：表中数据部分摘自 GB/T 1348—1988。

（4）可锻铸铁。可锻铸铁中的石墨呈团絮状，它是由白口铸铁经长时间高温石墨化退火而得到的一种铸铁。可锻铸铁实际上并不能锻造，“可锻”仅表示它具有一定的塑性，其强度比灰铸铁高，但铸造性能比灰铸铁差，由于它生产周期长，工艺复杂且成本高，已逐渐被球墨铸铁所取代。

可锻铸铁的牌号用 3 个汉语拼音字母和两组力学性能数值来表示，其中“KTH”表示黑心可锻铸铁，“KTZ”表示珠光体可锻铸铁，“KTB”表示白心可锻铸铁，如 KTH350-10 表示黑心可锻铸铁，最低抗拉强度为 350MPa，最低断后伸长率为 10%。

2. 碳素钢

通常把含碳质量分数在 2.11%以下的铁碳合金称为钢。实际应用的碳素钢含有少量的杂质，如硅（Si）、锰（Mn）、硫（S）、磷（P）等。碳素钢可以轧制成板材和型材，也可以锻造成各种形状的锻件。

碳素钢一般可按含碳质量分数、质量和用途 3 种情况来分类。

- 按含碳质量分数，碳素钢分为以下 3 种。

低碳钢——含碳质量分数≤0.25%。

中碳钢——0.25%＜含碳质量分数≤0.6%。

高碳钢——含碳质量分数＞0.6%。

- 按钢的质量，即主要根据钢中有害杂质（硫、磷）的含量可分为以下 3 种。

普通碳素钢——含硫质量分数≤0.055%；含磷质量分数≤0.045%。

优质碳素钢——含硫质量分数≤0.045%；含磷质量分数≤0.040%。

高级优质碳素钢——含硫质量分数≤0.03%；含磷质量分数≤0.035%。

- 按用途分为以下 2 种。

碳素结构钢——主要用于制造各种工程构件（如桥梁、船舶、建筑用钢）和机器零件（如齿轮、轴、连杆、螺栓、螺钉等）。这类钢一般属于低、中碳钢。

碳素工具钢——主要用于制造各种刃具、量具和模具。这类钢一般属于高碳钢。

下面简要介绍几种常用的碳素钢。

（1）普通碳素结构钢。这类钢通常为热轧钢板、型钢、棒钢等，可供焊接、铆接、栓接一般工程构件，大多不需进行热处理而直接在供应状态下使用。

钢的牌号由代表屈服点的字母、屈服点数值、质量等级符号和脱氧方法符号 4 个部分按顺序组成，如 Q235-A・F 中的 Q 为钢材屈服点“屈”字汉语拼音首位字母，235 表示屈服强度为 235MPa，A（B，C，D）分别为质量等级，F 为沸腾钢。

表 1-3 所示为普通碳素结构钢的力学性能和应用举例。

（2）优质碳素结构钢。优质碳素结构钢中只含有少量的有害杂质硫和磷，它既能保证钢中的化学成分，又能保证力学性能，因此质量较高，可用于制造较重要的机械零件。

钢的牌号用两位数字表示，这两位数字表示钢中平均含碳质量分数的万分数，如 08F、10A、45、65Mn，表示钢中平均含碳质量分数分别为 0.08%、0.1%、0.45%、0.65%。含碳质量分数后面加“A”表示高级优质钢，加“F”表示沸腾钢；含锰质量分数较高时则在含碳质量分数后面加锰元素符号“Mn”。

优质碳素结构钢根据含碳量又可分为低碳钢、中碳钢和高碳钢。

表 1-3　　普通碳素结构钢的力学性能和应用举例

钢号	质量等级	σ_s/MPa				σ_b/MPa	δ_s/%				应用举例
		钢材厚度（直径）/mm					钢材厚度（直径）/mm				
		≤16	＞16～40	＞40～60	＞60～100		≤16	＞16～40	＞40～60	＞60～100	
		不小于					不小于				
Q195	—	（195）	（185）	—	—	315～390	33	32	—	—	塑性好，有一定的强度，用于制造受力不大的零件，如螺钉、螺母、垫圈等，焊接件、冲压件、桥梁建筑等金属结构件
Q215	A B	215	205	195	185	335～410	31	30	29	28	
Q235	A B C D	235	225	215	205	375～460	36	25	24	23	
Q255	A B	255	245	235	225	410～510	24	23	22	21	强度较高，用于制造承受中等载荷的零件，如小轴、销子、连杆、农机零件等
Q275	—	275	265	255	245	490～610	20	19	18	17	

低碳钢强度低，塑性、韧性好，易于冲压加工，主要用于制造受力不大的机械零件，如螺钉、螺母、冲压件、焊接件等。

中碳钢强度较高，塑性和韧性也较好，应用广泛，多用于制造齿轮、丝杠、连杆及各种轴类零件等。

高碳钢热处理后具有高强度和良好的弹性，但切削加工性、锻造性和焊接性差，主要用于制造弹簧和易磨损的零件。

表 1-4 所示为优质碳素结构钢的化学成分、力学性能和用途。

表 1-4　　优质碳素结构钢的化学成分、力学性能和用途

钢号	化学成分/%					力学性能					应用举例
	C	Si	Mn	P	S	σ_b/MPa	σ_s/MPa	δ_s/%	ϕ/%	A_K/J	
						不小于					
08F	0.05～0.11	≤0.03	0.25～0.50	≤0.035	≤0.035	295	175	35	60	—	受力不大，但要求高韧性的冲压件、焊接件、紧固件、如螺栓、螺母、垫圈等
10F	0.07～0.14	≤0.07	0.25～0.50	≤0.035	≤0.035	315	185	33	55	—	
15F	0.12～0.19	≤0.07	0.25～0.50	≤0.035	≤0.035	355	205	29	55	—	
08	0.05～0.12	0.17～0.37	0.35～0.65	≤0.035	≤0.035	325	195	33	60	—	
10	0.07～0.14	0.17～0.37	0.35～0.65	≤0.035	≤0.035	335	205	31	55	—	渗碳淬火后可制造要求强度不高的受磨零件，如凸轮、滑块活塞销等
15	0.12～0.19	0.17～0.37	0.35～0.65	≤0.035	≤0.035	375	225	27	55	—	
20	0.17～0.24	0.17～0.37	0.35～0.65	≤0.035	≤0.035	410	245	25	55	—	
25	0.22～0.30	0.17～0.37	0.50～0.80	≤0.035	≤0.035	450	275	23	50	71	
30	0.27～0.35	0.17～0.37	0.50～0.80	≤0.035	≤0.035	490	295	21	50	63	载荷较大的零件，如连杆、曲轴、主轴、活塞销、表面淬火齿轮、凸轮等
35	0.32～0.40	0.17～0.37	0.50～0.80	≤0.035	≤0.035	530	315	20	45	55	
40	0.37～0.45	0.17～0.37	0.50～0.80	≤0.035	≤0.035	570	335	19	45	47	
45	0.42～0.50	0.17～0.37	0.50～0.80	≤0.035	≤0.035	600	355	16	40	39	
50	0.47～0.55	0.17～0.37	0.50～0.80	≤0.035	≤0.035	630	375	14	40	31	
55	0.52～0.60	0.17～0.37	0.50～0.80	≤0.035	≤0.035	645	385	13	35	—	

续表

钢号	化学成分/%					力学性能					应用举例
	C	Si	Mn	P	S	σ_b/MPa	σ_s/MPa	δ_s/%	ϕ/%	A_K/J	
						不小于					
60	0.57～0.65	0.17～0.37	0.50～0.80	≤0.035	≤0.035	675	400	12	35	—	要求弹性极限或强度较高的零件，如轧辊、弹簧、钢丝绳、偏心轮等
65	0.62～0.70	0.17～0.37	0.50～0.80	≤0.035	≤0.035	695	410	10	30	—	
70	0.67～0.75	0.17～0.37	0.50～0.80	≤0.035	≤0.035	715	420	9	30	—	
75	0.72～0.80	0.17～0.37	0.50～0.80	≤0.035	≤0.035	1 080	880	7	30	—	
80	0.77～0.85	0.17～0.37	0.50～0.80	≤0.035	≤0.035	1 080	930	6	30	—	
85	0.82～0.90	0.17～0.37	0.50～0.80	≤0.035	≤0.035	1 130	980	6	30	—	
15Mn	0.12～0.19	0.17～0.37	0.70～1.00	≤0.035	≤0.035	410	245	26	55	—	应用范围和普通含锰量的优质碳素结构钢相同
20Mn	0.17～0.24	0.17～0.37	0.70～1.00	≤0.035	≤0.035	450	275	24	50	—	
25Mn	0.22～0.30	0.17～0.37	0.70～1.00	≤0.035	≤0.035	490	295	22	50	71	
30Mn	0.27～0.35	0.17～0.37	0.70～1.00	≤0.035	≤0.035	540	315	20	45	63	
35Mn	0.32～0.40	0.17～0.37	0.70～1.00	≤0.035	≤0.035	560	335	19	45	55	
40Mn	0.37～0.45	0.17～0.37	0.70～1.00	≤0.035	≤0.035	590	355	17	45	47	
45Mn	0.42～0.50	0.17～0.37	0.70～1.00	≤0.035	≤0.035	620	375	15	40	39	
50Mn	0.48～0.56	0.17～0.37	0.70～1.00	≤0.035	≤0.035	645	390	13	40	31	
60Mn	0.57～0.65	0.17～0.37	0.70～1.00	≤0.035	≤0.035	695	410	11	35	—	
65Mn	0.62～0.70	0.17～0.37	0.70～1.20	≤0.035	≤0.035	735	430	9	30	—	
70Mn	0.67～0.75	0.17～0.37	0.70～1.20	≤0.035	≤0.035	785	450	8	30	—	

注：表中数据摘自国家标准 GB/T 699—1988。

（3）碳素工具钢。碳素工具钢含碳质量分数在 0.7%以上，属于高碳钢，适宜制作各种工具、刃具、量具和模具。

碳素工具钢的牌号首位用“T”表示，后面的数字表示平均含碳质量分数的千分数，如 T8 表示含碳质量分数平均为 0.8%的碳素工具钢。若含碳质量分数后面加注“A”，表示高级优质钢，如 T10A。

（4）铸钢。一般分为碳素铸钢和合金铸钢，一般情况下多用碳素铸钢，当有特殊用途和特殊要求时可采用合金铸钢。铸钢的牌号用“ZG”（铸钢两字汉语拼音字首）加后面两组数字组成，如 ZG200-400，ZG310-570。第 1 组数字代表屈服强度值（MPa），第 2 组数字代表抗拉强度值（MPa）。铸钢主要用于承受重载，强度和韧性要求较高而形状复杂的铸件，如大型齿轮、水压机机座等。

3. 合金钢

为了提高钢的性能，有意识地在碳素钢中加入一定量的合金元素（如硅、锰、铬、镍、钼、钒、钛等），即炼成合金钢。由于合金元素的加入，细化了钢的晶粒，提高了钢的综合力学性能和热硬性、淬透性。合金钢按用途一般可分为合金结构钢、合金工具钢和特殊性能合金钢 3 类。

（1）合金结构钢。合金结构钢的牌号以“两位数字＋合金元素符号＋数字”表示。前面的两位数字表示平均含碳质量分数的万分数，合金元素符号后的数字表示该元素平均含量的百分数，若平均含量<1.5%时，一般不标明含量；当平均含量在1.5%～2.5%、2.5%～3.5%…时，则相应地用2，3…表示。例如，60Si2Mn表示碳的平均含量为0.6%、平均含硅量为2%、平均含锰量<1.5%的硅锰钢。

合金结构钢根据性能和用途的不同，又可分为低合金钢、合金渗碳钢、合金调质钢、合金弹簧钢、滚动轴承钢等。滚动轴承钢是制造滚动轴承的专用钢，常用的牌号有GCr9、GCr15、GCr9SiMn，牌号中"G"为"滚"字汉语拼音字首，铬元素符号后的数字表示平均含铬量的千分数，如GCr15表示含Cr为1.5%。

（2）合金工具钢。合金工具钢的编号方法与合金结构钢相似，平均含碳质量分数超过1%时，一般不标出含碳量数字，若含碳质量分数小于1%时，可用一位数字表示，以千分数计。例如，9SiCr表示平均含碳质量分数为0.9%，含硅、铬质量分数均<1.5%的铬钢；Cr12MoV则表示平均含碳质量分数≥1%，含铬质量分数为12%，含钼、钒质量分数<1.5%的铬钼钒钢。

合金工具钢常用来制造各种刃具、量具和模具，因而对应地就有刃具钢、量具钢和模具钢。

① 刃具钢：用于制造各种刀具，通常分低合金刃具钢和高速钢。低合金刃具钢主要是含铬的钢，常用的牌号有9SiCr、9Cr2等，主要用作形状较复杂的低速切削工具（如丝锥、板牙、铰刀等）。而高速钢是一种含钨、铬、钒等合金元素较多的钢，它的含碳质量分数在1%左右。高速钢在空气中冷却也能淬硬，故又称风钢；由于它可以刃磨得很锋利，很白亮，故又称为锋钢和白钢。

高速钢有较高的热硬性、足够的强度、韧性和刃磨性，目前是制造钻头、铰刀、铣刀、螺纹刀具、齿轮刀具等复杂形状刀具的主要材料。常用的牌号有W18Cr4V、W6Mo5Cr4V2、W9Mo3Cr4V等。

② 量具钢：量具钢要求有高的硬度和耐磨性，经热处理后不易变形，而且要有良好的加工工艺性。块规可选用变形小的钢，如CrWMn、GCr15、SiMn等。简单的量具除使用T10A、T12A外，还可用9SiCr等。

③ 模具钢：模具钢按使用要求可分为热作模具钢和冷作模具钢。热作模具钢是用来制作热态下使金属成形的模具（如热锻模、压铸模等），它应具有很好的抗热疲劳损坏的能力，高的强度和较好的韧性，常用的牌号有5CrNiMo和5CrMnMo；冷作模具钢是用来制作冷态下使金属成形的模具（如冷冲模、冷挤压模等），它应具有高的硬度、耐磨性和一定的韧性，并要求热处理变形小，常用的牌号有Cr12、Cr12W、Cr12MoV等。

（3）特殊性能合金钢。特殊性能合金钢是指具有特殊的物理、化学性能的一种高合金钢。其牌号表示法与合金工具钢原则上相同，前面一位数表示平均含碳质量分数，以千分数计，若平均含碳质量分数<0.1%时用"0"表示，平均含碳质量分数≤0.03%时用"00"表示。例如，2Cr13、0Cr13和00Cr18Ni10，分别表示平均含碳质量分数均为0.2%、<0.1%、≤0.03%。特殊性能合金钢主要包括不锈钢、耐热钢、耐磨钢和软磁钢。

① 不锈钢：不锈钢中的主要合金元素是铬和镍。铬与氧化合，在钢表面形成了一层致密的氧化膜，保护钢免受进一步氧化。一般含铬量不低于12%才具有良好的耐腐蚀性能，适用于制造化工设备、医疗器械等。常用的牌号有1Cr13、2Cr13、3Cr13、4Cr13等铬不锈钢；还有1Cr18Ni19Ti、1Cr18Ni9Nb等铬镍不锈钢。

② 耐热钢：耐热钢是在高温下抗氧化并具有较高强度的钢。钢中常含有较多铬和硅，以保证钢具有高的抗氧化性和高温下的力学性能。耐热钢适用于制造在高温条件下工作的零件，如内燃机气阀、加热炉管道等。常用的牌号有 15CrMo、4Cr9Si2、4Cr10Si2Mo 等。

③ 耐磨钢：主要指高锰钢，如 ZGMn13，这种钢含碳质量分数高于 1%，含锰质量分数为 13%左右。这种钢机械加工困难，大多铸造成形。它具有在强烈冲击下抵抗磨损的性能，主要用作坦克和拖拉机履带、推土机挡板、挖掘机齿轮等。

④ 软磁钢：硅钢片是常用的软磁钢，它是在铁中加入硅并轧制成的薄片状材料。硅钢片杂质含量极少，具有良好的磁性，是制造变压器、电动机、电工仪表等不可缺少的材料。

1.2.2 有色金属材料

工业生产中通常称钢铁为黑色金属，而称铜、铝、镁、铅等及其合金为有色金属。有色金属具有某些特殊的性能，如良好的导热性、导电性及耐腐蚀性，已成为现代工业技术中不可缺少的重要材料。

1. 铜与铜合金

（1）纯铜。纯铜外观呈紫红色，又称紫铜。纯铜具有良好的导电、导热性能，极好的塑性及较好的耐腐蚀性，但力学性能较差，不宜用来制造结构零件，常用来制造导电材料和耐腐蚀性元件。

（2）黄铜。黄铜是铜（Cu）与锌（Zn）的合金。黄铜色泽美观，有良好的防腐性能及机械加工性能。黄铜中锌的含量为 20%～40%，随着锌的含量增加，强度增加而塑性下降。黄铜可以铸造，也可以压力加工。除了铜和锌以外，再加入少量其他元素的铜合金叫特殊黄铜，如锡黄铜、铅黄铜等。黄铜一般用于制造耐腐蚀和耐磨零件，如阀门、子弹壳、管件等。

压力加工黄铜的牌号用“黄”字汉语拼音字首“H”加数字表示，该数字表示平均含铜质量分数的百分数，如 H62 表示含铜质量分数为 62%、含锌质量分数为 38%。特殊黄铜则在牌号中标出合金元素的含量，如 HPb59-1 表示含铜质量分数为 59%、含铅质量分数为 1%的铅黄铜。

（3）青铜。除黄铜和白铜（铜镍合金）外，其余铜合金统称为青铜。铜锡合金称为锡青铜，其余青铜称为无锡青铜。

① 锡青铜：锡青铜是铜与锡的合金，它有很好的力学性能、铸造性能、耐腐蚀性和减摩性，是一种很重要的减摩材料。锡青铜主要用于制造摩擦零件和耐腐蚀零件，如蜗轮、轴瓦、衬套等。

② 无锡青铜：除锡以外的其他合金元素与铜组成的合金，统称为无锡青铜，主要包括铝青铜、硅青铜、铍青铜等。它们通常作为锡青铜的代用材料使用。

加工青铜的牌号以“Q”为代号，后面标出主要元素的符号和含量，如 QSn4-3，表示含锡量为 4%、含锌量为 3%，其余为铜（93%）的压力加工锡青铜。铸造铜合金的牌号用“ZCu”及合金元素符号和含量组成，如 ZCuSn5Pb5Zn5 表示含锡、铅、锌各约为 5%，其余为铜（85%）的铸造锡青铜。

2. 铝及铝合金

（1）纯铝。纯铝是一种密度小（2.72g/cm^3），熔点低（660℃），导电、导电热性好，塑性好，强度、硬度低的金属。由于铝表面能生成一层极致密的氧化铝膜，能阻止铝继续氧化，故铝在空气中具有良好的抗腐蚀能力，主要用做导电材料或制造耐腐蚀零件。

（2）铝合金。铝中加入适量的铜、镁、硅、锰等元素即构成了铝合金。铝合金具有足够的强度、较好的塑性和良好的抗腐蚀性，且多数可热处理强化，根据铝合金的成分及加工成形特点，可分为变形铝合金和铸造铝合金两大类。

① 变形铝合金：变形铝合金具有较高的强度和良好的塑性，可通过压力加工制作各种半成品，可以焊接。变形铝合金主要用作各类型材和结构件，如飞机构架、螺旋桨、起落架等。

变形铝合金又可按性能及用途分为防锈铝、硬铝、超硬铝、锻铝、特殊铝合金 5 种。它们的牌号以相应的汉语拼音字母加上序号数字表示。例如：防锈铝以 LF 表示；硬铝以 LY 表示；超硬铝以 LC 表示；锻铝以 LD 表示；特殊铝以 LT 表示。变形铝合金新旧牌号对照、成分、性能及应用如表 1-5 所示。

② 铸造铝合金：铸造铝合金包括铝镁、铝锌、铝硅、铝铜等合金，它们有良好的铸造性能，可以铸成各种形状复杂的零件，其中应用最广的是硅铝合金，称为硅铝明。铸造铝合金的塑性差，不宜进行压力加工。各类铸造铝合金的代号均以“ZL”加 3 位数字组成，第 1 位数字表示合金类别，第 2 位、第 3 位数字是顺序号，如 ZL102、ZL201 等。

表 1-5　常用变形铝合金代号、成分、性能及应用

新牌号	相当于旧代号	主要化学成分（质量分数）/%				材料状态	力学性能			用途举例
		Cu	Mg	Mn	Zn		σ_b/MPa	δ/%	HBS	
5A05	LF5	0.10	4.8～5.5	0.3～0.6	0.20	退火	220	15	65	焊接油箱、油管、焊条、铆钉及中等载荷零件及制品
						强化	250	8	100	
3A21	LF21	0.2	0.05	1.0～1.6	0.10	退火	125	21	30	焊接油箱、油管、焊条、铆钉及轻载荷零件及制品
						强化	165	3	55	
2A01	LY1	2.2～3.0	0.2～0.5	0.20	0.10	退火	160	24	38	中等强度工作温度不超过100℃的结构用铆钉
						强化	300	24	70	
2A11	LY11	3.8～4.8	0.4～0.8	0.4～0.8	0.30	退火	250	10	—	中等强度的结构零件，如螺旋桨叶片、螺栓、铆钉、滑轮等
						强化	400	13	115	
7A04	LC4	1.4～2.0	1.8～2.8	0.2～0.6	5.0～7.0	退火	260	—	—	主要受力构件，如飞机大梁、桁条、加强框、接头及起落架等
						强化	600	8	150	
2A05	LD5	1.8～2.6	0.4～0.8	0.4～0.8	0.3	退火	—	—	—	形状复杂的中等强度的锻件、冲压件及模锻件、发动机零件等
						强化	420	13	105	
2A50	LD6	1.8～2.6	0.4～0.8	0.4～0.8	0.30	退火	—	—	—	形状复杂的模锻件、压气机轮和风扇叶轮
						强化	410	8	95	
2A70	LD7	1.9～2.5	1.4～1.8	0.2	0.30	退火	—	—	—	高温下工作的复杂锻件，如活塞、叶轮等
						强化	415	13	105	

注：表中数据摘自 GB 3190—82、GB/T 3190—1996。

3. 轴承合金

轴承合金是用来制造滑动轴承的特定材料。对轴承合金的要求是：摩擦系数小、耐磨性好、抗压强度高、导热性好等。

（1）锡基轴承合金（锡基巴氏合金）。锡基轴承合金中含有锑和铜等元素，如 ZSnSb11Cu6，Z 代表铸造，含 Sb11%，含 Cu6%，其余为 Sn。

（2）铅基轴承合金（铅基巴氏合金）。铅基轴承合金中含有锑、锡、铜等元素，常用的合金有 ZPbSb16Sn16Cu2，含 Sb16%，Sn16%，Cu2%，其余为铅。

1.2.3　非金属材料

1. 塑料

塑料是一种以合成树脂为主要成分，加上其他添加剂（如增强剂、增塑剂、固化剂、稳定剂等）组成的高分子有机化合物。

按受热后所表现的性能不同，塑料可分为热塑性塑料和热固性塑料两大类。

热塑性塑料经加热后软化并熔融成流动的黏稠液体，冷却后即成型固化。此过程是物理变化，可反复多次进行，其性能并不发生显著变化，如聚乙烯、聚氯乙烯、聚酰胺（尼龙）等。这类塑料的优点是成型加工简便，具有较高的机械性能；缺点是耐热性和刚性较差。

热固性塑料经加热后软化，冷却后成型固化，发生化学变化，再加热时不再转化（即变化是不可逆的），如酚醛、环氧、氨基塑料等。这类塑料具有耐热性高，受压不易变形等优点；缺点是力学性能不好，但可加入填料，以提高其强度。

按塑料的应用范围可分为通用塑料、工程塑料、耐高温塑料等，下面重点介绍工程塑料。工程塑料是指用以代替金属材料作为工程结构的塑料。工程塑料的机械强度高、质轻、绝缘、减摩、耐磨，或具备耐热、耐蚀等特种性能，成型工艺简单，生产效率高，是一种良好的工程材料。

常用的工程塑料如下。

① ABS 塑料。具有硬、韧、刚的综合特性，力学性能较好，并且耐热、耐腐蚀，易于成型加工，常用来制作泵的叶轮、齿轮，家用电器的外壳、小轿车车身等。

② 聚酰胺（PA）。又名尼龙，是热塑性塑料。它具有坚韧、耐磨、耐疲劳、耐油、耐水、无毒等优良的综合性能，可用作一般机械零件，减摩、耐磨件及传动件，如轴承、齿轮、蜗轮、高压密封圈等。

③ 酚醛塑料。又名“电木”，是热固性塑料。酚醛塑料具有优良的耐热、绝缘、化学稳定性及尺寸稳定性，广泛用于电话机外壳、开关、插座以及齿轮、凸轮、带轮等。

④ 氨基塑料。也是热固性塑料，具有良好的绝缘性、自熄性、防毒性、耐电弧性和耐热性，可作为一般机械零件、绝缘件和其他电器零件。

⑤ 环氧树脂。它是应用广泛的一种热固性工程塑料，具有较高的强度、较好的韧性、优良的电绝缘性、高的化学稳定性和尺寸稳定性，可制作塑料模具，电气、电子元件及线圈的灌封与固定等，同时环氧树脂也是一种很好的胶粘剂。

⑥ 有机玻璃（PMMA）。有机玻璃具有良好的透明性能，其透光度和韧性都比无机玻璃

好，在工业、国防、生活用品等方面得到了广泛的应用，如制作油标、油杯、设备标牌、机壳等。

2. 橡胶

橡胶是一种天然的或人工合成的高聚物的弹性体。工业上使用的橡胶制品是在橡胶中加入各种添加剂（有硫化剂、硫化促进剂、软化剂、防老化剂、填充剂等），经过硫化处理后所得到的产品。橡胶具有良好的吸震性、耐磨性、绝缘性、足够的强度和积储能量的能力。工业上常用的橡胶牌号有丁苯橡胶、顺丁橡胶、氯丁橡胶、丁基橡胶等。

3. 陶瓷

陶瓷是一种无机非金属材料，它可分为普通陶瓷和特种陶瓷两大类。普通陶瓷是以黏土、长石、石英等天然原料，经过粉碎成型和烧结而成，主要用于日常生活用品和工业上的高低压电器。特种陶瓷是用人工化合物（如氧化物、氮化物、碳化物、硼化物等）为原料制成的，它具有独特的力学、物理、化学、光学性能，主要用于化工、冶金、机械、电子、能源和一些新技术中。

陶瓷的硬度高，抗压强度大，耐高温、抗氧化、耐磨损和耐腐蚀。但陶瓷的质脆韧性差，不能承受冲击，抗急冷、急热性能差，易碎裂。

工业上常用的陶瓷种类有普通陶瓷、氧化铝陶瓷、氮化硅陶瓷、氮化硼陶瓷等。

4. 复合材料

复合材料是由两种或两种以上不同化学性质或不同组织结构的材料，用某种工艺方法经人工组合而成的多相合成材料。在复合材料中的每一组成部分，不仅保持了它们各自的性能特点，还能扬长避短，发挥叠加效应，从而取得多种优良的性能，这是任何单一材料所无法比拟的。例如，玻璃和树脂的强度和韧性都不高，可是它们组成的复合材料（玻璃钢）却有很高的强度和韧性，并且重量也轻。

复合材料按增强材料的类型可分为以下 4 大类。

① 纤维增强复合材料，如玻璃纤维、碳纤维、硼纤维、碳化硅纤维等。

② 颗粒增强复合材料，如陶瓷粒与金属复合，金属粒与塑料复合等。

③ 迭层复合材料，如双金属复合、多层板复合等。

④ 夹层结构复合材料，如夹层内填充蜂窝结构或填充泡沫塑料，具有质轻、刚性大的特性等。

1.3 钢的常用热处理及其作用

钢的热处理是将固态钢通过不同方式的加热、保温和冷却，来改变钢的内部组织结构，从而改善钢的性能的一种工艺方法。热处理是机器零件及工具制造过程中的一个重要工序，它是发挥材料潜力，改善使用性能，提高产品质量，延长使用寿命的有效措施。目前，机器和仪器上的钢制零件大约 80%要进行热处理，而刀具、模具、量具、轴承等则全部进行热处理。

根据热处理的目的和工艺方法的不同，热处理一般可分为以下 3 种。

- 整体热处理（普通热处理）——如退火、正火、淬火、回火等。
- 表面热处理——如火焰加热表面淬火、感应加热表面淬火和其他表面热处理。
- 化学热处理——渗碳、渗氮、碳氮共渗（氰化）和其他化学热处理。

根据热处理的作用可分为以下 2 种。

- 最终热处理——其作用是使钢件得到使用要求的性能，如淬火、回火、表面淬火等。
- 预备热处理——其作用是消除加工（锻、轧、铸、焊等）所造成的某些缺陷，或为以后的切削加工和最终热处理做好准备。例如，钢锻件一般要进行退火或正火，改变锻造后因变形程度不均匀和停锻温度控制不良而造成的晶粒粗大或不均匀现象；调整硬度适合于切削加工，并为以后的淬火作好准备。这种退火或正火，就属于预备热处理。当然，如果零件的性能要求不高，退火或正火后性能已满足使用要求，以后不再进行其他热处理，则退火和正火也属于最终热处理。

1.3.1 退火

根据钢的化学成分及钢件类型的不同，退火工艺可分为完全退火、球化退火、去应力退火等。

1. 完全退火

完全退火又称重结晶退火，一般简称为退火。完全退火的工艺是将钢件加热到临界温度（临界温度是指固态金属开始发生相变的温度）以上某一温度，经保温一段时间后，随炉缓慢冷却至 500℃～600℃以下，然后在空气中冷却的一种热处理工艺。

完全退火可以达到细化晶粒的目的。在退火的加热和保温过程中，可以消除加工造成的内应力，而缓慢冷却又避免产生新的内应力。由于冷却缓慢，能得到接近平衡状态的组织，因此钢的硬度较低。完全退火一般适用于中碳钢、低碳钢的锻件，铸钢件，有时也可用于焊接件。

2. 球化退火

球化退火的工艺是将钢件加热至临界温度以下的某一温度，保温足够时间后随炉冷却至 600℃，出炉空冷的退火工艺。

球化退火一般适用于高碳钢的锻件，因此对工具钢、轴承钢等锻造后必须进行球化退火，避免这些锻件在淬火加热时产生过热、淬火变形和开裂现象，同时能降低锻件硬度，便于切削加工。

3. 去应力退火

去应力退火又称低温退火。低温退火的工艺一般只需把钢件加热至 500℃～650℃，保温足够时间，然后随炉冷却至 200℃～300℃以下出炉空冷。

去应力退火的目的是消除钢件焊接和冷校直时产生的内应力；消除精密零件切削加工（如粗车、粗刨等）时产生的内应力，使这些零件在以后的加工和使用过程中不易产生变形。

1.3.2 正火

正火是将工件加热至临界温度以上某一温度，保温一段时间后，从炉中取出在空气中自然冷却的一种热处理工艺。正火的目的与退火相似，主要区别是正火加热温度比退火高，冷却速度比退火快，因此，同样的工件正火后的强度、硬度比退火后的高。

低碳钢件正火可适当提高其硬度，改善切削加工性能。对于性能要求不高的零件，正火可作为最终处理。一些高碳钢件需经正火消除网状渗碳体后，才能进行球化退火。

1.3.3 淬火

淬火是将工件加热到临界温度以上某一温度，保温一定时间后，然后在水、盐水或油中急剧冷却的一种热处理工艺，淬火的目的是提高钢的硬度和耐磨性。

淬火工艺有两个概念应加以重视和区分，一是淬硬性，是指钢经淬火后能达到的最高硬度，它主要取决于钢中的含碳质量分数，钢中含碳质量分数高，则淬硬性好；另一个是淬透性，是指钢在淬火时获得淬硬层深度的能力，淬硬层越深，淬透性越好。淬透性取决于钢的化学成分（含碳质量分数及合金元素含量）和淬火冷却方法，如加入锰、铬、镍、硅等合金元素可提高钢的淬透性。淬硬性和淬透性对钢的力学性能影响很大，因此，钢的淬硬性和淬透性是合理选材和确定热处理工艺的两项重要指标。

由于钢在淬火时的冷却速度快，工件会产生较大的内应力，极易引起工件的变形和开裂，所以，淬火后的工件一般不能直接使用，必须及时回火。

1.3.4 回火

回火是把淬火后的工件重新加热到临界温度以下的某一温度，保温后再以适当冷却速度冷却到室温的一种热处理工艺。

回火的目的是：稳定钢的内部组织和尺寸，降低脆性，消除内应力；调整硬度，提高韧性，获得优良的力学性能和使用性能。

回火总是在淬火后进行，通常是热处理的最后工序。淬火钢回火的性能与回火的加热温度有关，强度和硬度一般随回火温度的升高而降低，塑性、韧性则随回火温度的升高而提高。根据回火温度的不同，回火可分为低温回火、中温回火和高温回火。

1. 低温回火（加热温度150℃～250℃）

低温回火主要为了降低淬火内应力和脆性并保持高硬度，用于处理要求硬度高、耐磨性好的零件，如各种工具（刀具、量具、模具）、滚动轴承等。

为了提高精密零件与量具的尺寸稳定性，可在100℃～150℃以下进行长时间（可达数十小时）的低温回火。这种处理方法叫做时效处理或尺寸稳定化处理。

2. 中温回火（加热温度350℃～500℃）

中温回火可显者减小淬火应力，提高淬火件的弹性和强度，主要用于处理各种弹簧、发条、锻模等。

3. 高温回火（加热温度 500℃～650℃）

高温回火可消除淬火应力，使零件获得优良综合力学性能。通常把淬火后再进行高温回火的热处理方法称为调质。调质广泛用于处理各种重要的、受力复杂的中碳钢零件，如曲轴、丝杠、齿轮、轴等，也可作为某些精密零件，如量具、模具等的预备热处理。

1.3.5　表面淬火

表面淬火是利用快速加热的方法，将工件表层迅速升温至淬火温度，不等热量传至心部，立即予以冷却，使得表层淬硬，获得高硬度和耐磨性，而心部仍保持原来组织，具有良好的塑性和韧性。这种热处理工艺适用于要求外硬（耐磨）内韧的机械零件，如凸轮、齿轮、曲轴、花键轴等。零件在表面淬火前，须进行正火或调质处理，表面淬火后要进行低温回火。

按表面加热的方法，表面淬火可分为感应加热表面淬火、火焰加热表面淬火、电接触加热表面淬火等。由于感应加热速度快，生产效率高，产品质量好，易实现机械化和自动化，所以感应加热表面淬火应用广泛，但设备较贵，主要用于大批量生产。

根据感应电流频率不同，感应加热表面淬火又分为高频、中频和工频淬火。

1.3.6　化学热处理

化学热处理是将钢件放在某种化学介质中，通过加热和保温，使介质中的一种或几种元素渗入钢的表层，以改变表层的化学成分、组织和性能的热处理工艺。

化学热处理的种类很多，一般都以渗入元素来命名。表面渗层的性能取决于渗入元素与基体金属所形成合金的性质及渗层的组织结构，常见的化学热处理有渗碳、氮化、氰化（碳氮共渗）、渗金属（如渗铬、渗铝等）、多元共渗等。渗碳、氮化和碳氮共渗用来提高工件表层的硬度与耐磨性；渗铬、渗铝能使工件表层获得某些特殊的物理化学性能，如抗氧化性、耐高温性、耐腐蚀性等。

1.3.7　热处理表示方法

热处理表示方法推荐采用“金属热处理工艺分类及代号”的规定，并标出应达到的力学性能指标及其他要求。

热处理工艺代号标记规定如下。

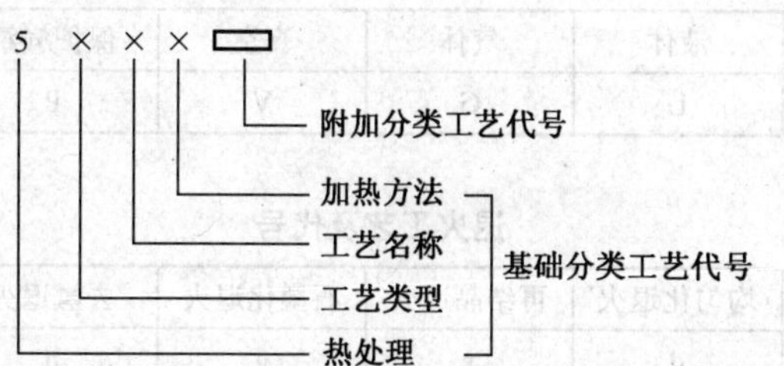

热处理工艺代号由基础分类工艺代号及附加分类工艺代号组成。在基础分类工艺代号中按照工艺类型、工艺名称和实现工艺的加热方法 3 个层次进行分类，均有相应代号对应。如表 1-6 所示，其中工艺类型代号分为整体热处理、表面热处理和化学热处理 3 种；工艺名称

是按获得组织状态或渗入元素进行分类；加热方法分为加热炉加热、感应加热、电阻加热等类型。附加分类是对基础分类中某些工艺的具体条件再进一步细化分类，其中包括各种热处理的加热介质（见表 1-7）、退火工艺（见表 1-8）、淬火冷却介质或冷却方式、渗碳和碳氮共渗的后续冷却工艺等。

表 1-6　热处理工艺分类及代号

工艺总称	代号	工艺类型	代号	工艺名称	代号	加热方法	代号
热处理	5	整体热处理	1	退火	1	加热炉	1
				正火	2		
				淬火	3		
				淬火回火	4	感应	2
				调质	5		
				稳定化处理	6		
				固溶化处理	7		
				固溶化处理和时效	8	火焰	3
		表面热处理	2	表面淬火和回火	1		
				物理气相沉积	2	电阻	4
				化学气相沉积	3		
				等离子化学气相沉积	4		
		化学热处理	3	渗碳	1	激光	5
				碳氮共渗	2		
				渗氮	3		
				氮碳共渗	4		
				渗其他非金属	5	电子束	6
				渗金属	6		
				多元共渗	7	等离子体	7
				溶渗	8	其他	8

表 1-7　加热介质及代号

加热介质	固体	液体	气体	真空	保护气氛	可控气氛	液态床
代号	S	L	G	V	P	C	F

表 1-8　退火工艺及代号

退火工艺	去应力退火	均匀化退火	再结晶退火	石墨化退火	去氢退火	球化退火	等温退火
代号	o	d	r	g	h	s	n

例如：标注为“5151，235HBS”，表示整体调质，热处理后硬度应达到 230～250HBS；标注为“5213，45HRC”，表示表面火焰淬火和回火，硬度应为 42～48HRC。

表 1-9 所示为常用热处理名称及代号，以供参考。

表 1-9　　常用热处理名称及代号

热处理名称		热处理代号示例	说　明
退火		Th	
正火		Z	
淬火		C48	淬火回火 45～50HRC
调质		T235	调质至 220～250HBS
表面淬火	火焰淬火	H54	火焰淬火后，回火至 52～58HRC
	高频淬火	G52	高频淬火后，回火至 50～55HRC
渗碳淬火		δ 0.5-C59	渗碳层深 0.5mm 淬火硬度 56～62HRC
渗氮		D0.3-900	氮化层深 0.3mm 硬度大于 850HV
碳氮共渗		Q59	碳氮共渗淬火后，回火至 56～62HRC

习　　题

1-1　材料性能通常分为几类？什么叫材料的力学性能？用哪些指标来衡量？

1-2　一根标准拉伸试样的直径为 10mm、标距长度为 50mm，拉伸试验时测出试样在 26 000N 时屈服，出现的最大载荷为 45 000N。拉断后的标距长度为 58mm，断口处直径为 7.75mm，试计算σ_s、σ_b、δ_5和ψ。

1-3　试述布氏硬度和洛氏硬度在测试方法及应用范围上的区别。

1-4　金属材料的工艺性能有哪些？

1-5　解释下列名词术语：强度、硬度、塑性、冲击韧性、疲劳强度。

1-6　常用的热处理方法有哪些？请说明退火、正火、淬火、回火及表面淬火的作用。

1-7　什么是铸铁？它分为哪几类？

1-8　试述钢的分类。说明下列钢号的含义及钢材的主要用途：Q235、45、T12A、1Cr13、W18Cr4V、GCr15；Cr12、65Mn。

1-9　常用的非金属材料有哪些？试举出它们在机器中的应用例子。

第 2 章　极限配合与技术测量

在编制机械加工工艺规程时，只有正确地分析零件图样上加工表面的尺寸公差、形位公差和表面粗糙度后，才能正确选择各加工表面的加工方案；而零件的合格与否，必须经过检测。

教学目标

- 了解极限与配合的基本概念。
- 了解互换性的概念及作用。
- 掌握尺寸公差带图的画法和含义。
- 了解各项形位公差含义。
- 掌握各项形位公差的标注方法。
- 了解表面粗糙度的含义。
- 掌握选用表面粗糙度的原则。
- 了解常用量具的结构。
- 了解常用的测量方法。
- 具有正确选择公差和配合的能力。
- 具有正确选择形位公差的能力。
- 具有正确选择表面粗糙度的能力。
- 具有选择常用量具的能力。

2.1　概　　述

零件在加工过程中，不可避免地会产生尺寸误差。要想把同一规格的一批零件的尺寸做得完全一致是不可能的，也没有必要。只要把误差控制在一定的范围内，就能满足配合和互换性要求。

2.1.1　极限配合在机械生产中的应用

自从有了机械生产就有了极限配合，在技术水平日益发展的今天，极限配合技术越来越体现了其重要性。大到航天飞行器中的机械零件生产，小到人们日常所用的自行车都用到了极限配合技术，可以说极限配合技术已经渗透到机械行业甚至其他行业的每个角落。

图 2-1 所示为减速箱传动轴部装图。其中就用到了许多极限概念与配合技术。

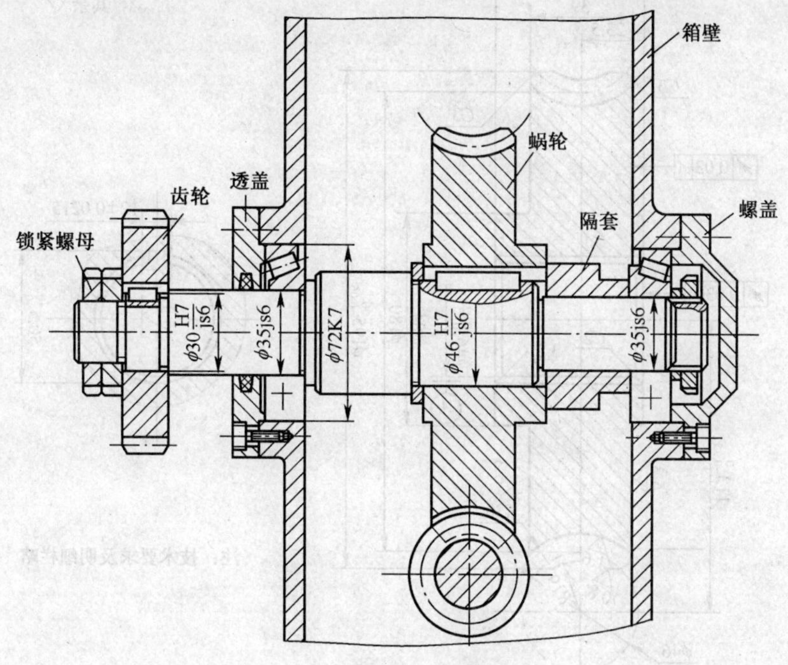

图 2-1　减速箱传动轴部装图

1．尺寸的术语及定义

图 2-2 中所示的 $\phi46\pm0.008$ 、 $\phi62$ 、250，以及图 2-3 中所示的 $\phi46^{+0.025}_{0}$ 等，这些数字都代表尺寸。

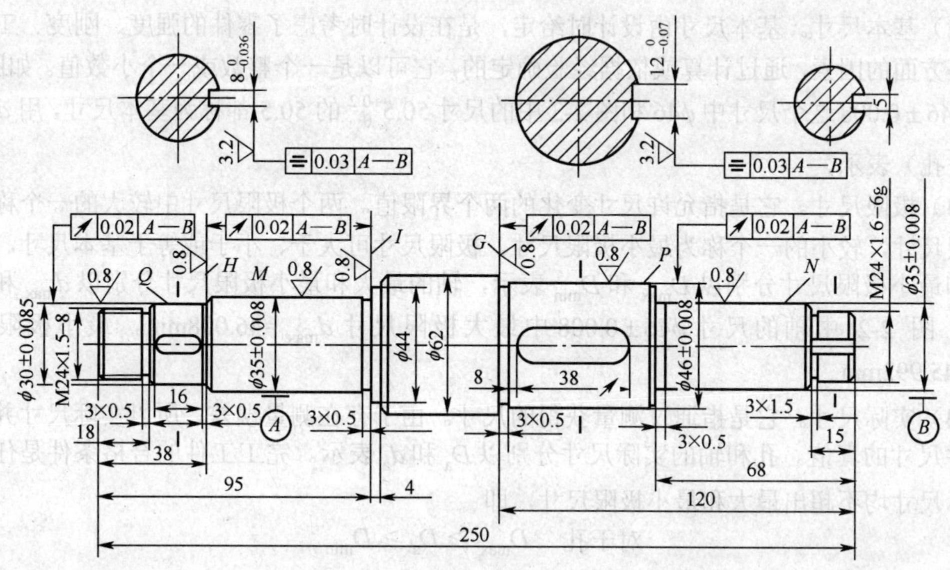

图 2-2　传动轴

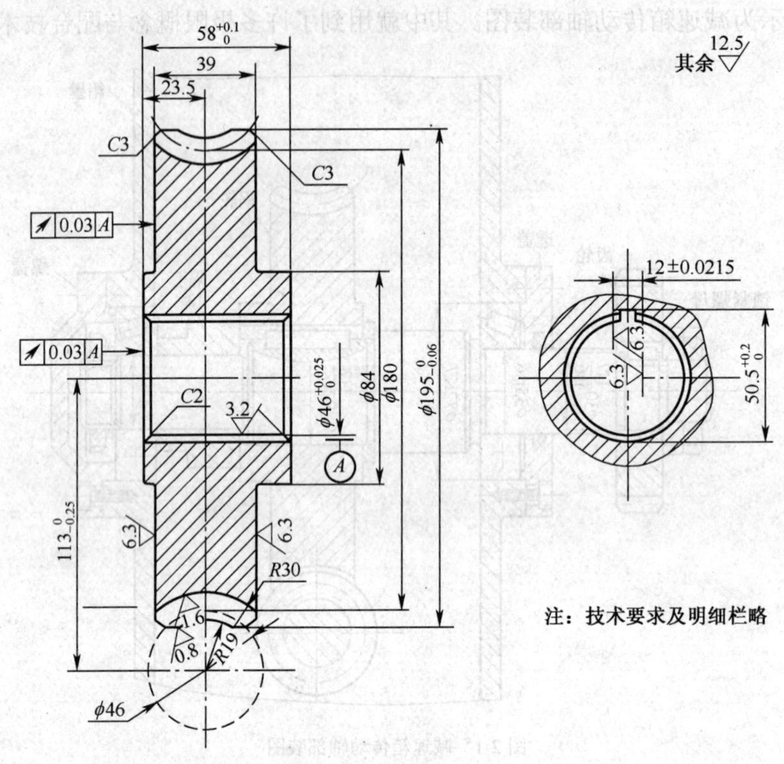

图 2-3　蜗轮

（1）尺寸。它是指以特定单位表示线性值的数值。线性尺寸值包括直径、半径、宽度、高度、深度、厚度、中心距等。技术图样上尺寸数值的特定单位为 mm，一般可省略不写。

（2）基本尺寸。基本尺寸由设计时给定，是在设计时考虑了零件的强度、刚度、工艺及结构等方面的因素，通过计算或依据经验确定的，它可以是一个整数或一个小数值。如图 2-2 中的 $\phi46\pm0.008$ 这个尺寸中 $\phi46$ 和图 2-3 中的尺寸 $50.5^{+0.2}_{0}$ 的 50.5 都称为基本尺寸，用 d（轴）或 D（孔）表示。

（3）极限尺寸。它是指允许尺寸变化的两个界限值。两个极限尺寸中较大的一个称为最大极限尺寸，较小的一个称为最小极限尺寸。极限尺寸可大于、小于或等于基本尺寸。孔的最大和最小极限尺寸分别以 D_{max} 和 D_{min} 表示，轴的最大和最小极限尺寸分别以 d_{max} 和 d_{min} 表示。图 2-2 中轴的尺寸 $\phi46\pm0.008$ 中最大极限尺寸 d_{max} =46.008mm，最小极限尺寸 d_{min} =45.992mm。

（4）实际尺寸。它是指通过测量获得的尺寸。由于存在测量误差，所以实际尺寸并非被测零件尺寸的真值。孔和轴的实际尺寸分别以 D_a 和 d_a 表示。完工工件的合格条件是任一局部实际尺寸均不超出最大和最小极限尺寸，即

$$\text{对于孔}\quad D_{max} \geqslant D_a \geqslant D_{min}$$

$$\text{对于轴}\quad d_{max} \geqslant d_a \geqslant d_{min}$$

2. 尺寸偏差的术语及定义

尺寸偏差是指某一尺寸（实际尺寸、极限尺寸）减去其基本尺寸所得的代数差。

（1）极限偏差。它是指极限尺寸减去其基本尺寸所得的代数差。最大极限尺寸减去其基本尺寸所得的代数差称为上偏差，最小极限尺寸减去其基本尺寸所得的代数差称为下偏差。孔、轴的上偏差分别以 ES 和 es 表示，孔、轴的下偏差分别以 EI 和 ei 表示，即

$$ES = D_{\max} - D \tag{2-1}$$

$$es = d_{\max} - d \tag{2-2}$$

$$EI = D_{\min} - D \tag{2-3}$$

$$ei = d_{\min} - d \tag{2-4}$$

根据定义，尺寸 $\phi 46 \pm 0.008$ 的上偏差为 46.008 − 46 = + 0.008mm，下偏差为 45.992 − 46 = − 0.008mm。在设计图样上，基本尺寸后面的数值如 ±0.008 就为该尺寸的上下偏差，同理，$\phi 46^{+0.025}_{0}$ 的上偏差为+0.025mm、下偏差为 0。

（2）实际偏差。它是指实际尺寸减去其基本尺寸所得的代数差。孔、轴的实际偏差分别以 E_a 和 e_a 表示，即

$$E_a = D_a - D \tag{2-5}$$

$$e_a = d_a - d \tag{2-6}$$

工件尺寸合格的条件也可以用偏差表示为

对于孔　$ES \geqslant E_a \geqslant EI$

对于轴　$es \geqslant e_a \geqslant ei$

应该注意，偏差可以为正、负或零值。

最大实体状态（MMC）是指实际要素在给定长度上处处位于尺寸极限之内并具有实体最大时的状态，即实际要素在极限尺寸范围内具有材料量最多的状态。最大实体尺寸（MMS）是指实际要素在最大实体状态下的极限尺寸，它是孔的最小极限尺寸和轴的最大极限尺寸的统称。孔和轴的最大实体尺寸分别以 D_M 和 d_M 表示。

最小实体状态（LMC）是指实际要素在给定长度上处处位于尺寸极限之内并具有实体最小时的状态，即实际要素在极限尺寸范围内具有材料量最少的状态。最小实体尺寸（LMS）是指实际要素在最小实体状态下的极限尺寸，它是孔的最大极限尺寸和轴的最小极限尺寸的统称。孔和轴的最小实体尺寸分别以 D_L 和 d_L 表示。

最大实体状态是对装配最不利的状态，即可能获得最紧的装配结果的状态，它也是工件强度最高的状态；最小实体状态是对装配最有利的状态，即可能获得最松的装配结果的状态，它也是工件强度最低的状态。

最大实体极限（MML）是指对应于孔或轴最大实体尺寸的那个极限尺寸，即孔的最小极限尺寸或轴的最大极限尺寸。最小实体极限（LML）是指对应于孔或轴最小实体尺寸的那个极限尺寸，即孔的最大极限尺寸或轴的最小极限尺寸。

3. 公差的术语及定义

（1）尺寸公差（公差）。尺寸公差是最大极限尺寸与最小极限尺寸之差，或上偏差与下偏

差之差。由定义可以看出，它是允许尺寸的变动量。尺寸公差简称公差。例如，$\phi46\pm0.008$尺寸的公差为$\left|+0.008-(-0.008)\right|=0.016$ mm。孔、轴的公差分别以T_h和T_s表示，即

$$T_h=D_{max}-D_{min}=\left|ES-EI\right| \tag{2-7}$$

$$T_s=d_{max}-d_{min}=\left|es-ei\right| \tag{2-8}$$

值得注意的是，公差与偏差是有区别的。偏差是代数值，有正、负号，而公差等于上偏差与下偏差的代数差的绝对值，而且不能为零。

图 2-4 所示为极限与配合的一个示意图，它表明了相互结合的孔和轴的基本尺寸、极限尺寸、极限偏差与公差的相互关系。

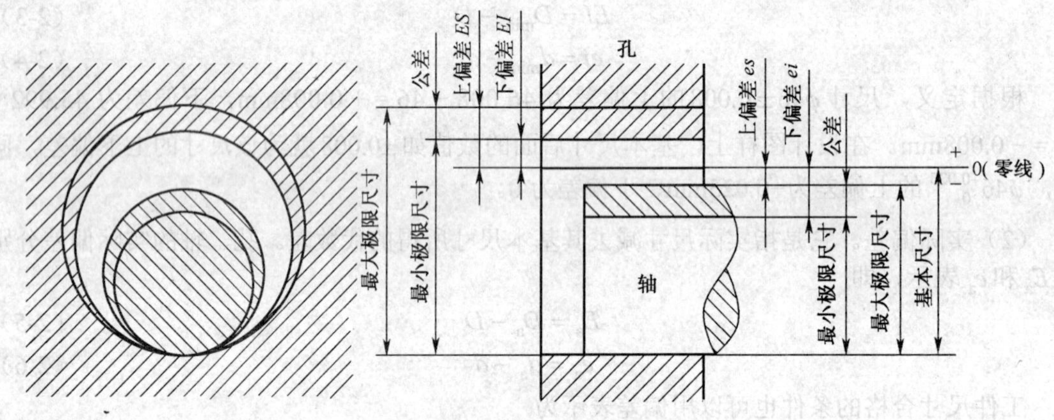

图 2-4 极限与配合示意图

（2）尺寸公差带图。由于公差及偏差的数值与尺寸数值相比差别甚大，不便用同一比例表示，故采用孔、轴的极限与配合图解（简称公差带图），如图 2-5 所示。公差带图由零线和尺寸公差带组成。

① 零线：在极限与配合图解中，表示基本尺寸的一条直线，以其为基准确定偏差和公差。通常，公差带图的零线水平放置。零线以上为正偏差，零线以下为负偏差。偏差数值以 mm 为单位时，单位可省略标注，而以μm 为单位时，则必须注明。

② 尺寸公差带：在极限与配合图解中，它代表上偏差和下偏差或最大极限尺寸和最小极限尺寸的两条直线所限定的一个区域。公差带有两个要素：一是公差带的大小，它取决于公差数值的大小；二是公差带的位置，它取决于极限偏差的大小。

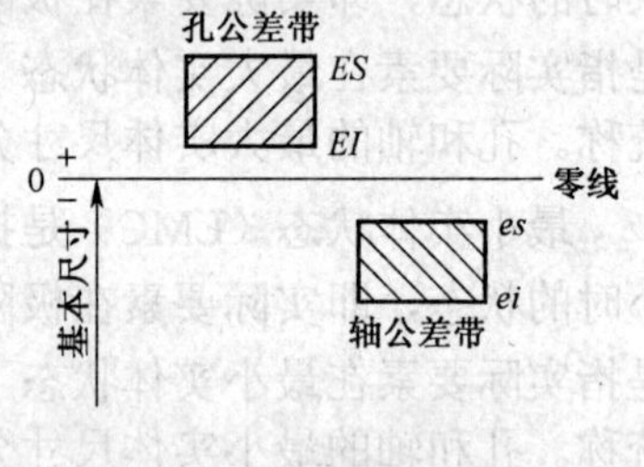

图 2-5 尺寸公差带图

4. 配合的术语及定义

（1）间隙与过盈。孔的尺寸减去相配合的轴的尺寸为正时是间隙，为负时是过盈。因此，间隙就是负过盈，过盈也就是负间隙。间隙以X表示，过盈以Y表示。

当设计给定了相互配合的孔、轴极限尺寸（或极限偏差）以后，也就相应地确定了间隙或过盈允许变动的界限，亦称为极限间隙（最大间隙X_{max}与最小间隙X_{min}）或极限过盈（最大过盈Y_{max}与最小过盈Y_{min}）。它们与相配孔、轴的极限尺寸或极限偏差的关系为

$$X_{max} = D_{max} - d_{min} = ES - ei \tag{2-9}$$

$$X_{min} = D_{min} - d_{max} = EI - es \tag{2-10}$$

（2）配合。配合是指基本尺寸相同的，相互结合的孔和轴公差带之间的关系。由于配合是指一批孔、轴的装配关系，而不是指单个孔和轴的装配关系，所以用公差带关系来反映配合比较确切。根据孔、轴公差带相对位置关系不同，可以把配合分成 3 类。

① 间隙配合　它是指具有间隙（包括最小间隙等于零）的配合。此时，孔的公差带在轴的公差带之上，如图 2-6（a）所示，表示对间隙配合松紧程度要求的特征值是最大间隙 X_{max} 和最小间隙 X_{min}。有时也用平均间隙 X_{av}，它是最大间隙与最小间隙的平均值，即

$$X_{av} = (X_{max} + X_{min})/2 \tag{2-11}$$

② 过盈配合　它是指具有过盈（包括最小过盈等于零）的配合，此时，孔的公差带在轴的公差带之下，如图 2-6（b）所示，表示过盈配合松紧程度要求的特征值是最大过盈 Y_{max} 与最小过盈 Y_{min}。有时也用平均过盈 Y_{av}，它是最大过盈与最小过盈的平均值，即

$$Y_{av} = (Y_{max} + Y_{min})/2 \tag{2-12}$$

③ 过渡配合　它是指可能具有间隙或过盈的配合。此时，孔的公差带与轴的公差带相互交叠，如图 2-6（c）所示，表示过渡配合松紧程度要求的特征值是最大间隙 X_{max} 与最大过盈 Y_{max}。

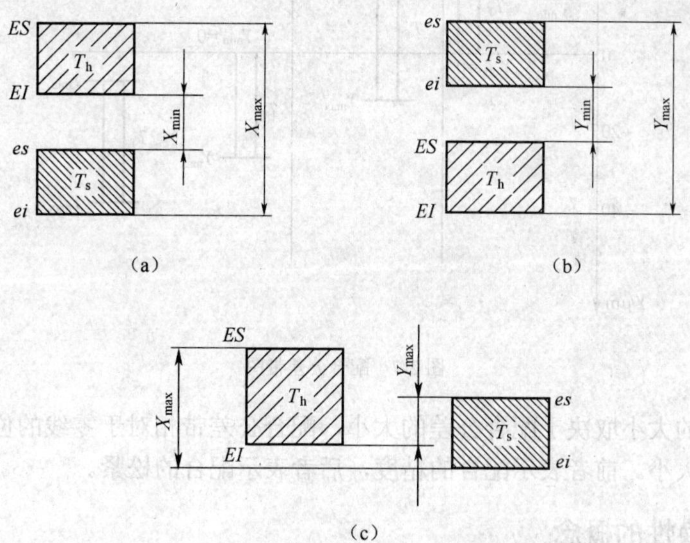

图 2-6　配合的种类（性质）

（3）配合公差。配合公差为组成配合的孔、轴公差之和，它是允许间隙或过盈的变动量。配合公差是反映配合松紧程度一致性要求的特征值，以 T_f 表示，其公式如下：

间隙配合

$$T_f = X_{max} - X_{min} = T_h + T_s \tag{2-13}$$

过盈配合

$$T_f = Y_{min} - Y_{max} = T_h + T_s \tag{2-14}$$

过渡配合

$$T_f = X_{max} - Y_{max} = T_h + T_s \tag{2-15}$$

由上可知，无论哪一类配合，配合公差都等于孔、轴公差之和，即

$$T_f = T_h + T_s \tag{2-16}$$

等式左边是设计要求，从性能角度看，T_f越小，则配合松紧程度的一致性越好；等式右边是工艺要求，从加工角度看，T_f、T_s越大，则加工越容易，两者是矛盾的，几何精度的设计实质上就是经济、合理地处理好这一设计与工艺之间的矛盾。

（4）配合公差带。配合公差带是指在配合公差带图中，由代表极限间隙或极限过盈的两条直线所限定的区域。配合公差带图就是以零间隙（零过盈）为零线，用适当比例画出极限间隙或极限过盈，以表示间隙或过盈允许变动范围的图形，如图 2-7 所示。通常，零线水平放置，零线以上表示间隙，零线以下表示过盈。

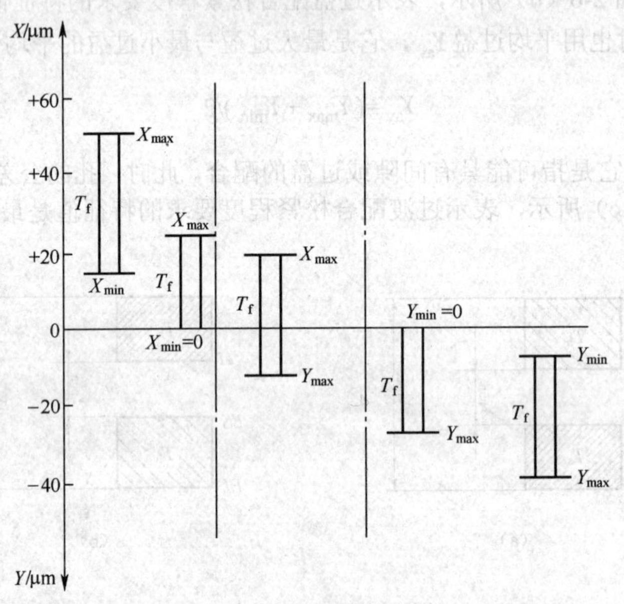

图 2-7　配合公差带图

配合公差带的大小取决于配合公差的大小，配合公差带相对于零线的位置取决于极限间隙或极限过盈的大小。前者表示配合的精度，后者表示配合的松紧。

2.1.2　互换性的概念

1. 互换性的定义

在图 2-1 中，如果轴承坏了，只要买一个相同规格的轴承换上就可以使用。为什么能够这样方便呢？这是因为合格产品中的零部件具有在尺寸、功能上彼此互相替代的性能，这就是通常所说的互换性。

互换性是指独立制造的同一规格的一批机械零件或部件，无须经过任何选择、辅助加工

和调整，就能互相替代使用，并满足使用要求的特性。

2. 互换性的分类

在零部件的生产过程中，按互换性的程度可将其分为完全互换和不完全互换。

零部件装配或更换时，无须选择、调整和修配就能够互换，称为完全互换。例如，加工一批图 2-1 中所示减速箱传动轴部件的蜗轮和传动轴，要求装配后保证一定的配合性质，由此，规定了蜗轮孔和传动轴的尺寸允许变动的范围。蜗轮孔和传动轴加工后只要符合设计规定，那么任一蜗轮孔与传动轴的配合都能够满足一定的配合性质，则它们就具有完全互换性。

但是，当装配精度要求较高时，采用完全互换会使零件的尺寸允许变动范围很小，加工困难，加工成本提高，甚至无法加工。这时，如果将零件的制造公差适当地放大，使它便于加工，而在零件加工完后，再用测量器具将零件的实际尺寸按大小分为若干组，使每组零件间实际尺寸差别减小，装配时按相应的组进行搭配（如大孔与大轴配，小孔与小轴配）。这样，既可保证装配精度和使用要求，又能解决加工困难，降低成本。此时，仅组内零件可以互换，组与组之间不能互换，因此称为不完全互换。不完全互换可以用分组装配法、调整法等来实现。

3. 标准化

标准化定义为：在经济、技术、科学及管理等社会实践中，对重复性的事物和概念，通过制定、发布和实施标准达到统一，以获得最佳秩序和社会效益。由此可见，标准化是标准的制定、发布和贯彻实施的全部活动过程，包括从调查标准化对象开始，经试验、分析和综合归纳，进而制定和贯彻标准，以后还要修订标准等。标准化是以标准形式体现的，也是一个不断循环，不断提高的过程。

标准的种类极其繁多，可从不同角度对标准进行分类。按一般习惯将标准分为技术标准、管理标准、工作标准；按照标准发挥作用的范围，将其分为国际标准、区域标准、国家标准、专业标准、地方标准和企业标准；按标准在标准系统中的地位，可将其分为基础标准和一般标准；按标准的法律属性，可将其分为强制执行标准和推荐执行标准。

标准化是实现专业化协作生产的前提和基础，是实现互换性的基础，它可以减少浪费、促进信息交流和提高产品质量。在国际交流中，有了标准化，可以消除贸易壁垒。因此，标准化是组织现代化生产的重要手段，是科学管理的重要组成部分。

在机械制造中，生产出来的零件都存在一定的误差，包括尺寸误差，形状、位置误差，表面粗糙度等。为了使用上、设计上等各方面的需要，确保互换性，国家对上述误差都制定了相应的国家标准。

2.2　公差与配合标准简介和选用

标准化是实现互换性的前提。尺寸的公差与配合是一项应用广泛而重要的标准，也是最典型、最基础的标准。同时公差与配合的选择是机械设计与制造中的一个重要环节，选择是否恰当，对产品的性能、质量、互换性及经济性有着重要影响。

2.2.1　公差与配合标准的主要内容

公差带的标准化是指公差带大小和位置的标准化，这是公差与配合标准的核心内容。

经标准化的公差与偏差制度称为极限制，它是一系列标准的孔、轴公差数值和极限偏差数值。配合制则是同一极限制的孔和轴组成配合的一种制度。

1．标准公差系列

标准公差等级：极限与配合在基本尺寸至 500mm 内规定了 IT01，IT0，IT1，…，IT18 共 20 个标准等级。由若干标准公差所组成的系列称为标准公差系列，它以表格的形式列出，称为标准公差数值，如表 2-1 所示。标准公差等级 IT01 和 IT0 在工业中很少采用，可查阅相关资料。表 2-1 中摘录了部分标准公差数值，详细资料可查阅相关标准。

表 2-1　　标准公差数值

基本尺寸/mm		标准公差等级																	
		IT1	IT2	IT3	IT4	IT5	IT6	IT7	IT8	IT9	IT10	IT11	IT12	IT13	IT14	IT15	IT16	IT17	IT18
大于	至	μm											mm						
—	3	0.8	1.2	2	3	4	6	10	14	25	40	60	0.1	0.14	0.25	0.4	0.6	1	1.4
3	6	1	1.5	2.5	4	5	8	12	18	30	48	75	0.12	0.18	0.3	0.48	0.75	1.2	1.8
6	10	1	1.5	2.5	4	6	9	15	22	36	58	90	0.15	0.22	0.36	0.58	0.9	1.5	2.2
10	18	1.2	2	3	5	8	11	18	27	43	70	110	0.18	0.27	0.43	0.7	1.1	1.8	2.7
18	30	1.5	2.5	4	6	9	13	21	33	52	84	130	0.21	0.33	0.52	0.84	1.3	2.1	3.3
30	50	1.5	2.5	4	7	11	16	25	39	62	100	160	0.25	0.39	0.62	1	1.6	2.5	3.9
50	80	2	3	5	8	13	19	30	46	74	120	190	0.3	0.46	0.74	1.2	1.9	3	4.6
80	120	2.5	4	6	10	15	22	35	54	87	140	220	0.35	0.54	0.87	1.4	2.2	3.5	5.4
120	180	3.5	5	8	12	18	25	40	63	100	160	250	0.4	0.63	1	1.6	2.5	4	6.3
180	250	4.5	7	10	14	20	29	46	72	115	185	290	0.46	0.72	1.15	1.85	2.9	4.6	7.2
250	315	6	8	12	16	23	32	52	81	130	210	320	0.52	0.81	1.3	2.1	3.2	5.2	8.1
315	400	7	9	13	18	25	36	57	89	140	230	360	0.57	0.89	1.4	2.3	3.6	5.7	8.9

2．基本偏差系列

基本偏差是指在极限与配合制中，确定公差带相对零线位置的那个极限偏差（一般为靠近零线的那个偏差），如图 2-8 所示，基本偏差是决定公差带位置的参数。为了公差带位置的标准化，满足孔和轴配合松紧程度的不同要求，国标规定了孔和轴的基本偏差系列。

（1）基本偏差代号及特点。在标准基本偏差系列中，国标对孔和轴各设定了 28 个基本偏差，它们的代号用英文字母表示，大写表示孔的基本偏差，小写表示轴的基

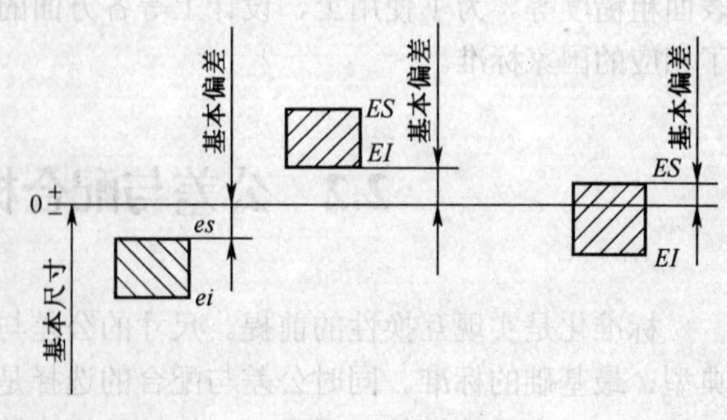

图 2-8　基本偏差

本偏差，如图 2-9 所示。

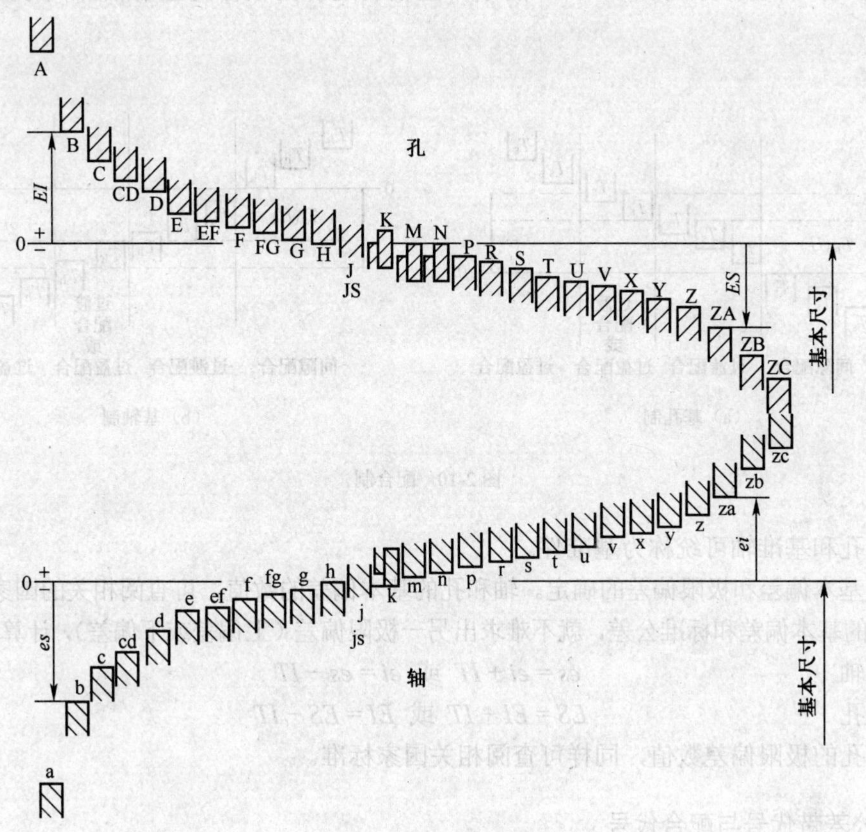

图 2-9　基本偏差系列图

由图可见，基本偏差有如下特点。

① 孔与轴同字母的基本偏差相对零线基本呈对称分布。对于轴，a～h 的基本偏差为上偏差 *es*，j～zc（js 除外）的基本偏差为下偏差 *ei*；对于孔，A～H 的基本偏差为下偏差 *EI*，J～ZC（JS 除外）的基本偏差为上偏差 *ES*。

② 由于 js 和 JS 所形成的公差带相对于零线对称分布，因此其基本偏差可以是上偏差（+IT/2）或下偏差（−IT/2）。

③ h 和 H 的基本偏差均为零，即 h 的上偏差 $es=0$，H 的下偏差 $EI=0$。

④ 代号 K，M，N 随公差等级不同而有两种基本偏差，k 在 IT4～IT7 时，基本偏差 *ei* 为正值，其他公差等级时 *ei* 为零。

（2）配合制。配合制是确定基本偏差系列的基础，同时又是为了以尽可能少的标准公差带形成最多种类的配合。为此国标规定了以下两种配合制：基孔制配合和基轴制配合，如图 2-10 所示。

基孔制配合是指基本偏差为一定的孔的公差带，与不同基本偏差的轴的公差带形成各种配合的一种制度，如图 2-10（a）所示。基孔制配合的孔称为基准孔，代号为 H，并规定 $EI=0$。如图 2-1 中所示的 $\phi 46\dfrac{H7}{js6}$ 即为基孔制配合。

基轴制配合是指基本偏差为一定的轴的公差带，与不同基本偏差的孔的公差带形成各种配合的一种制度，如图 2-10（b）所示。基轴制配合的轴称为基准轴，代号为 h，并规定 $es=0$。

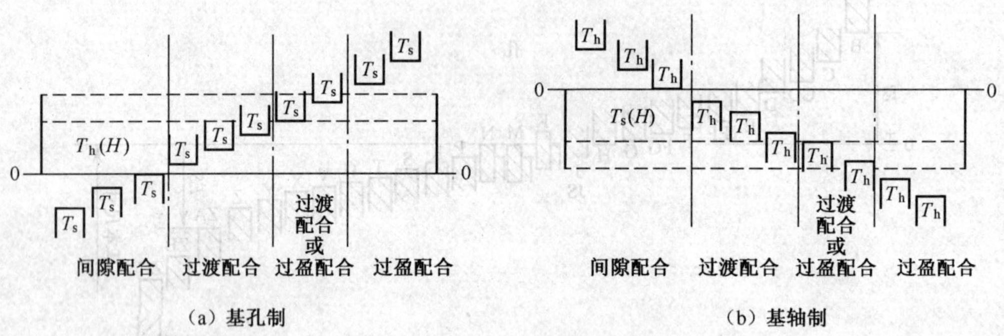

（a）基孔制　　（b）基轴制

图 2-10　配合制

基准孔和基准轴可统称为基准件。

（3）基本偏差和极限偏差的确定。轴和孔的基本偏差的数值，可查阅相关的国家标准。有了轴和孔的基本偏差和标准公差，就不难求出另一极限偏差（上偏差或下偏差），计算公式如下：

对于轴`　$$es = ei + IT \text{ 或 } ei = es - IT \tag{2-17}$$

对于孔　$$ES = EI + IT \text{ 或 } EI = ES - IT \tag{2-18}$$

轴和孔的极限偏差数值，同样可查阅相关国家标准。

3. 公差带代号与配合代号

（1）公差带代号。对于基本尺寸一定的孔和轴，若给定了基本偏差代号和公差等级，则其公差带的位置和大小即已完全确定。标准规定：在基本偏差代号之后加注公差等级的代号（数字），就称为公差带代号，如 H8、F8、D9 等为孔的公差带代号，h7、f7、k6 等为轴的公差带代号。图 2-1 中所示尺寸 ϕ35js6 中的 js6 即为轴的公差带代号，其极限偏差可查有关标准得出为 ±0.008 。

（2）配合代号。将相配孔、轴的公差带代号写成分数形式，分子为孔的公差带代号，分母为轴的公差带代号，就称为配合代号，如图 2-1 中所示尺寸 $\phi 46\frac{\text{H7}}{\text{js6}}$ 的 H7/js6 即为配合代号。

4. 公差带与配合的优化

（1）优先、常用和一般用途公差带。图 2-11 所示为轴的一般公差带共 116 种，常用公差带（方框内的）为 59 种，优先公差带（圆圈中）为 13 种。

图 2-12 所示为孔的一般公差带共 105 种，常用公差带（方框内的）为 44 种，优先公差带（圆圈中）为 13 种。

（2）优先和常用配合。表 2-2 所示为基孔制的常用配合共 59 种，优先配合（方框内）为 13 种。

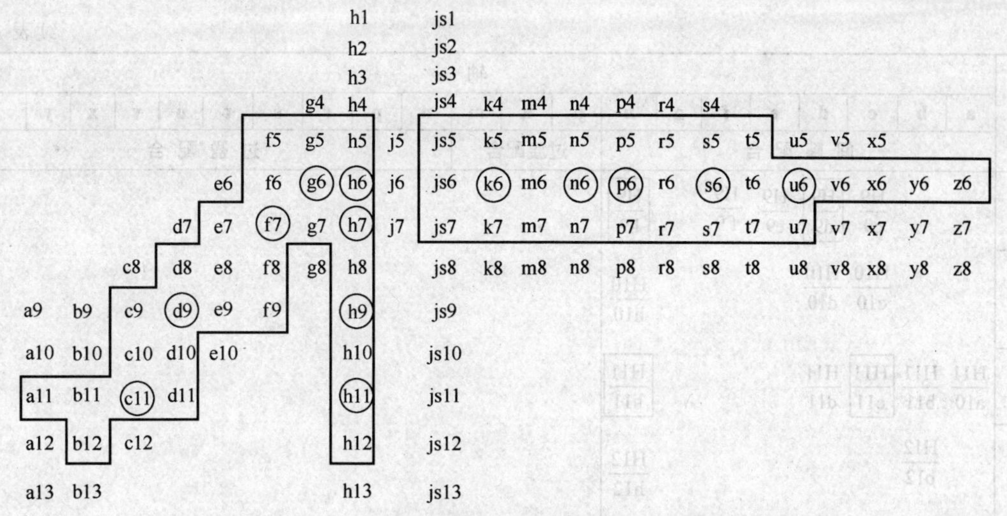

图 2-11　优先、常用和一般用途的轴的公差带

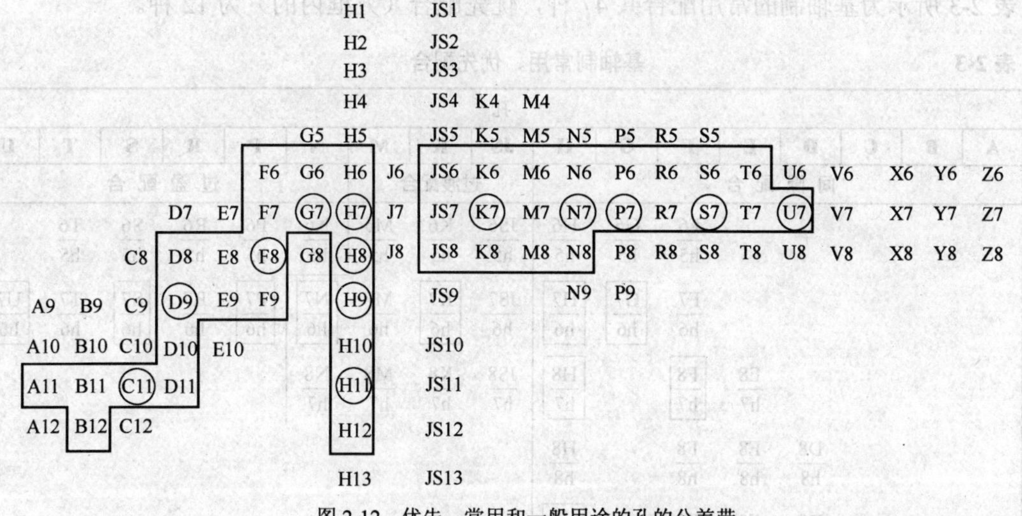

图 2-12　优先、常用和一般用途的孔的公差带

表 2-2　　**基孔制常用、优先配合**

基准孔	轴																				
	a	b	c	d	e	f	g	h	js	k	m	n	p	r	s	t	u	v	x	y	z
	间隙配合								过渡配合				过盈配合								
H6						$\frac{H6}{f5}$	$\frac{H6}{g5}$	$\frac{H6}{h5}$	$\frac{H6}{js5}$	$\frac{H6}{k5}$	$\frac{H6}{m5}$	$\frac{H6}{n5}$	$\frac{H6}{p5}$	$\frac{H6}{r5}$	$\frac{H6}{s5}$	$\frac{H6}{t5}$					
H7						$\frac{H7}{f6}$	$\frac{H7}{g6}$	$\frac{H7}{h6}$	$\frac{H7}{js6}$	$\frac{H7}{k6}$	$\frac{H7}{m6}$	$\frac{H7}{n6}$	$\frac{H7}{p6}$	$\frac{H7}{r6}$	$\frac{H7}{a6}$	$\frac{H7}{t6}$	$\frac{H7}{u6}$	$\frac{H7}{v6}$	$\frac{H7}{x6}$	$\frac{H7}{y6}$	$\frac{H7}{z6}$
H8					$\frac{H8}{e7}$	$\frac{H8}{f7}$	$\frac{H8}{g7}$	$\frac{H8}{h7}$	$\frac{H8}{js7}$	$\frac{H8}{k7}$	$\frac{H8}{m7}$	$\frac{H8}{n7}$	$\frac{H8}{p7}$	$\frac{H8}{r7}$	$\frac{H8}{s7}$	$\frac{H8}{t7}$	$\frac{H8}{u7}$				
				$\frac{H8}{d8}$	$\frac{H8}{e8}$	$\frac{H8}{f8}$		$\frac{H8}{h8}$													

续表

基准孔	轴																				
	a	b	c	d	e	f	g	h	js	k	m	n	p	r	s	t	u	v	x	y	z
	间隙配合								过渡配合				过盈配合								
H9			H9/c9	H9/d9	H9/e9	H9/f9		H9/h9													
H10			H10/c10	H10/d10				H10/h10													
H11	H11/a10	H11/b11	H11/c11	H11/d11				H11/h11													
H12		H12/b12						H12/h12													

注：带方框者为优先配合。

表 2-3 所示为基轴制的常用配合共 47 种，优先配合（方框内的）为 12 种。

表 2-3　　基轴制常用、优先配合

基准轴	孔																
	A	B	C	D	E	F	G	H	JS	K	M	N	P	R	S	T	U
	间隙配合								过渡配合				过盈配合				
h5						F6/h5	G6/h5	H6/h5	JS6/h5	K6/h5	M6/h5	N6/h5	P6/h5	R6/h5	S6/h5	T6/h5	
h6						F7/h6	G7/h6	H7/h6	JS7/h6	K7/h6	M7/h6	N7/h6	P7/h6	R7/h6	S7/h6	T7/h6	U7/h6
h7					E8/h7	F8/h7		H8/h7	JS8/h7	K8/h7	M8/h7	N8/h7					
h8				D8/h8	E8/h8	F8/h8		H8/h8									
h9				D9/h9	E9/h9	F9/h9		H9/h9									
h10				D10/h10				H10/h10									
h11	A11/h11	B11/h11	C11/h11	D11/h11				H11/h11									
h12		B12/h12						H12/h12									

注：带方框者为优先配合。

2.2.2　公差与配合的选择

公差与配合（极限与配合）国家标准的应用，实际上就是如何根据使用要求正确合理地选择符合标准规定的孔、轴的公差带大小和公差带位置。在基本尺寸确定以后，就是配合制、公差等级和配合种类的选择问题。

1. 配合制的选择

国家标准规定的孔、轴基本偏差数值，可以保证在一定条件下基孔制的配合与相应的基轴制配合性质相同。所以，在一般情况下，无论选用基孔制配合还是基轴制配合，都可以满足同样的使用要求。可以说，配合制的选择基本上与使用要求无关，主要的考虑因素是生产的经济性和结构的合理性。

（1）一般情况下优先选用基孔制配合。从工艺上看，对较高精度的中小尺寸孔，广泛采用定值刀、量具（钻头、铰刀、拉刀、塞规等）加工和检验，每把刀具只能加工一种尺寸的孔。加工轴则不然，不同尺寸的轴只需要用某种刀具通过调整其与工件的相对位置即可加工。因此，采用基孔制可减少定值刀、量具的规格和数量，经济性较好，如图 2-1 中所示尺寸 $\phi46\dfrac{H7}{js6}$ 即为基孔制配合。

（2）在某些情况下应当选用基轴制。①直接采用冷拉钢材做轴，不再切削加工，宜采用基轴制。例如，农机、纺机和仪表等机械产品中，一些精度要求不高的配合，常用冷拉钢材直接做轴，而不必加工，此时可用基轴制。②有些零件由于结构或工艺上的原因，必须采用基轴制。例如，图 2-13 所示的活塞连杆机构，工作时活塞销与连杆小头孔需有相对运动，而与活塞孔无相对运动。因此，前者应采用间隙配合，后者采用较紧的过渡配合。当采用基孔制配合时如图 2-13（b）所示，活塞销要制成两头大、中间小的阶梯形，这样不仅不便于加工，更重要的是装配时会挤伤连杆小头孔表面。当采用基轴制配合时，如图 2-13（c）所示，则不存在这种情况。

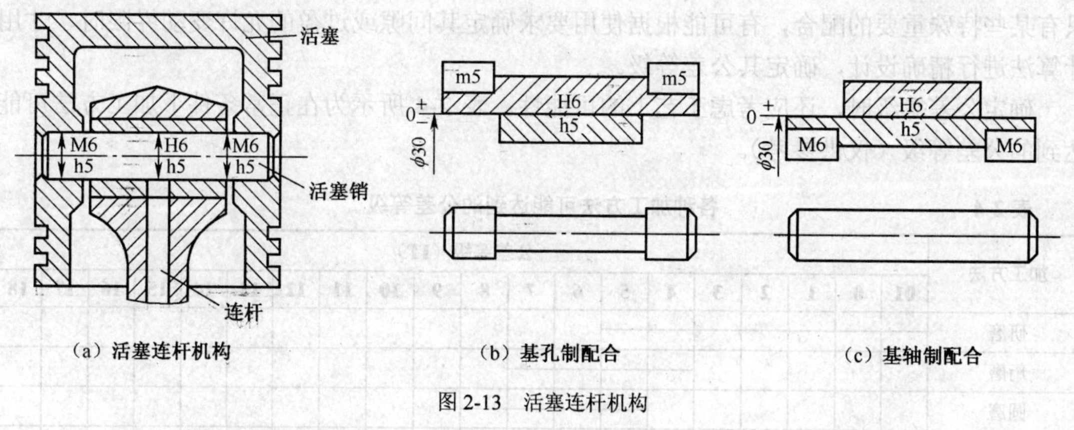

图 2-13　活塞连杆机构

（3）与标准件配合时应按标准件确定。例如，为了获得所要求的配合性质，滚动轴承内圈与轴的配合应采用基孔制配合，如图 2-1 中所示的尺寸 $\phi35js6$。而滚动轴承外圈与壳体孔的配合应采用基轴制配合，如图 2-1 中所示的尺寸 $\phi72K7$。

（4）特殊需要时采用非基准件配合。例如，图 2-14（a）所示的隔套是将两个滚动轴承隔开以提高刚性作轴向定位用的。为了便于安装，隔套与齿轮轴筒的配合应选用间隙配合。由于齿轮轴筒与滚动轴承的配合已按基孔制选定了 js6 公差带，因此隔套内孔公差带只好选用非基准孔公差带，才能得到间隙配合，如图 2-14（b）所示。

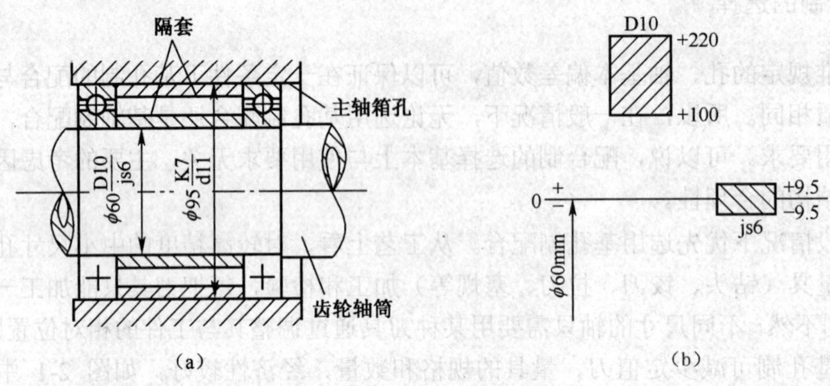

图 2-14 非基准制应用实例

2. 公差等级的选用

公差等级的选择十分重要，但要准确地选定是十分困难的。公差等级过低，将不能满足使用性能的要求和保证产品质量；公差等级过高，将使生产成本成倍地增加，显然不符合经济性的要求，所以，选择时必须综合考虑这两个对立方面的要求，正确合理地确定公差等级。一般情况下可从以下几个方面来考虑。

(1) 既实用又经济。在满足使用要求的条件下，尽可能选用较低的公差等级，这样可以取得较好的综合经济效益。生产中主要采用类比法来确定公差等级，所谓类比法就是参考经过被实践证明为合理的类似产品上的相应尺寸的公差，来确定要求设计的孔、轴公差等级。只有某些特殊重要的配合，有可能根据使用要求确定其间隙或过盈的允许变动界限时，才用计算法进行精确设计，确定其公差等级。

确定公差等级时，还应考虑工艺上的可能性。表 2-4 所示为在正常条件下加工方法可能达到的公差等级（仅供参考）。

表 2-4　各种加工方法可能达到的公差等级

加工方法	公差等级（IT）																			
	01	0	1	2	3	4	5	6	7	8	9	10	11	12	13	14	15	16	17	18
研磨																				
珩磨																				
圆磨																				
平磨																				
金刚石车																				
金刚石镗																				
拉削																				
铰孔																				
车																				
镗																				
铣																				

续表

加工方法	公差等级（IT）																			
	01	0	1	2	3	4	5	6	7	8	9	10	11	12	13	14	15	16	17	18
刨、插																				
钻																				
滚压、挤压																				
冲压																				
压铸																				
粉末冶金成形																				
粉末冶金烧结																				
砂型铸造、气割																				
锻造																				

（2）工艺等价。工艺等价原则上是指使相配合的孔、轴加工难易程度相当。对于基本尺寸≤500mm 的较高公差等级的配合，由于孔比同级轴的加工成本高，所以，当标准公差≤IT8 时，国标推荐孔比轴低一级相配合。但对于基本尺寸≤500mm、标准公差>IT8，或基本尺寸>500mm 的配合，孔、轴加工难易程度相当，取同级配合。

（3）与相配零件的精度相适应。例如，与齿轮孔配合的轴的公差等级要与齿轮精度相适应；与滚动轴承配合的轴颈或壳体孔的公差等级，应与滚动轴承的精度相当。

3. 配合种类的选用

选择配合种类的主要依据是使用要求，应该按照工作条件要求的松紧程度（由配合的孔、轴公差带相对位置决定）来选择适当的配合。选择基本偏差代号通常有以下 3 种方法。

（1）计算法。计算法是根据一定的理论和公式，计算出所需间隙和过盈，然后对照国标选择适当配合的方法。例如，对高速旋转运动的间隙配合，可用流体润滑理论计算，保证滑动轴承处于液体摩擦状态所需的间隙；对不加辅助件（如键、销等）传递转矩的过盈配合，可用弹塑性变形理论算出所需的最小过盈。计算法虽然麻烦，但是理论根据较充分，方法较科学。由于影响配合间隙或过盈的因素很多，所以在实际应用时还需经过试验来确定。

（2）试验法。试验法是根据多次试验的结果，寻求最合理的间隙或过盈，从而确定配合的一种方法。这种方法主要用于重要的、关键性的一些配合，如机车车轴与轴轮的配合，就是用试验方法来确定的。一般采用试验法得出的结果较为准确可靠，但工作量大，费用昂贵。

（3）类比法。类比法是指在同类型机器或机构中，经过生产实践验证的已用配合的实例，再考虑所设计机器的使用要求，并进行分析、对比，确定所需配合的方法。类比法在生产实践中被广泛使用，要掌握这种方法，应该做到以下两点。

① 分析零件的工作条件和使用要求　用类比法选择配合种类时，要先根据工作条件的要求确定配合类别。若工作时相配孔、轴有相对运动，或虽无相对运动却要求装拆方便，则应选用间隙配合；主要靠过盈来保证相对静止或传递负荷的相配孔、轴，应该选用过盈配合；

若相配孔、轴既要求对准中心（同轴），又要求装拆方便，则应选用过渡配合。配合类别确定后，再进一步选择配合的松紧。

② 了解各配合的特性与应用　基准制选定后，配合的松紧程度的选择就是选取非基准件的基本偏差代号。为此，必须了解各基本偏差代号的配合特性。表 2-5 所示为按基孔制配合的轴的基本偏差特性及应用（对基轴制配合的同名的孔的基本偏差也同样适用）。

表 2-5　　轴的基本偏差特性及应用

配合	基本偏差	特性及应用
间隙配合	a，b	可得到特别大的间隙，应用很少
	c	可得到很大的间隙，一般适用于缓慢、松弛的动配合。用于工作条件较差（如农业机械）、受力变形或为了便于装配，而必须保证有较大的间隙时，推荐配合为 H11/c11。其较高等级的 H8/c7 配合，适用于轴在高温工作的紧密配合，如内燃机排气阀和导管
	d	一般用于 IT7～IT11 级，适用于松的转动配合，如密封盖、滑轮、空转带轮等与轴的配合。也适用于大直径滑动轴承配合，如透平机、球磨机、轧滚成形和重型弯曲机，以及其他重型机械中的一些滑动轴承
	e	多用于 IT7～IT9 级，通常用于要求有明显间隙、易于转动的轴承配合，如大跨距轴承、多支点轴承等配合。高等级的适用于大的、高速、重载支撑，如涡轮发电机、大型电动机及内燃机主要轴承、凸轮轴轴承等配合
	f	多用于 IT6～IT8 级的一般转动配合。当温度影响不大时，被广泛用于普通润滑油（或润滑脂）润滑的支撑，如齿轮箱、小电动机、泵等的转轴与滑动轴承的配合
	g	配合间隙很小，制造成本高，除载荷很轻的精密装置外，不推荐用于转动配合。多用于 IT5～IT7 级，最适合不回转的精密滑动配合，也用于插销等定位配合，如精密连杆轴承、活塞及滑阀、连杆销等
	h	多用于 IT4～IT11 级，广泛用于无相对转动的零件，作为一般的定位配合。若没有温度、变形等影响，也用于精密滑动配合
过渡配合	js	偏差完全对称（±IT/2），平均间隙较小的配合，多用于 IT4～IT7 级，要求间隙比 h 轴小，并允许略有过盈的定位配合，如联轴器、齿圈与钢制轮毂，可用木锤装配
	k	平均间隙接近于零的配合，适用于 IT4～IT7 级，推荐用于稍有过盈的定位配合，如为了消除振动用的定位配合，一般用木锤装配
	m	平均过盈较小的配合，适用于 IT4～IT7 级，一般可用木锤装配，但在最大过盈时，要求相当的压入力
	n	平均过盈比 m 轴稍大，很少得到间隙，适用于 IT4～IT7 级，用锤或压入机装配，通常推荐用于紧密的组件配合。H6/n5 配合时为过盈配合
过盈配合	p	与 H6 或 H7 孔配合时是过盈配合，与 H8 孔配合时则为过渡配合。对非铁类零件，为较轻的压入配合，当需要时易于拆卸。对钢、铸铁或铜、钢组件装配是标准压入配合
	r	对钢铁类零件为中等打入配合，对非铁类零件，为轻打入的配合，当需要时可以拆卸。与 H8 孔配合，直径在 100mm 以上时为过盈配合，直径小时为过渡配合
	s	用于钢铁类零件的永久性和半永久性装配，可产生相当大的接合力。当用弹性材料，如轻合金时，配合性质与钢铁类零件的 p 轴相当，如套环压装在轴上、阀座等的配合。尺寸较大时，为了避免损伤配合表面，需用热胀法或冷缩法装配
	t	过盈较大的配合。对钢和铸铁零件适用于作永久性接合，不用键可传递转矩，需用热胀法或冷缩法装配，如联轴器与轴的配合
	u	这种配合过盈大，一般应验算在最大过盈时，工件材料是否损坏，要用热胀法或冷缩法装配，如火车轮毂和轴的配合
	v，x，y，z	这些基本偏差所组成的配合过盈量更大，目前能参考的经验和资料还很少，必须经试验后才可以应用，一般不推荐

在实际工作中，应根据工作条件的要求，首先从标准规定的优先配合中选用，不能满足要求时，再从常用配合中选用。若常用配合还不能满足要求，则可依次由优先公差带、常用公差带以及一般用途公差带中选择适当的孔、轴组成要求的配合。在个别特殊情况下，也允许根据国家标准规定的标准公差系列和基本偏差系列，组成孔、轴公差带，获得适当的配合。表 2-6 所示为标准规定的基孔制和基轴制各 10 种优先配合的选用说明（仅供参考）。

表 2-6　　优先配合的选用说明

优先配合	说　明
$\frac{H11}{c11}$, $\frac{C11}{h11}$	间隙极大。用于转速很高，轴、孔温差很大的滑动轴承；要求大公差、大间隙的外露部分；要求装配极方便的配合
$\frac{H9}{d9}$, $\frac{D9}{h9}$	间隙很大。用于转速较高、轴颈压力较大、精度要求不高的滑动轴承
$\frac{H8}{f7}$, $\frac{F8}{h7}$	间隙不大。用于中等转速、中等轴颈压力、有一定精度要求的一般滑动轴承；要求装配方便的中等定位精度的配合
$\frac{H7}{g6}$, $\frac{G7}{h6}$	间隙很小。用于低速转动或轴向移动的精密定位的配合；需要精确定位又经常装拆的不动配合
$\frac{H7}{h6}$, $\frac{H8}{h7}$, $\frac{H9}{h9}$, $\frac{H11}{h11}$	最小间隙为零。用于间隙定位配合，工作时一般无相对运动；也用于高精度低速轴向移动的配合。公差等级由定位精度决定
$\frac{H7}{k6}$, $\frac{K7}{h6}$	平均间隙接近于零。用于要求装拆的精密定位的配合
$\frac{H7}{n6}$, $\frac{N7}{h6}$	较紧的过渡配合。用于一般不拆卸的更精密定位的配合
$\frac{H7}{p6}$, $\frac{P7}{h6}$	过盈很小。用于要求定位精度高、配合刚性好的配合；不能只靠过盈传递载荷
$\frac{H7}{s6}$, $\frac{S7}{h6}$	过盈适中。用于靠过盈传递中等载荷的配合
$\frac{H7}{u6}$, $\frac{U7}{h6}$	过盈较大。用于靠过盈传递较大载荷的配合。装配时需加热孔或冷却轴

2.3　形位公差简介

在图 2-2 和图 2-3 中，[≡|0.03|A—B]，[↗|0.02|A—B]，[↗|0.03|A]等都表示形位公差。

各种零件的形体都是由称为几何要素的点、线、面所构成的。形位公差研究的对象，就是零件几何要素本身的形状精度和有关要素之间的位置精度。几何要素可从不同角度分类。

① 按结构特征分为轮廓要素和中心要素。轮廓要素是指构成零件外形的能直接为人们感觉到的点、线、面；中心要素指轴线、中心平面、球心等。

② 按存在状态分为理想要素和实际要素。理想要素是具有几何学意义的要素；实际要素

是通过测量反映出来的要素，常用它来代替真实要素。显然，由于测量误差的影响，实际要素并非加工成形后的真实要素。

③ 按所处地位分为被测要素和基准要素。被测要素是在图样上给出了形状或位置公差要求的要素，是检测的对象；基准要素是用来确定被测要素方向或位置的要素。理想基准要素简称为基准。

④ 按功能关系分为单一要素和关联要素。单一要素是仅对其本身给出形状公差要求的要素；关联要素是对其他要素有方向和位置要求的要素。

2.3.1 形状公差

形状公差是指单一实际要素所允许的变动全量。形状公差包括直线度、平面度、圆柱度、线轮廓度和面轮廓度。线轮廓度、面轮廓度相对于基准有要求时，具有位置特征。

1. 直线度公差

直线度公差是限制实际直线对理想直线变动量的指标。

① 给定平面内的直线度：在给定平面内，公差带是距离为公差值 t 的两平行直线之间的区域。图 2-15 所示表面上的各条素线直线度公差为 0.1mm。实际表面上的各条素线必须位于箭头所指方向且距离为 0.1mm 的两平行直线之间。

② 给定一个方向上的直线度：在给定一个方向上，公差带是距离为公差值 t 的两平行平面之间的区域。图 2-16 所示棱线在 y 方向直线度公差为 0.02mm。实际棱线必须位于箭头所指方向且距离为 0.02mm 的两平行平面之间。

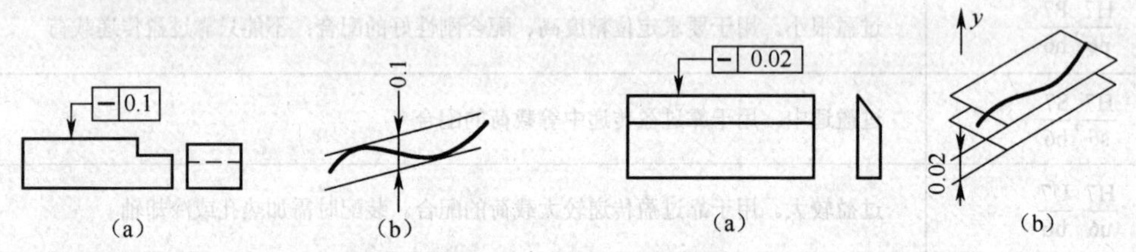

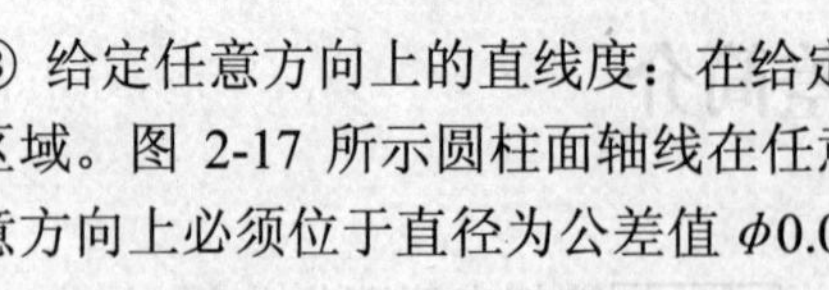

图 2-15 给定平面内的直线度标注示例图

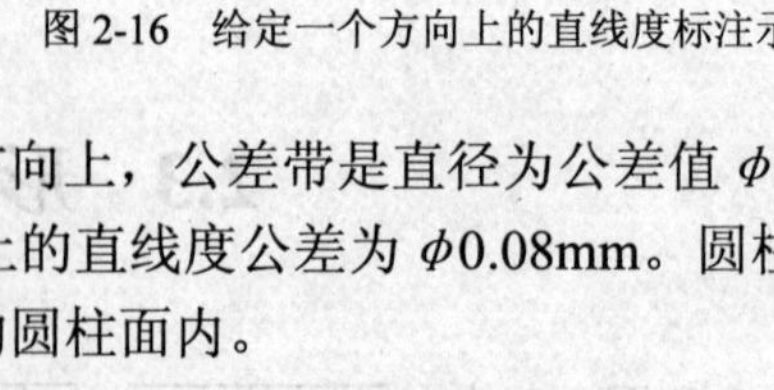

图 2-16 给定一个方向上的直线度标注示例

③ 给定任意方向上的直线度：在给定任意方向上，公差带是直径为公差值 ϕt 的圆柱面内的区域。图 2-17 所示圆柱面轴线在任意方向上的直线度公差为 ϕ0.08mm。圆柱面的轴线在任意方向上必须位于直径为公差值 ϕ0.08mm 的圆柱面内。

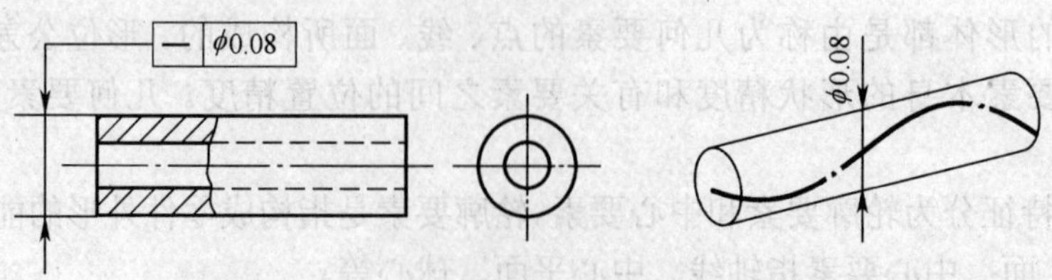

图 2-17 给定任意方向上的直线度标注示例

此外，还有给定互相垂直的两个方向上的直线度，这里不再详细叙述。

2. 平面度公差

平面度公差是限制实际表面对理想平面变动量的指标，它的公差带仅有一种形式，即距离为公差值 t 的两平行平面之间的区域。图 2-18 所示零件上表面的平面度公差为 0.08mm，实际表面必须位于距离为 0.08mm 的两平行平面之间。

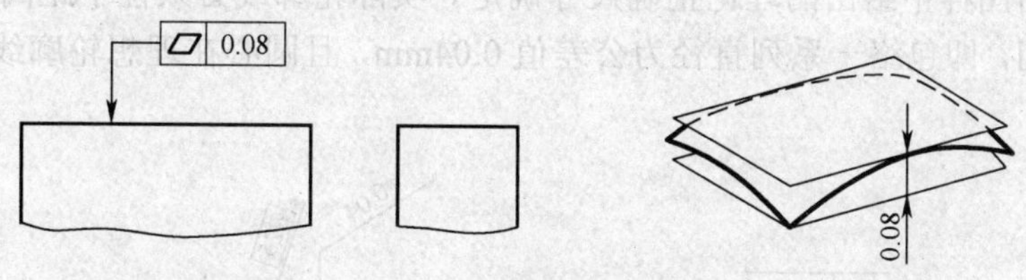

图 2-18　平面度标注示例

3. 圆度公差

圆度公差是限制实际圆对理想圆变动量的指标，它的公差带是半径差为公差值 t 的两同心圆之间的区域。图 2-19 所示圆柱表面的圆度公差为 0.02mm。在垂直于轴线的任一横截面上，零件的实际轮廓必须位于半径差为 0.02mm 的两同心圆之间。

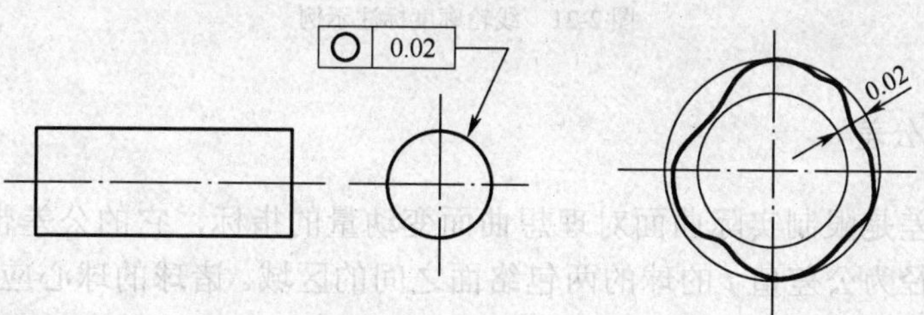

图 2-19　圆度标注示例

4. 圆柱度公差

圆柱度公差是限制实际圆柱面对理想圆柱面变动量的指标，它的公差带是半径差为公差值 t 的两同轴圆柱面之间的区域。图 2-20 所示圆柱面的圆柱度公差为 0.05mm，实际圆柱面

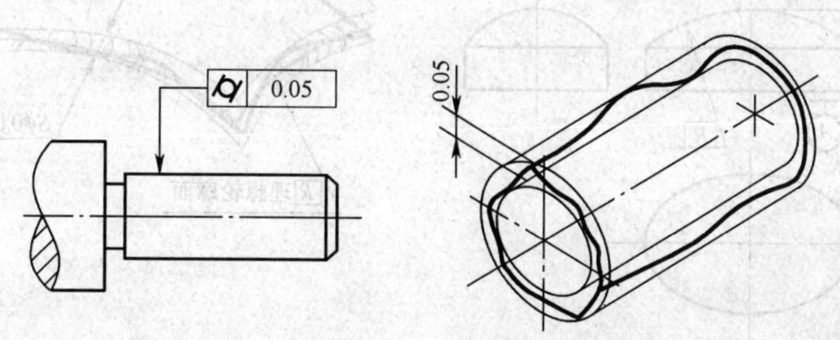

图 2-20　圆柱度标注示例

必须位于半径差为 0.05mm 的两同轴圆柱面之间。

5. 线轮廓度公差

线轮廓度公差是限制实际曲线对理想曲线变动量的指标，它的公差带是两等距曲线，即包络一系列直径为公差值 t 的圆的两包络线之间的区域，诸圆圆心应位于理想轮廓上。线轮廓度公差可以有基准要求。图 2-21 所示零件的上曲面的线轮廓度公差为 0.04mm，上曲面理想形状由图样中给出的理论正确尺寸确定。实际轮廓线必须位于距离为 0.04mm 的两等距曲线之间，即包络一系列直径为公差值 0.04mm，且圆心在理想轮廓线上的圆的两包络线之间。

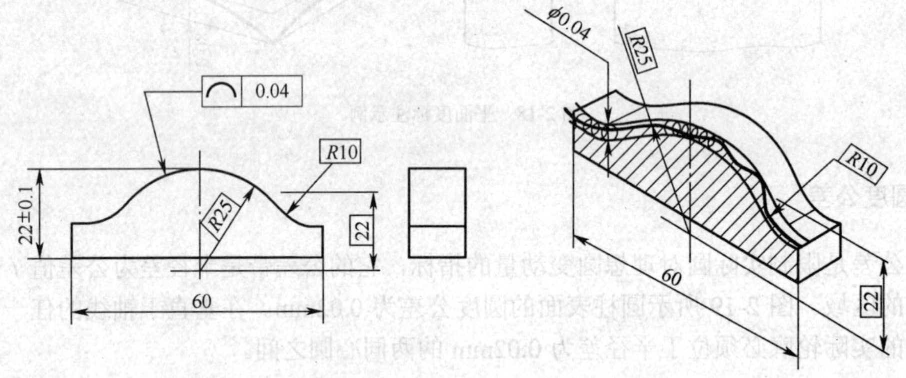

图 2-21 线轮廓度标注示例

6. 面轮廓度公差

面轮廓度公差是限制实际曲面对理想曲面变动量的指标，它的公差带是两等距曲面，即包络一系列直径为公差值 t 的球的两包络面之间的区域。诸球的球心应位于理想轮廓面上，面轮廓度可以有基准要求。图 2-22 所示半径为理论正确尺寸 R 的上轮廓面的面轮廓度公差为 0.02mm。实际上轮廓面必须位于距离为 0.02mm 的两等距曲面之间，即包络一系列球的两包络面之间，诸球的直径为 0.02mm，且球心在理想轮廓面上，理想轮廓面由 R 确定。

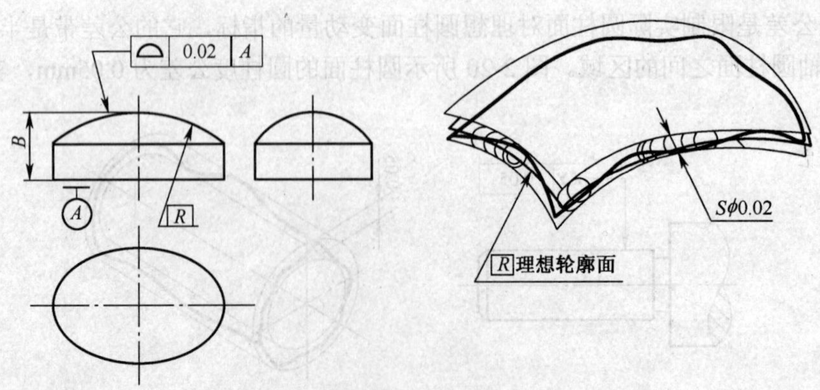

图 2-22 面轮廓度标注示例

2.3.2 位置公差

位置公差是指关联实际要素的方向和位置对基准所允许的变动全量，包括定向公差、定位公差和跳动公差。

1. 定向公差

定向公差是指关联实际要素对基准在方向上所允许的变动全量，它包括平行度、垂直度和倾斜度。各项指标都有线对线、线对面、面对线和面对面 4 种关系。

（1）平行度公差。平行度公差是限制实际要素对基准在平行方向上变动量的指标。

① 线对线：a）给定一个方向，图 2-23 所示上孔 ϕD_2 轴线对下孔 ϕD_1 轴线的平行度公差为 0.1mm。孔 ϕD_2 的实际轴线必须位于距离为 0.1mm 且平行于基准孔 ϕD_1 轴线 A 的两平行平面之间；b）给定任意方向，图 2-24 所示上孔 ϕD_2 轴线对下孔 ϕD_1 轴线的平行度公差在任意方向上均为 ϕ0.03mm。ϕD_2 的轴线必须位于直径为 ϕ0.03mm，且平行于基准孔 ϕD_1 轴线 A 的圆柱面内。此外，还有给定两个互相垂直的方向的平行度公差，这里不再详细叙述。

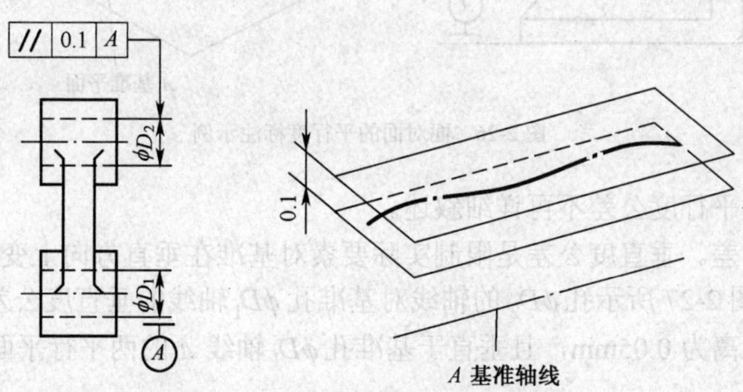

图 2-23　给定一个方向的平行度标注示例

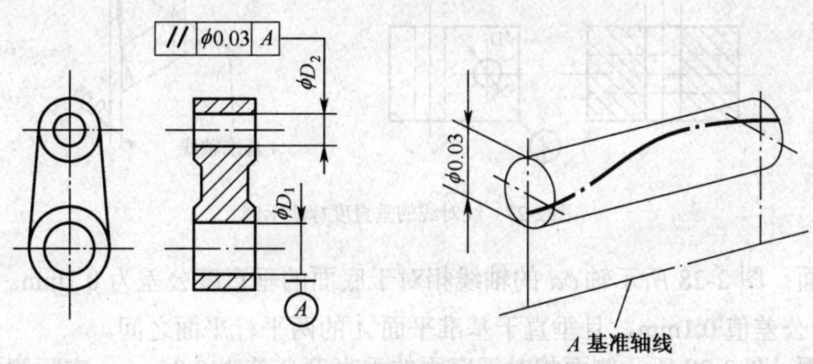

图 2-24　给定任意方向的平行度标注示例

② 线对面：图 2-25 所示孔 ϕD 轴线对底面的平行度公差为 0.03mm。孔 ϕD 的轴线必须位于距离为公差值 0.03mm，且平行于基准平面 A 的两平行平面之间。

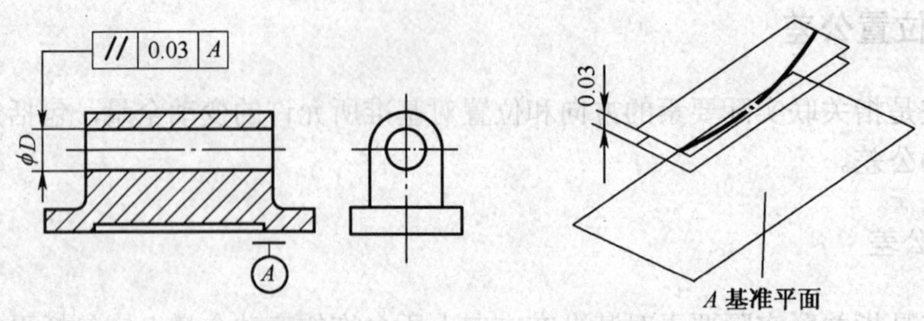

图 2-25 线对面的平行度标注示例

③ 面对面：图 2-26 所示上表面对下表面的平行度公差为 0.05mm。上表面必须位于距离为公差值 0.05mm，且平行于基准平面 *A* 的两平行平面之间。

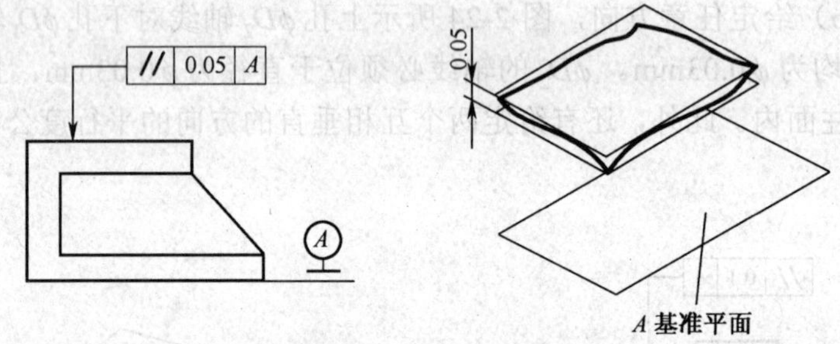

图 2-26 面对面的平行度标注示例

另外，面对线平行度公差不再详细叙述。

（2）垂直度公差。垂直度公差是限制实际要素对基准在垂直方向上变动量的指标。

① 线对线。图 2-27 所示孔 ϕD_2 的轴线对基准孔 ϕD_1 轴线的垂直度公差为 0.05mm。ϕD_2 的轴线必须位于距离为 0.05mm，且垂直于基准孔 ϕD_1 轴线 *A* 的两平行平面之间。

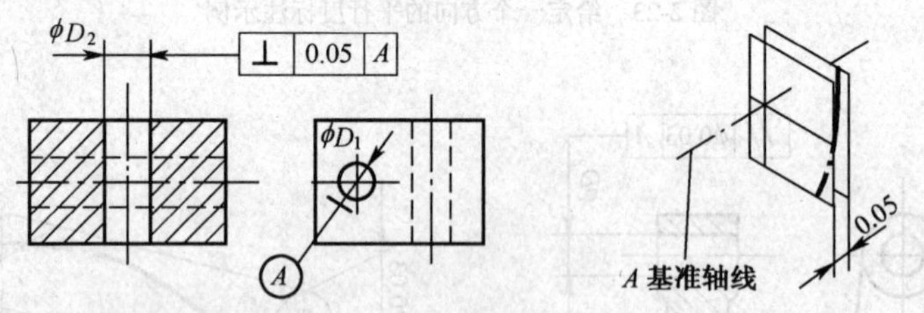

图 2-27 线对线的垂直度标注示例

② 线对面：图 2-28 所示轴 ϕd 的轴线相对于底面的垂直度公差为 0.1mm。ϕd 的轴线必须位于距离为公差值 0.1mm，且垂直于基准平面 *A* 的两平行平面之间。

③ 面对面：图 2-29 所示侧面相对于底面的垂直度公差为 0.05mm，实际侧面必须位于距离为公差值 0.05mm，且垂直于基准面 *A* 的两平行平面之间。

另外，面对线垂直度公差不再详细叙述。

（3）倾斜度公差。倾斜度公差是限制实际要素对基准在倾斜方向上变动量的指标。

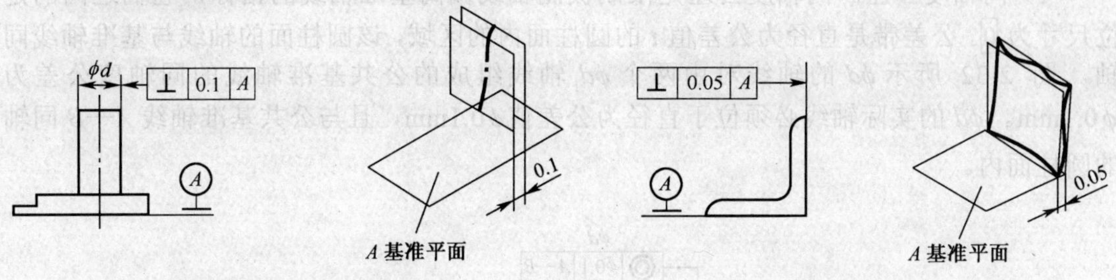

图 2-28　线对面的垂直度标注示例图　　　图 2-29　面对面的垂直度标注示例

① 线对线：图 2-30 所示斜孔 ϕD_2 的轴线与基准孔 ϕD_1 的轴线间的理论正确角度为 60°，其倾斜度公差为 0.1mm。斜孔 ϕD_2 的轴线必须位于距离为公差值 0.1mm，且与基准孔 ϕD_1 的轴线 A 成 60° 的两平行平面之间。

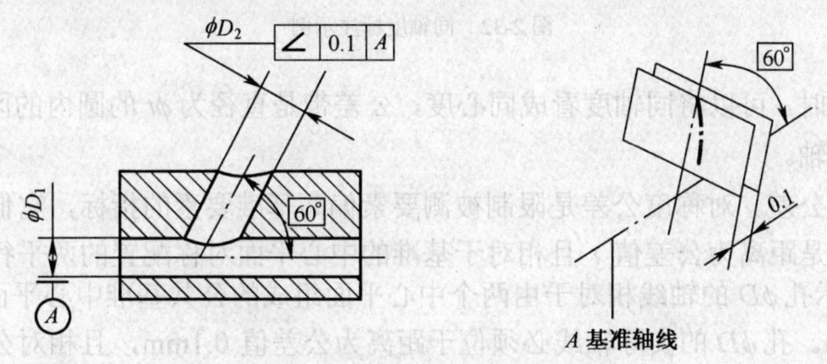

图 2-30　线对线的倾斜度标注示例

② 线对面：图 2-31 所示孔 ϕD 的轴线与底面间的理论正确角度为 60°，其倾斜度公差为 0.08mm。孔 ϕD 的轴线必须位于距离为公差值 0.08mm，且与基准面成 60° 的两平行平面之间。

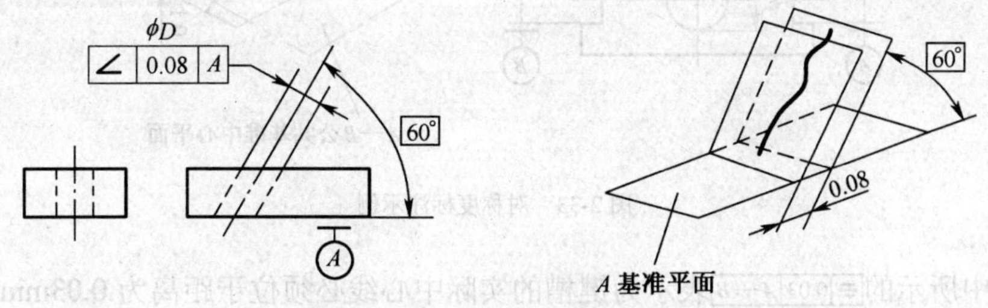

图 2-31　线对面的倾斜度标注示例

另外，面对线和面对面倾斜度公差不再详细叙述。

2. 定位公差

定位公差是关联实际要素对基准在位置上允许的变动全量，包括同轴度、对称度和位置度。

（1）同轴度公差。同轴度公差是限制被测轴线偏离基准轴线的指标，它们之间的定位尺寸为0。公差带是直径为公差值 t 的圆柱面内的区域，该圆柱面的轴线与基准轴线同轴。图 2-32 所示 ϕd 的轴线对由两个 ϕd_1 轴线组成的公共基准轴线的同轴度公差为 ϕ0.1mm。ϕd 的实际轴线必须位于直径为公差值 ϕ0.1mm，且与公共基准轴线 A—B 同轴的圆柱面内。

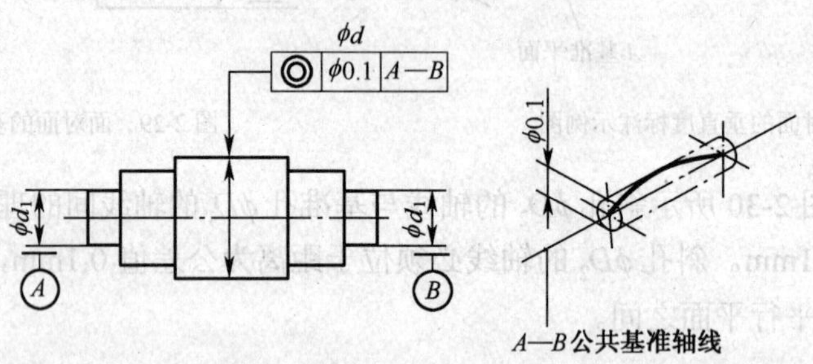

图 2-32 同轴度标注示例

当轴线很短时，可以将同轴度看成同心度，公差带是直径为 ϕt 的圆内的区域，该圆的圆心与基准轴线同轴。

（2）对称度公差。对称度公差是限制被测要素偏离基准要素的指标，它们之间的定位尺寸为 0。公差带是距离为公差值 t 且相对于基准的中心平面对称配置的两平行平面之间的区域。图 2-33 所示孔 ϕD 的轴线相对于由两个中心平面组成的公共基准中心平面 A—B 的对称度公差为 0.1mm。孔 ϕD 的实际轴线必须位于距离为公差值 0.1mm，且相对公共基准中心平面 A—B 对称配置的两平行平面之间。

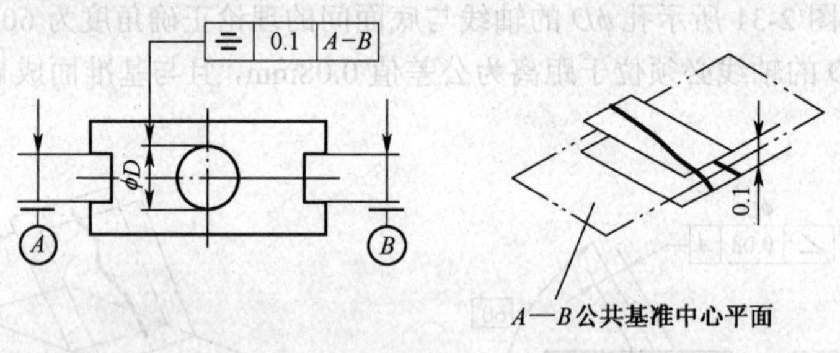

图 2-33 对称度标注示例

图 2-2 中所示的 [≡|0.03|A—B] 表示为键槽的实际中心线必须位于距离为 0.03mm，且相对公共基准中心平面 A—B 对称配置的两平行平面之间。

（3）位置度公差。位置度公差是限制被测要素的实际位置对理想位置变动量的指标，它的定位尺寸为理论正确尺寸。

图 2-34 所示 ϕD 的圆心相对于基准 A 面和基准 B 面组成的基面体系的位置度公差为 ϕ0.3mm。ϕD 的圆心必须位于以 A、B 基准所确定的点的理想位置为圆心，直径为 ϕ0.3mm 的圆内。

对于线、面的位置度本书不再详细叙述，读者可查阅相关资料。

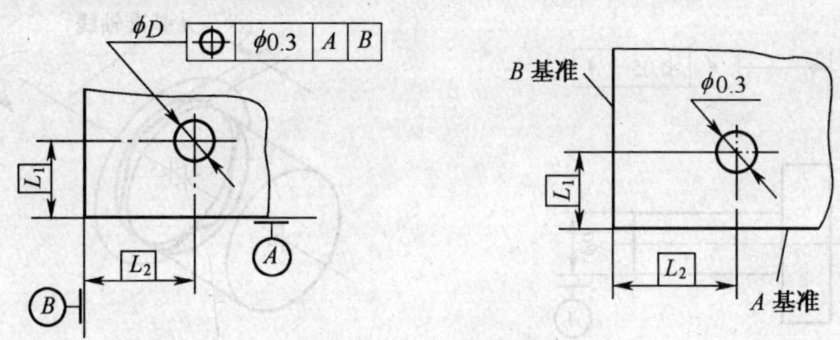

图 2-34　圆心的位置度标注示例

3. 跳动公差

跳动公差是用跳动量控制被测要素形状和位置变动量的综合指标，包括圆跳动和全跳动。

（1）圆跳动。圆跳动是被测要素围绕基准轴线，在无轴向移动的前提下，在任一测量平面内旋转一周时的最大变动量，即最大跳动量与最小跳动量之差。

① 径向圆跳动：图 2-35 所示 ϕd_1 的圆柱面绕基准轴线作无轴向移动回转时，在任一测量平面内的径向跳动量不得大于 0.05mm。公差带是在垂直于基准轴线的任一测量平面内半径差为 0.05mm，并且圆心在基准轴线上的两同心圆之间的区域，实际轮廓必须位于其中。径向圆跳动反映了实际圆表面的圆度和同轴度的综合误差，应视被测圆柱面的长度作若干次测量后确定误差数值。

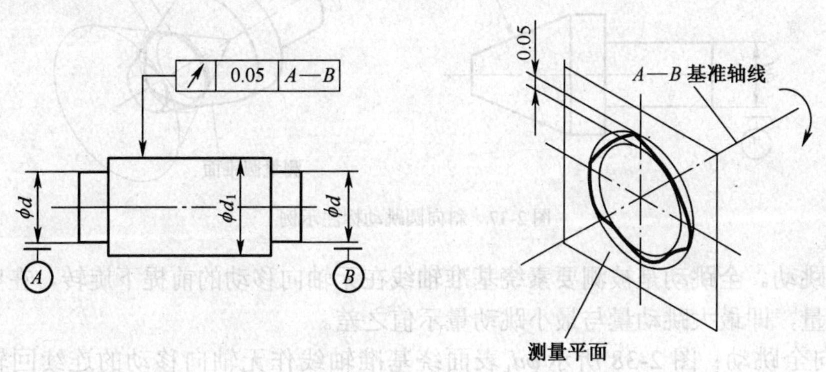

图 2-35　径向圆跳动标注示例

图 2-2 中所示的 ↗|0.02|A—B 表示为箭头所指圆柱面绕基准轴线作无轴向移动回转时，在任一测量平面内的径向跳动量不得大于 0.02mm。

② 端面圆跳动：图 2-36 所示被测零件绕基准轴线作无轴向移动的回转时，在端面上任一测量直径处的轴向的跳动量均不得大于 0.05mm。公差带是在与基准轴线 *A* 同轴的任一直径位置的测量圆柱面上，沿素线方向宽度为公差值 0.05mm 的一段圆柱面内的区域，实际端面必须位于其中。端面圆跳动在一般情况下反映了端面直线度、平面度和垂直度的综合误差，端面圆跳动一般应包括最大直径处的跳动量，应视直径大小作若干次测量后确定误差数值。

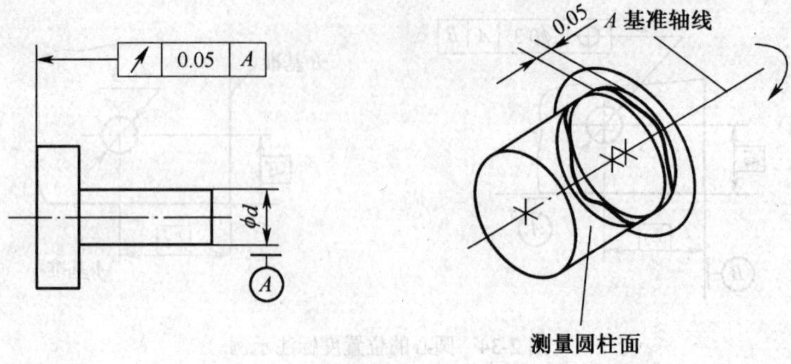

图 2-36 端面圆跳动标注示例

图 2-3 中所示的[↗|0.03|A]即为端面圆跳动，表示蜗轮绕其轴线作无轴向移动的回转时，在端面上任一测量直径处的轴向的跳动量均不得大于 0.03mm。

③ 斜向圆跳动：图 2-37 所示圆锥表面绕基准轴线作无轴向移动的回转时，在任一测量圆锥面上的跳动量均不得大于 0.01mm。公差带是在与基准轴线同轴，其素线垂直于被测圆锥面素线的任一测量圆锥面上，沿素线方向宽度为 0.01mm 的一段圆锥面区域，其测量方向为被测面的法线方向，被测的整个圆锥面必须位于其中。斜向圆跳动反映了该斜表面或曲面上的圆度和同轴度的综合误差。

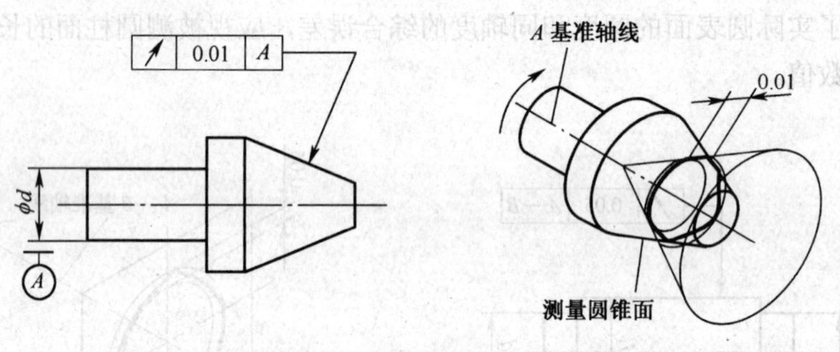

图 2-37 斜向圆跳动标注示例

（2）全跳动。全跳动是被测要素绕基准轴线在无轴向移动的前提下旋转，在整个表面上的最大变动量，即最大跳动量与最小跳动量示值之差。

① 径向全跳动：图 2-38 所示 ϕd_1 表面绕基准轴线作无轴向移动的连续回转，同时指示表平行于基准轴线方向作直线移动，在整个 ϕd_1 表面上的跳动量不得大于 0.2mm。公

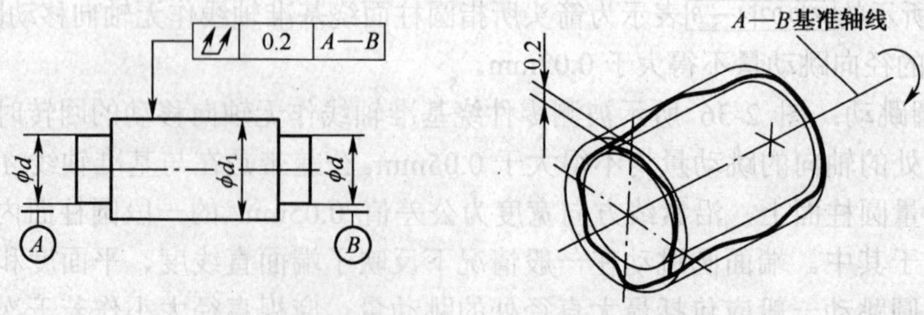

图 2-38 径向全跳动的标注示例

差带是半径差为公差值 0.2mm，且与公共基准轴线 A—B 同轴的两同轴圆柱面的区域，被测整个圆柱面必须位于其中。径向全跳动反映了该实际圆表面的圆柱度和同轴度的综合误差。

② 端面全跳动：图 2-39 所示被测零件绕基准轴线作无轴向移动的连续回转，同时指示其沿垂直轴线的方向移动，在整个端面上的跳动量不得大于 0.05mm。公差带是距离为公差值 0.05mm，且与基准轴线垂直的两平行平面之间的区域，实际端面必须位于其中。端面全跳动反映了该实际端面的直线度、平面度和垂直度的综合误差。

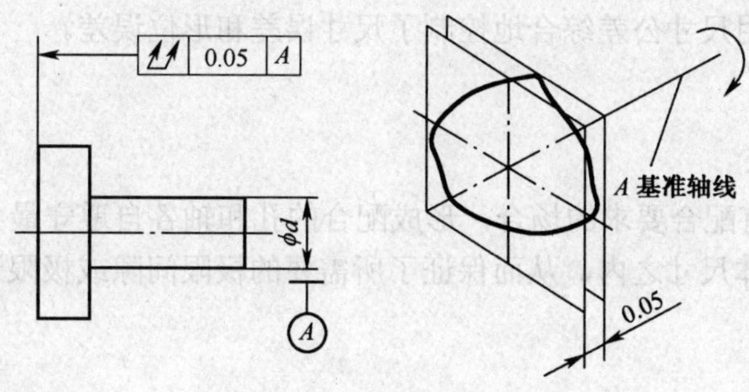

图 2-39　端面全跳动标注示例

2.3.3　包容原则

1. 包容原则的含义

包容原则是要求实际要素处处位于具有理想形状的包容面内的一种公差原则，而该理想形状的尺寸应为最大实体尺寸。

单一要素是仅对其本身给出形状公差要求的要素；将实际尺寸与位置误差综合起作用的尺寸称为关联要素的作用尺寸。当在被测要素的位置公差框格中标注 $\phi 0$Ⓜ符号时，表示为关联要素的包容原则。本书只介绍单一要素的包容原则。

单一要素遵守包容原则时，应在该尺寸公差后加注符号Ⓔ，如图 2-40 所示。

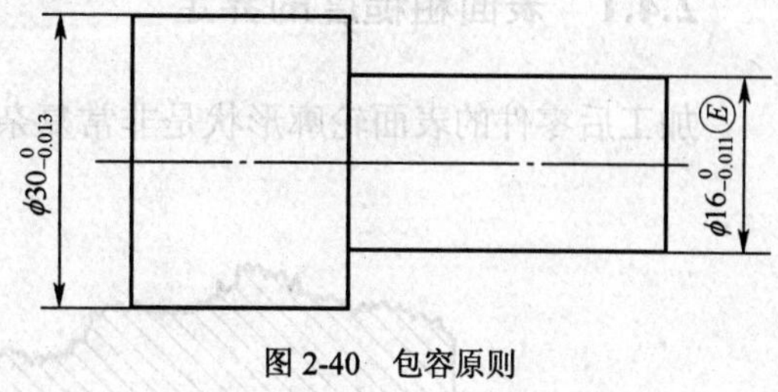

图 2-40　包容原则

2. 包容原则的特点

被测要素的实际状态必须遵守 MMC 边界，即当被测实际要素处于最大实体状态时，必须具有理想形状，或不仅有理想形状，而且还应位于正确位置或正确方向上。当零件的局部实际尺寸偏离最大实体尺寸（MMS）时，这个偏离量可以用来补偿零件的形位公差，故将它称为补偿值 $t_{补偿}$。

$$t_{补偿}=\left|A_{实}-MMS\right| \tag{2-19}$$

例如，当图 2-40 中所示的零件局部实际尺寸均为最大实体尺寸 16mm 时，因 $t_{补偿}=\left|A_{实}-MMS\right|=0$，即不允许有任何形状误差；当局部实际尺寸均为 15.999 时，可允许有形状误差，允许值 $t=t_{补偿}=\left|15.999-16\right|=0.001\text{mm}$；当局部实际尺寸均为最小实体尺寸 LMS=15.989 时，可得到最大的补偿值。

$$t_{补偿\max}=\left|LMS-MMS\right|=T \tag{2-20}$$

式中，T——零件的尺寸公差。

所以包容原则是用尺寸公差综合地控制了尺寸误差和形位误差。

3. 适用场合

包容原则适用于有配合要求的场合，形成配合的孔和轴各自遵守最大实体边界，实际尺寸各自控制在最小实体尺寸之内，从而保证了所需要的极限间隙或极限过盈的数值，保证了配合性质。

2.4 表面粗糙度

无论是用机械加工的零件表面，还是用铸、锻等方法获得的零件表面，总存在着具有较小间距和微小峰谷的微观几何形状误差（轮廓微观不平度）。这种较小间距和微小峰谷的微观几何形状特性称为表面粗糙度。零件的表面粗糙度对该零件的功能要求有重大影响。

例如，图 2-2 和图 2-3 中所示的 $\overset{0.8}{\bigtriangledown}$、$\overset{6.3}{\bigtriangledown}$ 表示的就是该平面表面粗糙度的值。

2.4.1 表面粗糙度的界定

加工后零件的表面轮廓形状是非常复杂的，如图 2-41 所示，一般包括表面粗糙度、表面

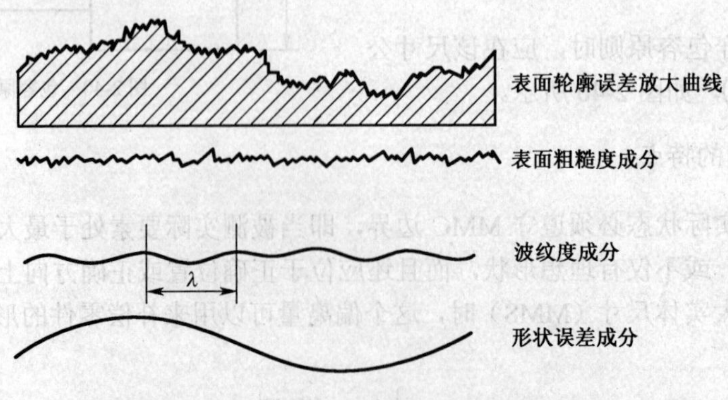

图 2-41 加工后零件的表面实际轮廓形状（λ 为波距）

波度、形状误差等。以上 3 者的区别通常按波距（间距）来划分：波距小于 1mm 的属于表面粗糙度（微观几何形状误差）；波距在 1mm～10mm 的属于表面波度（中间几何形状误差）；波距大于 10mm 的，则为表面形状误差（宏观几何形状误差）。

2.4.2 表面粗糙度的评定

经加工获得的零件表面的表面粗糙度是否满足使用要求，需要进行测量和评定。

1．评定基准

测量和评定零件表面粗糙度时，需要确定取样长度、评定长度、基准线和评定参数，并且应测量横向轮廓或垂直于切削方向的轮廓。

（1）取样长度（l）。取样长度是指测量或评定零件表面粗糙度时所规定的一段基准线长度，它至少包含 5 个以上轮廓峰和轮廓谷，且取样长度 l 的方向与轮廓走向一致，如图 2-42 所示。规定取样长度的目的在于限制和减弱其他几何形状误差，特别是表面波度对测量结果的影响。一般表面越粗糙，取样长度就越大。

（2）评定长度（l_n）。评定长度是指为了合理且较全面地反映零件整个表面的表面粗糙度特性，在测量和评定时所规定的一段最小长度。评定长度可包括一个或几个取样长度，如图 2-42 所示。一般情况下，取 $l_n = 5l$。若被测表面比较均匀，可选 $l_n < 5l$；若均匀性差，可选 $l_n > 5l$。

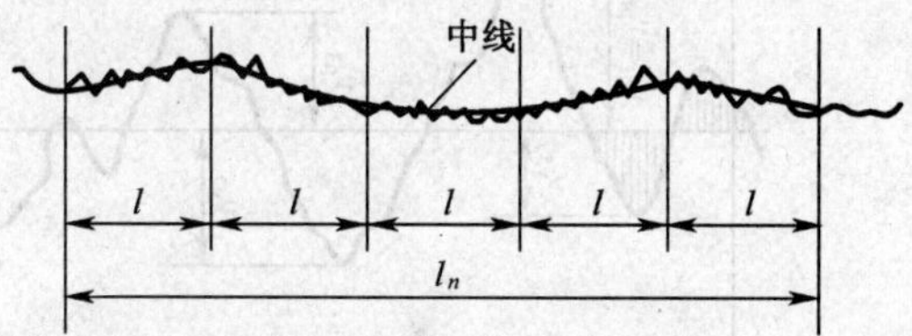

图 2-42　取样长度和评定长度

l—取样长度　　l_n—评定长度

（3）基准线。基准线是指评定表面粗糙度参数值时所取的基准。GB/T 1031—95《表面粗糙度参数及其数值》规定下列中线作为基准线。

① 轮廓最小二乘中线：它是指具有理想直线形状并划分被测轮廓的基准线，在取样长度内，使轮廓上各点到该基准线的距离（轮廓偏距）的平方和为最小。如图 2-43 所示，图中，y_i 为轮廓偏距（i=1，2，…，n），则最小二乘中线为

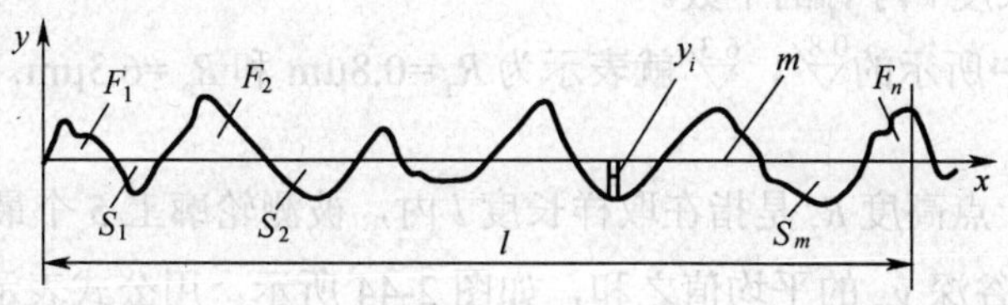

图 2-43　轮廓的最小二乘中线和轮廓的算术平均中线

$$\sum_{i=1}^{n} y_i^2 = \min \tag{2-21}$$

② 轮廓的算术平均中线：它是指具有理想直线形状并在取样长度内与轮廓走向一致的基准线。如图 2-43 所示，该基准线将轮廓划分为上下两部分，且使上部分的面积之和等于下部分的面积之和，即 $F_1+F_2+\cdots+F_n=S_1+S_2+\cdots+S_m$。

在轮廓图形上确定最小二乘中线的位置比较困难，可用轮廓算术平均中线代替，通常用目测估计确定算术平均中线。

2. 评定参数

为了满足对零件表面不同的功能要求，表面粗糙度的评定参数按照微观不平度高度、间距和形状 3 个方面的特性来划分。

（1）高度特性参数。

① 轮廓算术平均偏差 R_a 是指在取样长度 l 内，被测轮廓线上各点到基准线的距离 y_i 的绝对值的算术平均值，如图 2-44 所示。用公式表示为

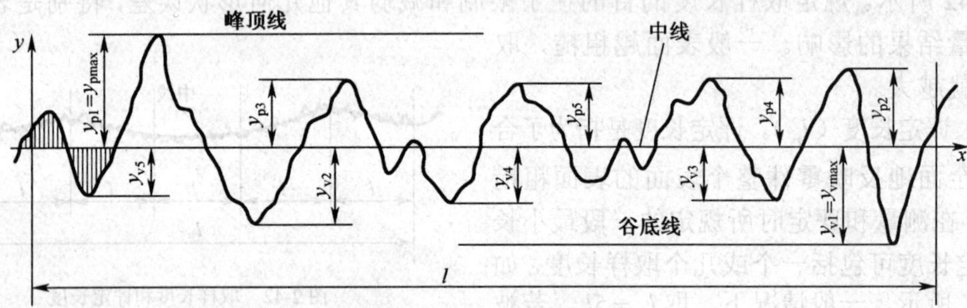

图 2-44 表面粗糙度的高度参数

$$R_a=\frac{1}{l}\int_0^l|y|\mathrm{d}x \tag{2-22}$$

或近似为

$$R_a=\frac{1}{n}\sum_{i=1}^{n}|y_i| \tag{2-23}$$

式中，n——在取样长度 l 内 y_i 的个数。

图 2-2 和图 2-3 中所示的 0.8▽、6.3▽ 就表示为 R_a =0.8μm 和 R_a =6.3μm。在图样上 R_a 可省略标注。

② 微观不平度十点高度 R_z 是指在取样长度 l 内，被测轮廓上 5 个最大轮廓峰高 y_{pi} 的平均值与 5 个最大轮廓谷深 y_{vi} 的平均值之和，如图 2-44 所示。用公式表示为

$$R_z=\frac{1}{5}\left(\sum_{i=1}^{5}y_{pi}+\sum_{i=1}^{5}y_{vi}\right) \tag{2-24}$$

③ 轮廓最大高度 R_y 是指在取样长度 l 内被测轮廓的峰顶线与轮廓谷底线之间的距离，

如图 2-44 所示。用公式表示为

$$R_y = y_{\text{pmax}} + y_{\text{vmax}} \tag{2-25}$$

表征微观不平度高度特性的评定参数 R_a 、 R_z 、 R_y 的数值越大，表面越粗糙。

（2）间距特性参数。

① 轮廓微观不平度的平均间距 S_m 含有一个轮廓峰和相邻轮廓谷的一段中线长度，称为轮廓微观不平度的间距，如图 2-45 中的 $S_{m1}, S_{m2}, \cdots, S_{m7}$。轮廓微观不平度的平均间距值，用公式表示为

$$S_m = \frac{1}{n}\sum_{i=1}^{n} S_{mi} \tag{2-26}$$

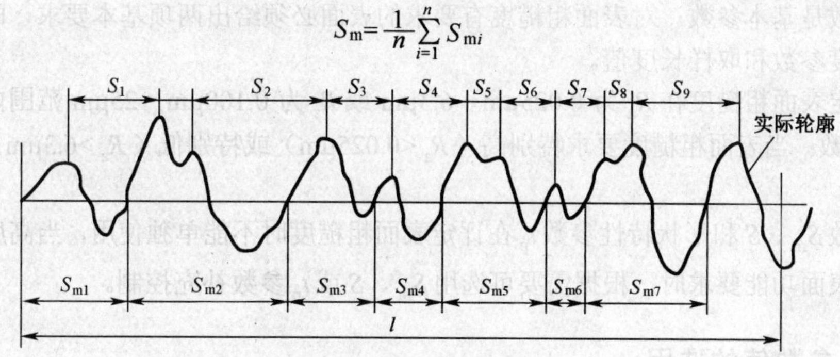

图 2-45　表面粗糙度的间距参数

② 轮廓单峰的平均间距 S：两相邻轮廓单峰的最高点之间的距离投影在中线上的长度，称为轮廓的单峰间距，如图 2-45 中所示的 $S_1, S_2, \cdots, S_9$。轮廓单峰的平均间距 S 是指在取样长度 l 内，轮廓单峰间距的平均值。用公式表示为

$$S = \frac{1}{n}\sum_{i=1}^{n} S_i \tag{2-27}$$

表征微观不平度间距特性的评定参数 S_m 、S 的数值越大，则表面越粗糙。

（3）形状特性参数。微观不平度的形状特性用轮廓支承长度率表示。如图 2-46 所示，在取样长度 l 内，一条平行于中线且与轮廓峰顶线相距为 c 的直线与轮廓峰相截，所得的各截

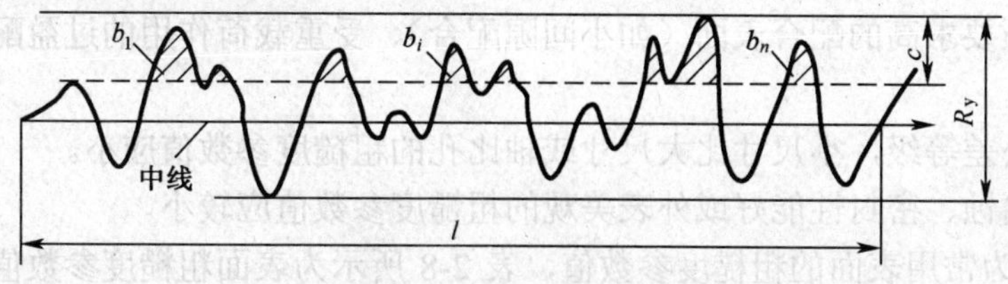

图 2-46　轮廓支承长度的确定

线长度之和，称为轮廓支承长度η_p，即$\eta_p = b_1 + b_2 + \cdots + b_i + \cdots + b_n = \sum_{i=1}^{n} b_i$。轮廓支承长度率$t_p$是指轮廓支承长度$\eta_p$与取样长度$l$之比。用公式表示为

$$t_p = \frac{\eta_p}{l} \times 100\% \qquad (2\text{-}28)$$

由图 2-46 可见，轮廓支承长度η_p与平行于中线且从峰顶线向下所取的水平截距c有关。水平截距不同，则在取样长度l内的轮廓支承长度η_p就不同，因此相应的轮廓支承长度率t_p也不同，所以，轮廓支承长度率t_p应该是对应于不同的水平截距c给出的。水平截距c用微米或用占轮廓最大高度R_y的百分数来表示。

2.4.3 评定参数的选用

高度参数是基本参数。对表面粗糙度有要求的表面必须给出两项基本要求，即给出表面粗糙度的高度参数和取样长度值。

一般规定表面粗糙度在R_a为 0.025μm～6.3μm 或R_z为 0.100μm～25μm 范围内，推荐优先选用R_a参数；当表面粗糙度要求特别高（R_a<0.025μm）或特别低（R_a>6.3μm）时，可选用R_z。

间距参数S_m、S和形状特性参数t_p在评定表面粗糙度时不能单独使用，当高度参数已不能满足控制表面功能要求时，根据需要可选用S_m、S或t_p参数补充控制。

2.4.4 参数值的选用

表面粗糙度参数值的选用，应按零件的功能要求和加工的经济性两者综合考虑后确定。控制表面粗糙度并不是要求表面粗糙度参数值小，而是在满足使用性能要求的前提下，尽可能选用较大的粗糙度参数值，这样有利于降低成本和取得较好的经济效益。在实际生产中，一般多采用经验统计资料用类比法来确定。

具体的选用原则如下。

① 同一零件上工作表面的粗糙度参数值应小于非工作表面的粗糙度参数值。

② 摩擦表面的粗糙度参数值应小于非摩擦表面的粗糙度参数值。

③ 滚动摩擦表面的粗糙度参数值应比滑动摩擦表面的粗糙度参数值小。

④ 运动速度高、单位压力大的摩擦表面的粗糙度参数值应小于运动速度低、单位压力小的摩擦表面的粗糙度参数值。

⑤ 承受交变载荷的零件，在易引起应力集中的部位，粗糙度参数值要求较小。

⑥ 配合性质要求高的配合表面（如小间隙配合）、受重载荷作用的过盈配合表面的粗糙度参数值都应小。

⑦ 在同一公差等级，小尺寸比大尺寸或轴比孔的粗糙度参数值应小。

⑧ 要求防腐蚀、密封性能好或外表美观的粗糙度参数值应较小。

表 2-7 所示为常用表面的粗糙度参数值，表 2-8 所示为表面粗糙度参数值与所适应的零件表面。

表 2-7　　常用表面的粗糙度参数值

<table>
<tr><th colspan="4">经常装拆的配合表面</th><th colspan="6">过盈配合的配合表面</th><th colspan="3">定心精度高的配合表面</th><th colspan="3">滑动轴承表面</th></tr>
<tr><th rowspan="3">公差等级</th><th rowspan="3">表面</th><th colspan="2">基本尺寸/mm</th><th colspan="2" rowspan="3">公差等级</th><th rowspan="3">表面</th><th colspan="3">基本尺寸/mm</th><th rowspan="3">径向跳动</th><th>轴</th><th>孔</th><th rowspan="3">公差等级</th><th rowspan="3">表面</th><th rowspan="3">R_a</th></tr>
<tr><th>～50</th><th>>50～500</th><th>～50</th><th>>50～120</th><th>>120～500</th><th colspan="2" rowspan="2">R_a</th></tr>
<tr><th colspan="2">R_a</th><th colspan="3">R_a</th></tr>
<tr><td rowspan="2">IT5</td><td>轴</td><td>0.2</td><td>0.4</td><td rowspan="6">装配按机械压入法</td><td rowspan="2">IT5</td><td>轴</td><td>0.1～0.2</td><td>0.4</td><td>0.4</td><td>2.5</td><td>0.05</td><td>0.1</td><td rowspan="2">IT6 至 IT9</td><td>轴</td><td>0.4～0.8</td></tr>
<tr><td>孔</td><td>0.4</td><td>0.8</td><td>孔</td><td>0.2～0.4</td><td>0.8</td><td>0.8</td><td>4</td><td>0.1</td><td>0.2</td><td>孔</td><td>0.8～1.6</td></tr>
<tr><td rowspan="2">IT6</td><td>轴</td><td>0.4</td><td>0.8</td><td rowspan="2">IT6 至 IT7</td><td>轴</td><td>0.4</td><td>0.8</td><td>1.6</td><td>6</td><td>0.1</td><td>0.2</td><td rowspan="2">IT10 至 IT12</td><td>轴</td><td>0.8～3.2</td></tr>
<tr><td>孔</td><td>0.4～0.8</td><td>0.8～1.6</td><td>孔</td><td>0.8</td><td>1.6</td><td>1.6</td><td>10</td><td>0.2</td><td>0.4</td><td>孔</td><td>1.6～3.2</td></tr>
<tr><td rowspan="2">IT7</td><td>轴</td><td>0.4～0.8</td><td>0.8～1.6</td><td rowspan="2">IT8</td><td>轴</td><td>0.8</td><td>0.8～1.6</td><td>1.6～3.2</td><td>16</td><td>0.4</td><td>0.8</td><td rowspan="2">流体润滑</td><td>轴</td><td>0.1～0.4</td></tr>
<tr><td>孔</td><td>0.8</td><td>1.6</td><td>孔</td><td>1.6</td><td>1.6～3.2</td><td>1.6～3.2</td><td>20</td><td>0.8</td><td>1.6</td><td>孔</td><td>0.2～0.8</td></tr>
<tr><td rowspan="2">IT8</td><td>轴</td><td>0.8</td><td>1.6</td><td colspan="2" rowspan="2">热装法</td><td>轴</td><td colspan="3">1.6</td><td colspan="6" rowspan="2"></td></tr>
<tr><td>孔</td><td>0.8～1.6</td><td>1.6～3.2</td><td>孔</td><td colspan="3">1.6～3.2</td></tr>
</table>

表 2-8　　表面粗糙度参数值与所适应的零件表面

R_a/μm	适应的零件表面
12.5	粗加工非配合表面，如轴端面、倒角、钻孔、键槽非工作表面，垫圈接触面，不重要的安装支撑面，螺钉和铆钉孔表面等
6.3	半精加工表面。用于不重要的零件的非配合表面，如支柱、轴、支架、外壳、衬套、盖等的端面；螺钉、螺栓和螺母的自由表面；不要求定心和配合特性的表面，如螺栓孔、螺钉通孔、铆钉孔等；飞轮、带轮、离合器、联轴器、凸轮、偏心轮的侧面；平键及键槽上下面，花键非定心表面、齿顶圆表面；所有轴和孔的退刀槽；不重要的连接配合表面；犁铧、犁侧板、深耕铲等零件的摩擦工作面；插秧爪面等
3.2	半精加工表面。外壳、箱体、盖、套筒、支架等和其他零件连接面而不形成配合的表面；不重要的紧固螺纹表面，非传动用梯形螺纹、锯齿螺纹表面；燕尾槽表面；键和键槽的工作面；需要发蓝的表面；需滚花的预加工表面；低速滑动轴承和轴的摩擦面；张紧链轮、导向滚轮与轴的配合表面；滑块及导向面（速度 20～50m/min）；收割机械切割器的摩擦器动刀片、压力片的摩擦面，脱粒机格板工作表面等
1.6	要求有定心及配合特性的固定支撑、衬套、轴承和定位销的压入孔表面；不要求定心及配合特性的活动支撑面、活动关节及花键接合面；8 级齿轮的齿面，齿条齿面；传动螺纹工作面；低速传动的轴颈；楔形键及键槽上、下面；轴承盖凸肩（对中心用），V 带轮槽表面，电镀前金属表面等
0.8	要求保证定心及配合特性的表面。锥销和圆柱销表面；与 G 和 E 级滚动轴承相配合的孔和轴颈表面；中速转动的轴颈，过盈配合的 IT7 孔，间隙配合的 IT8 孔，花键轴定心表面，滑动导轨面
0.4	不要求保证定心及配合特性的活动支撑面；高精度的活动球状接头表面、支撑垫圈、榨油机螺旋榨辊表面等
0.2	要求能长期保持配合特性的 IT6、IT5 孔，6 级精度齿轮齿面，蜗杆齿面（6～7 级），与 D 级滚动轴承配合的孔和轴颈表面；要求保证定心及配合特性的表面；滚动轴承轴瓦工作表面；分度盘表面；工作时受交变应力的重要零件表面；受力螺栓的圆柱表面，曲轴和凸轮轴工作表面，发动机气门圆锥面，与橡胶油封相配的轴表面等
0.1	工作时受较大交变应力的重要零件表面，保证疲劳强度、防腐蚀性及在活动接头工作中耐久性的一些表面；精密机床主轴箱与套筒配合的孔；活塞销的表面；液压传动用孔的表面，阀的工作表面，汽缸内表面，保证精确定心的锥体表面；仪器中承受摩擦的表面，如导轨、槽面等
0.05	滚动轴承套圈滚道、滚珠及滚柱表面，摩擦离合器的摩擦表面，工作量规的测量表面，精密刻度盘表面，精密机床主轴套筒外圆面等
0.025	特别精密的滚动轴承套圈滚道、滚珠及滚柱表面；量仪中较高精度间隙配合零件的工作表面；柴油机高压泵中柱塞副的配合表面；保证高度气密的接合表面等
0.012	仪器的测量面；量仪中高精度间隙配合零件的工作表面；尺寸超过 100mm 量块的工作表面等

2.5 常用量具的选择和使用

在机械制造中，加工后的零件，其几何参数需要测量，以确定它们是否符合技术要求和实现互换性。本节主要简要介绍生产实际中常见的孔轴尺寸、圆锥、角度、平键及齿轮的公差检测方法。

2.5.1 外圆、孔、高度与深度的检测

1. 验收极限

测量的最终目的是要根据测量结果来验收工件，即判断被测工件是否合格。生产中，对光滑工件尺寸有两种类型的检验方法，一是用光滑极限量规检验；二是用计量器具进行检验。然而，任何检测方法都会存在测量误差，因此测得的实际尺寸都不是工件尺寸的真值。

（1）误收和误废。传统的验收方法是统一把图样规定的极限尺寸作为相应的验收界限，若测得值（实际尺寸）不超出最大、最小极限尺寸，即判为合格，予以验收。由于测量误差是不可避免的，这种验收方法既可能将真值未超出极限尺寸的合格品误判为废品，造成误废；也可能将真值已超出极限尺寸的废品误判为合格品，造成误收。如图 2-47 所示，在上验收极限（最大极限尺寸）处，当真值大于测得值时可能发生误收，当真值小于测得值时可能发生误废；在下验收极限（最小极限尺寸）处，当真值小于测得值时可能发生误收，当真值大于测得值时可能发生误废。误收影响产品质量，误废造成经济损失。验收原则是：所用验收方法原则上只接收位于规定的尺寸极限之内的工件，即只允许有误废而不允许有误收。为了保证上述验收原则的实现，采取规定验收极限的方法。

（2）验收极限。所谓验收极限是指检验工件尺寸时判断合格与否的尺寸界限。这里主要介绍游标卡尺、千分尺及车间使用的比较仪等，对图样上注出的公差等级为 IT6～IT8、基本尺寸至 500mm 的光滑工件尺寸的检验，和对一般公差尺寸的检验。

① 验收方式：a）内缩方式。验收极限是从规定的最大实体极限（MML）和最小实体极限（LML）分别向工件公差带内移动一个安全裕度 A（测量不确定度的允许值），如图 2-48 所示。A 值按工件公差（T）的 1/10 确定，其数值在表 2-9 中给出。

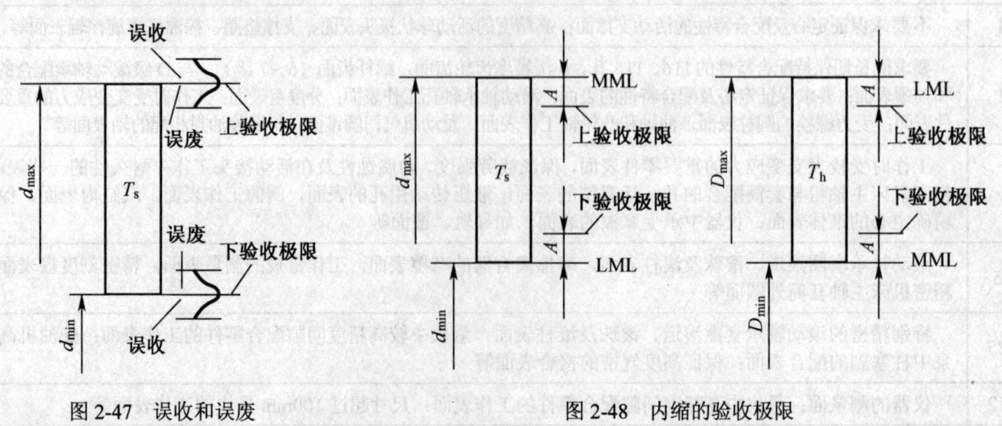

图 2-47 误收和误废　　　图 2-48 内缩的验收极限

表 2-9　　安全裕度（A）与计量器具的测量不确定度允许值（u_1）　　（μm）

公差等级		6					7					8					9					10					11				
基本尺寸 mm		T	A	u_1			T	A	u_1			T	A	u_1			T	A	u_1			T	A	u_1			T	A	u_1		
大于	至			Ⅰ	Ⅱ	Ⅲ			Ⅰ	Ⅱ	Ⅲ			Ⅰ	Ⅱ	Ⅲ			Ⅰ	Ⅱ	Ⅲ			Ⅰ	Ⅱ	Ⅲ			Ⅰ	Ⅱ	Ⅲ
—	3	6	0.6	0.54	0.9	1.4	10	1.0	0.9	1.5	2.3	14	1.4	1.3	2.1	3.2	25	2.5	2.3	3.8	5.6	40	4.0	3.6	6.0	9.0	60	6.0	5.4	9.0	14
3	6	8	0.8	0.72	1.2	1.8	12	1.2	1.1	1.8	2.7	18	1.8	1.6	2.7	4.1	30	3.0	2.7	4.5	6.8	48	4.8	4.3	7.2	11	75	7.5	6.8	11	17
6	10	9	0.9	0.81	1.4	2.0	15	1.5	1.4	2.3	3.4	22	2.2	2.0	3.3	5.0	36	3.6	3.3	5.4	8.1	58	5.8	5.2	8.7	13	90	9.0	8.1	14	20
10	18	11	1.1	1.0	1.7	2.5	18	1.8	1.7	2.7	4.1	27	2.7	2.4	4.1	6.1	43	4.3	3.9	6.5	9.7	70	7.0	6.3	11	16	110	11	10	17	25
18	30	13	1.3	1.2	2.0	2.9	21	2.1	1.9	3.2	4.7	33	3.3	3.0	5.0	7.4	52	5.2	4.7	7.8	12	84	8.4	7.6	13	19	130	13	12	20	29
30	50	16	1.6	1.4	2.4	3.6	25	2.5	2.3	3.8	5.6	39	3.9	3.5	5.9	8.8	62	6.2	5.6	9.3	14	100	10	9.0	15	23	160	16	14	24	36
50	80	19	1.9	1.7	2.9	4.3	30	3.0	2.7	4.5	6.8	46	4.6	4.1	6.9	10	74	7.4	6.7	11	17	120	12	11	18	27	190	19	17	29	43
80	120	22	2.2	2.0	3.3	5.0	35	3.5	3.2	5.3	7.9	54	5.4	4.9	8.1	12	87	8.7	7.8	13	20	140	14	13	21	32	220	22	20	33	50
120	180	25	2.5	2.3	3.8	5.6	40	4.0	3.6	6.0	9.0	63	6.3	5.7	9.5	14	100	10	9.0	15	23	160	16	15	24	36	250	25	23	38	56
180	250	29	2.9	2.6	4.4	6.5	46	4.6	4.1	6.9	10	72	7.2	6.5	11	16	115	12	10	17	26	185	18	17	28	42	290	29	26	44	65
250	315	32	3.2	2.9	4.8	7.2	52	5.2	4.7	7.8	12	81	8.1	7.3	12	18	130	13	12	19	29	210	21	19	32	47	320	32	29	48	72
315	400	36	3.6	3.2	5.4	8.1	57	5.7	5.1	8.4	13	89	8.9	8.0	13	20	140	14	13	21	32	230	23	21	35	52	360	36	32	54	81
400	500	40	4.0	3.6	6.0	9.0	63	6.3	5.7	9.5	14	97	9.7	8.7	15	22	155	16	14	23	35	250	25	23	38	56	400	40	36	60	90

公差等级		12				13				14				15				16				17				18			
基本尺寸 mm		T	A	u_1		T	A	u_1		T	A	u_1		T	A	u_1		T	A	u_1		T	A	u_1		T	A	u_1	
大于	至			Ⅰ	Ⅱ			Ⅰ	Ⅱ			Ⅰ	Ⅱ			Ⅰ	Ⅱ			Ⅰ	Ⅱ			Ⅰ	Ⅱ			Ⅰ	Ⅱ
—	3	100	10	9.0	15	140	14	13	21	250	25	23	38	400	40	36	60	600	60	54	90	1 000	100	90	150	1 400	140	135	210
3	6	120	12	11	18	180	18	16	27	300	30	27	45	480	48	43	72	750	75	68	110	1 200	120	110	180	1 800	180	160	270
6	10	150	15	14	23	220	22	20	33	360	36	32	54	580	58	52	87	900	90	81	140	1 500	150	140	230	2 200	220	200	330
10	18	180	18	16	27	270	27	24	41	430	43	39	65	700	70	63	110	1 100	110	100	170	1 800	180	160	270	2 700	270	240	400
18	30	210	21	19	32	330	33	30	50	520	52	47	78	840	84	76	130	1 300	130	120	200	2 100	210	190	320	3 300	330	300	490
30	50	250	25	23	38	390	39	35	59	620	62	56	93	1 000	100	90	150	1 600	160	140	240	2 500	250	220	380	3 900	390	350	580
50	80	300	30	27	45	460	46	41	69	740	74	67	110	1 200	120	110	180	1 900	190	170	290	3 000	300	270	450	4 600	460	410	690
80	120	350	35	32	53	540	54	49	81	870	87	78	130	1 400	140	130	210	2 200	220	200	330	3 500	350	320	530	5 400	540	480	810
120	180	400	40	36	60	630	63	57	95	1 000	100	90	150	1 600	160	150	240	2 500	250	230	380	4 000	400	360	600	6 300	630	570	940
180	250	460	46	41	69	720	72	65	110	1 150	115	100	170	1 850	180	170	280	2 900	290	260	440	4 600	460	410	690	7 200	720	650	1 080
250	315	520	52	47	78	810	81	73	120	1 300	130	120	190	2 100	210	190	320	3 200	320	290	480	5 200	520	470	780	8 100	810	730	1 210
315	400	570	57	51	86	890	89	80	130	1 400	140	130	210	2 300	230	210	350	3 600	360	320	540	5 700	570	510	860	8 900	980	800	1 330
400	500	630	63	57	95	970	97	87	150	1 500	150	140	230	2 500	250	230	380	4 000	400	360	600	6 300	630	570	950	9 700	970	870	1 450

上验收极限 = 最大极限尺寸(D_{max}, d_{max}) − 安全裕度(A)

下验收极限 = 最小极限尺寸(D_{min}, d_{min}) + 安全裕度(A)

显然，这种方式可以减少误收。

b）不内缩方式。验收极限等于规定的最大实体极限和最小实体极限，即安全裕度（A）等于零。

② 验收方式的选择：验收方式的选择应综合考虑尺寸的功能要求及重要程度、尺寸公差等级、测量不确定度和工艺能力等因素。一般可按下述原则选定。

a）对采用包容要求Ⓔ的尺寸和公差等级高的尺寸，应选用内缩方式。

b）当工艺能力指数 $C_P \geqslant 1$ 时（$C_P = T/6\sigma$），应选用不内缩方式；但对遵循包容要求的尺寸，其最大实体极限一边的验收极限应按内缩方式确定。

c）对工件的实际尺寸服从偏态分布时，由于偏向一侧的尺寸出现概率较大，另一侧的尺寸出现概率较小，因此可以只对偏向的一侧按内缩方式确定验收极限，如图 2-49 所示。

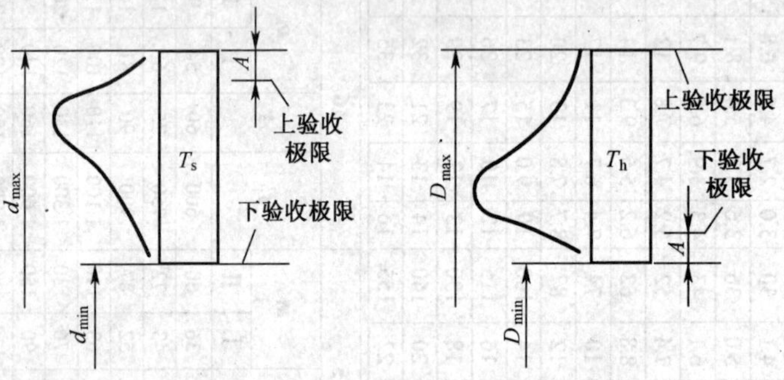

图 2-49　工件尺寸偏态分布时一侧内缩的验收极限

d）对非配合和一般公差的尺寸，其验收极限按不内缩方式确定。

2. 计量器具的选用

选择计量器具是检测工件的重要环节。计量器具的精度既影响检验工作的可靠性，又决定了检验工作的经济性。因此，选择时应综合考虑计量器具的技术指标和经济指标，在保证检测质量的前提下，考虑计量器具的经济性。

由于计量器具的内在误差和测量条件误差，使测得值分散，其分散程度可用测量不确定度来评定。所谓测量不确定度是指用以表征测量时各项误差综合影响测量结果分散程度的一个误差界限。

（1）计量器具的选用原则。GB/T 3177—1997 中规定，应该根据计量器具的测量不确定度允许值（u_1）来选择计量器具。选择时，应使所选用的计量器具的测量不确定度数值小于或等于选定的 u_1 值。

计量器具的测量不确定度允许值（u_1）按测量不确定度（u）与工件公差的比值分档：公差等级为 IT6～IT11 的分为Ⅰ、Ⅱ、Ⅲ三档，公差等级为 IT12～IT18 的分为Ⅰ、Ⅱ两档。测量不确定度（u）的Ⅰ、Ⅱ、Ⅲ三档值，分别为工件公差的 1/10、1/6、1/4。计量器具的测量不确定度允许值（u_1）约为测量不确定度（u）的 0.9 倍，其三档数值如表 2-9 所示。选用时，一般情况下，优先选用Ⅰ档，其次选用Ⅱ档、Ⅲ档。对不同测量结果的争议，可以采用更精确的计量器具或按事先双方商定的方法解决。

原机械工业部指导性文件（JB/Z181—1982）中列出了推荐的普通计量器具不确定度数值。千分尺和游标卡尺的测量不确定度如表 2-10 所示，比较仪的测量不确定度如表 2-11 所示。当采用千分尺进行比较测量时，其不确定度可以小于表 2-10 所列的数值，约为表列数值的 60%。

表 2-10　　千分尺和游标卡尺的测量不确定度　　（mm）

<table>
<tr><th colspan="2">尺 寸 范 围</th><th colspan="4">计量器具类型</th></tr>
<tr><th>大于</th><th>至</th><th>分度值 0.01
外径千分尺</th><th>分度值 0.01
内径千分尺</th><th>分度值 0.02
游标卡尺</th><th>分度值 0.05
游标卡尺</th></tr>
<tr><td></td><td>50</td><td>0.004</td><td rowspan="3">0.008</td><td rowspan="6">0.020</td><td rowspan="4">0.050</td></tr>
<tr><td>50</td><td>100</td><td>0.005</td></tr>
<tr><td>100</td><td>150</td><td>0.006</td></tr>
<tr><td>150</td><td>200</td><td>0.007</td><td rowspan="3">0.013</td></tr>
<tr><td>200</td><td>250</td><td>0.008</td><td rowspan="6">0.100</td></tr>
<tr><td>250</td><td>300</td><td>0.009</td></tr>
<tr><td>300</td><td>350</td><td>0.010</td><td rowspan="3">0.020</td><td rowspan="4"></td></tr>
<tr><td>350</td><td>400</td><td>0.011</td></tr>
<tr><td>400</td><td>450</td><td>0.012</td></tr>
<tr><td>450</td><td>500</td><td>0.013</td><td>0.025</td></tr>
</table>

表 2-11　　比较仪的测量不确定度　　（mm）

<table>
<tr><th colspan="2" rowspan="2">尺寸范围</th><th colspan="4">所使用的计量器具</th></tr>
<tr><th>分度值为 0.000 5（相当于放大倍数 2 000 倍）的比较仪</th><th>分度值为 0.001（相当于放大倍数 1 000 倍）的比较仪</th><th>分度值为 0.002（相当于放大倍数 400 倍）的比较仪</th><th>分度值为 0.005（相当于放大倍数 250 倍）的比较仪</th></tr>
<tr><th>大于</th><th>至</th><th colspan="4">不 确 定 度</th></tr>
<tr><td></td><td>25</td><td>0.000 6</td><td rowspan="2">0.001 0</td><td>0.001 7</td><td rowspan="6">0.003 0</td></tr>
<tr><td>25</td><td>40</td><td>0.000 7</td><td rowspan="3">0.001 8</td></tr>
<tr><td>40</td><td>65</td><td rowspan="2">0.000 8</td><td rowspan="2">0.001 1</td></tr>
<tr><td>65</td><td>90</td></tr>
<tr><td>90</td><td>115</td><td>0.000 9</td><td>0.001 2</td><td rowspan="2">0.001 9</td></tr>
<tr><td>115</td><td>165</td><td>0.001 0</td><td>0.001 3</td></tr>
<tr><td>165</td><td>215</td><td>0.001 2</td><td>0.001 4</td><td>0.002 0</td><td rowspan="3">0.003 5</td></tr>
<tr><td>215</td><td>265</td><td>0.001 4</td><td>0.001 6</td><td>0.002 1</td></tr>
<tr><td>265</td><td>315</td><td>0.001 6</td><td>0.001 7</td><td>0.002 2</td></tr>
</table>

注：表中数据使用的标准器由 4 块 1 级（或 4 等）量块组成。

（2）计量器具选用示例。

例 2-1　试确定 $\phi250\text{h}11\left(\begin{smallmatrix}0\\-0.29\end{smallmatrix}\right)$ Ⓔ的验收极限，并选择相应的计量器具。

解　查表 2-9 可知，当基本尺寸>180～250mm、公差等级为 IT11 时，$A=29\mu m$，$u_1=26\mu m$（I 档）。

由于工件尺寸采用包容要求，应按内缩方式确定验收极限，即

$$\text{上验收极限}=d_{max}-A=（250-0.029）mm=249.971mm$$

$$\text{下验收极限}=d_{min}+A=[250+(-0.29)+0.029]mm=249.739mm$$

又根据表 2-10 可知，工件尺寸在 250～300mm 范围内，分度值为 0.02mm 的游标卡尺的不确定度为 0.02mm，小于 u_1=26μm，可以满足要求。

例 2-2 试确定 $\phi150\text{H}10\left(\begin{smallmatrix}+0.16\\0\end{smallmatrix}\right)$ Ⓔ，工艺能力指数 $C_P=1.2$ 的验收极限，并选择相应的计量器具。

解 查表 2-9 可知，当基本尺寸>120～180mm、公差等级为 IT10 时，A=16μm，u_1=15μm（I 档）。

由于 $C_P=1.2>1$，且遵循包容要求，因此其最大实体极限一边的验收极限按内缩方式确定，另一边按不内缩方式确定，则

$$上验收极限=D_{max}=（150+0.16）\text{mm}=150.16\text{mm}$$

$$下验收极限=D_{min}+A=（150+0.016）\text{mm}=150.016\text{mm}$$

又根据表 2-10 可知，工件尺寸在 100～150mm 范围内，分度值为 0.01mm 的内径千分尺的不确定度为 0.008mm，小于 u_1=15μm，可以满足要求。

例 2-3 某孔尺寸要求 $\phi30\text{H}8\left(\begin{smallmatrix}+0.033\\0\end{smallmatrix}\right)$mm，用相应的铰刀加工，但因铰刀已经磨损，因此尺寸分布为偏态分布。试确定验收极限；若选用 II 档测量不确定度允许值（u_1），选择适当的计量器具。

解 查表 2-9 可知，当基本尺寸>18～30mm、公差等级为 IT8 时，A=3.3μm，u_1=5μm（II 档）。

由于加工时用已磨损的铰刀铰孔，孔尺寸为偏态分布，并且偏向孔的最大实体尺寸一边，按标准规定，验收极限对所偏向的最大实体极限一边按内缩方式确定，而对另一边按不内缩方式确定，则

$$上验收极限=D_{max}=(30+0.033)\text{mm}=30.033\text{mm}$$

$$下验收极限=D_{min}+A=(30+0.0033)\text{mm}=30.003\,3\text{mm}$$

又根据表 2-11 可知，工件尺寸在 18～30mm 范围内，分度值为 0.005mm（相当于放大倍数 250 倍）的比较仪的不确定度为 0.003 0mm，小于 u_1=5μm，可以满足要求。

2.5.2 圆锥表面的检测

1. 着色法

标准圆锥量规分为圆锥塞规和套规两种。检验内锥体用锥度塞规，如图 2-50（a）所示，检验外锥体用锥度套规，如图 2-50（b）所示。

一般圆锥结合对锥度要求比对直径的要求严格，所以用圆锥量规检验工件时，首先应采用着色法检验工件锥度。沿量规表面素线方向的全长涂上 3～4 条位置均布的极薄一层红丹或印油，使量规与被测面接触，稍加压力，转动量规，然后取出量规，根据量规上颜色被擦掉

面积或工件上着色面积及均布程度来判断工件锥度的误差。对于圆锥塞规，若只有大端被擦去显示剂，说明零件锥角小了；反之，说明零件的锥角大了。若显示剂被均匀地擦去，则说明锥角是正确的。然后再用圆锥量规按基面距偏差作综合检验，零件大端直径处于塞规两条刻线之间，如图 2-51 所示，表示零件是合格的。着色法多用于检测成批生产的圆锥工件。

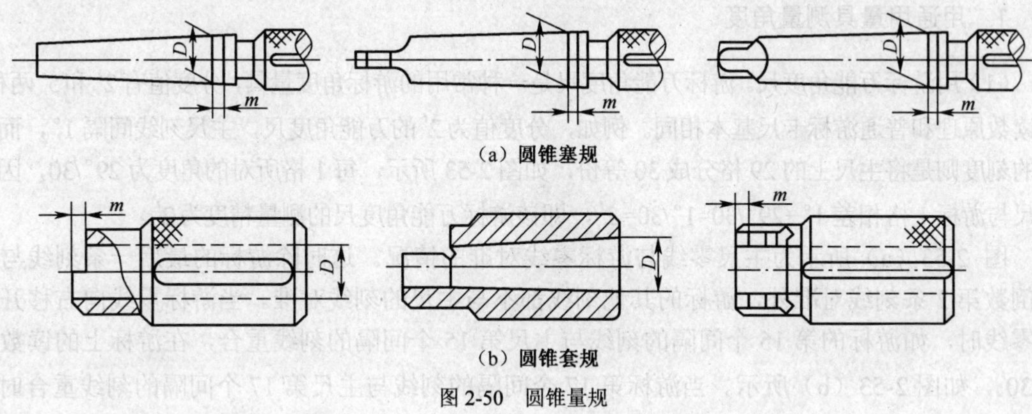

图 2-50　圆锥量规

2. 正弦规法

通常，精密光滑的圆锥工件（一般锥角在 30°以内），在正弦规上间接测量。图 2-52 所示为用正弦规捡测外锥体锥角的示意图。

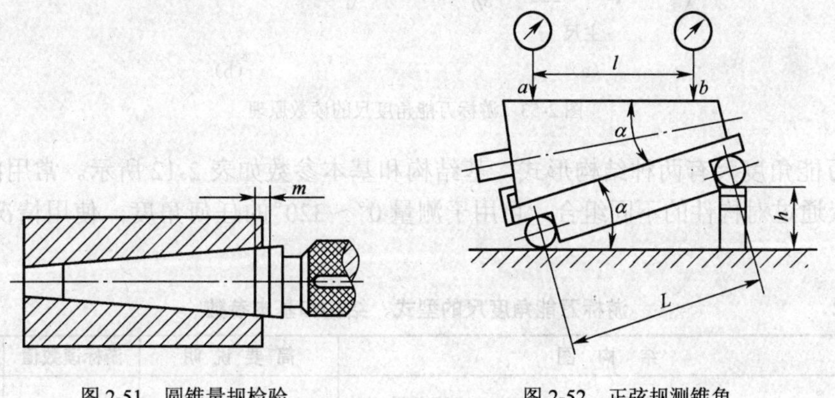

图 2-51　圆锥量规检验　　图 2-52　正弦规测锥角

测量前，先根据选用的正弦规两圆柱中心距 L 和标称锥角 α，用公式 $h=L\sin\alpha$ 计算出应垫的量块尺寸 h。然后用量块组合尺寸垫好正弦规，把被测工件放在正弦规上，使其大端面与正弦规前挡板相靠，即保持工件轴线与正弦规圆柱轴线垂直。若工件锥角等于其标称值，则千分表在工件素线上相距 l 的 a，b 两点的读数相等。若工件锥角不等于标称值，则 a，b 两点的读数不等。设读数差为Δ，则工件锥角误差按下式计算：

$$\Delta\alpha = \frac{\Delta}{L} \times 2 \times 10^5$$

式中，L——两测量点间的距离，单位为 mm；

Δ——相距 l 的两点的读数差，单位为 mm；

Δα——工件锥角与标称值的偏差，单位为秒。

当 a 点高于 b 点，则工件实际锥角比标称值大，反之，比标称值小。

2.5.3 角度的检测

1. 用通用量具测量角度

（1）用游标万能角度尺。游标万能角度尺是一种常用的游标角度量具，分度值有2′和5′两种，其读数原理和普通游标卡尺基本相同。例如，分度值为2′的万能角度尺，主尺刻线间隔1°，而游标的刻度则是将主尺上的29格分成30等份，如图2-53所示，每1格所对的角度为29°/30，因此主尺与游标1格相差1°−29°/30=1°/30=2′，即该游标万能角度尺的测量精度为2′。

图 2-53（a）所示为主尺零线与游标零线对准的情况。这时除游标的最后一条刻线与主尺倒数第2条刻线对准外，游标的其他刻线都不与主尺的刻线对准。当游标零线向右移开主尺零线时，如游标的第15个间隔的刻线与主尺第15个间隔的刻线重合，在游标上的读数值为30′，如图2-53（b）所示。当游标第17个间隔的刻线与主尺第17个间隔的刻线重合时，则读数值为34′。依此类推，当游标第30个间隔的刻线（即最后一条刻线）与主尺第30个间隔的刻线重合时，游标则移了1°。

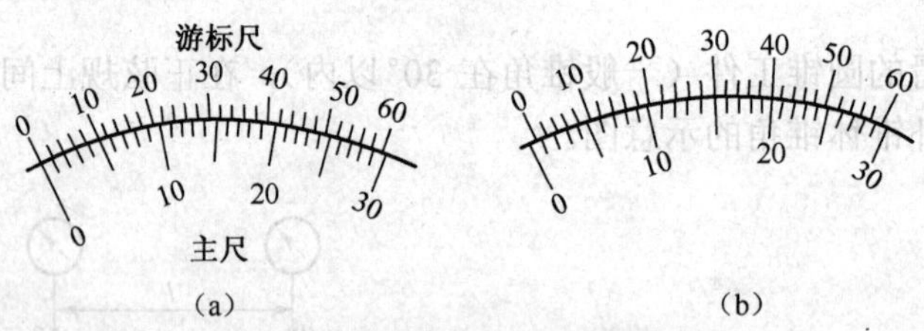

图2-53 游标万能角度尺的读数原理

游标万能角度尺有两种结构形式，基结构和基本参数如表2-12所示。常用的Ⅰ型游标万能角度尺通过对构件的不同组合，可用于测量0°～320°的任何角度，使用情况如图2-54所示。

表2-12 游标万能角度尺的型式、结构和基本参数

型式	结构图	简要说明	游标读数值	测量范围
Ⅰ型	直角尺 游标 主尺 制动头 基尺 扇形板 卡块 直尺	由主尺扇形板和固定在扇形板上的游标组成，扇形板可带游标沿主尺转动。直角尺可用卡块固定在扇形板上，可移动的直尺用卡块又可固定在直角尺上，基尺与主尺连成一体	2′、5′	0°～320°

续表

型式	结构图	简要说明	游标读数值	测量范围
Ⅱ型	制动头　微动装置　卡块　放大镜　游标　主尺　直尺　基尺　附加直尺　测量面	在主尺上，对称刻有 0°～90°的分度，并带有基尺。在主尺的小圆盘上，刻有游标分度，直尺的两面有两个纵槽，用以插入连接臂的凸块内。转动卡块，直尺被凸块牢固地压在小圆盘的切面上，而和游标连同放大镜一起转动。测量时可用制动头把直尺紧固在主尺上，以便从被测件上取下角度，进行读数	5′	0°～360°

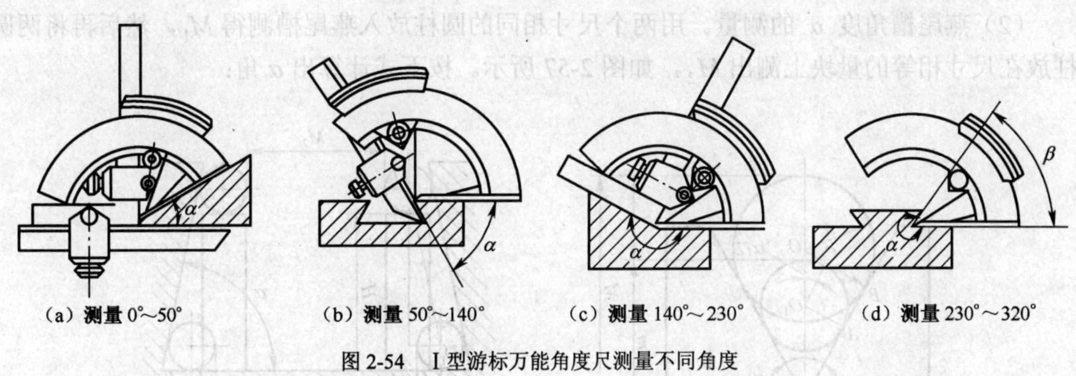

（a）测量 0°～50°　（b）测量 50°～140°　（c）测量 140°～230°　（d）测量 230°～320°

图 2-54　Ⅰ型游标万能角度尺测量不同角度

（2）用 90°角尺和圆柱角尺。90°角尺是测量直角和划线工作中最常用的角度量具，它主要用于检验工件的直角和垂直度，其外形如图 2-55 所示，尺寸和精度等级可查阅相关技术资料。

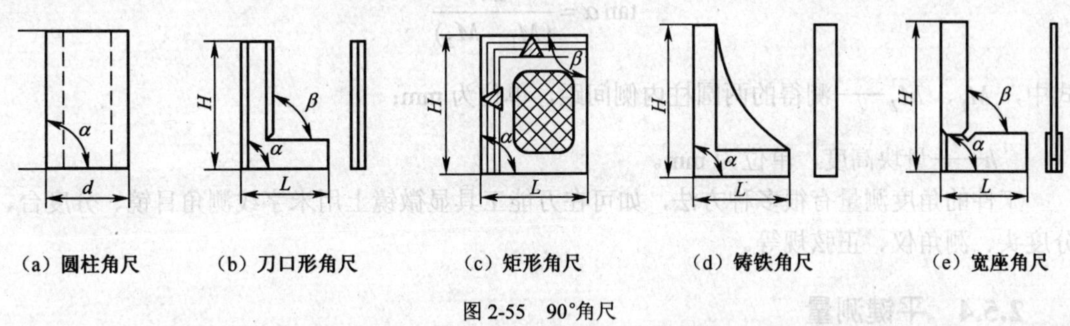

（a）圆柱角尺　（b）刀口形角尺　（c）矩形角尺　（d）铸铁角尺　（e）宽座角尺

图 2-55　90°角尺

用 90°角尺测量角度主要根据角尺工作面与被测工件之间的光隙大小进行判断，光隙大小用目力估计或用塞尺确定，此种方法检验角度的精度取决于工件表面质量和被测角两边的边长及确定光隙的方法，其误差 Δ_α 一般可按下式计算：

$$\Delta_\alpha = \frac{\Delta h}{L} \times 2 \times 10^5 ('')$$

式中，Δh——确定光隙大小的方法误差，单位为 mm；

L——被测角的边长。

2. 在平台上测量

（1）V 形块 α 角的测量。如图 2-56 所示，将大、小圆柱放入 V 形块槽中，分别测出 M、m，然后按下式计算出 α 角：

$$\sin(\alpha/2) = \frac{R-r}{(M-m)-(R-r)}$$

即

$$\alpha = 2\sin^{-1}\frac{R-r}{(M-m)-(R-r)}$$

式中，R、r ——大、小标准圆柱半径，单位为 mm；

M、m——大小标准圆柱顶点至 V 形块底面的距离。

（2）燕尾槽角度 α 的测量。用两个尺寸相同的圆柱放入燕尾槽测得 M_1，然后再将两圆柱放在尺寸相等的量块上测出 M_2，如图 2-57 所示。按下式计算出 α 角：

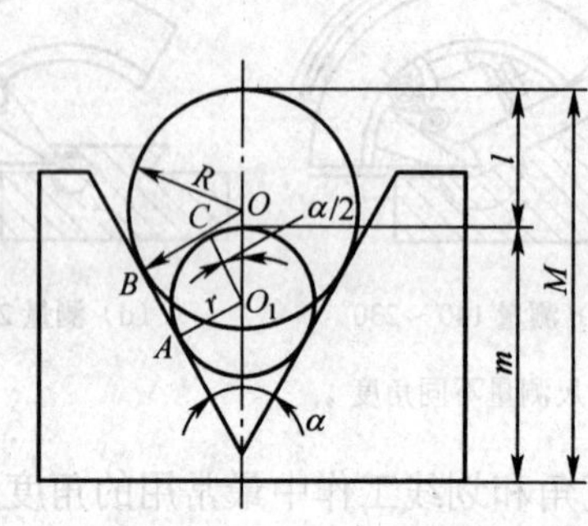

图 2-56　用两个圆柱测 α 角

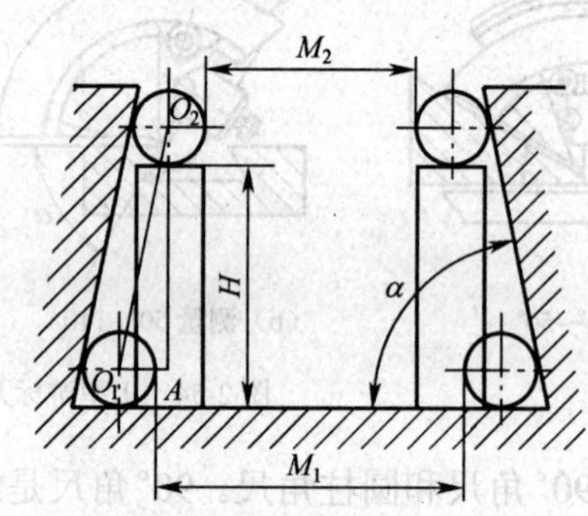

图 2-57　用圆柱和量块测燕尾槽角度 α

$$\tan\alpha = \frac{2h}{(M_1 - M_2)}$$

式中，M_1、M_2——测得的两圆柱内侧间距，单位为 mm；

h——量块高度，单位为 mm。

工件的角度测量有很多种方法，如可在万能工具显微镜上用米字线测角目镜、分度台、分度头、测角仪、正弦规等。

2.5.4　平键测量

键和键槽的尺寸测量比较简单，在单件和小批量生产中可用游标尺、千分尺等通用计量器具测量。

1. 截面测量

如图 2-58 所示，首先转动被测工件，以调整量块测量面的位置，使量块测量面与平板 4 平行，然后用指示表在键槽一端面内测量量块上表面到平板的距离，其示值为 h_{AP}，将工件翻转 180°，重复上述步骤进行测量，得示值 h_{AQ}，计算得到该截面上下两对应点的示值为 α，则该截面的对称度误差为

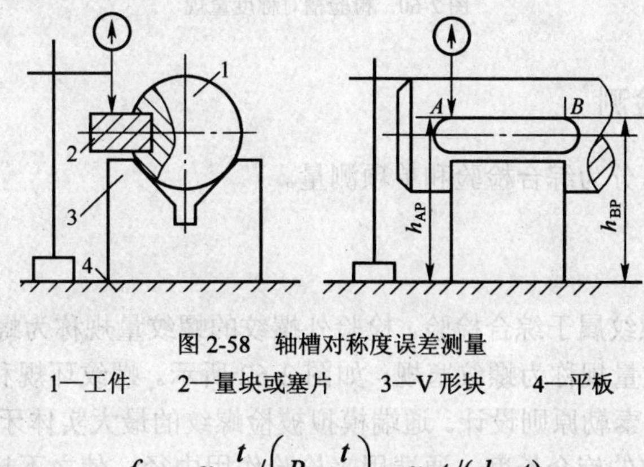

图 2-58　轴槽对称度误差测量

1—工件　2—量块或塞片　3—V 形块　4—平板

$$f_{截}=\alpha\cdot\frac{t}{2}/\left(R-\frac{t}{2}\right)=\alpha\cdot t/(d-t)$$

式中，d——轴的直径；

t——轴槽深度。

2. 长向测量

沿键槽长度方向测量，取长向两点的最大示值差为长向对称度误差：设 h_{BP} 为 $\alpha_{高}$，h_{AP} 为 $\alpha_{低}$，则

$$f_{长}=\alpha_{高}-\alpha_{低}$$

取以上两个方向测得的误差的最大值作为该轴的对称度误差。

在成批大量生产中，键槽的宽度和深度可用量块或极限量规检验，如图 2-59 所示。当对称度公差遵守相关原则时，多用图 2-60 所示量规进行检验，只要量规能通过，就说明对称度合格。

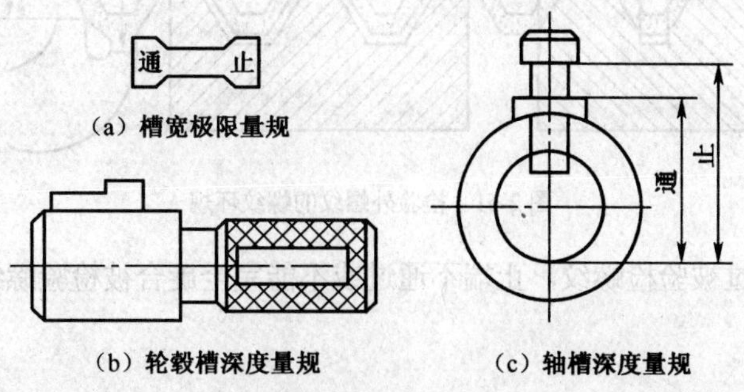

（a）槽宽极限量规

（b）轮毂槽深度量规

（c）轴槽深度量规

图 2-59　检验槽宽、槽深量规

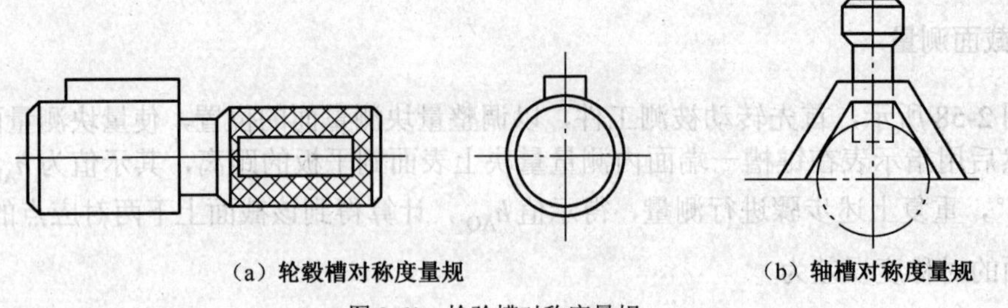

（a）轮毂槽对称度量规　　（b）轴槽对称度量规

图 2-60　检验槽对称度量规

2.5.5　螺纹的检测

螺纹的检验方法可分为综合检验和单项测量。

1．综合检验

用螺纹量规检验螺纹属于综合检验。检验外螺纹的螺纹量规称为螺纹环规，如图 2-61 所示，检验内螺纹的螺纹量规称为螺纹塞规，如图 2-62 所示。螺纹环规和螺纹塞规都有通端和止端之分。螺纹量规按泰勒原则设计。通端模拟被检螺纹的最大实体牙型，且具有完整牙型，其长度应等于被检螺纹的旋合长度。通端用来检验作用中径，使之不超出螺纹的最大实体中径，并兼有控制螺纹底径的作用；止端只控制被检验螺纹的单一中径不超出其最小实体中径，为了消除螺距误差和牙侧角误差对检验结果的影响，要求止端仅在被检验螺纹中径处接触。所以，止端采用截短牙型——仅在被检验螺纹中径附近一段保留最小实体牙型，其长度只有 2～3.5 牙，且检验时允许有小部分牙能旋合。

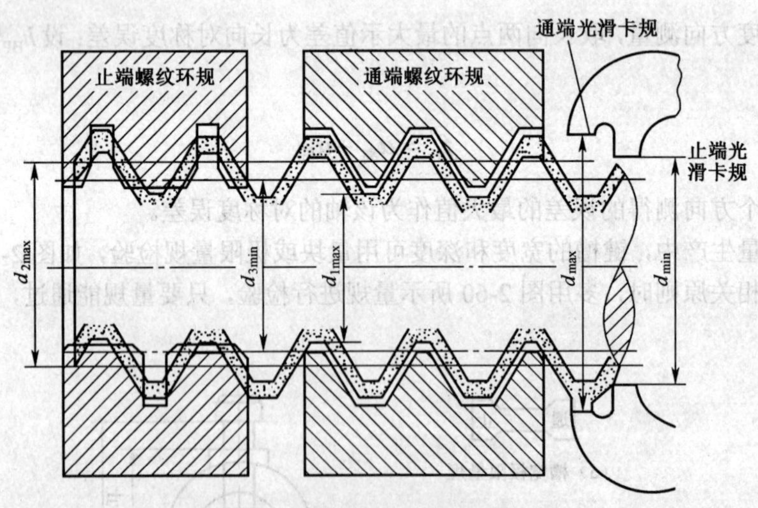

图 2-61　检验外螺纹的螺纹环规

螺纹量规通端通过被验检螺纹，止端不通过或不能完全旋合被检验螺纹时，则该螺纹合格。

2．单项测量

螺纹的单项测量是指采用通用的或专用的量具、量仪，对螺纹的各个实际几何参数进行单独测量。通过测出各参数的具体数值，进而评定其合格性。

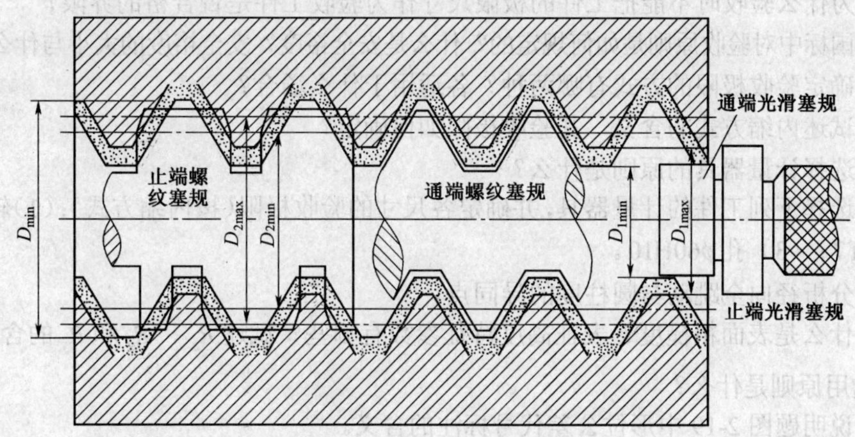

图 2-62　检验内螺纹的螺纹塞规

单项测量主要用于高精度螺纹、螺纹刀具和螺纹量规的测量。

最常用单项测量的方法有三针法、影像法（用工具显微镜测量螺纹的各参数）。

（1）三针法。用三针法测量外螺纹中径，是长度测量中一种典型的间接测量方法。方法是用 3 根尺寸精确的量针放在外螺纹沟槽中，然后用测量外尺寸的器具（千分尺、杠杆式卡规、杠杆千分尺、机械比较仪、各种光学计、各种测长仪），测出外跨距 M，再根据螺纹中径与 M 之间的函数关系，计算出螺纹中径。

（2）影像法。影像法测量螺纹是指用工具显微镜将被测螺纹的牙型轮廓放大成像，按被测螺纹的影像测量其螺距、牙型半角和中径。

习　题

2-1　试述互换性的含义。一般互换性可分为哪几种？它们是如何定义的？

2-2　什么是标准化？

2-3　试述尺寸、基本尺寸、极限尺寸、极限偏差和公差的含义，并用图表示它们之间的相互关系。

2-4　最大实体尺寸、最小实体尺寸是如何定义的？最大实体尺寸是指孔和轴的哪个极限尺寸？

2-5　什么是公差带？它由哪两个要素组成？

2-6　根据孔 $\phi50^{+0.050}_{+0.025}$ mm，轴 $\phi50^{-0.025}_{-0.050}$ mm，试计算它们的基本尺寸、极限偏差、公差、极限尺寸和最大实体尺寸，并画出尺寸公差带图。

2-7　什么是配合？配合性质有哪几种？各自公差带有何特点？

2-8　什么是标准公差、基本偏差？

2-9　试通过查表和计算确定下列 3 对孔、轴配合的极限间隙或极限过盈，并判断它们的配合性质。（1）ϕ50H8/f7；（2）ϕ30K7/h6；（3）ϕ180H7/u7。

2-10 配合制有哪两种？它们是如何定义的？怎样选择？ 如何选用配合类别？

2-11 为什么验收时不能把工件的极限尺寸作为验收工件是否合格的界限？

2-12 国标中对验收原则是如何规定的？什么是安全裕度？安全裕度的大小与什么有关？

2-13 确定验收极限的方式有哪两种？各适用于什么场合？

2-14 试述内缩方式的含义，其验收极限如何确定？

2-15 选择计量器具的原则是什么？

2-16 选择下列工件的计量器具，并确定各尺寸的验收极限（按内缩方式）：（1）轴ϕ20h9；（2）轴ϕ30f7；（3）孔ϕ60H10。

2-17 分析径向全跳动与圆柱度的异同点。

2-18 什么是表面粗糙度？表征高度特征参数有哪些？试述R_a、R_z和R_y的含义。表面粗糙度的选用原则是什么？

2-19 说明题图 2-19 中形位公差代号标注的含义。

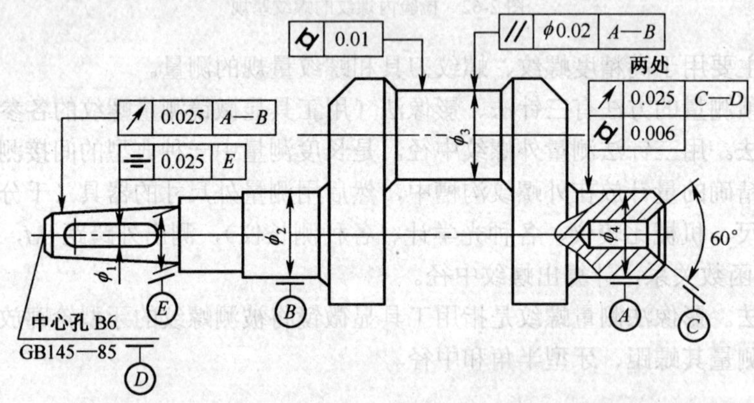

题图 2-19

2-20 说出几种对角度进行测量的量具。

2-21 游标万能角度尺有哪两种分度值？所测范围各是多少？

第3章　工程力学基础

机械零件的设计，需要解决零件的承载能力问题。为此必须对零件进行受力分析、运动分析及强度刚度分析。本章主要介绍工程力学的一些基本概念和理论，为后续常用机构和零件的运动、动力分析和承载能力分析打下基础。

教学目标

- 掌握刚体、平衡、力矩、力偶、转动惯量等基本概念和计算方法；
- 掌握刚体平动、定轴转动的规律和描述方法；
- 初步掌握点的合成运动概念及速度合成的方法；
- 了解刚体平面运动的规律；
- 掌握刚体平动、定轴转动的动力学基本方程及应用；
- 具有刚体运动、动力分析的初步能力；
- 了解载荷和应力的分类、机械零件的失效形式及工作能力准则。

3.1　静力学基础

静力学是探讨刚体在力系作用下处于平衡的规律。平衡是指物体相对地面静止或作匀速直线运动，它是工程中机械运动的特殊形式。本节主要介绍力、力矩、力偶等基本概念，以及静力学的基本公理和定理，为对物体进行受力分析和受力计算打下基础。

3.1.1　力的概念及力的性质

1．力的概念

力是物体间的相互作用。这种作用会使物体的机械运动状态发生变化，或使物体产生变形，即物体受力后将产生两种效应：一是使物体的机械运动状态发生变化，称为力的外效应；二是使物体产生变形，称为力的内效应。

在外力作用下不发生变形的物体称为刚体。实际的物体在受力后都将发生变形，但当物体受力后的变形量相对物体的几何尺寸极微小，而仅在研究整个物体平衡或运动状况时，物体产生的微小变形可忽略不计，即可把物体作为刚体，从而简化研究方法。

由于静力学是以刚体为研究对象，故本节只讨论力的外效应。力的内效应及物体受力后的变形将在以后的章节中讨论。

力是一个具有大小和方向的矢量，如图 3-1（a）所示。常用一个带箭头的线段表示，线段长度 *AB* 按一定比例代表力的大小，箭头表示力的方向，其起点或终点表示力的作用点。此线段的延长线称为力的作用线。用黑体字 $\boldsymbol{F}$①代表力的矢量，用白体字 *F* 代表力的大小。

实践证明，力对物体的作用效应，由力的大小、方向和作用点的位置所决定，这 3 个要素称为力作用三要素。例如，用扳手拧紧螺母时，作用在扳手上的力，因大小、方向或作用点的位置不同，产生的效果也就不同，如图 3-1（b）所示。

但当力沿着其作用线方向移动，只要不移出作用线之外，其对刚体的作用效应是不变的。这称为力的可传递性原理。

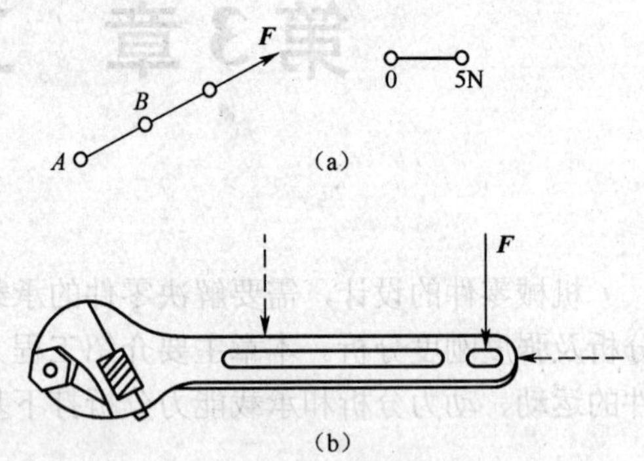

图 3-1　力的概念

力的单位采用我国法定计量单位，用 N 或 kN 表示。

2. 力的平衡公理

（1）二力平衡公理。若一物体仅受两个力作用而处于平衡状态，其充要条件为：此二力必等值、反向、共线。这一原理称为二力平衡公理。如图 3-2（a）所示。

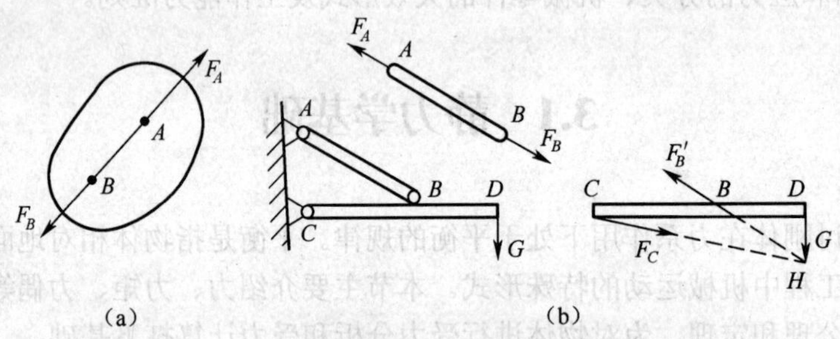

图 3-2　二力杆

物体的平衡是指物体相对于地球处于静止或匀速直线运动状态。

在物体中，凡只受二力作用而处于平衡状态的物体称为二力杆，其特征是：它所受的力必在两力作用点的连线上，且等值、反向。如图 3-2 中所示起重机的撑杆 *AB* 和图 3-3 中所示曲柄滑块机构的连杆 *BC*，若不计自重、惯性力和摩擦力，都是二力杆的实例。

① 在工程实践中侧重于物理量大小的计算，因此只在本节中用字母的黑、白体区分矢量及其大小，其他章节皆用白体字母表示物理量。

（2）三力平衡定理。若物体在 3 个共面而又互不平行的力作用下处于平衡状态，则此三力必汇交于一点。

如图 3-2 中所示起重机的 *CD* 杆，受三力处于平衡状态，则三力必汇交于 *H* 点。

3. 作用与反作用公理

若将两物体间相互作用之一称为作用力，则另一个称为反作用力，两物体间的作用力与反作用力必等值、反向、共线，分别同时作用于两个相互作用的物体上。

应该注意二力平衡公理和作用与反作用公理之间的区别，前者叙述了作用在同一物体上两个力的平衡条件，后者却是描述两物体间相互作用的关系。

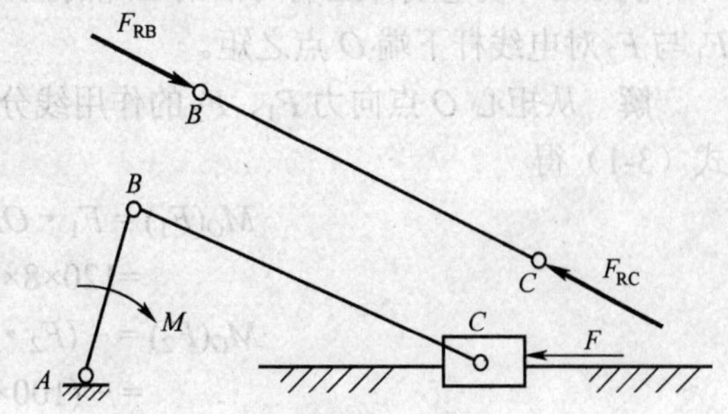

图 3-3　曲柄滑块机构中的二力构件

4. 力的平行四边形法则

如图 3-4（a）所示，在物体 *A* 处作用两个力 $\boldsymbol{F}_1$、$\boldsymbol{F}_2$，若以 $\boldsymbol{F}_1$、$\boldsymbol{F}_2$ 为两邻边作一平行四边形 *ABCD*，其对角线 *AC* 代表的矢量 $\boldsymbol{F}$，称为 $\boldsymbol{F}_1$、$\boldsymbol{F}_2$ 的合力。$\boldsymbol{F}_1$、$\boldsymbol{F}_2$ 也称为合力 $\boldsymbol{F}$ 的分力。

求合力时，也可不画出整个平行四边形，而从 *A* 点作一个与力 $\boldsymbol{F}_1$ 大小相等、方向相同的矢量 $\overrightarrow{AB}$，过 *B* 点作一个与 $\boldsymbol{F}_2$ 大小相等方向相同的矢量 $\overrightarrow{BC}$，则 $\overrightarrow{AC}$ 就是 $\boldsymbol{F}_1$、$\boldsymbol{F}_2$ 的合力 $\boldsymbol{F}$，如图 3-4（b）所示，这个三角形称为力的三角形。

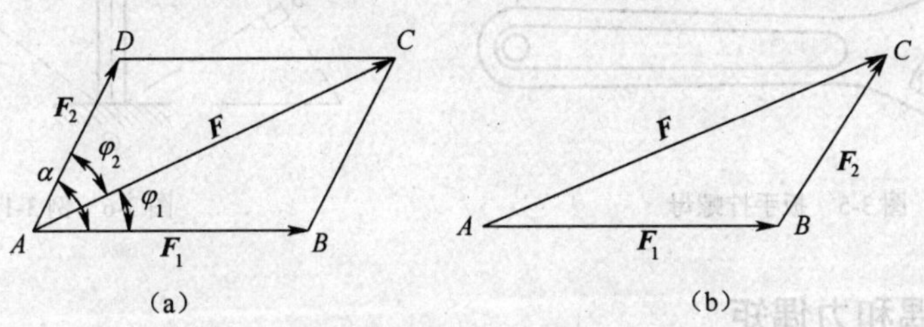

图 3-4　力的平行四边形和力的三角形

5. 力对点的矩和合力矩定理

如图 3-5 所示，当用扳手拧紧螺母时，力 *F* 对螺母的拧紧效果不仅与力的大小有关，还与转动中心 *O* 至力 *F* 作用线的垂直距离 *d* 有关。因此，一般以物理量 $F \cdot d$ 及其转动方向来度量力使物体绕 *O* 点的转动效应，这个物理量称为力 *F* 对 *O* 点的矩，简称力矩，记作：

$$M_O(F) = \pm F \cdot d \tag{3-1}$$

式中，点 *O* 称为力矩中心，简称矩心；距离 *d* 称为力臂；正负号表示力矩在平面内的转向，一般规定逆时针转向为正，顺时针转向为负。力矩的单位为 N·m。

由式（3-1）及力矩定义可知：①当力的作用线通过矩心时，由于力臂值为零，力矩的值也为零；②力沿其作用线滑移时，由于没有改变力、力臂大小及力矩的转向，因此力矩的值不变。

若有 n 个力 F_1，F_2，…，F_n 组成的力系可以合成一个合力 F，则合力 F 对某点的矩，等于力系中各力对同一点力矩的代数和，用下式表示：

$$\sum_{i=1}^{n} M_O(F_i) = M_O(F_1) + M_O(F_2) + \cdots + M_O(F_n) = M_O(F) \tag{3-2}$$

式（3-2）即为合力矩定理。

例 3-1 设电线杆上端两根钢丝绳的拉力 F_1=120N，F_2=100N，如图 3-6 所示。试计算 F_1 与 F_2 对电线杆下端 O 点之矩。

解 从矩心 O 点向力 F_1、F_2 的作用线分别作垂线，得 F_1 的力臂 OB、F_2 的力臂 OC，由式（3-1）得

$$M_O(F_1) = F_1 \cdot OB = F_1 \cdot OA\sin30° = 120×8×1/2\text{N} \cdot \text{m} = 480\ \text{N} \cdot \text{m}$$

$$M_O(F_2) = -(F_2 \cdot OC) = -(F_2 \cdot OA\sin\theta) = -(100×8×3/5)\text{N} \cdot \text{m} = -480\text{N} \cdot \text{m}$$

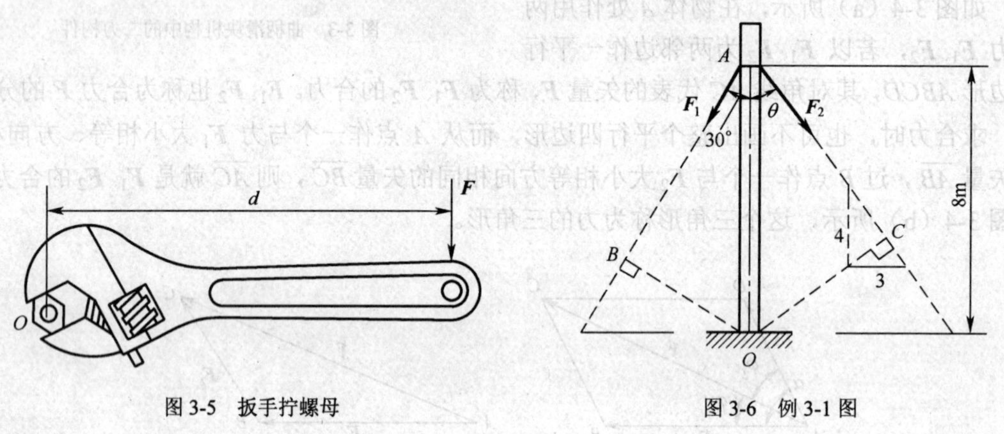

图 3-5 扳手拧螺母　　图 3-6 例 3-1 图

3.1.2 力偶和力偶矩

一对等值、反向（方向相反）且不共线（作用线不在同一直线上）的平行力组成的力系称为力偶。

在日常生活及生产实践中，物体受力偶作用的实例很多，如图 3-7（a）所示开门锁时钥匙的受力，图 3-7（b）所示司机转动方向盘等。

力偶的两个力所在的平面称为力偶的作用平面。在力偶的作用平面内，力偶使物体产生转动，转动的效果取决于力偶的转向及力偶两个反向平行力的大小和它们之间的距离（力偶臂）。把力偶中的力 F 和力偶臂 d 的乘积加上正负号作为力偶对物体转动效应的量度，这个量称为力偶矩，用符号 M（F，F'）或 M 来表示。

$$M(F, F') = M = \pm F \cdot d = \pm F' \cdot d \tag{3-3}$$

式中，$M(F, F')$或 M——力偶矩，单位为 N·m；

F 或 F'——构成力偶的两平行力，单位为 N；

d——力偶臂，单位为 m。

力偶矩为一代数量，其正负号是区别物体的转动方向的，通常规定逆时针方向为正，顺时针方向为负，如图 3-8 所示。

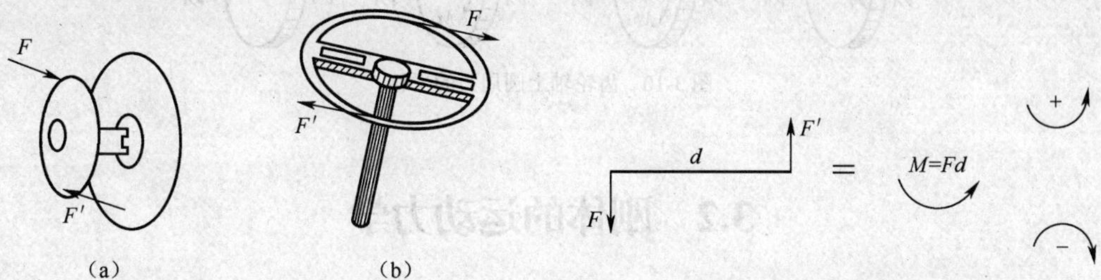

图 3-7　力偶实例　　　图 3-8　力偶的表达

力偶对物体转动效应由以下三要素决定：力偶矩的大小、力偶的转向和力偶作用平面。其中任一要素发生改变，力偶对物体的转动效应也随之发生改变。若两力偶的三要素相同，则两力偶等效。

对力偶进一步分析，还能得出力偶如下特性。①力偶无合力。因此力偶不能用一个力来替代，也不能与一个力相平衡，力偶只能由力偶平衡。②力偶对其作用平面内任一点的矩，恒等于力偶矩，而与矩心位置无关，因此，力偶可以在其平面内任意移动和转动，而不改变其对物体的转动效应。

如果在物体的同一方向平面内作用着若干力偶 M_1，M_2，…，M_n，称为平面力偶系。平面力偶系可以合成一个合力偶，合力偶 $\sum M$ 等于力偶系中各力偶的代数和，即

$$\sum M = M_1 + M_2 + \cdots + M_n \tag{3-4}$$

要使一个平面力偶系平衡，其充要条件是合力偶等于零，即

$$\sum M = 0 \tag{3-5}$$

3.1.3　力的平移定理

若将原作用在物体上 A 点的力平移至物体上任一点 O 时，必须附加一力偶，才能与原力的作用等效，附加力偶的力偶矩等于原力对平移点 O 的力矩，上述即为力的平移定理。

如图 3-9（a）所示，作用于物体上 A 点的力 F 平移至物体上任意点 O 时，必须附加一个力偶 M_f，如图 3-9（b）所示，$M_f = M_O(F) = F \cdot d$。

力的平移定理表明了力对绕力作用线外的中心转动的物体有两种作用，一是平移力的作用，二是附加力偶对物体产生的旋转作用。如图 3-10 所示，在齿轮上作用着圆周力 F_t，为观察 F_t 的作用效应，将力 F_t 平移至齿轮轴心 O 点，根据力的平移定理，则有平移力 F_t' 作用在轴上，同时有附加力偶 $M = F_t \cdot r$ 使轴转动。力的平移定理在机构受力分析上很有实用价值。

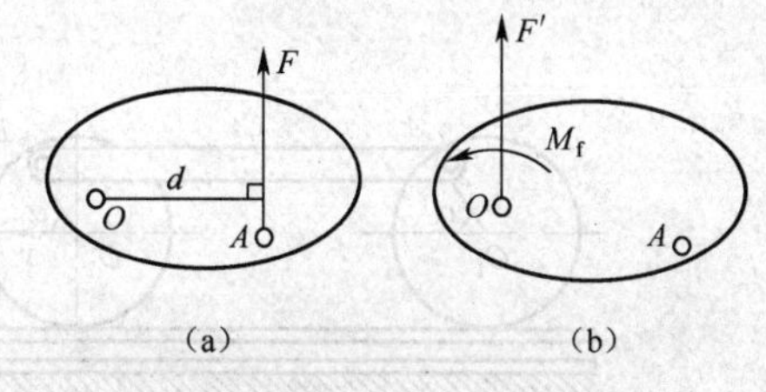

图 3-9　力的平移

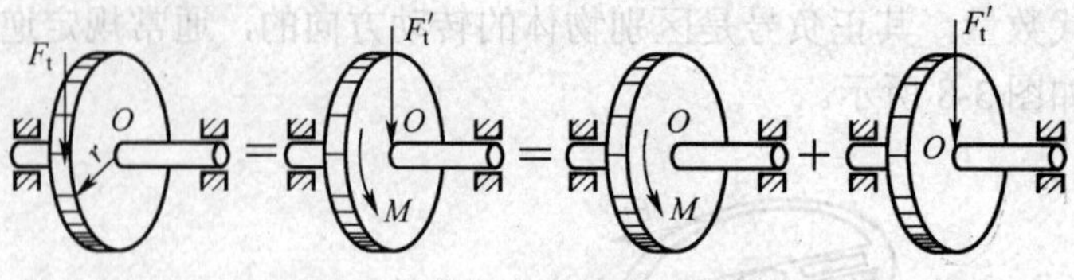

图 3-10　齿轮轴上圆周力的平移

3.2　刚体的运动力学

若作用在刚体上的力系不平衡，则刚体的运动状态要发生变化。从几何角度讨论刚体的运动，即分析刚体空间位置随时间的变化，而不考虑其变化的原因，这称为刚体的运动学。分析作用在刚体上的力与刚体运动变化之间的关系，称为刚体的动力学。刚体的基本运动形式有平动、定轴转动和平面运动。

3.2.1　刚体的平动运动分析

在运动过程中刚体上的任何一条直线始终与其初始位置保持平行，则这种运动称为刚体的平行移动，简称平动，如图 3-11 所示的沿平直轨道行驶的机车车轮连杆。刚体作平动时，刚体上各点在任一瞬时的轨迹、位移、速度和加速度完全相同，因此，分析刚体的平动时只要分析刚体上任一点（通常取质心）的运动情况即可。下面即以刚体的质心即质点的运动进行分析。

1．运动方程

点在空间所经过的路线称为该点的运动轨迹，如点的运动轨迹为直线，称为直线运动；台点的运动轨迹为曲线，称为曲线运动。本节只分析点的直线运动和平面曲线运动。为了描述点的运动，必须以点的运动方程来确定点在空间的位置。表示点的运动方程的方法常用自然法和直角坐标法。

（1）用自然法表示点的运动方程。自然法是以动点的运动轨迹作为自然坐标轴来确定点位置的方法。如图 3-12 所示，设动点 M 在平面内沿轨迹 A 运动。沿轨迹 A 作为自然坐标轴，在轴上任取一点 O 作为原点，在原点 O 两侧定出正负方向，则动点 M 的弧长称为动点 M 的弧坐标 S，S 是一代数量。当动点 M 沿轨迹运动时，弧坐标 S 是时间 t 的连续函数，表示为

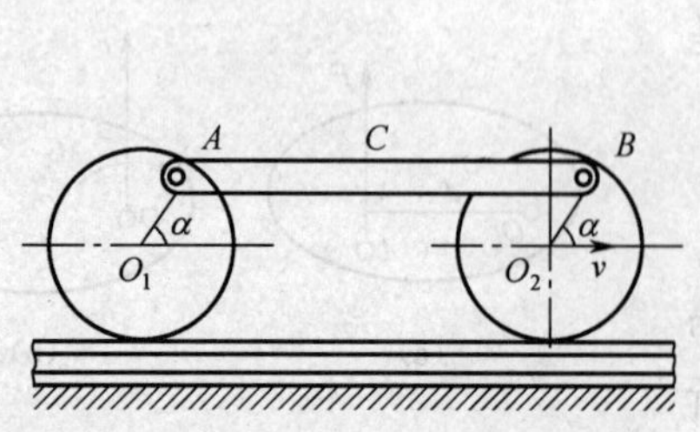

图 3-11　机车车轮连杆

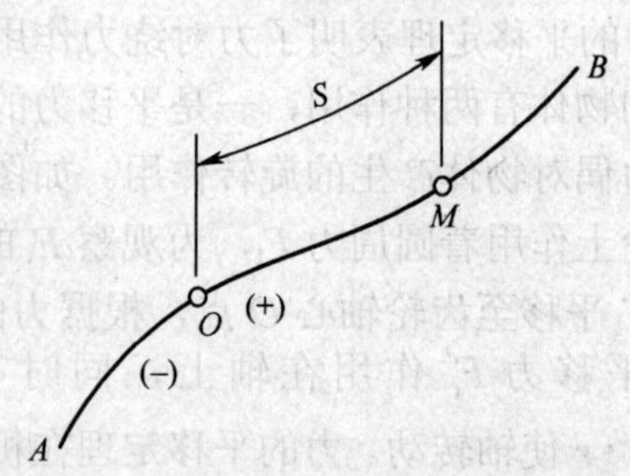

图 3-12　自然坐标法

$$S = f(t) \tag{3-6}$$

上式即为用自然法表示的点的运动方程，也称为弧坐标形式的运动方程。

（2）用直角坐标法表示点的运动方程。设动点 M 在平面内运动，可在该平面内选取直角坐标系，则动点 M 相对该坐标系的位置可用其两坐标轴 x、y 来确定，如图 3-13 所示。当动点 M 运动时，其坐标 x、y 将是时间 t 的连续函数，表示为

$$\left.\begin{aligned} x &= f_1(t) \\ y &= f_2(t) \end{aligned}\right\} \tag{3-7}$$

上式即为用直角坐标法表示的点的运动方程，也是以 t 为参数的轨迹参数方程。从方程式（3-7）中消去时间参数 t，便可得到直角坐标法表示的动点 M 的轨迹方程。

例 3-2　如图 3-14 所示小环 M，同时套在与地面固连、半径为 R 的大环与转动的摇杆 OA 上，摇杆 OA 绕 O 轴转动，$\phi = \omega t$，$\omega =$ 常数。已知运动开始时摇杆在水平位置，求小环 M 的运动方程和运动轨迹。

解（1）用自然法求小环的运动方程（只有运动轨迹已知时才能用自然法）。

① 运动分析：由于小环 M 套在大环上，因此它的运动轨迹是以 O_1 为圆心，R 为半径的圆。由题意知，当 $t = 0$ 时，点 M 位于 M_O，取 M_O 为自然坐标轴的原点，并规定沿轨迹逆时针方向为弧坐标的正向，如图 3-14 所示。

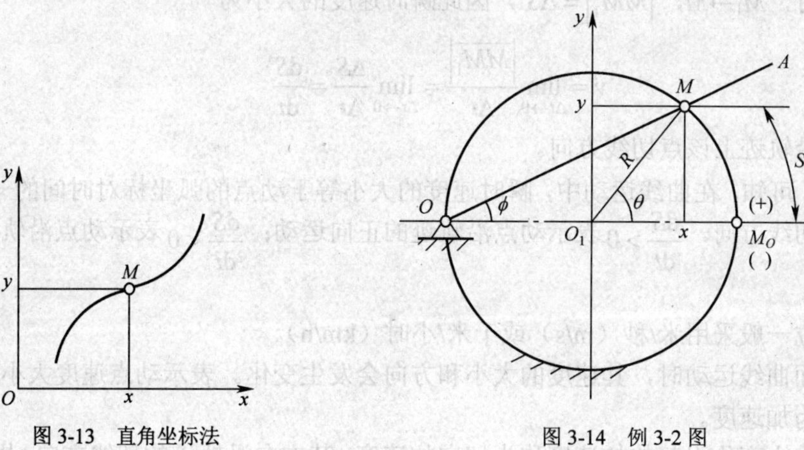

图 3-13　直角坐标法　　　　图 3-14　例 3-2 图

② 建立运动方程：由几何关系可得小环 M 在任意位置时的弧坐标为

$$S = \overset{\frown}{M_O M} = R\theta = R \cdot 2\phi \qquad \text{又}\ \phi = \omega t$$

故小环 M 沿轨迹的运动方程为

$$S = 2R\omega t$$

（2）用直角坐标法求小环的运动方程（运动轨迹已知与否均可采用此法）。

① 选直角坐标系 O_1xy，小环在任意位置时的坐标为 x、y。

② 建立运动方程

$$x = R\cos\theta = R\cos 2\phi = R\cos 2\phi t$$
$$y = R\sin\theta = R\sin 2\phi = R\sin 2\omega t$$

（3）消去方程中的参数 t，即得小环的轨迹方程为

$$x^2+y^2=R^2 \quad （以 O_1 为圆心，以 R 为半径的圆）$$

由此可知，自然法和直角坐标法是描述动点运动的两种不同的方法，它们都能确定点的运动规律。

2. 速度和加速度

（1）用自然法求点的速度和加速度。

如图 3-15（a）所示，设动点 M 沿平面曲线 AB 运动，在瞬时 t，动点位于弧坐标为 S，经过 Δt 后，动点位于 M_1，弧坐标为 $S_1=S+\Delta S$，位移矢量为 $\overrightarrow{MM_1}$。位移 $\overrightarrow{MM_1}$ 与时间 Δt 之比，称为动点在 Δt 时间内的平均速度，以 v^* 表示，即

$$v^*=\frac{\overrightarrow{MM_1}}{\Delta t}$$

v^* 的方向即为 $\overrightarrow{MM_1}$ 的方向。

当 $\Delta t\to 0$ 时，平均速度 v^* 的极限值就是动点在瞬时 t 的瞬时速度，以 v 来表示，即

$$v=\lim_{\Delta t\to 0} v^*=\lim_{\Delta t\to 0}\frac{\overrightarrow{MM_1}}{\Delta t}$$

当 $\Delta t\to 0$ 时，$M_1\to M$，$\left|\overrightarrow{MM_1}\right|=\Delta S$，因此瞬时速度的大小为

$$v=\lim_{\Delta t\to 0}\frac{\left|\overrightarrow{MM_1}\right|}{\Delta t}=\lim_{\Delta t\to 0}\frac{\Delta S}{\Delta t}=\frac{\mathrm{d}S}{\mathrm{d}t} \tag{3-8}$$

瞬时速度方向沿轨迹上该点切线方向。

由式（3-8）可知，在曲线运动中，瞬时速度的大小等于动点的弧坐标对时间的一阶导数，方向沿轨迹的切线方向。$\frac{\mathrm{d}S}{\mathrm{d}t}>0$ 表示动点沿轨迹的正向运动；$\frac{\mathrm{d}S}{\mathrm{d}t}<0$ 表示动点沿轨迹的反向运动。

速度的单位一般采用米/秒（m/s）或千米/小时（km/h）。

动点作平面曲线运动时，其速度的大小和方向会发生变化。表示动点速度大小和方向变化的物理量称为加速度。

由于速度大小变化引起的加速度称为切向加速度，其方向沿轨迹的切线方向，用 a_τ 表示。又因 $v=\frac{\mathrm{d}S}{\mathrm{d}t}$，所以

$$a_\tau=\frac{\mathrm{d}v}{\mathrm{d}t}=\frac{\mathrm{d}^2S}{\mathrm{d}t^2} \tag{3-9}$$

由于速度方向的变化引起的加速度称为法向加速度，方向沿轨迹的法线方向，并指向曲率中心，用 a_n 来表示。若轨迹某点的曲率半径为 ρ，则

$$a_\mathrm{n}=\frac{v^2}{\rho} \tag{3-10}$$

切向加速度 a_τ 和法向加速度 a_n 的矢量和称为全加速度，如图 3-15（b）所示。全加速度

的大小为

$$a = \sqrt{a_{\tau}^{2} + a_{n}^{2}} = \sqrt{\left(\frac{dv}{dt}\right)^{2} + \left(\frac{v^{2}}{\rho}\right)^{2}} \tag{3-11}$$

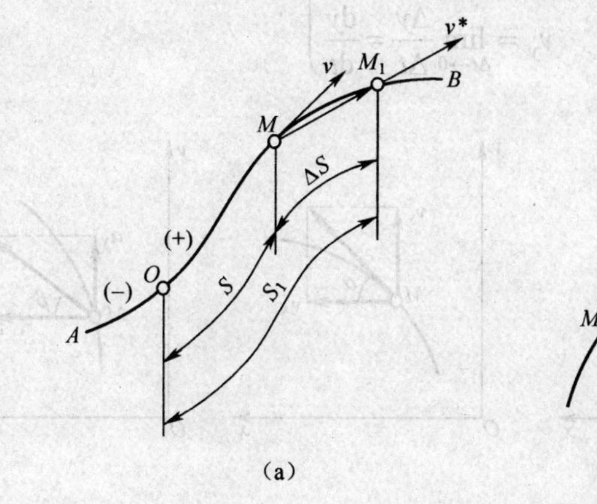

图 3-15　动点运动的速度和加速度

全加速度的方向可由与法线方向所夹的锐角β来确定，即

$$\beta = \arctan\frac{|a_{\tau}|}{a_{n}} \tag{3-12}$$

当点作匀变速运动时，设运动初始条件为 $t = 0$，点的弧坐标为 S_0，速度为 v_0，其弧坐标 S 和速度 v 与时间 t 的关系为

$$\left.\begin{aligned} v &= v_0 + a_{\tau}t \\ S &= S_0 + v_0 t + \frac{1}{2}a_{\tau}t^2 \end{aligned}\right\} \tag{3-13}$$

两式联立并消去 t，可得

$$v^2 = {v_0}^2 + 2a_{\tau}\left(S - S_0\right) \tag{3-14}$$

如动点作匀变速直线运动，则以上两式可为

$$\left.\begin{aligned} v &= v_0 + at \\ S &= S_0 + v_0 t + \frac{1}{2}at^2 \\ v^2 &= {v_0}^2 + 2a\left(S - S_0\right) \end{aligned}\right\} \tag{3-15}$$

（2）用直角坐标法求速度和加速度。

用直角坐标法求速度和加速度，先求出速度和加速度在 x 轴、y 轴上的分矢量，再进行矢量合成。

如图 3-16（a）所示，设动点在直角坐标系内作平面曲线运动，已知其运动方程为

$$x = f\left(t\right) \qquad y = f\left(t\right)$$

在瞬时 t，动点位于 M，经过 Δt 时间后，动点位于 M_1，其位移矢量 $\overrightarrow{MM_1}$ 在两坐标轴上的投影分别为 Δx、Δy，其速度在两坐标轴上投影如图 3-16（b）所示，分别为

$$\left.\begin{aligned} v_x &= \lim_{\Delta t \to 0} \frac{\Delta x}{\Delta t} = \frac{\mathrm{d}x}{\mathrm{d}t} \\ v_y &= \lim_{\Delta t \to 0} \frac{\Delta y}{\Delta t} = \frac{\mathrm{d}y}{\mathrm{d}t} \end{aligned}\right\} \tag{3-16}$$

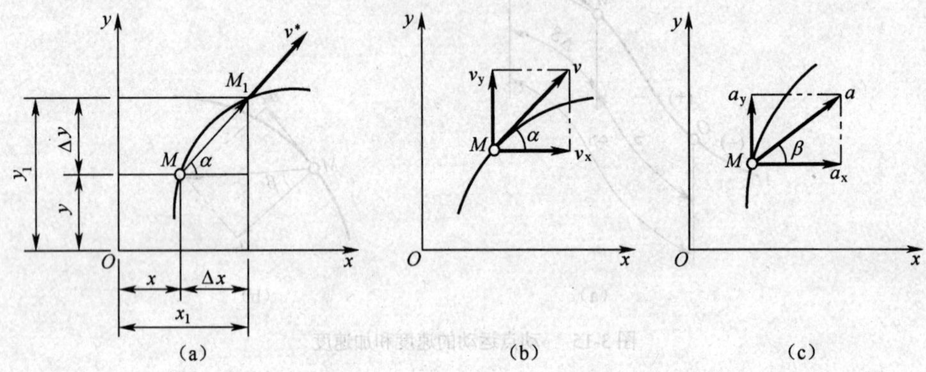

图 3-16　直角坐标法求速度和加速度

于是，动点速度的大小和方向为

$$\left.\begin{aligned} v &= \sqrt{v_x^2 + v_y^2} = \sqrt{\left(\frac{\mathrm{d}x}{\mathrm{d}t}\right)^2 + \left(\frac{\mathrm{d}y}{\mathrm{d}t}\right)^2} \\ \alpha &= \arctan\left|\frac{v_y}{v_x}\right| \end{aligned}\right\} \tag{3-17}$$

式中 α 为速度 v 与 x 轴所夹的锐角，v 沿轨迹的切线方向。

如图 3-16（c）所示，其加速度在两坐标轴上的投影分别为

$$\left.\begin{aligned} a_x &= \frac{\mathrm{d}v_x}{\mathrm{d}t} = \frac{\mathrm{d}^2 x}{\mathrm{d}t^2} \\ a_y &= \frac{\mathrm{d}v_y}{\mathrm{d}t} = \frac{\mathrm{d}^2 y}{\mathrm{d}t^2} \end{aligned}\right\} \tag{3-18}$$

因此，其加速度的大小和方向为

$$\left.\begin{aligned} a &= \sqrt{a_x^2 + a_y^2} = \sqrt{\left(\frac{\mathrm{d}^2 x}{\mathrm{d}t^2}\right)^2 + \left(\frac{\mathrm{d}^2 y}{\mathrm{d}t^2}\right)^2} \\ \beta &= \arctan\left|\frac{a_y}{a_x}\right| \end{aligned}\right\} \tag{3-19}$$

式中 β 为加速度与 x 轴所夹的锐角。

例 3-3　求例 3-2 中小环 M 的速度和加速度。如图 3-17 所示，已知 $\phi = \omega t$，ω = 常数。

解（1）用自然法。

① 运动方程　　$S = 2R\omega t$

② 求速度　　$v = \dfrac{\mathrm{d}S}{\mathrm{d}t} = 2R\omega$

v 方向沿圆轨迹的切线方向，即垂直于 O_1M，如图 3-17 所示。

③ 求加速度

切向加速度的大小为　　$a_\tau = \dfrac{\mathrm{d}v}{\mathrm{d}t} = 0$

法向加速度的大小为　　$a_\mathrm{n} = \dfrac{v^2}{R} = \dfrac{4R^2\omega^2}{R} = 4R\omega^2$

可见点的切向加速度为零，点作匀速圆周运动，故其全加速度 $a = a_\mathrm{n} = 4R\omega^2$，方向沿轨迹的法线指向圆心。

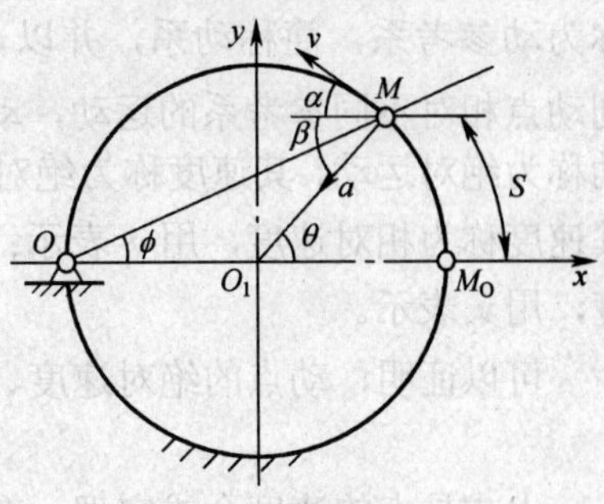

图 3-17　例 3-3 图

（2）用直角坐标法。

① 运动方程
$$x = R\cos 2\omega t$$
$$y = R\sin 2\omega t$$

② 求速度
$$\begin{cases} v_x = \dfrac{\mathrm{d}x}{\mathrm{d}t} = -2R\omega\sin 2\omega t \\ v_y = \dfrac{\mathrm{d}y}{\mathrm{d}t} = 2R\omega\cos 2\omega t \end{cases}$$

M 点的全速度大小为

$$v = \sqrt{v_x^2 + v_y^2} = \sqrt{(-2R\omega\sin 2\omega t)^2 + (2R\omega\cos 2\omega t)^2} = 2R\omega$$

M 点的全速度方向为

$$\tan\alpha = \left|\frac{v_y}{v_x}\right| = \frac{2R\omega\cos 2\omega t}{2R\omega\sin 2\omega t} = \tan\left(\frac{\pi}{2} - 2\omega t\right) = \tan\left(\frac{\pi}{2} - 2\phi\right) = \tan\left(\frac{\pi}{2} - \theta\right)$$

由图 3-17 可见，速度与 O_1M 垂直，其指向由 v_x、v_y 的正负号确定。

③ 求加速度

$$a_x = \frac{\mathrm{d}v_x}{\mathrm{d}t} = -4R\omega^2\cos 2\omega t$$

$$a_y = \frac{\mathrm{d}v_y}{\mathrm{d}t} = -4R\omega^2\sin 2\omega t$$

M 的加速度大小为

$$a = \sqrt{a_x^2 + a_y^2} = \sqrt{\left(-4R\omega^2\cos 2\omega t\right)^2 + \left(-4R\omega^2\sin 2\omega t\right)^2} = 4R\omega^2$$

加速度的方向为

$$\tan\beta = \left|\frac{a_y}{a_x}\right| = \frac{4R\omega^2\sin 2\omega t}{4R\omega^2\cos 2\omega t} = \tan 2\omega t = \tan\theta$$

故 $\beta=\theta$，a_x、a_y 均为负值，因此加速度 a 沿半径由 M 指向圆心 O_1。

3. 速度合成定理

在工程中，经常会遇到同时在两个不同的参考系中分析同一动点的运动问题。如图 3-18 所示的桥式起重机起吊重物时，小车沿横梁作直线平动，并同时将重物 M 铅垂向上提升。对于地面上的观察人员，重物将作平面曲线运动；而在小车上的人员，重物将作向上的直线运动。

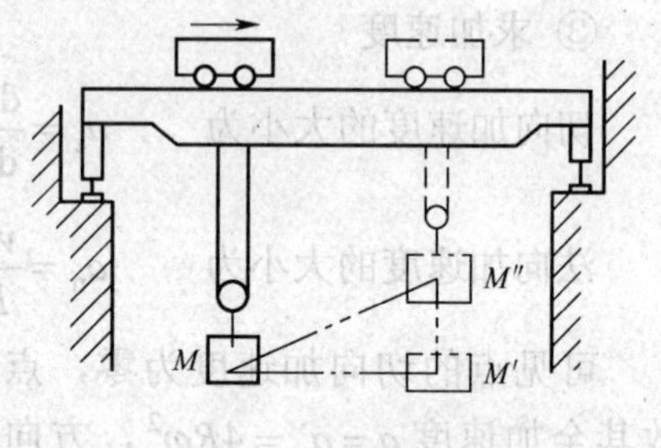

图 3-18 桥式起重机

为了便于分析，取分析的点为动点，将与地面所固连的参考系称为静参考系，简称静系，并以 Oxy 表示。将固结于相对静参考系运动着的动点上的参考系称为动参考系，简称动系，并以 $O'x'y'$ 表示。为了区别动点相对不同参考系的运动，动点相对于静系的运动称为绝对运动，其速度称为绝对速度，用 v_a 表示；将动点相对于动系的运动称为相对运动，其速度称为相对速度，用 v_r 表示；动系相对于静系的运动称为牵连运动，其速度称为牵连速度，用 v_e 表示。

可以证明，动点的绝对速度、相对速度和牵连速度三者之间存在着以下关系

$$v_a = v_a + v_r \tag{3-20}$$

上式是点的速度合成定理：在任一瞬时，动点的绝对速度等于它的牵连速度和相对速度的矢量和。

4. 刚体平动（质点）的动力学

（1）动力学基本定律。

① 第一定律（惯性定律）：不受力作用的物体，将永远保持静止或匀速直线运动状态不变。

这一定律说明，如果要改变物体运动状态，必须对其施加力。所以力是改变物体运动状态的原因。

② 第二定律（力与加速度关系定律）：物体受力时将产生加速度。加速度的方向与力的方向相同，加速度的大小与力的大小成正比，与物体的质量成反比。

若以 m 表示质点的质量，F 表示物体所受的力，a 表示物体在力作用下产生的加速度，第二定律可表示为

$$a=\frac{F}{m}$$

或

$$F = ma \tag{3-21}$$

我国力的法定计量单位采用国际单位制。由式（3-21）可导出力的单位为千克·米/秒 ^{2}（$kg \cdot m/s^2$），称为牛顿，其代号为牛（N），并规定使质量为 1 千克的物体产生 1 米/秒 ^{2} 的加速度，所需的作用力为 1 牛顿，即 $1N = 1kg \cdot m/s^2$。

特别应注意，物体的质量和重量是两个完全不同的概念。物体的质量是物体的固有属性，而重量是地球对物体的引力大小的度量。物体的重量随着物体在地球上不同的位置而不同，

这是因为地球上各处的重力加速度 g 不同，在我国一般取 $g = 9.80\text{m/s}^2$。由此可知，1 千克质量的物体，它的重量为 $W = mg = 1\text{kg}\bullet 9.8\text{m/s}^2 = 9.8\text{N}$。

（2）运动微分方程。

① 自然坐标法的运动微分方程：设质量为 m 的物体，受到的切向合力为 $\sum F_\tau$、法向合力为 $\sum F_\text{n}$，则其运动微分方程为

$$\begin{cases} m\dfrac{\text{d}^2S}{\text{d}t^2} = \sum F_\tau \\ \dfrac{m}{\rho}\left(\dfrac{\text{d}S}{\text{d}t}\right)^2 = \sum F_\text{n} \end{cases} \tag{3-22}$$

式中，ρ——运动轨迹上点 M 的曲率半径。

② 直角坐标法的运动微分方程：设质量为 m 的物体，受到的 x 轴上合力为 $\sum F_x$、y 轴上的合力为 $\sum F_y$，则其运动微分方程式为

$$\begin{cases} m\dfrac{\text{d}^2x}{\text{d}t^2} = \sum F_x \\ m\dfrac{\text{d}^2y}{\text{d}t^2} = \sum F_y \end{cases} \tag{3-23}$$

运用上述的运动微分方程式可解动力学的两类问题：①已知物体的运动，求作用于物体上的力；②已知物体所受的力，求物体的运动。

3.2.2　刚体的定轴转动

刚体运动时，体内有一条直线始终保持不动，则这种运动称为刚体绕定轴转动，简称刚体的转动。始终保持不动的直线称为刚体的转轴或轴线，如机床主轴变速箱中的齿轮等。

1. 刚体的定轴转动方程

如图 3-19 所示，刚体绕定轴 z 转动，Ⅰ是通过定轴的固定平面，Ⅱ是过定轴并随刚体一起转动的平面。在任一瞬时，刚体的位置可由平面Ⅱ与固定平面Ⅰ所成的角 ϕ 来确定。角 ϕ 称为转角，又称为角位移。当刚体转动时角位移 ϕ 随时间而变化，是时间的单值连续函数，即

$$\phi = f(t) \tag{3-24}$$

上式即为刚体的定轴转动方程。

角位移 ϕ 的单位是弧度（rad）。角位移 ϕ 的正负作如下规定：

自 z 轴的正向看去，逆时针转动时，ϕ 角为正值；反之为负值。

2. 角速度

角速度是表征刚体转动快慢和转动方向的物理量。如图 3-20 所示，设刚体绕 O 轴转动，在瞬时 t 的转角为 ϕ，瞬时 $t+\Delta t$ 的转角为 ϕ'，则在时间 Δt 内则刚体角位移的增量为

$$\Delta\phi = \phi' - \phi$$

比值 $\dfrac{\Delta\phi}{\Delta t}$ 极限称为刚体在 t 瞬时的瞬时角速度，用 ω 表示，即

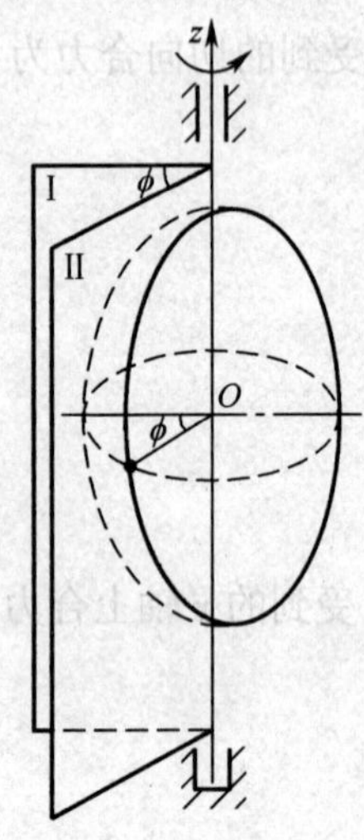

图 3-19　刚体定轴转动

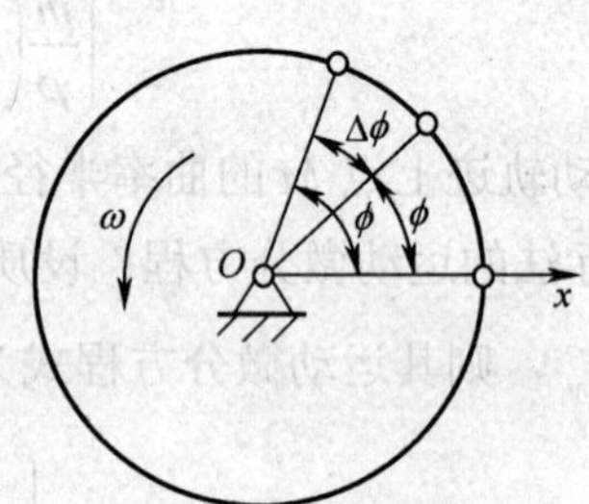

图 3-20　角位移

$$\omega = \lim_{\Delta t \to 0}\frac{\Delta\phi}{\Delta t} = \frac{\mathrm{d}\phi}{\mathrm{d}t} = f'(t)$$

上式表明，刚体绕定轴转动的角速度等于转角对于时间的一阶导数。

角速度是代数量，其正负号表示刚体的转动方向。若 ω 为正值，刚体按逆时针方向转动（从转轴正向端看去）；如为负值，则按顺时针方向转动。

角速度的单位是弧度/秒（rad/s），或简写为 1/秒（1/s）。

工程上常用转速 n 转/分（r/min）表示刚体的转动快慢。转速 n 与角速度 ω 之间的关系是

$$\omega = \frac{2\pi n}{60} = \frac{\pi n}{30}\ \text{rad/s} \tag{3-25}$$

3. 角加速度

角加速度是反映角速度变化快慢的物理量。设刚体在瞬时 t 的角速度为 ω，瞬时 $t+\Delta t$ 的角速度为 ω'，则在时间 Δt 内角速度的增量为

$$\Delta\omega = \omega' - \omega$$

比值 $\dfrac{\Delta\omega}{\Delta t}$ 的极限称为刚体在瞬时 t 的瞬时角加速度，简称角加速度，用 α 来表示，则

$$\alpha = \lim_{\Delta t \to 0}\frac{\Delta\omega}{\Delta t} = \frac{\mathrm{d}\omega}{\mathrm{d}t} = \frac{\mathrm{d}^2\phi}{\mathrm{d}t^2} = f''(t) \tag{3-26}$$

角加速度的单位为弧度/秒 $^2\left(\text{rad/s}^2\right)$ 或简写为 1/秒 $^2\left(1/\text{s}^2\right)$。

在工程实际中，常见的刚体定轴转动是匀速转动和匀变速转动。如当刚体的初转角为 ϕ_0，初角速度为 ω_0，则刚体的转角 ϕ、角速度 ω、角加速度 α 和瞬时 t 之间的关系为

当刚体为匀速转动时：$\phi = \phi_0 + \omega t$　　(3-27)

当刚体为匀变速转动时：
$$\begin{cases}\omega = \omega_0 + \alpha t \\ \phi = \phi_0 + \omega_0 t + \dfrac{1}{2}\alpha t^2 \\ \omega^2 = \omega_0^2 + 2\alpha\left(\phi - \phi_0\right)\end{cases} \tag{3-28}$$

例 3-4　半径 $R = 0.2\text{m}$ 的圆轮绕定轴 O 逆时针转动，如图 3-21 所示。圆轮的转动方程 $\phi = 4t - t^2$，轮上绕有不可伸缩的柔索，索端挂一重物 A。试求当 $t = ls$ 时，轮缘上任一点 M 和重物 A 的速度和加速度。

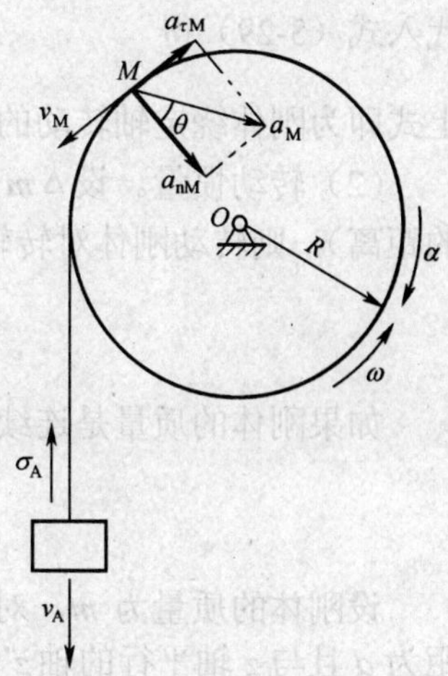

图 3-21　例 3-4 图

解（1）求轮缘上 M 点的速度和加速度。

圆轮的转动方程　$\phi = 4t - t^2$

圆轮的角速度　$\omega = \dfrac{\text{d}\phi}{\text{d}t} = 4 - 2t = 2\ \text{rad/s}$

圆轮的角加速度　$\alpha = \dfrac{\text{d}\omega}{\text{d}t} = -2\ \text{rad/S}^2$

M 点的速度　$v_{\text{M}} = R\omega = \left(0.2\times 2\right)\text{m/s} = 0.4\text{m/s}$

M 点的切向加速度　$a_{\tau\text{M}} = Ra = 0.2\times\left(-2\right)\text{m/s}^2 = -0.4\text{m/s}^2$

M 点的法向加速度　$a_{\text{nM}} = R\omega^2 = 0.2\times 2^2\,\text{m/ s}^2 = 0.8\text{m/s}^2$

M 点的全加速度大小　$a_{\text{M}} = \sqrt{\left(a_{\tau\text{M}}\right)^2 + \left(A_{\text{NM}}\right)^2} = 0.89\text{m/s}^2$

M 点全加速度方向　$\tan\theta = \dfrac{\left|a_{\tau\text{M}}\right|}{a_{\text{nM}}} = \dfrac{|a|}{\omega^2} = 0.5$　　$\theta = 26^\circ 34'$

（2）求重物 A 的速度和加速度。

因绳索不能伸长，重物 A 下落的距离 S_{A} 等于轮缘上 M 点在同一时间内走过的弧长 S_{M}，即

$$S_{\text{A}} = S_{\text{M}} = R\phi$$

故

$$v_{\text{A}} = R\omega = \left(0.2\times 2\right)\text{m/s} = 0.4\text{m/s}$$
$$a_{\text{A}} = Ra = \left[0.2\times\left(-2\right)\right]\text{m/s}^2 = -0.4\text{m/s}^2$$

4．刚体绕定轴转动的动力学

（1）刚体绕定轴转动的微分方程。刚体转动状态的改变与刚体受的力偶矩 M（外力矩）有关，其关系为

$$M = I_z\alpha \tag{3-29}$$

式中，M——作用在刚体上的力偶矩（外力矩）的代数和，单位为 N·m；

I_z——刚体对转轴 z 的转动惯量，单位为 kg·m^2；

α——刚体绕转轴 z 转动的角加速度，单位为 rad/s^2。

由于

$$\alpha=\frac{\mathrm{d}\omega}{\mathrm{d}t}=\frac{\mathrm{d}^2\phi}{\mathrm{d}t^2}$$

代入式（3-29）得

$$M=I_z\frac{\mathrm{d}^2\phi}{\mathrm{d}t^2} \tag{3-30}$$

上式即为刚体绕定轴转动的微分方程式。

（2）转动惯量。设 Δm 为刚体内任一质点的质量，r 为质点的转动半径（即该点到转轴的距离），则转动刚体对转轴 z 的转动惯量定义为

$$I_z=\sum\Delta m\cdot r^2 \tag{3-31}$$

如果刚体的质量是连续分布的，转动惯量可用积分的形式表示：

$$I_z=\int_M r^2\mathrm{d}m \tag{3-32}$$

设刚体的质量为 m，对质心轴的转动惯量为 $I_{z\mathrm{C}}$，如图 3-22 所示，而对另一与质心轴相距为 d 且与 z 轴平行的轴 z' 的转动惯量为 I_z'，可以得出如下结论：

$$I_z'=I_{z\mathrm{C}}+md^2 \tag{3-33}$$

上述关系称为转动惯量的平行轴定理。

表 3-1 为均质物体绕给定轴的转动惯量。

表 3-1　　均质物体绕给定轴的转动惯量

物体种类	简图	I_z	回转半径
细直杆	z, C, l	$\frac{1}{12}ml^2$	$\frac{1}{2\sqrt{3}}l$
矩形六面体	a, b, O, x, y	$\frac{1}{12}m(a^2+b^2)$	$\frac{\sqrt{a^2+b^2}}{2\sqrt{3}}$
圆柱或圆盘	y, C, R, x, z	$\frac{1}{2}mR^2$	$\frac{1}{\sqrt{2}}R$

续表

物体种类	简　　图	I_z	回转半径
空心圆柱		$\frac{1}{2}m(R^2+r^2)$	$\frac{\sqrt{R^2+r^2}}{2}$
球		$\frac{2}{5}mR^2$	$\sqrt{\frac{2}{5}}R$
圆环		mR^2	R

（3）惯性半径（回转半径）。工程上常用刚体的质量与某个长度平方的乘积来表示刚体的转动惯量，即

$$I_z = m\rho^2 \tag{3-34}$$

式中，m——整个刚体的质量，单位为kg；

ρ——刚体对 z 轴的惯性半径，单位为 m。

例 3-5　如图 3-23 所示，已知飞轮以 $n = 600\text{r/min}$ 的转速转动，转动惯量 $I_0 = 2.5\text{kg}\cdot\text{m}^2$，制动时需要在 1s 内停止转动，设制动力矩为常数，求此力矩 M 的大小。

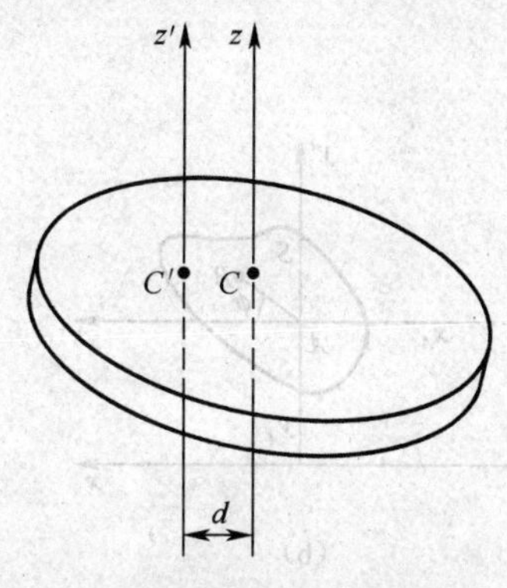

图 3-22　转动惯量的平行轴定理

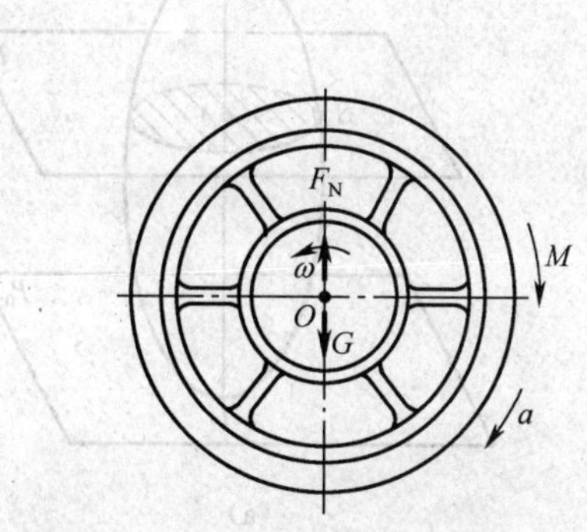

图 3-23　例 3-5 图

解 飞轮的初速度为 $\omega_0=\dfrac{2\pi n}{60}=20\pi\ \text{rad/s}$

飞轮的末速度 $\omega=0$

制动时间 $t=1\text{s}$

由定轴转动公式 $\omega=\omega_0+at$

代入以上数据 $0=20\pi-at$

解得 $a=20\pi\ \text{rad/s}^2$

以ω方向为正向，建立刚体绕定轴转动的动力学基本方程

$$-M=-I_0a$$

解得

$$M=I_0a=(2.5\times20\pi)\text{N•m}=157\text{N•m}$$

3.2.3 刚体的平面运动

1. 刚体平面运动的运动方程

刚体上的任意一点与某一固定平面始终保持相等的距离，这种运动称为刚体的平面运动。

根据刚体平面运动的特点，可以作一平面 P 与固定平面 P_0平行，通过平面 P 从刚体上截得一个平面图形 S，如图 3-24（a）所示。刚体平动时平面图 S 始终在平面 P 内运动，因此，刚体的平面运动可以简化为平面图形 S 在其自身平面内的运动。

设平面图形 S 在固定平面 P 内运动，平面上作静坐标系 Oxy，在平面图形上任意点 A 作动坐标系 $Ax'y'$，A 点称为基点，如图 3-24（b）所示。平面图形运动时，令动坐标系的两坐标轴始终与静坐标系的两坐标轴分别平行，即动坐标系作平动。平行图形 S 的位置可用其上任一条线段 AB 的位置来确定，而线段 AB 的位置则由 A 点的坐标 x_A，y_A 和 AB 对于 $x(x')$轴的转角ϕ来确定。图形 S 运动时，x_A，y_A 和ϕ是时间的单值函数，即

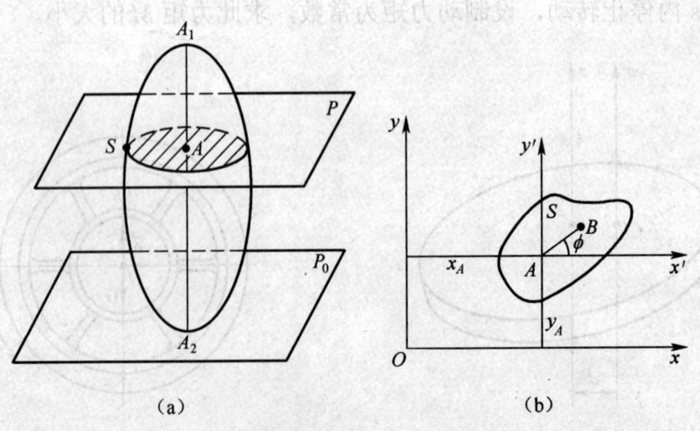

图 3-24 刚体的平面运动

$$x_A = f_1(t)$$
$$y_A = f_2(t) \quad (3\text{-}35)$$
$$\phi = \phi(t)$$

上式称为刚体平面运动的运动方程式。

平面图形的绝对运动可以看成为随基点 A 的平动和绕基点 A 的转动。前者是牵连运动，后者是相对运动。基点的选择是任意的，但平面图形 S 绕不同基点转动的角速度和角加速度都相同，与基点选择无关。

2. 平面运动刚体上各点的速度

设已知平面图形 S 上某点 O 的速度 v_O 和刚体的角速度 ω，求图形上任一点 M 的速度。可采用基点法，取 O 点为基点，将动坐标系固结在 O 点上，图形上任一点 M 的绝对速度 v_M 可以看成动坐标系（O 点）相对静坐标系的牵连速度 v_e（v_O）与图形上 M 点绕基点 O 的相对速度 v_{MO} 矢量和，如图 3-25 所示，即

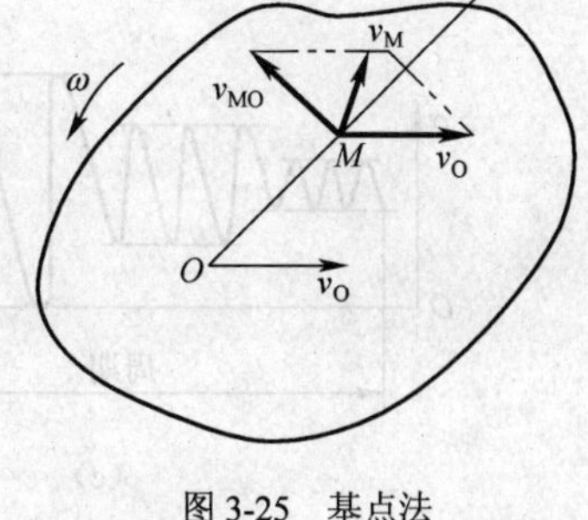

图 3-25　基点法

$$v_M = v_O + v_{MO} \quad (3\text{-}36)$$

上式即为用基点法求平面运动刚体上各点速度的方法。

3.3　载荷和应力的分类

机械零件是组成机器的基本单元，机械零件设计是本课程学习的重要内容。零件在一定的工作条件下具有足够的工作能力并且成本低廉是设计机械零件应满足的基本要求。工作能力是指零件抵抗失效的能力，对载荷而言称为承载能力。

3.3.1　载荷分类

作用在机械零件上的载荷可分为静载荷和变载荷两类。不随时间变化或变化缓慢的载荷称为静载荷，如锅炉所受的压力。随时间变化的载荷称变载荷，如发动机中的曲轴或汽车、摩托车等机动车中齿轮所受的载荷。

在设计计算中，通常可把载荷分为名义载荷和计算载荷。名义载荷是根据额定功率用力学公式计算出作用在零件上的载荷，它是机器在理想平稳的工作条件下作用在零件上的载荷。计算载荷是考虑实际载荷随时间作用的不均匀性、载荷在零件上分布的不均匀性以及其他因素的影响而得的载荷。计算载荷等于名义载荷乘以载荷系数 K（$K>1$）。

3.3.2　应力分类

按应力随时间变化的特性不同，可分为静应力和变应力。

不随时间变化或变化缓慢的应力称为静应力，如图 3-26（a）所示。随时间变化的应力称为变应力，如图 3-26（b）、（c）、（d）所示，绝大多数机械零件都是在变应力状态下

工作的。

变应力可分为稳定循环变应力（见图 3-26（b））、不稳定循环变应力（见图 3-26（c））和随机变应力（见图 3-26（d））。

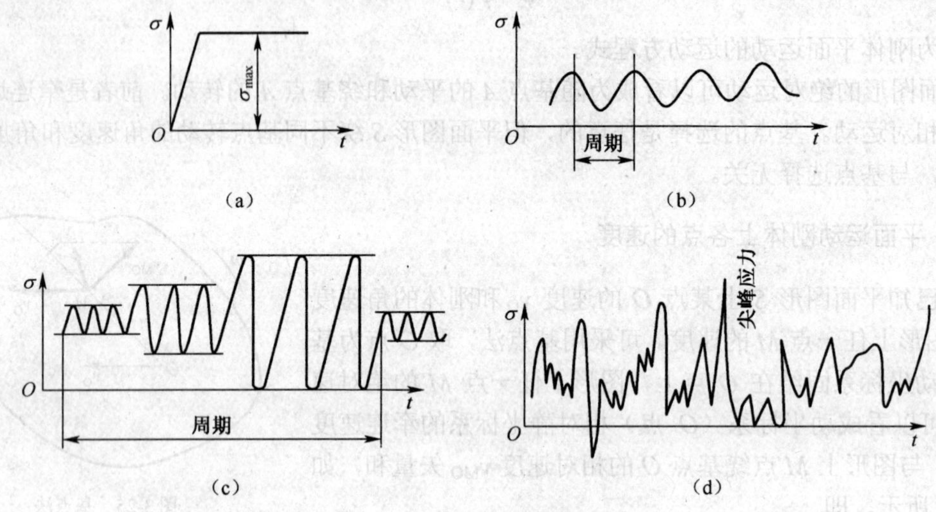

图 3-26　应力分类

稳定循环变应力有非对称循环变应力、脉动循环变应力和对称循环变应力 3 种基本类型，如图 3-27 所示。

为了表示变应力状况，引入下列的变应力参数：

σ_{max}——变应力最大值；

σ_{min}——变应力最小值；

σ_m——平均应力；

σ_a——应力幅；

γ——循环特性。

平均应力

$$\sigma_m=\frac{\sigma_{max}+\sigma_{min}}{2}$$

应力幅

$$\sigma_a=\frac{\sigma_{max}-\sigma_{min}}{2}$$

循环特性

$$\gamma=\frac{\sigma_{min}}{\sigma_{max}}$$

当$\sigma_{max}=-\sigma_{min}$时，$\gamma=-1$，称对称循环变应力，如图 3-27（a）所示，其$\sigma_a=\sigma_{max}=-\sigma_{min}$，$\sigma_m=0$；

当$\sigma_{min}=0$时，$\gamma=0$，称脉动循环变应力，如图 3-27（b）所示，其$\sigma_a=\sigma_m=\sigma_{max}/2$；

当$\sigma_{max}=\sigma_{min}$时，$\gamma=+1$，即为静应力，静应力可看作变应力的特例，如图 3-27（c）所示；

当γ为任意值（$\gamma\neq-1$、0、+1）时，这类应力统称为非对称循环变应力，如图 3-27（d）所示。

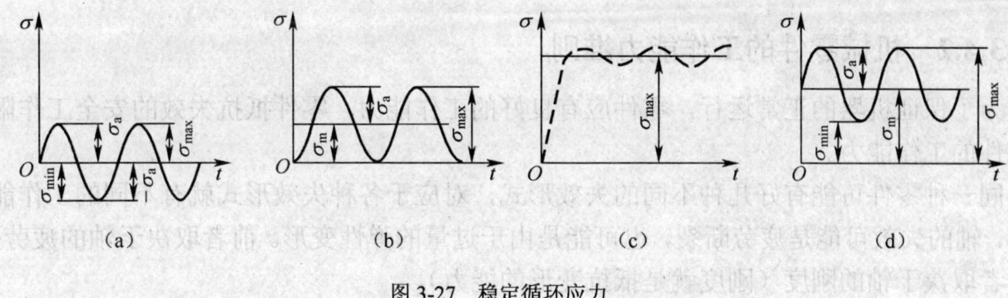

图 3-27　稳定循环应力

3.4　机械零件的主要失效形式及工作能力准则

3.4.1　机械零件的主要失效形式

机械零件丧失工作能力或达不到设计要求性能时，称为失效。常见的失效形式有以下几种。

1. 断裂

断裂是一种严重的失效形式，它不但使零件失效，有时还会造成严重的人身及设备事故。

断裂可分为韧性断裂、脆性断裂、疲劳断裂等几种形式。当零件在外载荷作用下，由于某一危险截面上的应力超过零件的强度极限时将发生前两种断裂；当零件在交变应力作用时危险截面上通常发生疲劳断裂。无论是脆性材料还是塑性材料，疲劳断裂都是突然发生的，因此具有很大的危险性。

2. 过量变形

机械零件受载时，必然会发生弹性变形。在允许范围内的微小弹性变形，对机器工作影响不大，但过量的弹性变形会使零件或机器不能正常工作，或者会造成较大的振动，致使零件损坏。

当零件过载时，塑性材料还会发生塑性变形。这会造成零件尺寸和形状的较大改变，破坏零件或部件的相互位置或配合关系，使零件或机器不能正常工作。

3. 表面失效

机器的运转质量很大程度上取决于零件的表面质量，表面失效包括以下内容。

（1）零件受力表面无相对运动的失效，如压溃。

（2）零件受力表面有相对运动的失效，如磨损、疲劳点蚀、胶合或表面塑性变形等。

（3）零件不受力表面的失效，如腐蚀。

零件的使用寿命在很大程度上受到表面失效的限制。

4. 破坏正常工作条件引起的失效

有些零件只有在一定的工作条件下才能正常工作，如果破坏了正常工作条件就会失效。例如，靠表面摩擦力保持工作能力的带传动，当传递的实际工作圆周力超过临界摩擦力时就将发生打滑失效；液体摩擦滑动轴承，当润滑油膜破裂时将发生过热、胶合、磨损等形式的失效。

3.4.2 机械零件的工作能力准则

为了保证机器的正常运行，零件应有良好的工作能力。零件抵抗失效的安全工作限度称为零件的工作能力。

同一种零件可能有好几种不同的失效形式，对应于各种失效形式就有不同的工作能力。例如，轴的失效可能是疲劳断裂，也可能是由于过量的弹性变形。前者取决于轴的疲劳强度，而后者取决于轴的刚度（刚度就是抵抗变形的能力）。

机械零件工作能力的判定条件称为零件的工作能力计算准则。对于一般的机械零件，衡量工作能力的准则有如下几项。

1. 强度准则

强度是衡量机械零件工作能力最基本的计算准则。为了保证零件具有足够的强度，应使其在载荷作用下零件危险截面或工作表面的工作应力σ不超过零件的许用应力$[\sigma]$，其表达式为

$$\sigma \leqslant [\sigma] = \frac{\sigma_{\lim}}{s_{\min}}$$

式中的$s_{\min}$称为最小安全系数（或称许用安全系数），含义就是给予材料有一定的强度裕量。

许用应力$[\sigma]$是零件设计的条件应力，主要由材料的极限应力$\sigma_{\lim}$和最小安全系数（许用安全系数）$s_{\min}$决定。对塑性材料，$\sigma_{\lim}=\sigma_s$；对脆性材料，$\sigma_{\lim}=\sigma_b$。

2. 刚度准则

刚度是零件受载荷后抵抗弹性变形的能力。某些零件如机床主轴、电动机轴等，刚度不足将会产生过大的弹性变形，影响机器的正常工作。设计时应满足刚度条件：

$$y \leqslant [y]$$

$$\phi \leqslant [\phi]$$

式中，y——零件工作时的变形量（伸长量、挠度等）；

$[y]$——零件的许用变形量；

ϕ——零件工作时的变形角（偏转角、扭转角等）；

$[\phi]$——零件的许用变形角。

y和ϕ可按变形理论计算或用实验方法确定，而$[y]$和$[\phi]$则应根据不同的场合，按理论或经验确定其合理的数值。

3. 耐磨性准则

耐磨性是指零件在载荷作用下抵抗磨损的能力。据统计约有80%的机器是因为零件的磨损而失效的。一般常采用适当降低零件表面粗糙度，采用合理的润滑剂和润滑方式等方法来提高零件的耐磨性，延长机器的工作寿命。

4. 振动稳定性准则

机器在运转中的振动会使零件承受额外的变应力，使零件和机器的运动精度降低，并产生噪声。在高速机械中，当某一零件本身的固有频率与激振源的频率接近时，就会发生共振，使零件的振幅急剧增大，将在短期内导致零件甚至整个系统的毁坏。因此，对易于失稳的高速机械应进行振动分析和计算，以确保零件及系统的振动稳定性。

习　题

3-1　“分力一定小于合力”这种说法对不对？为什么？试举例说明。

3-2　如题图 3-2 所示，试将作用于 A 点的力 F 依下述条件分解为两个力：（1）沿 AB、AC 方向（见图（a））；（2）已知分力 F_1（见图（b））；（3）一分力沿已知方位 MN，另一分力为数值最小（见图（c））。

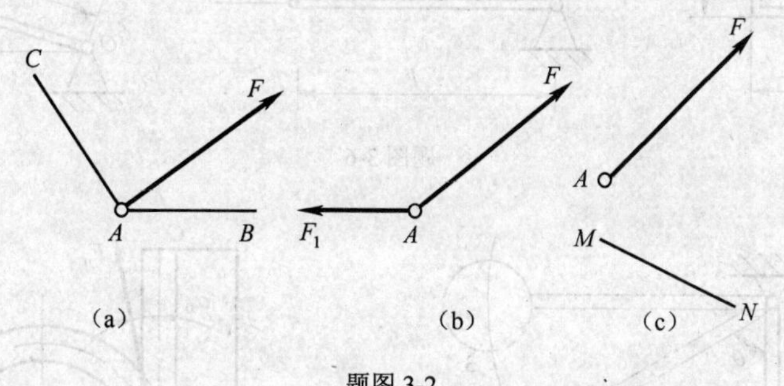

题图 3-2

3-3　如题图 3-3 所示，试解释当 AB 杆与转轴 O 共线时最不好转。

3-4　为什么力偶不能与一力平衡，如何解释题图 3-4 所示转轮的平衡现象？

3-5　F_1、F_2、F_3 三力共拉一碾子，已知 $F_1=1\text{kN}$，$F_2=1\text{kN}$，$F_3=1.734\text{kN}$，各力的方向如题图 3-5 所示。试求此三力的合力大小和方向。

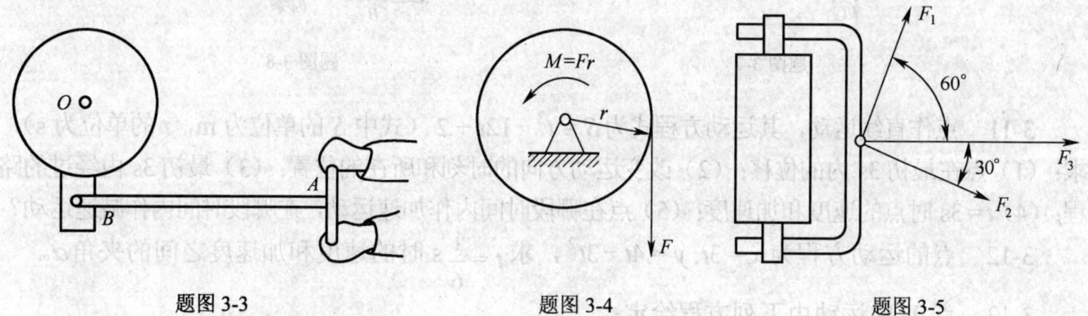

题图 3-3　　题图 3-4　　题图 3-5

3-6　试求题图 3-6 所示的各图中，F 对 O 点的力矩。已知 $F=1\,000\text{N}$，$l=300\text{mm}$，$\alpha=80\text{mm}$，$\alpha=\beta=45°$，$\theta=15°$。

3-7　题图 3-7 所示的摆锤重 G，其重心 A 到悬挂点 O 的距离为 L。试求在图示的 3 个位置时，力 G 对点 O 之矩。

3-8　题图 3-8 所示的齿轮齿条压力机在工作时，齿条 BC 作用于齿轮 O 上的力 $F_n=2\text{kN}$，方向如图中所示，压力角 $\alpha_0=20°$，齿轮节圆直径 $D=80\text{mm}$。求 F_N 对轮心点 O 的力矩。

3-9　点的速度大小是常量，点的加速度一定等于零，这种说法对吗？应该怎样认识？

3-10　质点（刚体的质心）沿半径 $R=1\,000\text{m}$ 的圆弧运动，其运动方程为 $S=40t-t^2$（式中 S 的单位为 m，t 的单位为 s），求当 $S=400\text{m}$ 时，质点的速度和加速度。

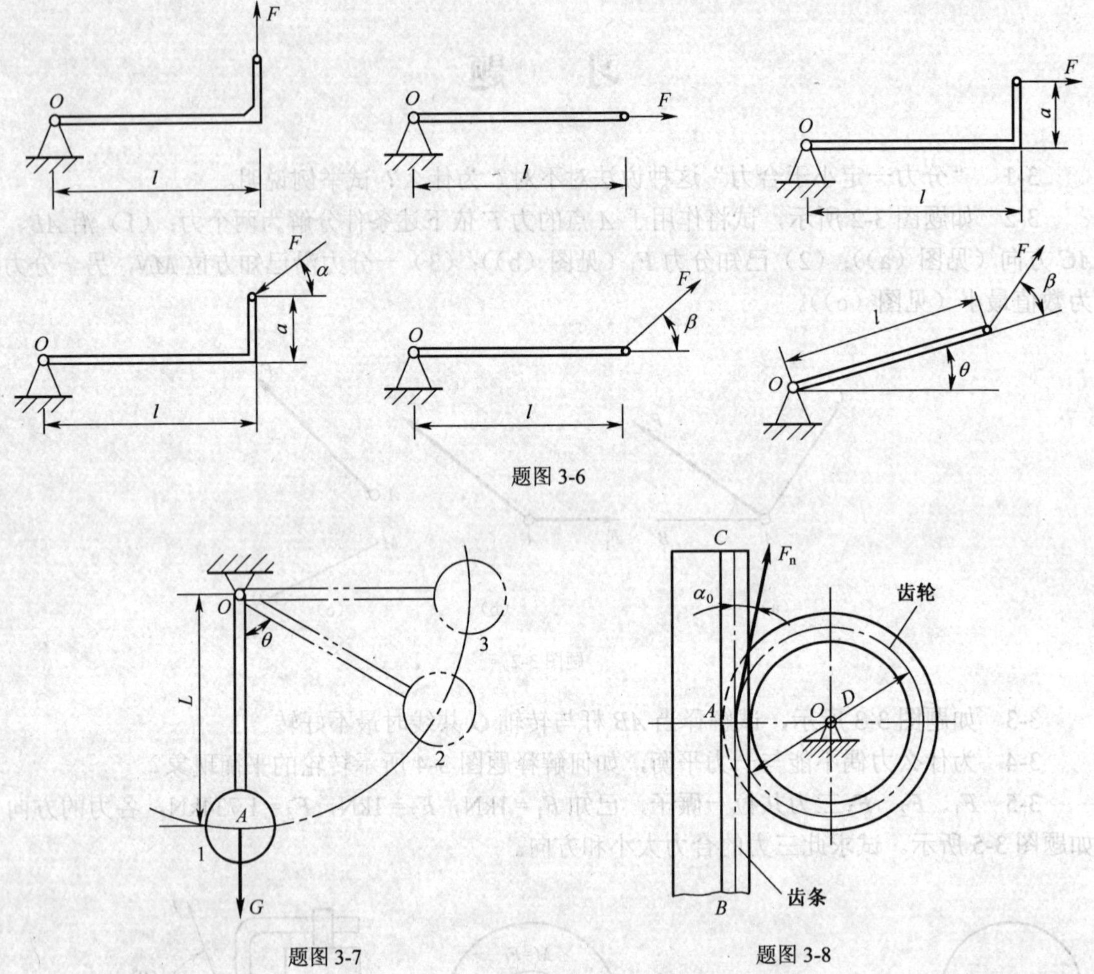

题图 3-6

题图 3-7

题图 3-8

3-11　点作直线运动，其运动方程式为 $S=t^3-12t+2$（式中 S 的单位为 m，t 的单位为 s），求：（1）点在最初 3s 内的位移；（2）改变运动方向的时刻和所在的位置；（3）最初 3s 内经过的路程；（4）$t=3$s 时点的速度和加速度；（5）点在哪段时间内作加速运动，在哪段时间内作减速运动？

3-12　点的运动方程为 $x=3t, y=4t-3t^2$，求 $t=\dfrac{1}{6}$ s 时的速度和加速度之间的夹角 α。

3-13　点 M 的运动由下列方程给定：

$$\begin{cases} x=t \\ y=t^3 \end{cases}$$（式中 x，y 以 cm 计，t 以 s 计）

求 $t=1$s 时动点的切向速度与加速度。

3-14　曲柄滑块机构如题图 3-14 所示，曲柄 OB 逆时针方向转动，角 $\phi=\omega t$（角速度 ω 为常量）。已知：$AB=OB=R$，$BC=l$，且 $l>R$。试求连杆 AC 上 C 点的运动方程和轨迹方程。如果 $l=R$，C 点的运动方程和轨迹方程将如何？

3-15　如题图 3-15 所示，导杆机构由摇杆 BC、滑块 A 和曲柄 OA 组成，已知 $OA=OB=10$cm，BC 杆绕 B 轴按 $\phi=10t$（式中 ϕ 以 rad 计，t 以 s 计）的规律转动，并通过滑块 A 在 BC 上滑动而带动 OA 杆绕 O 轴转动，试用自然法和坐标法求滑块 A 的运动方程及速度和加速度。

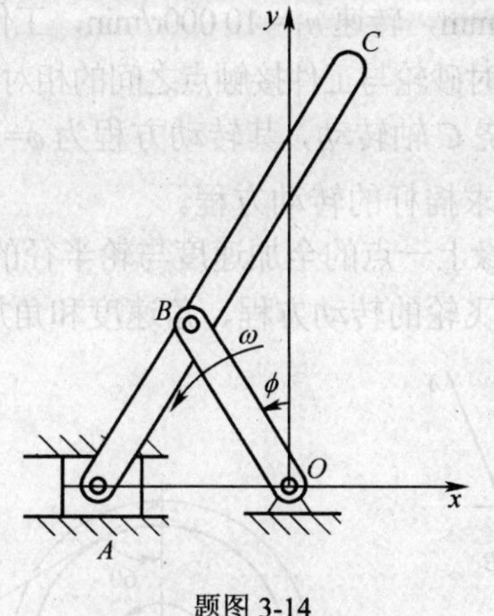

题图 3-14

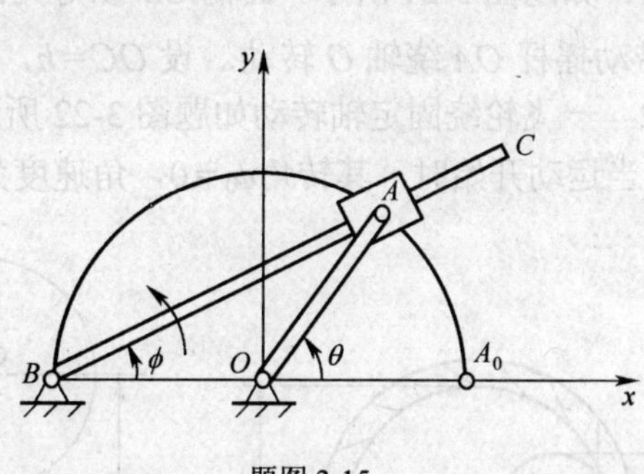

题图 3-15

3-16　如题图 3-16 所示，悬臂式起重机的起重臂以角速度$\omega=0.1\pi$ rad/s 绕铅垂轴线 AB 转动，并以 $v_1=0.3$m/s 的速度垂直向上提升重物，重物距铅垂轴 AB 的距离为 6 000mm。试求重物运动的绝对速度 v。

3-17　倾角为 45°的斜面体以 $v_1=1$m/s 的速度沿水平作直线运动，物体 A 以 $v_2=\sqrt{2}$m/s 的速度沿斜面下滑，如题图 3-17 所示，求物体 A 的绝对速度。

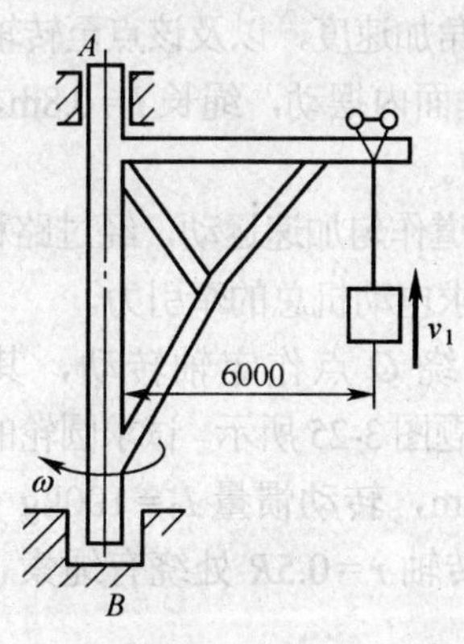

题图 3-16

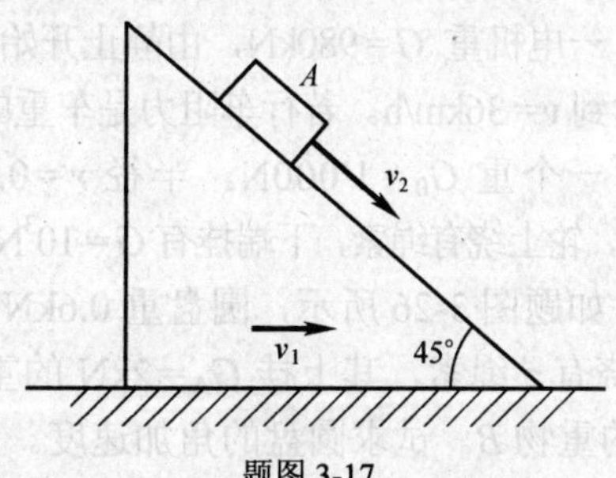

题图 3-17

3-18　在直径 $d=40$mm 的工件上，需铣削与轴线成$\alpha=20°$的槽，如题图 3-18 所示。已知铣刀相对工件的速度 $v=50$mm/min。求铣床的纵向进给速度和工件的圆周速度。

3-19　如题图 3-19 所示，车床主轴的转速 $n=30$r/min，工件的直径 $D=40$mm，车刀的纵向进给速度为 10mm/s。试求车刀相对于工件的速度。

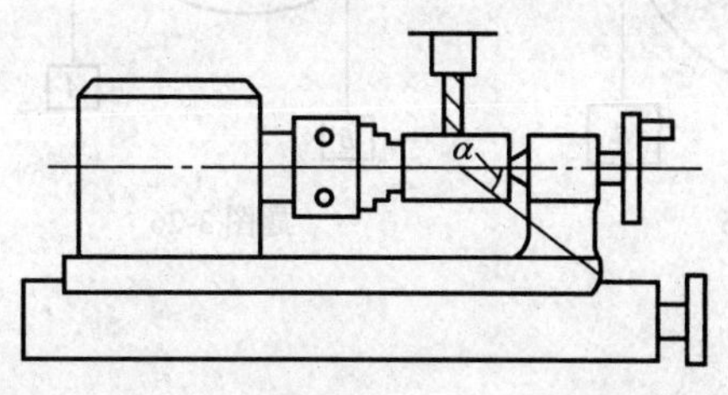

题图 3-18

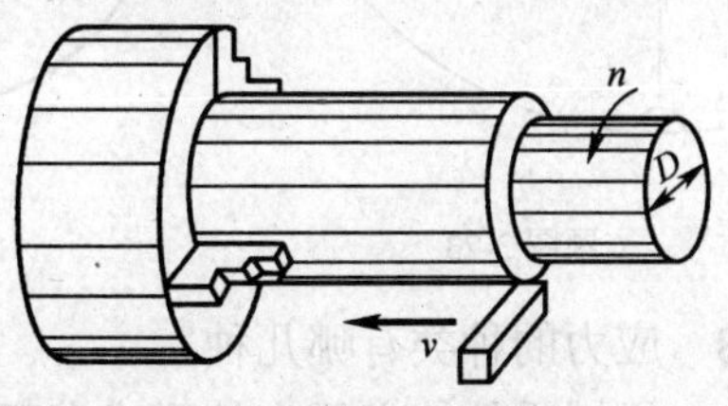

题图 3-19

3-20　如题图 3-20 所示，内圆磨床的砂轮直径 $d = 60$mm，转速 $n_1 = 10\,000$r/min，工件的孔径 $D = 80$mm，转速 $n_2 = 500$r/min，n_1 与 n_2 转向相反。求磨削时砂轮与工件接触点之间的相对速度。

3-21　如题图 3-21 所示，曲柄 CB 以等角速度 ω_0 绕 C 轴转动，其转动方程为 $\phi=\omega_0 t$，通过滑块带动摇杆 OA 绕轴 O 转动。设 $OC = h$，$CB = r$。求摇杆的转动方程。

3-22　一飞轮绕固定轴转动如题图 3-22 所示，其轮缘上一点的全加速度与轮半径的交角恒为 60°。当运动开始时，其转角 $\phi_0 = 0$，角速度为 ω_0。求飞轮的转动方程、角速度和角加速度。

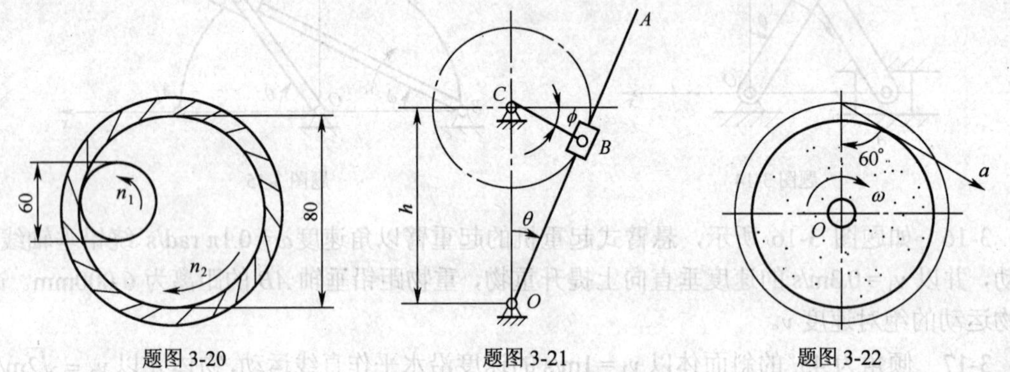

题图 3-20　　题图 3-21　　题图 3-22

3-23　一定轴转动的刚体，在初瞬时的角速度 $\omega_0 = 20$rad/s，刚体上一点的运动规律 $S = t + t^3$（式中 S 的单位为 m，t 的单位为 s）。求 $t = 1$s 时刚体的角速度和角加速度，以及该点至转轴的距离。

3-24　如题图 3-23 所示，质量 $m = 3$kg 的小球，在铅垂面内摆动，绳长 $l = 0.8$m，当 $\theta = 60°$ 时，绳中的拉力为 25N，求这一瞬时小球的速度和加速度。

3-25　一电机重 $G = 980$kN，由静止开始沿水平直线轨道作匀加速运动，经过路程 $S = 100$m 后，速度达到 $v = 36$km/h。若行车阻力是车重的 0.01 倍，试求电动机总的牵引力。

3-26　一个重 $G_0 = 1\,000$N，半径 $r = 0.4$m 的均质轮绕 O 点作定轴转动，其转动惯量 $I = 8\text{kg}\cdot\text{m}^2$，轮上绕有绳索，下端挂有 $G = 10^3$N 的物块 A，如题图 3-25 所示。试求圆轮的角加速度。

3-27　如题图 3-26 所示，圆盘重 0.6kN，半径 $R = 0.8$m，转动惯量 $I_0 = 100\text{kg}\cdot\text{m}^2$，在半径为 R 处绕有 z 绳索，其上挂 $G_A = 2$kN 的重物 A，在离转轴 $r = 0.5R$ 处绕有绳索，其上挂有 $G_B = 1$kN 的重物 B。试求圆盘的角加速度。

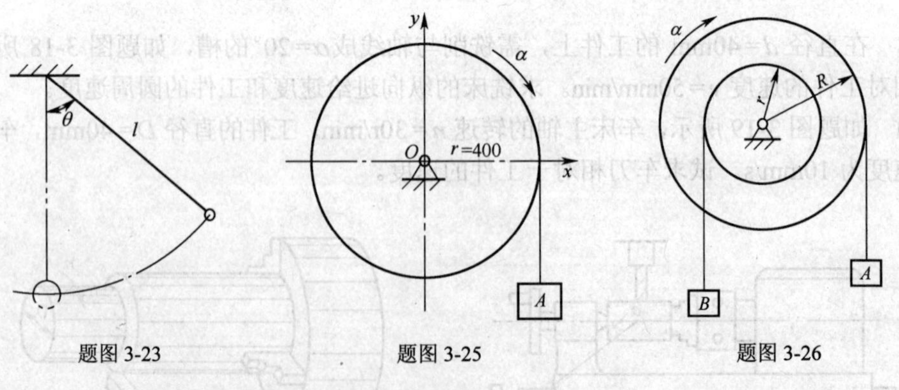

题图 3-23　　题图 3-25　　题图 3-26

3-28　应力的种类有哪几种？

3-29　机械零件的主要失效形式有哪几种？

3-30　什么叫安全系数？什么叫许用应力？

应用篇

第 4 章　平面连杆机构

在现代生产活动和日常生活中，广泛应用着各种各样的机械，如自行车、汽车、洗衣机、复印机、各类机床等。从工作原理上来讲，它们主要都是由若干个机构组成的。平面连杆机构是各种机械设备和仪器仪表中普遍使用的一种常用机构。本章主要介绍平面连杆机构的类型、特性、应用、受力分析和拉压构件的承载能力问题。

教学目标

- 了解机器、机构的组成，建立构件、零件、运动副、自由度等基本概念；
- 掌握机构运动简图的绘制和自由度的计算方法；
- 初步具有平面机构结构分析的能力；
- 掌握平面四杆机构的基本形式、判别方法、工作特性和在工程实际中的应用；
- 掌握构件的受力分析方法、机构支撑力和构件受力计算。
- 掌握拉压构件的强度、刚度计算方法；
- 具有平面连杆机构受力分析、承载能力分析的初步能力。

4.1　机器和机构

机械是人类在长期的生产和生活实践中创造的重要工具。机械是机器和机构的统称。机械的种类繁多，性能、用途各异，有必要从各类机器的共同特征出发，剖析其结构，研究其组成原理。

4.1.1　机器及其特性

1．机器的含义

任何机器都是为实现某种功能而设计制作的，它是人类在长期生产实践中创造出来的重要工具，利用机器可以减轻人类的劳动，大大提高生产率和产品质量，创造出更多的物质财富。

随着科学技术的发展，“机器”一字的含义已有所改变。对于现代机器，则可定义为：“机器是执行机械运动的装置，用来变换或传递能量、物料与信息，以代替或减轻人的体力和脑力劳动”。

根据用途的不同，现代机器可分为动力机器（电动机、内燃机、水轮机等）、加工机器（金属切削机床、轧钢机、交通运输机械等）、信息机器（机械积分仪、打印机、记账机等）。

2．机器的组成

机器的种类繁多，其结构和用途各不相同。然而一部完整的机器一般都包括以下 4 部分。

（1）原动机部分。它是驱动整台机器完成预定功能的动力部分，其作用是把其他形式的能量转换为机械能，以驱动机器各部件。例如，图 4-1 所示颚式破碎机中的电动机，图 4-2 所示工业机器人中的 5 只电动机。常见的动力源还有内燃机、蒸汽机和其他形式的各种原动机。

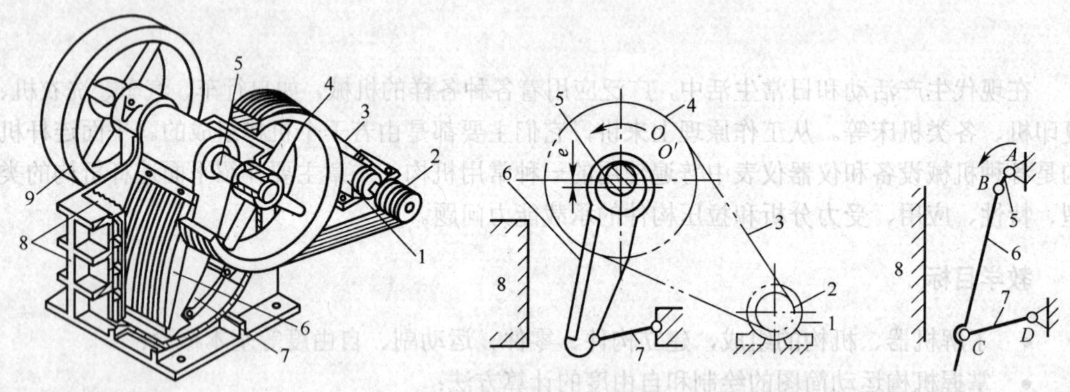

图 4-1 鄂式破碎机

1—电动机 2—带轮 3—V 带 4—带轮 5—偏心轴 6—动鄂（板）
7—肘板 8—定鄂板 9—飞轮

（2）执行部分。它是机器中直接完成工作任务的组成部分。例如，颚式破碎机的颚头（定颚板、动颚板）、数控机床的刀架、工业机器人的手臂等。其运动形式依据用途的要求，可能是直线运动，也可能是回转运动、间歇运动等。

（3）传动部分。它是将原动机的运动和动力传递给执行部分的中间环节，利用它可以减速、增速、调速、改变转矩以及改变运动形式等，从而满足执行部分的各种要求。例如，图 4-1 所示颚式破碎机中 V 带传动（带轮、V 带），图 4-2 所示中的谐波减速器、滚珠丝杠副等，都是机器中典型的传动部分。

（4）检控部分。它包括检测部分和控制部分，其作用是显示和反映机器的运行位置和状态，控制机器正常运行和工作。例如，图 4-2 所示的工业机器人，检测部分的作用是检测工业机器人执行机构运动位置和状态，并将信息反馈给控制部分，而控制部分是工业机器人的指挥系统，它控制机器人按规定的程序运动，完成预定的动作。随着机电工业的高速发展，检控部分在机电一体化产品（加工中心、数控机床、工业机器人）中的地位越来越重要。

对于简单的机器一般由前 3 部分组成，有时甚至只有原动机部分和执行部分，如水泵、排风扇等。

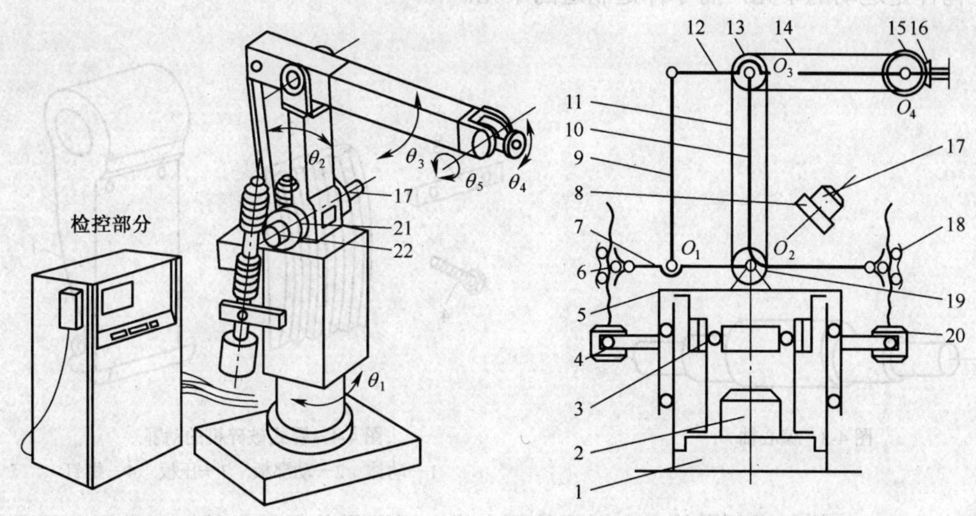

图 4-2　五自由度关节型工业机器人

1—机座　2、4、17、20、22—驱动电动机　3、8、21—谐波减速器　5—机体　6、18—滚珠丝杠　7—连杆　9、10、12—手臂连杆　11、14—链条（共 4 条）　13、15、19—链轮（共 8 个）　16—锥齿轮传动

3. 机器的特征

从机器的组成、运动方式和功能的角度来看，各种机器具有以下共同特征。

（1）它们是人为的组合体。

（2）各实体之间具有确定的相对运动。

（3）能代替或减轻人类的劳动来完成功能转换或物料变换或信息传递等。

凡是同时具有以上 3 种特征的，如搅面机、单缸内燃机、颚式破碎机、工业机器人、数控机床等均称为机器。

4.1.2　机构及其特征

如果仅有上述 3 个特征中前 2 个特征的组合体，则称为机构。机构只是完成传递运动、力或改变运动形式的实体组合。机构是机器的主要组成要素。一台机器可以只有一种机构（如颚式破碎机只有一个曲柄摇杆机构），也可以由数种机构组成，如工业机器人等。

机构的含义也随着科学技术的发展而有所变化。以前认为机构只能由刚体所组成，现在这一观点已由液体和气体可参与运动的变换而改变。如果机构中除刚体外，液体或气体也参与运动的变换，则该机构相应地称为液压机构或气动机构。

在工程上，通常以“机械”作为机器和机构的总称。

4.1.3　构件和零件

组成机械的各个相对运动的实体称为构件。构件可以是单一的零件，如图 4-3 所示颚式破碎机的偏心轴；也可由多个零件刚性连接而成，如图 4-4 所示颚式破碎机的动颚就是由动体、动颚板用压板、螺钉等零件固定在一起的具有同一运动的刚性实体。构件和零件的区别在于：构件是运动的单元，而零件是制造的单元。

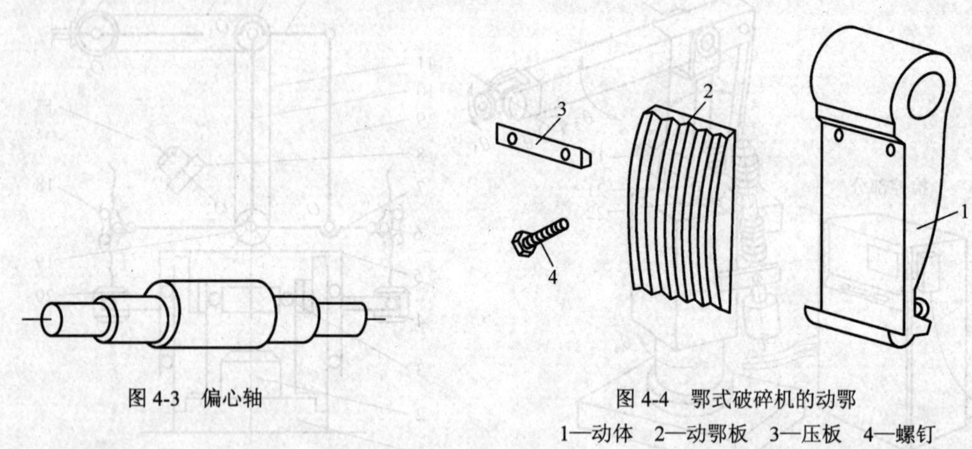

图 4-3 偏心轴

图 4-4 鄂式破碎机的动鄂

1—动体 2—动鄂板 3—压板 4—螺钉

机械零件又可分为通用零件和专用零件两大类。通用零件是指各种机器常用到的零件，如螺钉、螺母、齿轮、弹簧等；专用零件是指某种机器才用到的零件，如电动机中的转子，内燃机中的曲轴、活塞等。

此外，机械中把为完成同一使命、彼此协同工作的一组零件的组合体称为部件，如发动机、减速器、联轴器等。

4.2 平面机构运动简图

机构是由构件组成的系统，机构按其运动空间分为平面机构和空间机构。各构件都在同一平面或平行平面内运动的机构称为平面机构，否则称为空间机构。图 4-1 所示的鄂式破碎机就是平面机构。本节只讨论平面机构。

无论对已有机构进行分析，还是设计新的机构，都要从分析机构图形着手。撇开实际机构中与运动无关的因素（例如构件的形状、组成构件的零部件数目、运动副的具体结构等），用简单的线条和符号表示构件和运动副，并按一定的比例表示出机构各构件间相对运动关系的图，称为机构运动简图。

机构运动简图应与原机构具有完全相同的运动特征。它不仅可以表达出机构的运动情况，而且还可根据该图进一步进行机构的运动分析和受力分析。

4.2.1 运动副及其分类

1. 构件自由度和运动副

(1) 构件自由度。构件是组成机构的独立运动单元，如图 4-5 所示，*AB* 为一个构件，在其运动平面内可以产生 3 个独立的运动，即随基点 *A* 沿 *x* 方向、*y* 方向的移动及绕基点 *A* 的转动。构件具有独立运动的数目称为构件的自由度。显然，作平面运动的构件具有

3 个自由度，可用 x、y、α 这 3 个独立运动的位置参数来表示。

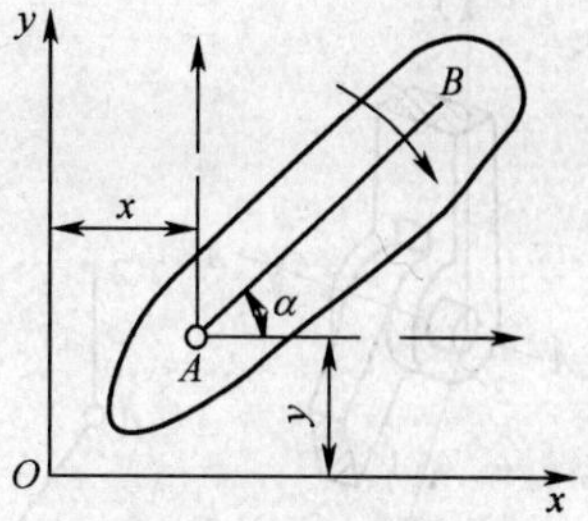

（2）运动副及约束。两个构件既直接接触又能保持一定相对运动的连接，称为运动副。构件与构件由运动副连接后，某些自由度就消失了，则称构件受到了约束。显然，构件消失的自由度数等于它所受到的约束数。

图 4-5　构件自由度

2．运动副的分类

运动副按两构件接触的几何特征分为高副和低副。

（1）高副。两构件通过点或线接触的运动副称为高副。如图 4-6 所示，构件 1 与构件 2 为线或点接触，构件 1 相对于构件 2 既可沿接触点处的公切线 t—t 方向自由移动，又可绕接触点转动，仅沿接触点的公法线 n—n 方向不能自由移动。显然，高副引入的约束数为 1。

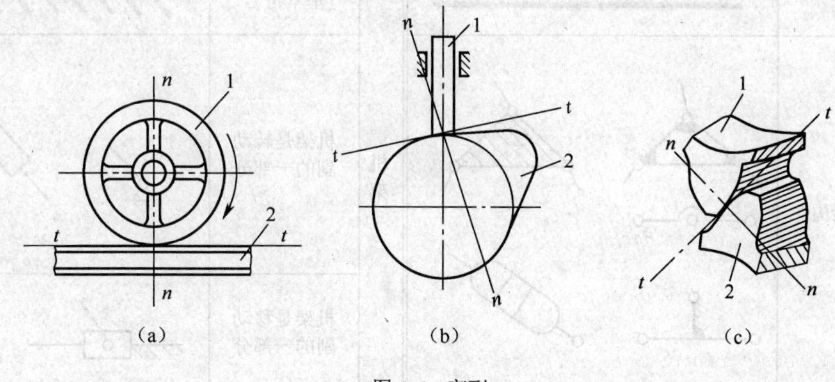

图 4-6　高副

高副因其为点或线接触，接触压强较大，但比较灵活，易于实现设计的运动规律。

（2）低副。两个构件通过面接触的运动副称为低副。低副按两构件间相对运动特征分为转动副和移动副。

① 转动副：如图 4-7（a）所示，构件 1 与构件 2 以圆柱面方式接触，这种运动副称为转动副，或称为铰链。图 4-7（b）所示为转动副的简图符号，小圆中心表示转动副的轴线位置。构件 1 相对于构件 2 只保留了绕 A 轴转动的自由度，限制了沿 x、y 方向移动的自由度。显然，转动副引入的约束数为 2。

② 移动副：如图 4-8（a）所示，构件 1 与构件 2 以棱柱面相接触，这种运动副称为移动副。图 4-8（b）所示为移动副的简图符号，直线表示移动导路中心线位置。构件 1 相对于构件 2 只保留了沿 x 方向的移动自由度，限制了沿 y 方向移动和绕 z 轴转动的自由度。显然，移动副引入的约束数为 2。

低副因其为面接触，接触压强小，故较耐用，传力性能好。

3．构件及运动副的规定符号

构件及运动副的规定符号如表 4-1 所示。

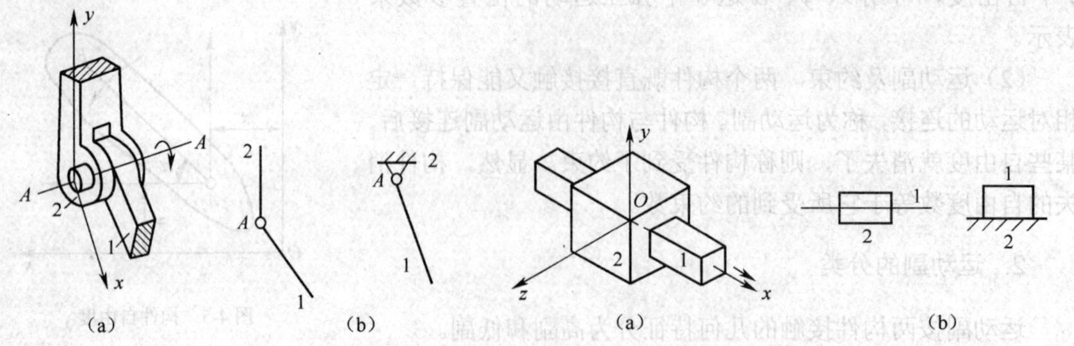

图 4-7 转动副　　　　图 4-8 移动副

表 4-1　　　　构件及运动副的规定符号

名称		简图符号	名称		简图符号
构件	轴杆			基本符号	
	三副元素构件		机架	机架是转动副的一部分	
				机架是移动副的一部分	
	构件的永久连接		平面高副	齿轮副外啮合	
平面低副	转动副			内啮合	
	移动副			凸轮副	

4.2.2 机构运动简图的绘制

下面以图 4-9 所示的缝纫机踏板机构为例，说明绘制机构运动简图的方法和步骤。

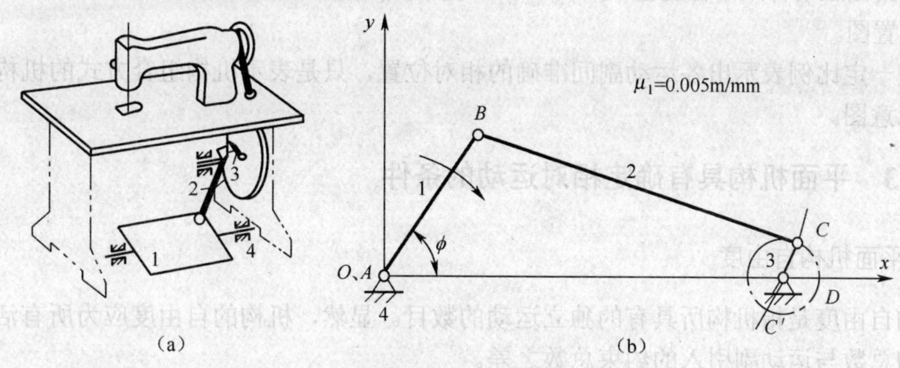

图 4-9　缝纫机踏板机构

1．找出各构件

拨动主动件踏板 1，按运动传递顺序找出从动件连杆 2、曲柄 3 等可动件和机架 4，如图 4-9（a）所示。

2．找出连接构件的各运动副

由机架的一端开始，按构件连接的顺序，找出机架与踏板、踏板与连杆、连杆与曲轴、曲轴与机架的另一端相连的各个运动副，它们分别是转动副 A、B、C、D，如图 4-9（b）所示。

3．确定各运动副间的相对位置

逐一量出各运动副(转动副)中心 A 与 B、B 与 C、C 与 D、A 与 D 之间的实际长度：$l_{AB}=0.12$m、$l_{BC}=0.24$m、$l_{CD}=0.025$m、$l_{AD}=0.255$m。

4．绘制机构运动简图

（1）过机架 AD 作坐标系 Oxy。

（2）选取长度比例尺 $\mu_1=\dfrac{\text{实际构件长度/m}}{\text{图示构件长度/mm}}$。

本例选取 $\mu_1=0.005$m/mm $=5$mm/mm。

（3）按几何关系作图。

先作与机架相关联的转动副 A、D。在 Ox 轴上取线段 AD，$AD=l_{AD}/\mu_1=(0.255/0.005)$mm $=51$mm。

再作主动件，$AB=l_{AB}/\mu_1=(0.12/0.005)$mm $=24$mm，与 Ox 轴成任意角 ϕ。

最后作从动件，$BC=l_{BC}/\mu_1=(0.24/0.005)$mm $=48$mm；$CD=l_{CD}/\mu_1=(0.025/0.005)$mm $=5$mm。以 B 为圆心，以 BC 为半径作弧；再以 D 为圆心，以 CD 为半径，两弧交得 C、C'点，根据机构实际情况取 C 点，连接 BC、DC。

（4）在 A、B、C、D 处分别画出运动副符号，并按数字顺序标注构件。在主动件上画上表示运动方向的箭头，便得到机构运动简图，如图 4-9（b）所示。

若已给出主动件某个位置值，如$\phi=60°$，便可按上述方法，画出机构在主动件位于60°时的机构位置图。

未按一定比例表示出各运动副间准确的相对位置，只是表示机构组合方式的机构图，称为机构示意图。

4.2.3 平面机构具有确定相对运动的条件

1. 平面机构自由度

机构自由度是指机构所具有的独立运动的数目。显然，机构的自由度应为所有活动构件自由度的总数与运动副引入的约束总数之差。

假设，除机架外有n个可以相对于机架作平面运动的可动构件。在未用运动副将它们连接时，构件共有$3n$个自由度。当用P_L个低副和P_H个高副将各构件连接后，该组合就引入了（$2P_L+P_H$）个约束，从而可得到平面机构自由度F的计算公式为

$$F=3n-2P_L-P_H \tag{4-1}$$

2. 机构具有确定相对运动的条件

绝大多数只有一个自由度的机构，只要使其某一构件按给定的规律运动，机构的运动便完全确定了，即只需一个主动件。而对于具有两个自由度的机构，要使其具有完全确定的运动，就必须同时给定两个独立运动规律的条件，即需要两个主动件。依此类推，得出机构具有确定相对运动的条件是：输入给定运动规律的主动件数W应等于机构的自由度F。即

$$W=F \tag{4-2}$$

式（4-2）可用于判断、检验或确定机构所需的主动件数。

例 4-1 试判断图4-9（b）所示的缝纫机踏板机构是否具有确定的相对运动。

解 踏板机构有3个活动构件，$n=3$；有4个转动副，$P_L=4$；没有高副，$P_H=0$。由式（4-1）得

$$F=3n-2P_L-P_H=3\times3-2\times4-1\times0=1$$

该机构有一个主动件（踏板），$W=1$。由式（4-2）

$$W=F$$

得出该机构具有确定的相对运动。

3. 几种特殊情况的处理

机构中有3种特殊情况，须经处理后，才能用式（4-2）计算机构自由度。

（1）复合铰链。在图4-10（a）中，A处所示的转动副符号是由3个构件（2个以上的构件）在一处相连而成的，称为复合铰链。它实际上含有两个转动副，如图4-10（b）所示，不能按一个转动副计算。由m个构件汇成的复合铰链，它应含有（$m-1$）个转动副。

（2）局部自由度。图4-11（a）所示为凸轮机构，为了减少高副接触处的磨损，在凸轮和从动件间安装了圆柱形滚子。可以看出，滚子绕其自身轴线的自由转动丝毫不影响其他构件的运动。这种对整个机构运动不发生影响的自由度称为局部自由度。在计算机构自由度时，应除去局部自由度。

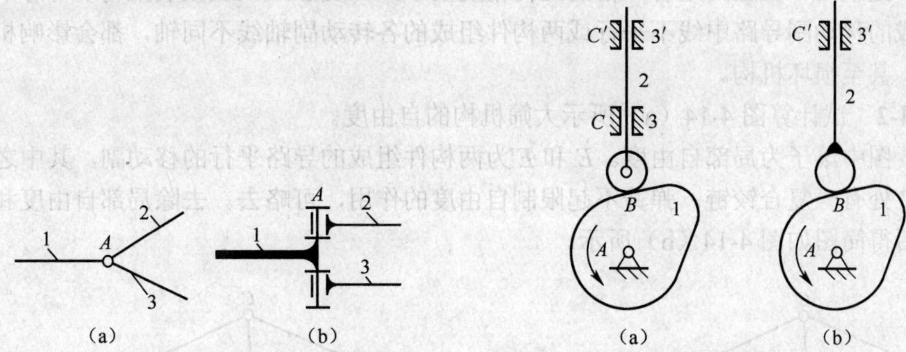

图 4-10　复合铰链

图 4-11　局部自由度

（3）虚约束。在机构中，有些运动副带入的约束是与另外一些运动副带入的约束重复的，这种不起独立约束作用的约束称为虚约束。在计算机构自由度时，应除去虚约束。

如图 4-11（a）所示，构件 2 和机架 3 之间存在两个移动副 C 和 C'，实际上只有一个是有效的。图 4-12（a）所示的机构中，因 4 个构件由转动副相连组成平行四边形机构，所以连杆 2 作平动，其上任一点的运动轨迹形状相同。如果在中间加一构件和两个转动副 M、N，且 MN 与 AO_1 平行且相等，如图 4-12（b）所示，对机构的运动不发生影响，故计算图（b）所示机构自由度时，应将产生虚约束的构件及运动副 M、N 去除。

平面机构的虚约束有如下几种常见情形。

① 被连接件上的点的轨迹与机构上连接点的轨迹重合时，产生虚约束，如图 4-12（a）所示。

② 两构件构成多个移动副，且其导路相互平行时，只有一个移动副有效，其余为虚约束，如图 4-11（a）所示。

③ 两构件组成多个同轴线转动副，只有一个转动副有效，其余为虚约束。

④ 机构中对运动不起作用的对称部分，如图 4-13 所示的行星轮系，为了受力均衡采用了 3 个行星轮。就运动关系而言，一个行星轮就足够了，其余的都为虚约束，计算机构自由度时应去除。

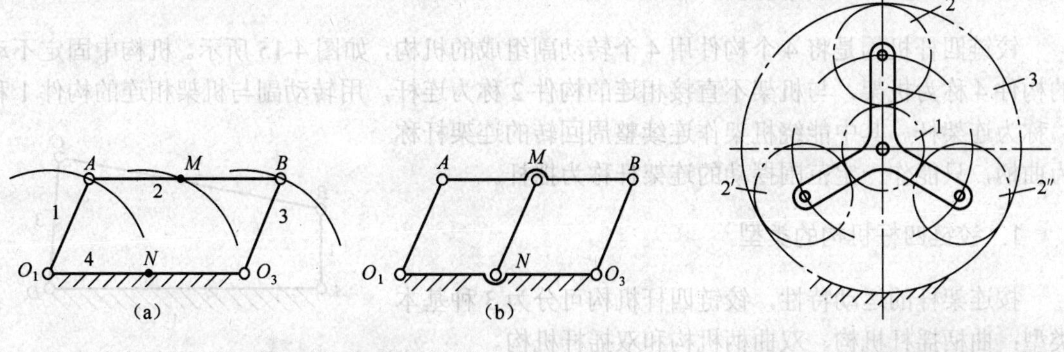

图 4-12　虚约束

图 4-13　行星轮系中的虚约束

虚约束不影响输出构件的运动，还可以增加构件刚性，改善其受力情况，因而在结构布置时被广泛采用。但虚约束有严格的几何精度要求，如受加工误差或装配精度等影响，使两构件组成的移动副导路中线不平行或两构件组成的各转动副轴线不同轴，都会影响机构的正常运行，甚至损坏机构。

例 4-2 试计算图 4-14（a）所示大筛机构的自由度。

解 图中滚子为局部自由度。E 和 E'为两构件组成的导路平行的移动副，其中之一为虚约束。C 处有一复合铰链。弹簧不起限制自由度的作用，可略去。去除局部自由度和虚约束及弹簧后得简图如图 4-14（b）所示。

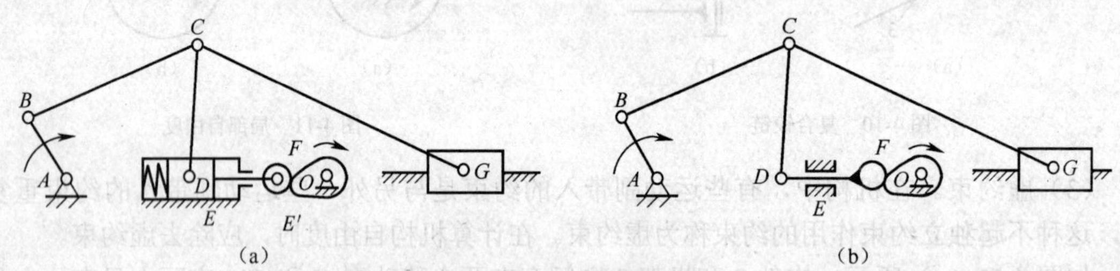

图 4-14 例 4-2 图

显然该机构，$n=7$，$P_L=9$，$P_H=1$，由式（4-1）得

$$F=3\times7-2\times9-1=2$$

由式（4-2）得

$$W=F$$

因此该机构有确定的相对运动。

4.3 平面四杆机构及其应用

平面连杆机构是由若干刚性构件用低副连接而成的平面机构，故常又称为平面低副机构。平面连杆机构中最基本的是由 4 个构件组成的机构，称为平面四杆机构。平面四杆机构有铰链四杆机构和带移动副的四杆机构。

4.3.1 铰链四杆机构

铰链四杆机构是将 4 个构件用 4 个转动副组成的机构，如图 4-15 所示。机构中固定不动的构件 4 称为机架，与机架不直接相连的构件 2 称为连杆，用转动副与机架相连的构件 1 和 3 称为连架杆。其中能绕机架作连续整周回转的连架杆称为曲柄，只能作一定范围摆动的连架杆称为摇杆。

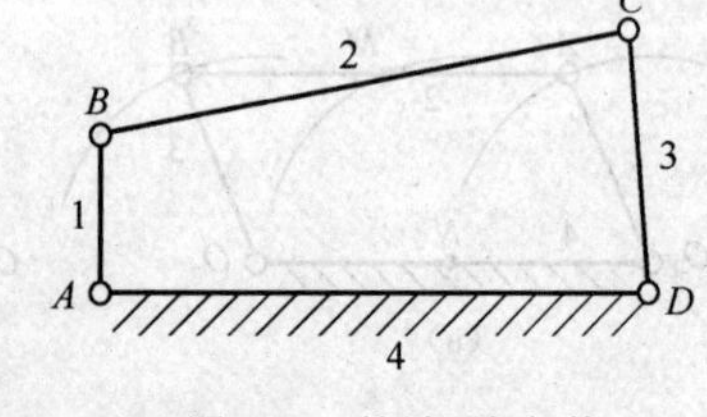

图 4-15 铰链四杆机构

1. 铰链四杆机构的类型

按连架杆的运动特性，铰链四杆机构可分为 3 种基本类型：曲柄摇杆机构、双曲柄机构和双摇杆机构。

（1）曲柄摇杆机构。若两连架杆一个为曲柄、另一个为摇杆，则称为曲柄摇杆机构。图 4-16 所示为雷达天线采用的曲柄摇杆机构。当构件 1 作缓慢转动，通过连杆 2 使摇杆 3 作一定角度的摆动，从而调整天线的俯仰角度。曲柄摇杆机构在生产中应用很广泛，图 4-17 所示均为应用实例，它们在曲柄 AB 的连续转动下，摇杆 CD 作往复摆动。

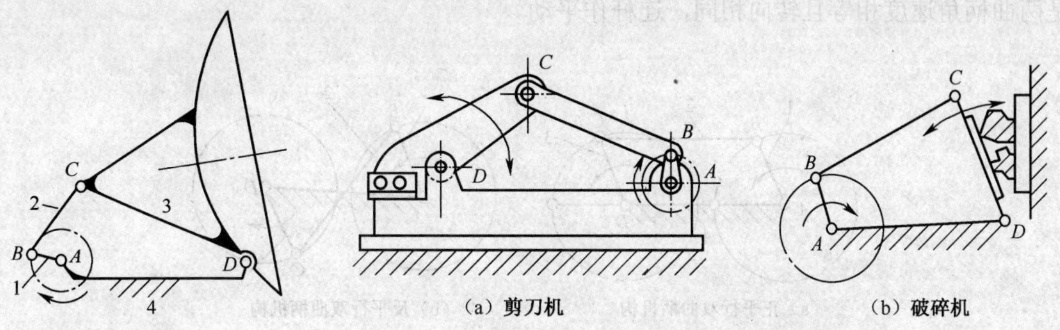

（a）剪刀机　　（b）破碎机

图 4-16　天线机构　　图 4-17　曲柄摇杆机构的应用

另外，除了曲柄作为主动件外，也将摇杆作为主动件，将摆动转换成整周转动。例如，缝纫机踏板机构（见图 4-9）即是将摆动转换成整周转动的实例。

（2）双摇杆机构。若两连架杆均为摇杆，则称为双摇杆机构。图 4-18（a）所示为鹤式起重机的起吊机构。当 AB 杆摆动时，CD 杆也摆动，连杆 BC 上外伸的 E 点作近似于水平的直线运动，使其在起吊重物时，可避免由于不必要的升降而增加能量的损耗。图 4-18（b）所示为其运动简图。

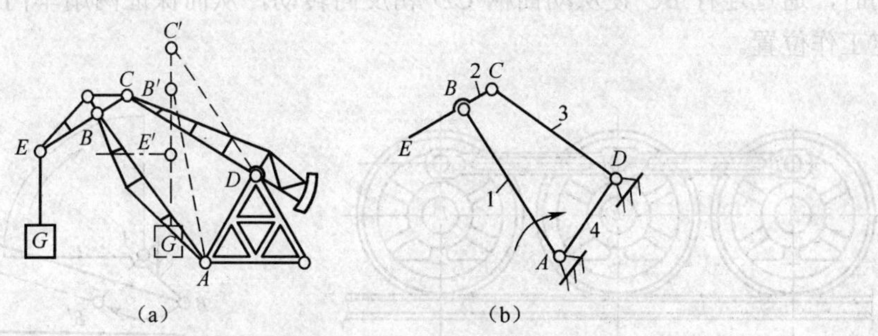

图 4-18　鹤式起重机起吊机构

（3）双曲柄机构。若两连架杆均为曲柄，则称为双曲柄机构，如图 4-19 所示的惯性筛机构。当曲柄 1 作等角速转动时，曲柄 3 作变角速转动，通过构件 5 和筛体 6 产生变速直线运动。筛体内的物料由于惯性而来回抖动，从而达到筛选物料的目的。图 4-19（b）所示为惯性筛机构的运动简图，其中构件 1、2、3、4 即为双曲柄机构部分。

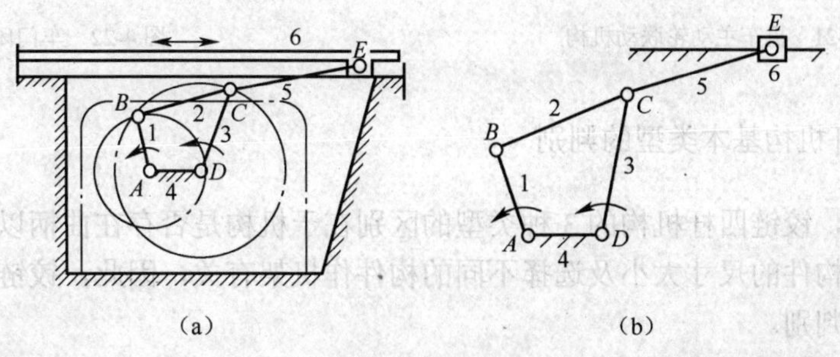

图 4-19　惯性筛机构

在双曲柄机构中常见的还有正平行四边形机构和反平行四边形机构。

图 4-20（a）所示为正平行四边机构，其结构特点是四杆中对边杆两两相等，运动特点是两曲柄角速度相等且转向相同，连杆作平动。

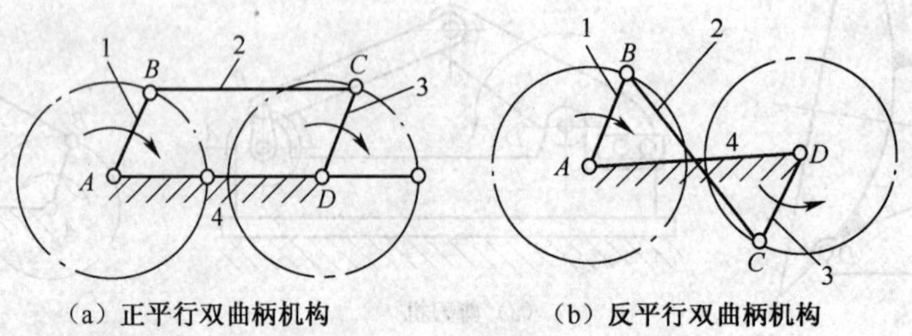

（a）正平行双曲柄机构　（b）反平行双曲柄机构

图 4-20　平行双曲柄机构

图 4-20（b）所示为反平行四边形机构，其对边杆长相等，但杆 *AD* 与杆 *BC* 不平行，因此两曲柄转向相反、角速度相等。

图 4-21 所示为机车主动轮联动装置。它增设了一个曲柄 *EF* 为辅助机构，以防止正平行四边形机构 *ABCD* 变为反平行四边形机构。

图 4-22 所示为车门启闭机构，这是反平行四边形机构的一个应用实例。当主动曲柄 *AB* 转动时，通过连杆 *BC* 使从动曲柄 *CD* 朝反向转动，从而保证两扇车门能同时开启或关闭到预定工作位置。

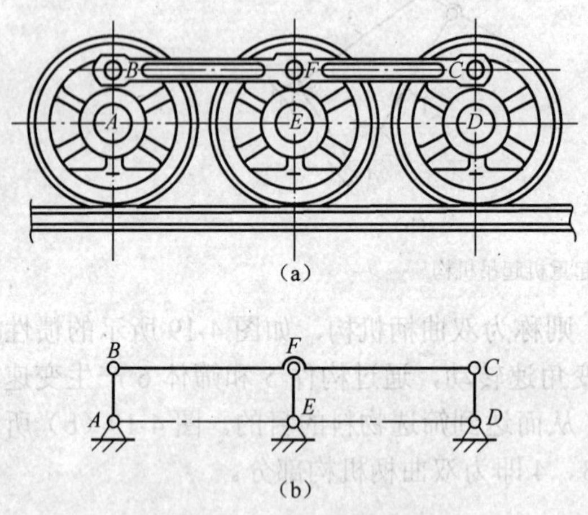

图 4-21　机车主动轮联动机构

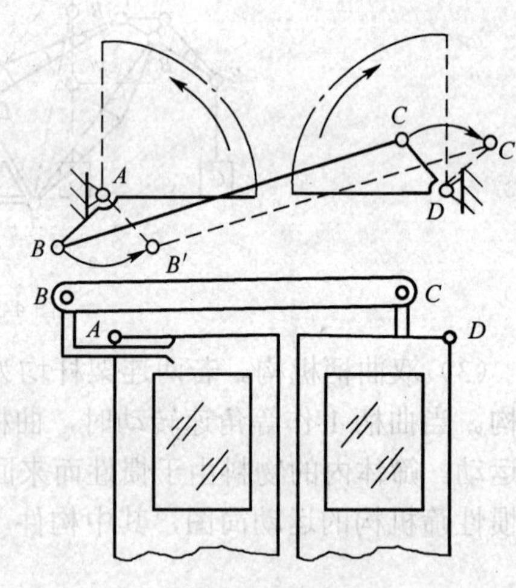

图 4-22　车门闭启机构

2. 铰链四杆机构基本类型的判别

由上述可见，铰链四杆机构的 3 种类型的区别在于机构是否存在曲柄以及有几个曲柄。这又与机构中各构件的尺寸大小及选择不同的构件作机架有关，因此，铰链四杆机构基本类型可用如下方法判别。

（1）机构中如最长杆与最短杆长度之和小于或等于其他两杆长度之和，该机构中可能存在曲柄，此即为机构曲柄存在条件。此时可根据机架不同的取法，得到如下机构：

① 取最短杆的相邻杆为机架，则机构曲柄摇杆机构；

② 取最短杆为机架，则机构为双曲柄机构；

③ 取最短杆的对边杆为机架，则机构为双摇杆机构。

（2）若最短杆与最长杆长度之和大于其他两杆长度之和，该机构无曲柄存在，此时无论取何杆为机架，均为双摇杆机构。

例 4-3　如图 4-23 所示的四杆机构，系杆尺寸如图，试判别此机构的类型。

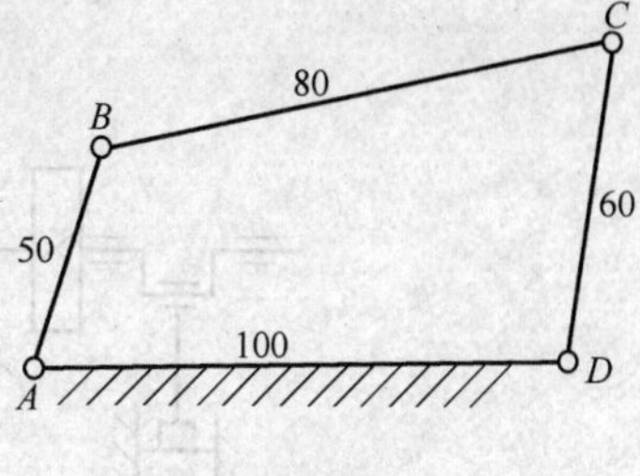

图 4-23　例 4-3 图

解　求机构中最长杆和最短杆长度之和与其他两杆长度之和相比较，因

$$50 + 100 > 80 + 60$$

则该机构无曲柄存在，该机构为双摇杆机构。

4.3.2　带移动副的四杆机构

带移动副的四杆机构是将 4 个构件以转动副和移动副连接成的平面机构。带移动副的四杆机构按移动副的数目分为单移动副四杆机构和双移动副四杆机构。

1. 曲柄滑块机构

图 4-24 所示为曲柄滑块机构运动简图。曲柄 1 作连续整周转动，滑块 3 作往复直线移动。

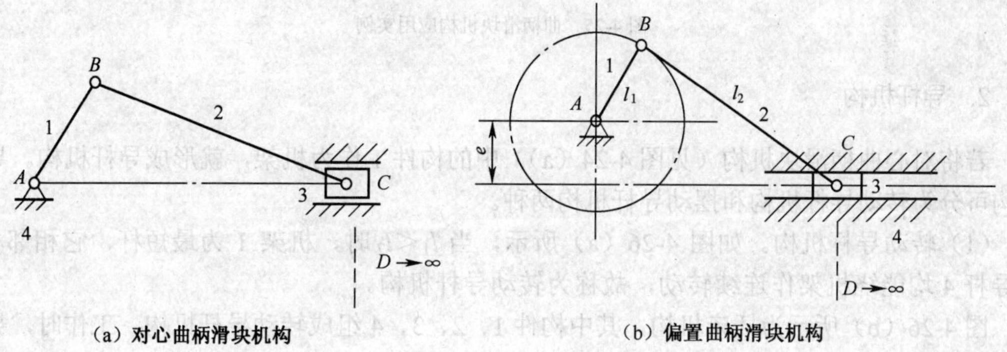

（a）对心曲柄滑块机构　　（b）偏置曲柄滑块机构

图 4-24　曲柄滑块机构

如图 4-24（a）所示，滑块移动导路中线通过曲柄转动中心，称为对心曲柄滑块机构。

如图 4-24（b）所示，滑块移动导路中线不通过曲柄转动中心，称为偏置曲柄滑块机构。对于偏置曲柄滑块机构，要保证构件 1 为曲柄，必须满足

$$l_1 + e \leqslant l_2 \tag{4-3}$$

曲柄滑块机构的运动特点是将转动转换为往复移动，或将往复移动转换为转动。图 4-25 所示为常见的一些应用实例，其中图 4-25（a）所示为压力机中应用的曲柄滑块机构；图 4-25（b）所示为在内燃机中，应用滑块（活塞）的往复移动转换成曲柄（曲轴）的旋转运动；图 4-25（c）所示为搓丝机应用的曲柄滑块机构；图 4-25（d）所示为自动

送料装置，曲柄转一周滑块就从料槽中推出一个工件。

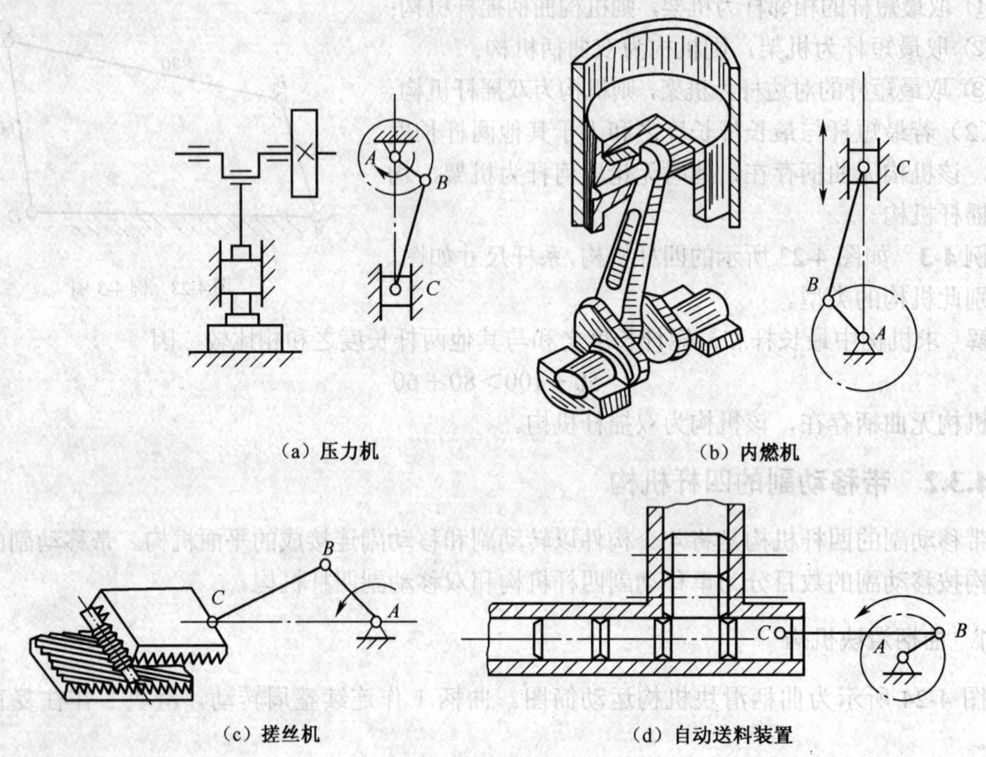

(a) 压力机　(b) 内燃机

(c) 搓丝机　(d) 自动送料装置

图 4-25　曲柄滑块机构应用实例

2. 导杆机构

若将对心曲柄滑块机构（见图 4-24（a））中的构件 1 作为机架，就形成导杆机构。导杆机构可分为转动导杆机构和摆动导杆机构两种。

（1）转动导杆机构。如图 4-26（a）所示，当 $l_1<l_2$ 时，机架 1 为最短杆，它相邻杆 2 与导杆 4 均能绕机架作连续转动，故称为转动导杆机构。

图 4-26（b）所示为插床机构，其中构件 1、2、3、4 组成转动导杆机构。工作时，导杆 4 绕 A 点回转，带动构件 5 及插刀 6 往复运动，实现切削。

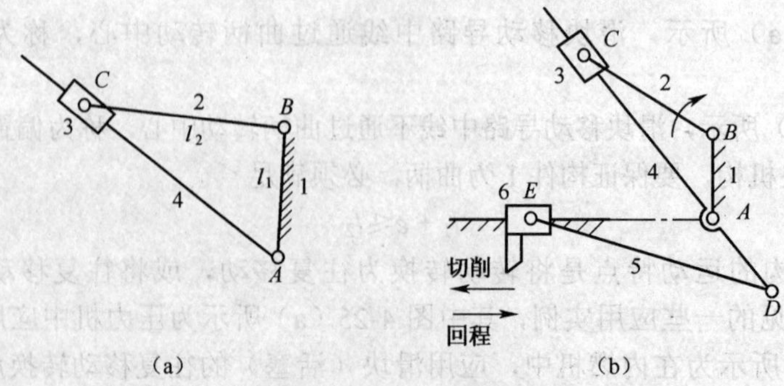

(a)　(b)

图 4-26　转动导杆机构

（2）摆动导杆机构。当 $l_1 > l_2$ 时，如图 4-27（a）所示，机架 1 不是最短杆，它的相邻构件导杆 4 只能绕机架摆动，故称为摆动导杆机构。

图 4-27（b）所示为刨床机构，其中构件 1、2、3、4 组成摆动导杆机构。工作时导杆 4 摆动，带动构件 5 及刨刀 6 往复运动，实现刨削。

3. 定块机构

若取对心曲柄滑块机构（见图 4-24（a））中的构件 3（滑块）为机架，如图 4-28（a）所示，则滑块固定不动，故称为固定滑块机构，简称定块机构。

图 4-28（b）所示的手动泵是定块机构的应用实例。扳动手柄 1，使导杆 4 连同活塞 3 上下移动，便可抽水或抽油。

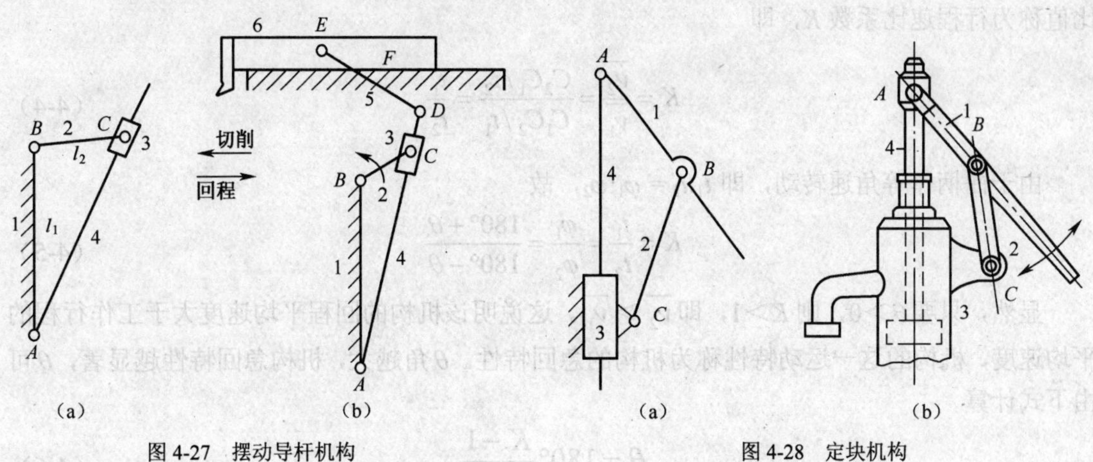

图 4-27　摆动导杆机构　　图 4-28　定块机构

4. 摇块机构

若取对心曲柄滑块机构（见图 4-24（a））中的构件 2 为机架，如图 4-29（a）所示，因滑块 3 只能相对机架摇动，故称为摇动滑块机构，简称摇块机构。这种机构多用于摆缸式内燃机或液压驱动装置。

图 4-29（b）所示为卡车车厢的自动翻转卸料机构。利用油缸中油压推动活塞杆 4 运动，迫使车厢 1 绕 B 点翻转，物料便自动卸下。

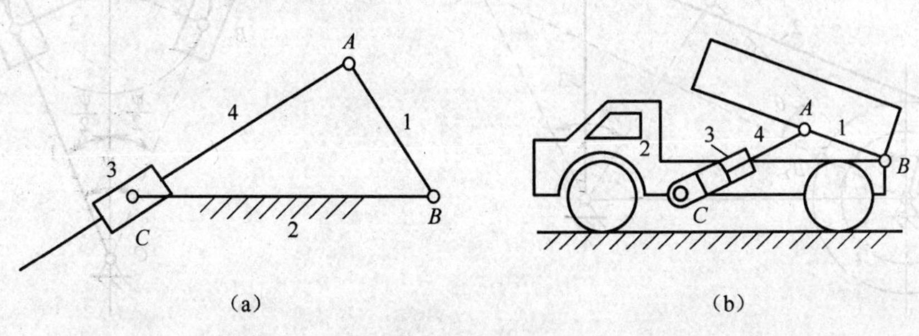

图 4-29　摇块机构

4.3.3 平面四杆机构的急回特性和行程速比系数

1．极位夹角θ

图 4-30 所示为曲柄摇杆机构，主动件曲柄 AB 在转动一周的过程中，有两次与连杆 BC 共线，共线位置为 AC_1 与 AC_2。此时 C_1D 和 C_2D 分别是从动摇杆摆动的两个极限位置，$\angle C_1DC_2$ 称为从动件的摆角ψ。而主动件 AB 在 AB_1 和 AB_2 两位置之间所夹的锐角θ，称为极位夹角。

2．急回特性与行程速比系数 K

现设曲柄 AB 以等角速顺时针转动，摇杆从 C_1D 到 C_2D 的行程为工作行程，从 C_2D 到 C_1D 为返回行程。C 点工作行程的平均速度为$\overline{v_1}$，返回行程的平均速度为$\overline{v_2}$，则$\overline{v_2}$ 和$\overline{v_1}$ 的比值称为行程速比系数 K，即

$$K=\frac{\overline{v_2}}{\overline{v_1}}=\frac{C_2C_1/t_2}{C_1C_2/t_1}=\frac{t_1}{t_2} \tag{4-4}$$

由于曲柄作等角速转动，即 $t_1:t_2=\varphi_1:\varphi_2$，故

$$K=\frac{t_1}{t_2}=\frac{\varphi_1}{\varphi_2}=\frac{180°+\theta}{180°-\theta} \tag{4-5}$$

显然，只要$\theta>0$，则 $K>1$，即$\overline{v_2}>\overline{v_1}$。这说明该机构的回程平均速度大于工作行程的平均速度，机构的这一运动特性称为机构的急回特性。θ角越大，机构急回特性越显著，θ可由下式计算

$$\theta=180°\frac{K-1}{K+1} \tag{4-6}$$

图 4-31 所示为摆动导杆机构。当曲柄 AB 转动时，导杆在 C_m 和 C_n 两极限位置之间摆动，其摆角为ψ，曲柄在相应位置 AB_1 与 AB_2 所夹锐角为极位夹角θ。由图可知，该导杆机构中$\theta=\psi$，因此该机构必有急回特性。其他四杆机构也可仿照上述方法分析其急回特性。

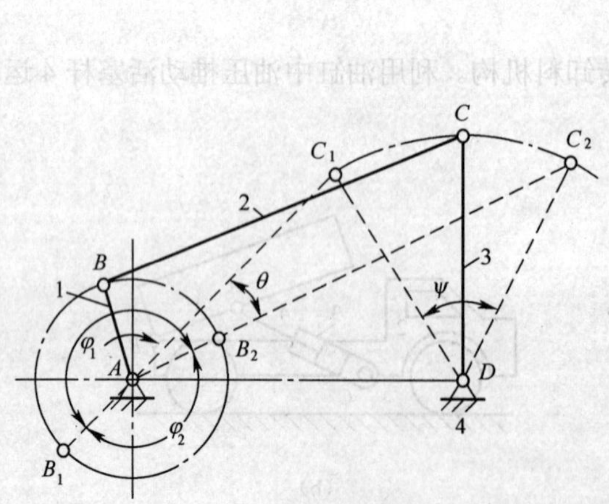

图 4-30 曲柄摇杆机构

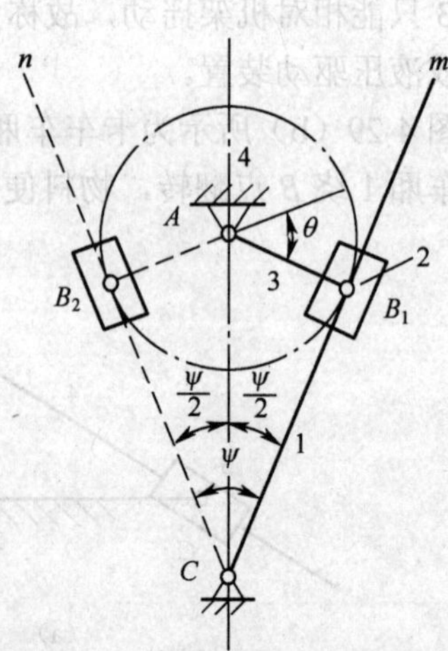

图 4-31 摆动导杆机构的急回特性

4.4　平面机构支反力和构件受力分析

机构在机器中的作用是传递或转换运动和动力。为分析机构各构件的承载能力，必须对机构进行受力分析和计算。

4.4.1　机构运动副的约束力及构件受力图

1．约束力的概念

约束限制了物体本来可能产生的某种运动，即限制了某种自由度。约束限制物体运动的力，称为约束力。如图 4-32 所示，物体 1 受到物体 2 的约束，则物体 2 限制了物体 1 在接触点沿接触面公法线方向的运动，而不能限制沿接触面切线方向的运动，因此物体 2 有约束力作用于物体 1。若忽略接触处的摩擦，此约束力的作用点在两物体的接触点，其方向必沿接触面公法线并指向被约束物体 1。据此可以确定约束力的作用点和约束力的方向。但约束力的大小，要根据作用在物体上的已知力和物体运动状态来确定。约束力用 F_N 或 F_R 表示。

忽略接触面摩擦的约束，称为光滑面约束。上述确定约束力作用点和作用方向的方法适用于光滑约束。图 4-33 所示的直杆与方槽在 A、B、C 三处接触，忽略接触面处的摩擦，直杆在该三处受到的约束力方向沿接触面的公法线方向，如图 4-33（b）所示。

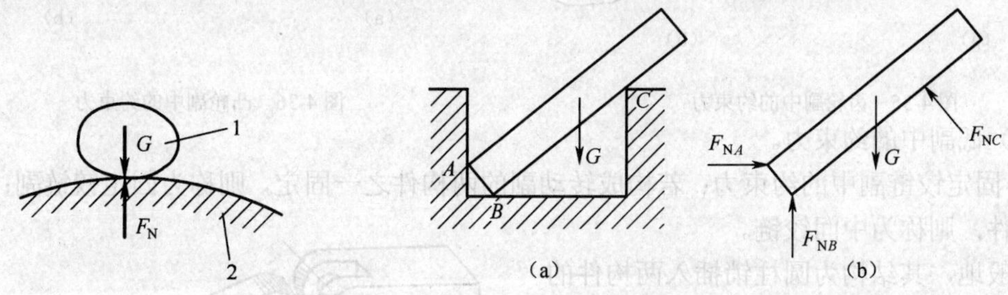

图 4-32　约束力　　　图 4-33　约束力的作用点及方向

在机构中，由于运动副具有约束作用，因此，机构的运动副中存在着约束力。下面将对机构运动副的约束力进行讨论。

2．运动副中的约束力

（1）高副中的约束力。

如图 4-34（a）所示，若忽略接触处的摩擦，构成高副的两构件之间为光滑面约束，相互只能限制其在接触点公法线 $n—n$ 方向的相对运动，而不限制其沿接触点公切线 $t—t$ 方向的运动及绕接触点的转动，故它们受到的约束力必过接触点而沿公法线 $n—n$ 并指向被约束构件，如图 4-34（b）、（c）所示。

图 4-35 所示为齿轮副中的受力情形。轮齿在 A 点接触，相互作用的两约束力 F_{NA}、F'_{NA} 分别沿它们的公法线 $n—n$ 而指向两轮齿，如图 4-35（b）所示。

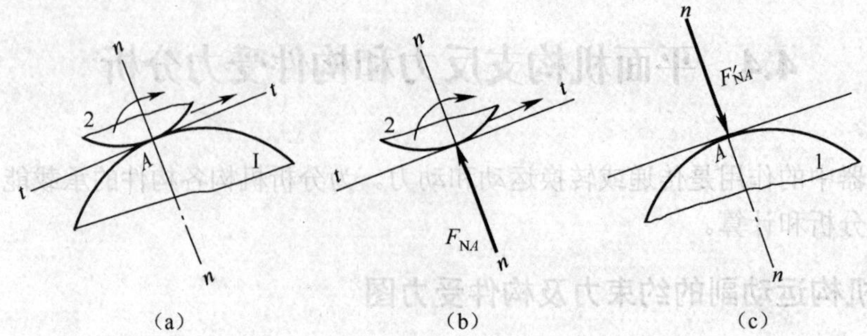

图 4-34 高副中的约束力

图 4-36 所示为凸轮副中的受力情况，凸轮与从动件在 B 点处接触，相互作用的约束力 F_{NB}、F'_{NB} 分别沿它们接触点 B 处的公法线 n—n 而指向从动件和凸轮，如图 4-36（b）所示。

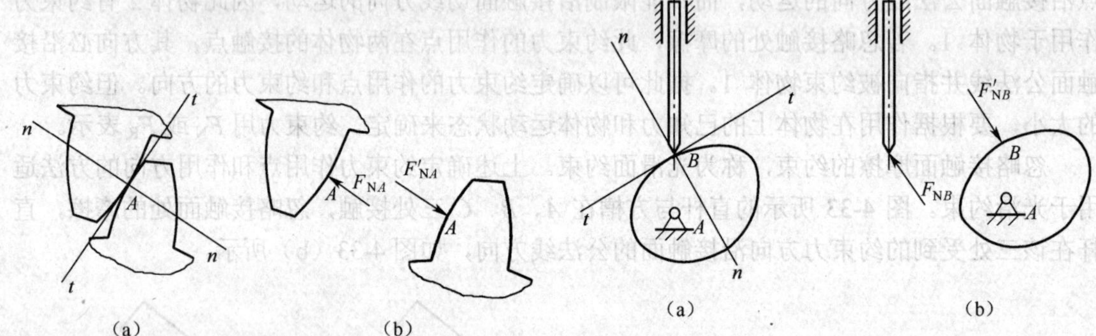

图 4-35 齿轮副中的约束力

图 4-36 凸轮副中的约束力

（2）低副中的约束力。

① 固定铰链副中的约束力：若构成转动副的两构件之一固定，则称为固定铰链副；若无固定构件，则称为中间铰链。

一般地，其结构为圆柱销插入两构件的孔中，如图 4-37 所示。

根据光滑面约束的性质，其约束力必沿圆柱面接触点的公法线方向通过销中心。由于构件在受外力作用后，往往不能确定圆柱销面的接触点的具体位置，因此，固定铰链的约束力通常用两个大小未知、方向定位于 x、y 方向正交分布的分力来表示，如图 4-37（d）中 F_{Rx}、F_{Ry} 所示。

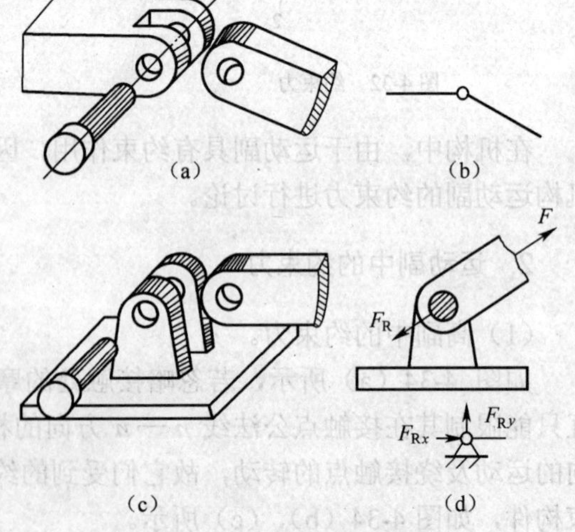

图 4-37 固定铰链副中的约束力

② 移动铰链副中的约束力：在铰链支座下面装上几个辊轴，使它能在支承面上移动，称为移动铰链副，又称活动铰链支座，如图 4-38（a）所示。这类支承常见于屋架、桥梁及某些转轴的支承结构中，它只能限制构件沿支承面法向的运动，故其约束力必通过铰

链中心并与支承面垂直，如图 4-38（b）所示。

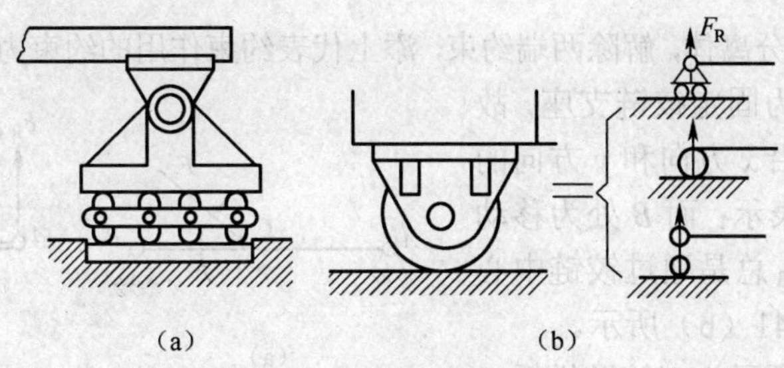

图 4-38 移动铰链副中的约束力

③ 移动副中的约束力：由移动副连接构件而形成的相互约束，总是约束构件在垂直于接触平面的法向自由度。因此，其约束力必与接触平面垂直且指向被约束构件。

在图 4-39 所示的偏置曲柄滑块机构中，滑块 3 与机架 4 由移动副连接。忽略摩擦，则滑块 3 受到了来自机架 4 而垂直于移动副平面的约束，其约束力 F_{R34} 必与接触平面垂直指向滑块 3。

图 4-40 所示为摆动导杆机构，滑块 2 与导杆 3 由移动副连接。它们相互作用的约束力必垂直于它们的接触平面且各自指向对方（图中 F_{R32} 为滑块 2 作用在导杆 3 上的约束力）。

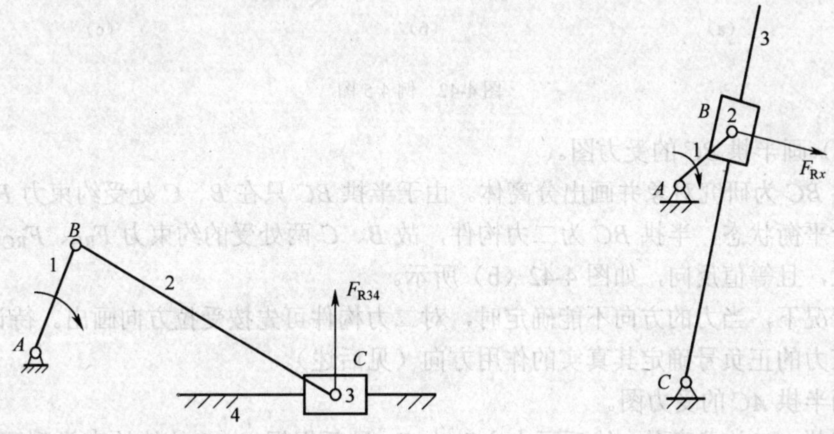

图 4-39 移动副中的约束力　　图 4-40 摆动导杆机构中移动副的约束力

3. 构件的受力图

解除构件上的约束，使构件成为自由体，解除约束后的自由体称为分离体。在分离体上画出它所受的全部主动力和约束力，就称为该构件的受力图。画受力图的一般步骤如下。

① 画出分析对象的分离体简图。

② 在简图上标上所有主动力。

③ 在简图上解除约束处画上约束力。

例 4-4 如图 4-41（a）所示，构件 *AB* 的 *A* 端为固定铰链支座，*B* 端为活动铰链支座，

构件上中点 C 受主动力 F 作用，构件自重不计。试分析两端支座的约束力，并画出构件 AB 的受力图。

解 以构件 AB 为分离体，解除两端约束，添上代表约束作用的约束力，并标上全部主动力。

此题中，因 A 端为固定铰链支座，故可用两个大小未知、沿 x 方向和 y 方向的正交分量 F_{RAx}、F_{RAy} 表示；而 B 处为移动铰链副，其约束力 F_{RB} 总是通过铰链中心且垂直向上，如图 4-41（b）所示。

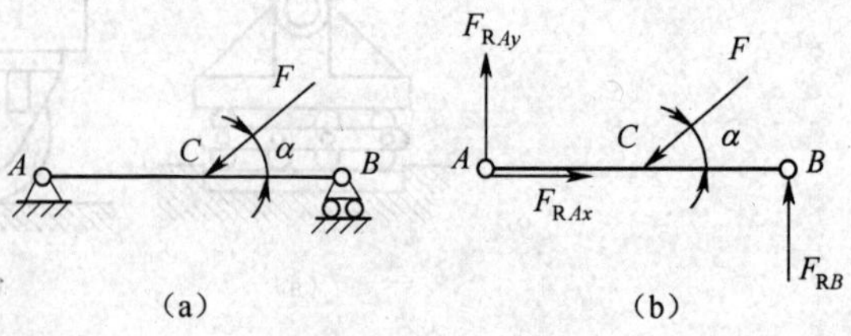

图 4-41 例 4-3 图

例 4-5 图 4-42 所示为三铰链拱桥，由左、右两半拱桥铰接而成。设各半拱自重不计，在半拱 AC 上作用载荷 F。试分别画出 AC 和 CB 的受力图。

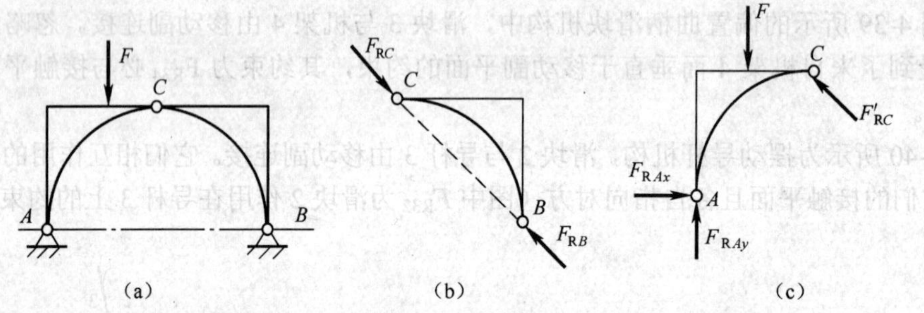

图 4-42 例 4-5 图

解 （1）画半拱 BC 的受力图。

以半拱 BC 为研究对象并画出分离体。由于半拱 BC 只在 B、C 处受约束力 F_{RB}、F_{RC} 的作用而处于平衡状态，半拱 BC 为二力构件，故 B、C 两处受的约束力 F_{RB}、F_{RC} 必在 B、C 两点连线上，且等值反向，如图 4-42（b）所示。

一般情况下，当力的方向不能确定时，对二力构件可先按受拉方向画出。待计算后，根据所求约束力的正负号确定其真实的作用方向（见后述）。

（2）画半拱 AC 的受力图。

画出半拱 AC 的分离体，然后画上主动力 F，最后根据 A、C 处的约束类型画上约束力。显然 A 处为固定铰链座，该处约束力可表达为 F_{RAx}、F_{RAy}；活动铰链 C 处的约束力可由二力构件 BC 的受力，根据作用力与反作用力关系画出 $F_{RC}=-F_{RC}$ 。图 4-42（c）所示为半拱 AC 的受力图。

从上例可以发现，在画构件受力图时，首先选择哪个构件作为分离体是很重要的。本例中，若先选择半拱 AC 为分离体，会增加支座约束力分析的难度。读者可自行分析。

例 4-6 图 4-43（a）所示为一偏置曲柄滑块机构，曲柄 AB 受主动力偶 M 的作用，滑块 C 上受生产阻力 F 的作用，各构件自重不计。试分析曲柄 AB、连杆 BC 和滑块 C 的受力情况。

解 （1）画出连杆 BC 的受力图。

因为连杆受力最简单，因此先选连杆 BC 为分离体。显然连杆 BC 为二力杆，B、C 两处

约束力 F_{RB}、F_{RC} 必定在 B、C 两点连线上，且等值反向，如图 4-43（b）所示。

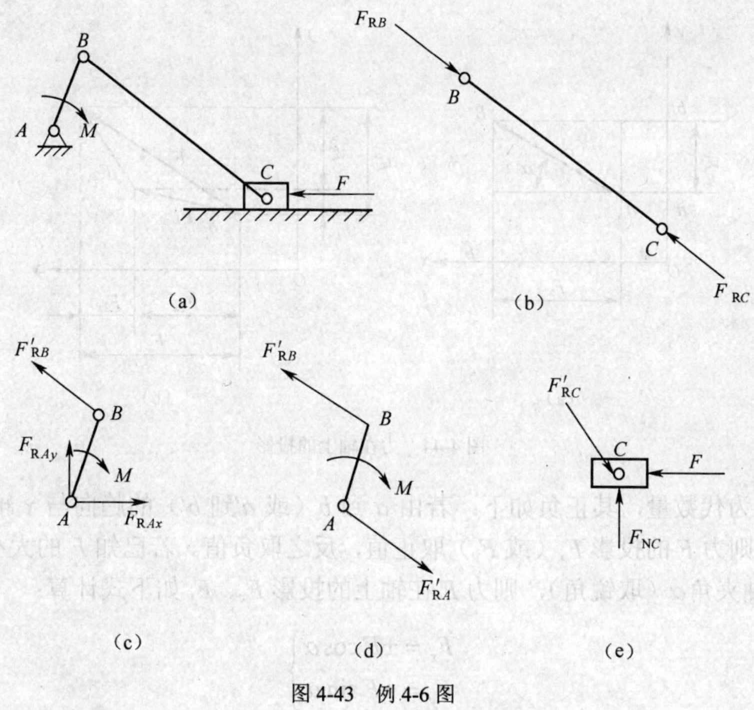

图 4-43　例 4-6 图

（2）画曲柄 AB 的受力图。

先画出曲柄 AB 的分离体，然后画上主动力偶 M，再根据 A 处为固定铰链支座，约束力可用 F_{RAx}、F_{RAy} 表示，B 处的约束力可由二力构件 BC 的受力，由作用力与反作用力关系画出 $F'_{RB}=-F_{RB}$，如图 4-43（c）所示。

也可根据力偶只能由力偶平衡的特性，得出支座 A 的约束反力方向，从而画出曲柄 AB 的受力图，如图 4-43（d）所示。

（3）画出滑块 C 的受力图。

先画出滑块 C 的分离体，然后画上已知的生产阻力 F，再根据 C 处约束类型画出约束力。由于滑块 C 处有一移动副和一转动副，滑块与机架导轨构成的移动副处的约束力 F_{NC} 必垂直于导轨平面，向上并指向滑块，而滑块与连杆 BC 构成的转动副处的约束力，可由连杆的受力，根据作用力与反作用力关系画出 $F'_{RC}=-F_{RC}$，如图 4-43（e）所示。

4.4.2　机构运动副和构件受力计算（平面力系平衡条件）

上节对机构运动副的约束力作了定性的分析，为了确定机构中各构件的截面尺寸，应对构件进行强度计算，为此必须定量地计算出机构在外力作用下各构件所受力的大小及支座反力的大小。这必须运用力系平衡概念及其力系平衡方程式。

1. 力在轴上的投影

如图 4-44（a）所示，在物体上的 A 点作用一力 F，在力作用线所在平面内取直角坐标系 Oxy。从力 F 的两端 AB 分别向 x 轴和 y 轴作垂线，得垂足 a、b 和 a′、b′，则线段 ab 称为力

F 在 x 轴上的投影，用 F_x 表示，线段 $a'b'$ 称为力 F 在 y 轴上的投影，用 F_y 表示。

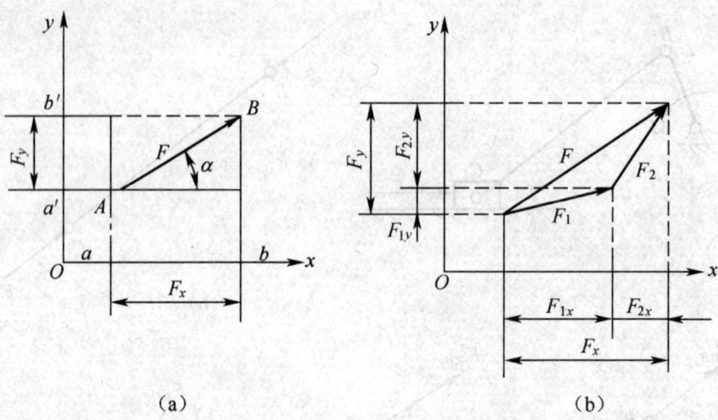

图 4-44　力在轴上的投影

力的投影为代数量，其正负如下：若由 a 到 b（或 a'到 b'）的趋向与 x 轴（或 y 轴）的正向一致时，则力 F 的投影 F_x（或 F_y）取正值，反之取负值。若已知 F 的大小为 F（恒为正值），它和 x 轴夹角 α（取锐角），则力 F 在轴上的投影 F_x、F_y 如下式计算：

$$\left.\begin{aligned} F_x &= \pm F\cos\alpha \\ F_y &= \pm F\sin\alpha \end{aligned}\right\} \tag{4-7}$$

可以证明，合力 F 在任意轴上的投影，等于两分力 F_1、F_2 在任意轴上投影的代数和，如图 4-44（b）所示。即

$$F_x = F_{1x} + F_{2x}$$
$$F_y = F_{1y} + F_{2y}$$

上述关系可推广到由 n 个力 F_1、F_2、…、F_n 组成的力系，从而得出合力 F 在轴上的投影为

$$\left.\begin{aligned} \sum F_{ix} &= F_{1x} + F_{2x} + \ldots + F_{nx} = F_x \\ \sum F_{iy} &= F_{1y} + F_{2y} + \ldots + F_{ny} = F_y \end{aligned}\right\} \tag{4-8}$$

上式即为合力投影定理：即合力在任意轴上的投影等于各分力在同一轴上投影的代数和。

例 4-7　如图 4-45 所示，在物体上的 O、A、B、C、D 点，分别作用着力 F_1、F_2、F_3、F_4、F_5，各力的大小 $F_1 = F_2 = F_3 = F_4 = F_5 = 10\text{N}$，各力的方向如图所示，求各力在 x 轴、y 轴上的投影。

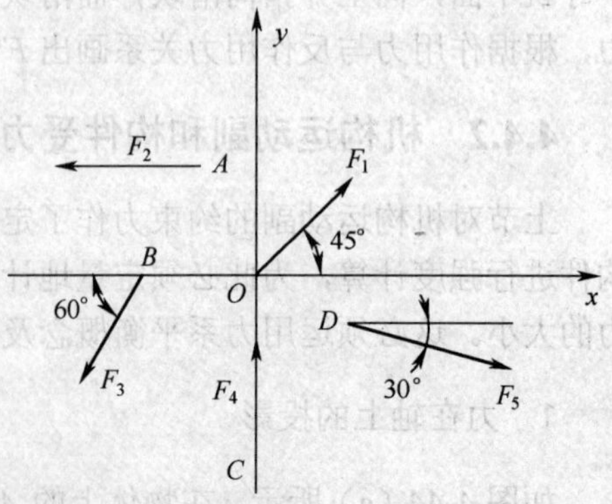

图 4-45　例 4-7 图

解　由式（4-7）得各力在 x 轴上的投影为

$$F_{1x} = F_1 \cdot \cos45° = 10 \times 0.707\text{N} = 7.07\text{N}$$
$$F_{2x} = -F_2 \cdot \cos0° = -10 \times 1\text{N} = -10\text{N}$$
$$F_{3x} = -F_3 \cdot \cos60° = -10 \times 0.5\text{N} = -5\text{N}$$
$$F_{4x} = F_4 \cdot \cos90° = 10 \times 0 = 0$$
$$F_{5x} = F_5\cos30° = 10 \times 0.866\text{N} = 8.66\text{N}$$

各力在 y 轴上的投影为

$$F_{1y} = F_1\sin45° = 10 \times 0.707 = 7.07\text{N}$$
$$F_{2y} = F_2\sin0° = 10 \times 0 = 0$$
$$F_{3y} = -F_3\sin60° = -10\times 0.866\text{N} = -8.66\text{N}$$
$$F_{4y} = F_4\sin90° = 10 \times 1 = 10\text{N}$$
$$F_{5y} = -F_5\sin30° = -10 \times 0.866\text{N} = -8.66\text{N}$$

2. 平面任意力系的平衡方程式

若力系中各力的作用线都处在同一平面内，它们既不汇交一点、相互也不平行，此力系称为平面任意力系；若力系中各力作用线汇交一点，称为平面汇交力系；若力系中各力作用线相互平行，称为平面平行力系。平面汇交力系和平面平行力系是平面任意力系的特例。

物体在平面任意力系作用下，若保持平衡，则必须使力和力偶两方面都达到平衡，由此可得出平面任意力系的平衡方程式为

$$\left.\begin{aligned}\sum F_x = 0\\ \sum F_y = 0\\ \sum M_0(F) = 0\end{aligned}\right\} \tag{4-9}$$

上述的平衡方程式可表述为：力系中各力在该力系的平面内任取的直角坐标轴上投影的代数和等于零，以及各力对任一点的力矩的代数和等于零。式（4-9）中的 3 个方程式是完全独立的，因此用它求解平面任意力系的平衡问题，能够且最多只能够求出 3 个未知量。

3. 机构支座反力及构件受力计算

利用上述平面任意力系的平衡方程式求机构中构件的受力及支座反力，一般常用两种方法。

（1）先整体后拆开。先取整个机构的可动部分为研究对象，列出 3 个平衡方程式，解出部分或全部支座反力。再假想把构件拆开，分别选取构件为研究对象，画出受力图，列出相应的平衡方程式，求出所需的全部未知量。

（2）逐次拆开。当选取整个机构为研究对象无法求解时，则将机构的构件假想拆开。选取某个构件作为研究对象，画出构件受力图，列出平衡方程式，求出该构件的未知力，再逐次分析其余构件，用同样的分析方法，逐步解出所需的全部未知量。

下面举例说明机构平衡问题的解法。

例 4-8　*ABCD* 为一铰链四杆机构，在如图 4-46（a）所示位置处于平衡状态。已知在 *CD* 杆作用一力偶 $M = 4\text{N}\cdot\text{m}$，$CD = 0.4\sqrt{2}\ \text{m}$。求当机构平衡时作用在 *AB* 杆中点的力 *F* 的大小及支座 *A*、*D* 处的约束力。

解　此题若以整个机构为研究对象，由于支座 *A*、*D* 处约束力的大小和方向为未知，因此有 4 个未知量。而平面力系平衡方程式只能求 3 个未知量，此题若以机构整体为研究对象，则不能求解，应采用逐次拆开的方法。考虑到已知力偶 *M* 在 *CD* 杆，所以先以 *CD* 杆为研究对象。

（1）以 *CD* 杆为研究对象画出受力图，如图 4-46（b）所示，因 *BC* 为二力杆，故 *C* 点受力为 F_{BC}。因力偶必须由力偶平衡，故 *D* 处的约束力 $F_{\text{RD}} = -F_{\text{BC}}$。

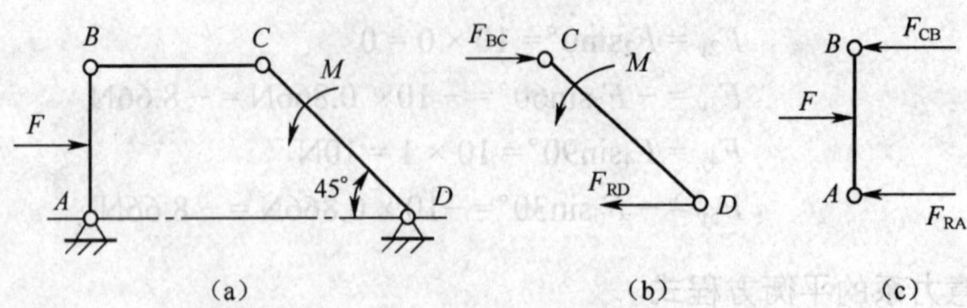

图 4-46 例 4-8 图

由平衡方程式

$\sum M_D(F)=0 \qquad M-F_{BC}\cdot\overline{CD}\sin 45°=0$

得
$$F_{BC}=\frac{M}{\overline{CD}\text{Sin}45°}=\frac{4}{0.4\sqrt{2}\text{Sin}45°}\text{N}=10N$$

得
$$F_{RD}=10\text{N}$$

（2）以 AB 杆为研究对象画出受力图，如图 4-46（c）所示。

由平衡方程式

$\sum M_A(F)=0 \qquad F_{CB}\cdot\overline{AB}-F\cdot\frac{1}{2}\overline{AB}=0$

得 $\qquad F=2F_{CB}=2F_{BC}=2\times10\text{N}=20\text{N}$

$\sum F_x=0 \qquad F-F_{CB}-F_{RA}=0$

$$F_{RA}=F-F_{CB}=(20-10)\text{N}=10\text{N}$$

此题根据平衡方程式，用逐次拆开法，求得：$F=20\text{N}$，$F_{RA}=10\text{N}$，$F_{RD}=10\text{N}$。

例 4-9 图 4-47 所示曲柄滑块机构，在图示位置处于平衡状态。已知：$l_{AB}=0.05\text{m}$，$l_{BC}=0.08\text{m}$，$\alpha=60°$，$F=10\text{N}$。求机构在该平衡位置时所需的主动力偶、连杆 BC 的受力、A 处的约束力及滑块 C 对导轨面的压力。

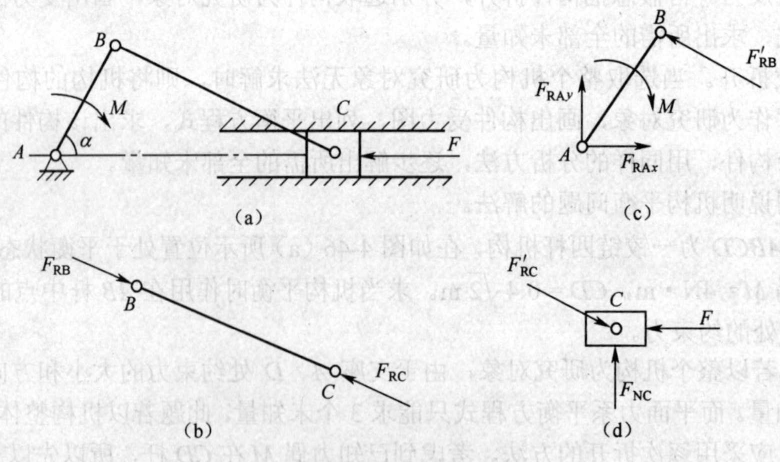

图 4-47 例 4-9 图

解 此题不能以整个机构为研究对象，用逐次拆开法画出曲柄 AB、连杆 BC 和滑块 C 的受力图。因 BC 为二力杆，故 BC 受力图如图 4-47（b）所示；曲柄 AB 的 A 处为固定铰链，其

支座约束力为 F_{RAx} 和 F_{RAy}，BC 对其的作用力 F'_{RB} 和主动力偶 M，其受力图如图 4-47（c）所示；滑块与机架组成移动副，支反力为 F_{NC}，同时又受连杆的作用力 F'_{RC} 和 F 的作用，其受力图如图 4-47（d）所示。因滑块上作用已知力 F，应当先以滑块 C 为研究对象。

（1）根据滑块的受力，由平衡方程式

$$\sum F_x = 0 \qquad F'_{RC}\cos(90°-\alpha) - F = 0$$

得

$$F'_{RC} = F/\cos30° = 10/\cos30°\text{N} = 11.55\text{N}$$

$$\sum F_y = 0 \qquad F_{NC} - F'_{RC}\sin(90°-\alpha) = 0$$

得

$$F_{NC} = F'_{RC}\sin30° = 11.55\times0.5\text{N} = 5.775\text{N}$$

（2）根据曲柄的受力，由平衡方程式

$$\sum M_A(F) = 0 \qquad F'_{RB}\cdot \ell_{AB} - M = 0$$

$$M = F'_{RB}\cdot l_{AB} = F'_{RC}\cdot l_{AB} = 11.5\times0.05\text{N}\cdot\text{m} = 0.5775\text{N}\cdot\text{m}$$

$$\sum F_x = 0 \qquad F_{RAx} - F'_{RB}\cos(90°-\alpha) = 0$$

得

$$F_{RAx} = F'_{RB}\cos30° = 11.55\times\cos30° = 10\text{N}$$

$$\sum F_y = 0 \qquad F_{RAy} + F'_{RB}\sin(90°-\alpha) = 0$$

得

$$F_{RAy} = -F'_{RB}\cdot\sin30° = -11.5\times0.5\text{N} = -5.775\text{N}$$

式中负号表示 F_{RAy} 实际方向与假设方向相反。

此例也可根据力偶只能用力偶平衡的特性，画出曲柄的受力图（参照图 4-43(d)），然后计算求得。

4. 用力系平衡方程式求其他工程的静力平衡

用平面力系方程式不仅能解决机构的静力平衡问题，同样能解决其他工程中的平衡问题。下面举例说明其应用。

例 4-10　如图 4-48（a）所示，在轮子外缘处作用着径向力 $F_r = 1\,000$N，轴向力 $F_a = 500$N，轮子半径 $r = 100$mm，尺寸如图。求支座 A、B 处的支座反力。图中长度单位为 mm。

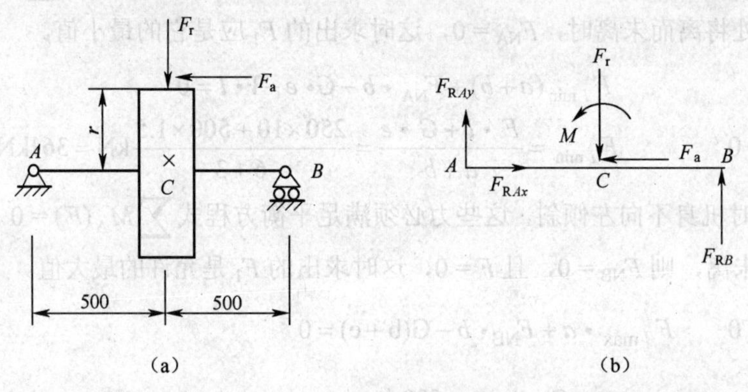

图 4-48　例 4-10 图

解　A 处为固定铰链座，支反力可表示为 F_{RAx} 和 F_{RAy}，B 处为移动铰链座，其支反力可表示为

F_{RB}。轴向力 F_a 用力的平移定理移至轴心线 C 处，加上一个附加力偶 $M_f = F_a \cdot r = 500\times0.1\text{N}\cdot\text{m} = 50\ \text{N}\cdot\text{m}$。梁的受力图如图 4-48（b）所示。由平衡方程式

$$\sum M_A(F)=0 \qquad F_{RB}\cdot l_{AB}+M-F_r\cdot l_{AC}+F_a\times 0=0$$

$$F_{RB}=\frac{F_r\cdot l_{AC}-M}{l_{AB}}=\frac{1\,000\times0.5-50}{1}\text{N}=450\text{N}$$

$$\sum F_x=0 \qquad F_{RAx}-F_a=0$$

$$F_{RAx}=F_a=500\text{N}$$

$$\sum F_y=0 \qquad F_{RAy}-F_r+F_{RBy}=0$$

$$F_{RAy}=F_r-F_{RBy}=(1\,000-450)\text{N}=550\text{N}$$

例 4-11 图 4-49 所示为移动式起重机。已知轨距 $b=3\text{m}$，机身重 $G=500\text{kN}$，其作用线至右轨的距离 $e=1.5\text{m}$，起重机的最大起重载荷 $F=250\text{kN}$，其作用线至右轨的距离 $l=10\text{m}$。欲使起重机满载时不向右倾斜，空载时不向左倾斜，试确定平衡重块 F_1 的值。设其作用线至左轨的距离 $a=6\text{m}$。

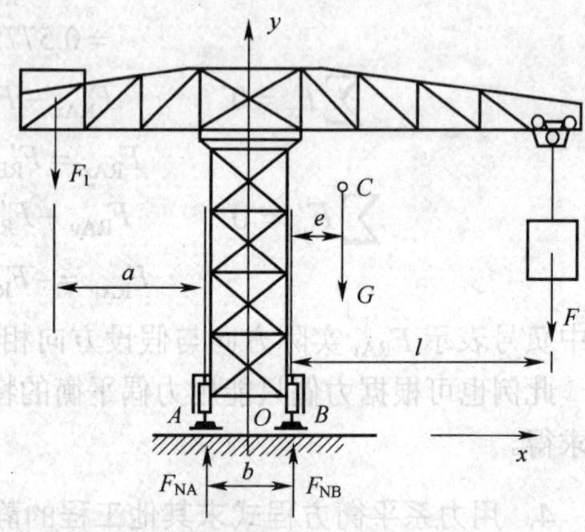

图 4-49　例 4-11 图

解　取起重机为研究对象，受力分析如图。作用于起重机上的主动力有 F_1、G、F，约束力有 F_{NA}、F_{NB}。这些力的作用线在同一平面内而且相互平行，这种力系称为平面平行力系。因各力的作用线均与 y 轴平行，因此，$\sum F_x$ 恒等于零。于是平面平行力系的平衡方程式为

$$\left.\begin{aligned}\sum F_x=0\\ \sum M_O(F)=0\end{aligned}\right\} \qquad (4\text{-}10)$$

要保证满载时机身平衡而不向右倾倒，则这些力必须满足平衡方程式 $\sum M_B(F)=0$。在临界状态下，A 处将离而未离时，$F_{NA}=0$，这时求出的 F_1 应是它的最小值。

$$F_{1\min}(a+b)+F_{NA}\cdot b-G\cdot e-F\cdot l=0$$

$$\sum M_B(F)=0 \qquad F_{1\min}=\frac{F\cdot l+G\cdot e}{a+b}=\frac{250\times10+500\times1.5}{6+3}\text{kN}=361\text{kN}$$

要保证空载时机身不向左倾斜，这些力必须满足平衡方程式 $\sum M_A(F)=0$。在临界情况下，B 处将离而未离，则 $F_{NB}=0$，且 $F=0$，这时求出的 F_1 是允许的最大值。

$$\sum M_B(F)=0 \qquad F_{1\max}\cdot a+F_{NB}\cdot b-G(b+e)=0$$

得

$$F_{1\max}=\frac{G}{a}(b+e)=\frac{500}{6}(3+1.5)\text{kN}=375\text{kN}$$

因此，平衡重力 F_1 的值必须满足：$361\text{kN}\leqslant F_1\leqslant 375\text{kN}$。

5. 静定与静不定的概念

当整个物体系统处于平衡状态时，如能列出的独立平衡方程数与未知量相等，即全部未知量均能求出，这类问题称为静定问题。上面例举的例题的平衡问题均为静定问题。若能列出的独立方程数少于全部未知量，此时无法用静力平衡方程求出全部未知量，这类问题称为静不定问题或称为超静定问题。图 4-50（a）所示的厂房顶拱两端以固定铰支座支撑且立柱均固定于地面，因有 4 个约束反力为未知量，超出独立方程数，这是一个静不定问题。再如图 4-50（b）所示为机床主轴，有 3 个轴承支承，因此有 4 个约束力为求知量，也是一个静不定问题。

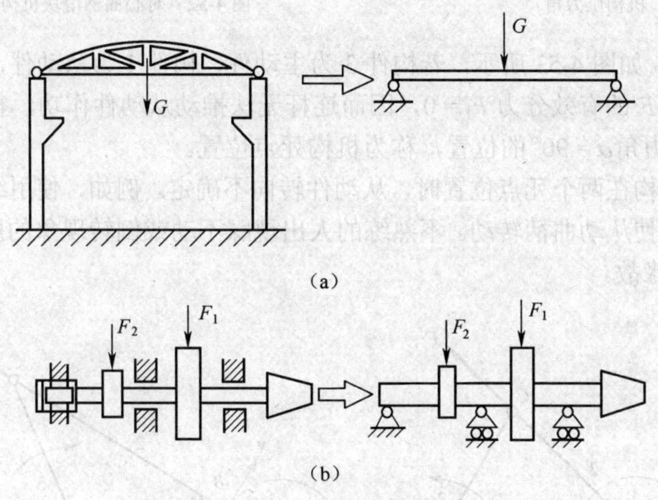

图 4-50　静不定问题示例

对于静不定问题，不能以上述的方法求出全部未知量，还要应用其他方面的知识，本书不作讨论，请读者参考有关资料。

6. 机构压力角α、死点位置及机构自锁

（1）机构压力角α。在图 4-51 所示的机构中，构件 1 作为主动件，通过连杆 2 推动从动件 3。若连杆为二力杆，则主动件通过连杆作用于从动件上的力 F 沿 BC 方向。作用于从动件上的力 F 的方向与其作用点 C 的速度 V_C 方向之间所夹的锐角α，称为机构在该位置时的压力角。F 沿速度 V_C 方向的分力 $F_t = F \cdot \cos\alpha$能作功，是推动从动件的有效分力；力 F 沿从动件轴线方向的分力 $F_n = F \cdot \sin\alpha$ 不能作功，反而增大摩擦阻力，是有害分力。可见，机构压力角α是直接影响机构传力性能的重要参数。

为了保证机构具有良好传力性能，压力角不能太大，应根据工件特点规定$\alpha_{max} \leqslant [\alpha]$，$[\alpha]$ 为许用压力角。对于一般机构，$[\alpha] \leqslant 50°$；传递功率大的机构 $[\alpha]$ 取 40°左右。

图 4-52 所示为对心曲柄滑块机构压力角达到最大值时的位置状态。

由于机械在工作行程输出动力，故通常在确定机构尺寸后，还需检验工作行程的压力角是否满足规定要求。

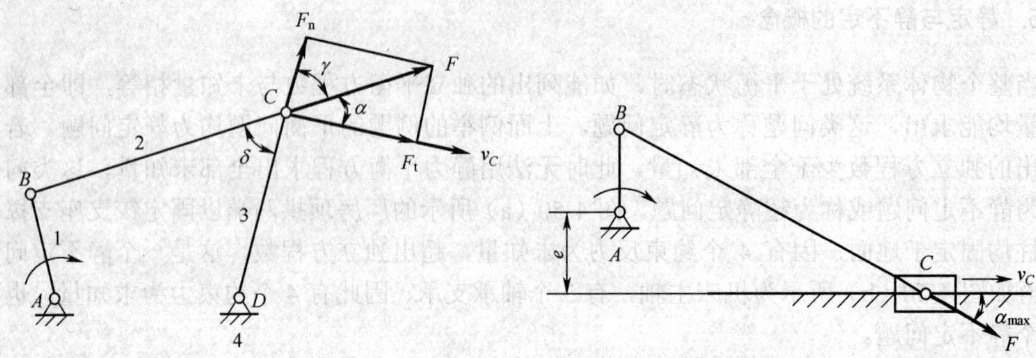

图 4-51　机构压力角　　　　图 4-52　对心曲柄滑块机构的最大压力角

（2）死点位置。如图 4-53 所示，若构件 3 为主动件，构件 1 为从动件，机构处于压力角 $\alpha = 90^\circ$ 位置。这时 F 的有效分力 $F_t = 0$，因而连杆无法推动从动件作功，整个机构处于停顿状态。机构处于压力角 $\alpha = 90^\circ$ 的位置，称为机构死点位置。

图 4-53 所示机构在两个死点位置时，从动件转向不确定。例如，使用缝纫机时，踩踏板（即摇杆）通过连杆使从动曲柄转动。不熟练的人出现踩不动或倒转现象的原因，就是踏板机构处于死点位置的缘故。

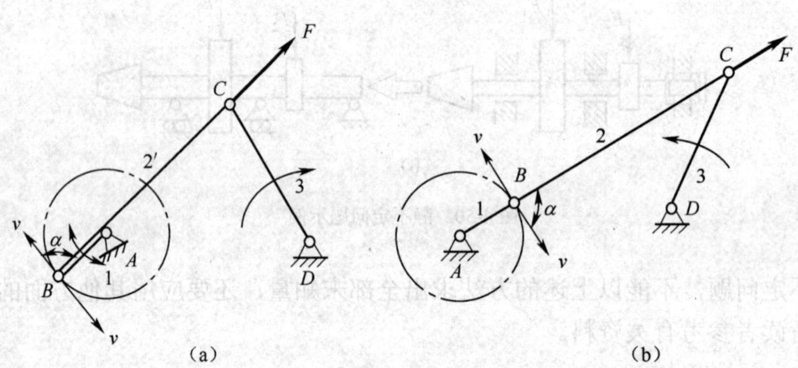

图 4-53　机构的死点位置

机构有无死点位置还与机构主动件的选择有关，如图 4-53 所示机构若选择曲柄 1 作为主动件，则此机构无死点位置。对于传动用的机构，应消除死点位置时的停顿或运动不确定现象。为此，可在曲柄上装上飞轮，利用其惯性作用使机构顺利通过死点位置。有时，对于夹具或某些夹紧机构，则要利用死点位置来实现工作目的。

（3）机械效率和机械自锁。一个机械在某一位置的机械效率，等于该位置时机械的输出功率 $P_{出}$ 和输入功率 $P_{入}$ 之比，记为 η，通常用百分数来表示，即

$$\eta = \frac{P_{出}}{P_{入}} \times 100\%$$

某一位置时，机械的输入功率中，一部分输出对外作功，另一部分则消耗于自身运动的摩擦中，这部分功是无用的。机械效率越低，摩擦产生的热量越大，机械传力性能越差。机

械处于自锁状态时，可以认为$\eta \leqslant 0$。

平面连杆机构的压力角往往随位置的变化而变化，因而其机械效率往往是位置的函数。

对机械效率是位置函数的这类机械，常用平均机械效率，即用一个工作循环的各位置的机械效率的平均值来表示其输出有用功的能力。

4.5　平面机构中拉（压）构件的强度和变形计算

以上说明了机构在外力作用下，构件上受力分析的定量计算。当已知构件受力的大小，即可对构件进行强度计算以确定构件的截面尺寸或外形尺寸。平面连杆机构中，有许多构件在不计自重的假设下，均可作为二力构件，它们或受拉力或受压力。下面将分析构件在拉伸或压缩状态下的强度和变形。

4.5.1　轴向拉伸和轴向压缩概述

本章讨论的平面连杆机构中作为二力构件的连杆，若不计自重和惯性力且为直杆时，其必受到轴向拉伸或压缩作用。图 4-54（a）所示为内燃机的连杆（即曲柄滑块机构中的连杆），在燃气爆发冲程中受压，即是一个典型的实例。此外，如液压传动中的活塞杆，在油压和工作阻力下受拉，如图 4-54（b）所示。

这些受拉伸或压缩的构件的结构形状虽各有差异，加载方式也并不相同，但若把构件形状和受力情况进行抽象化，均可画成图 4-55 所示的受力简图。其共同特点是：作用于构件上的外力合力作用线与构件的轴线重合，构件的变形是沿轴线方向的伸长或缩短。图 4-55 中用实线表示构件受力前的外形，用虚线表示受力变形后的外形。这种变形形式称为轴向拉伸（见图 4-55(a)）和轴向压缩（见图 4-55(b)）。

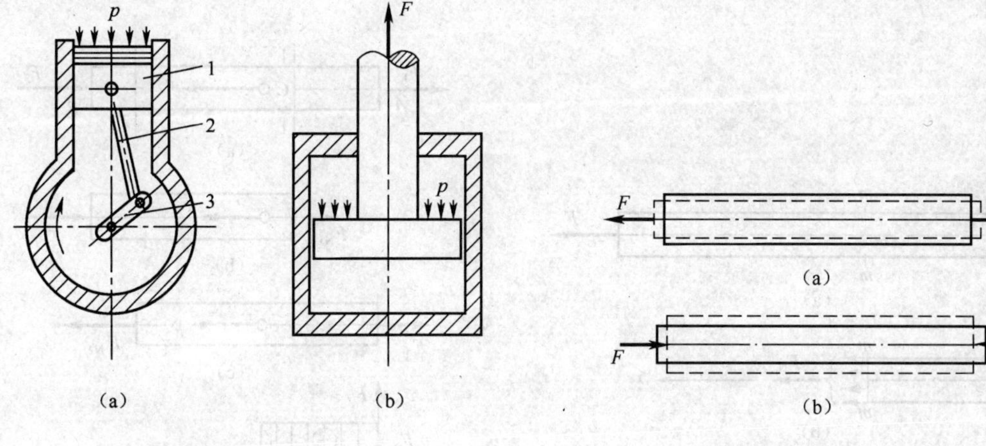

图 4-54　拉、压实例

图 4-55　轴向拉伸和轴向压缩

4.5.2　内力、截面法和轴力（轴力图）

如上所述，构件在外力（拉力或压力）作用下，沿轴线方向伸长或缩短，即构件发生了变形。由于构件的变形，构件内各部分之间相互作用的力也将随之改变，这种由外力作用而引起构件内部相互作用的力称为附加内力，简称内力。这种内力是随外力的增大而增大，当内力达到某一限度时就会引起构件破坏，因此，要对构件进行强度计算，必须先计算外力作用下构件的内力。

构件内力的计算可采用截面法。截面法一般分为“切、去、代、平”4 个步骤。

（1）切。欲求某一截面的内力时，就沿该截面假想地把构件切为两部分。

（2）去。舍去其中一部分，以留下部分为研究对象。

（3）代。用作用于截面上的内力代替舍去部分对留下部分的作用。

（4）平。对留下的部分，建立力系平衡方程式求出未知内力。

例 4-12　图 4-56 所示为一等截面直杆，两端受拉力 $F = 1\,000\text{N}$ 而平衡，求截面 m — m 上的内力。

解　（1）沿 m — m 截面假想把直杆切为两部分，如图 4-56（a）所示。

（2）舍去右端，取左端为研究对象，如图 4-56（b）所示。

（3）因为原杆处于平衡状态，为使留下的部分仍处于平衡，应在 m — m 截面加一附加内力 F_N，如图 4-56（b）所示。

（4）由 $\sum F_x = 0$

$$F_N - F = 0$$

$$F_N = F = 1\,000\text{N}$$

如果舍去左端，取右端为研究对象，同样能得出 m — m 截面上的内力 $F_N = F = 1\,000\text{N}$ 的结论。

一般把轴向拉（压）时截面上的内力称为轴力。为了使左、右两部分计算出的轴力不仅数值相等，且符号相同，一般规定轴力的方向与截面的外法线方向相同为正，反之为负。也可根据构件受拉时轴力为正，构件受压时轴力为负的原则来判别。

例 4-13　图 4-57 所示为等截面杆，A、B、C 三点分别由 $F_1 = 10\text{N}$，$F_2 = 30\text{N}$，$F_3 = 20\text{N}$ 三力作用而处于平衡。试求横截面 1 — 1，2 — 2 上的轴力。

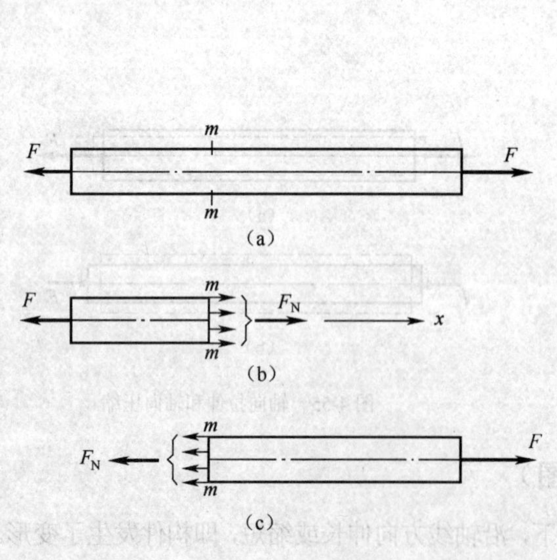

图 4-56　例 4-12 图

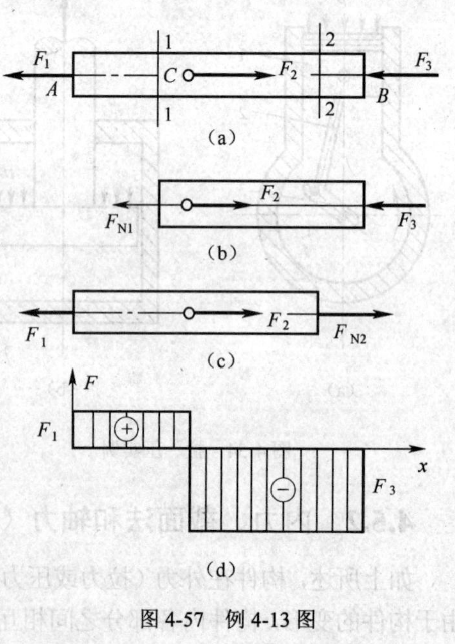

图 4-57　例 4-13 图

解　(1) 求截面 1—1 上的轴力。

① 沿 1—1 截面假想把直杆切为两部分，如图 4-57（a）所示。

② 舍去左端，取右端为研究对象（也可舍去右端，取左端），如图 4-57（b）所示。

③ 在截面上以轴力 F_{N1} 代替舍去部分对研究部分的作用。

④ 对研究对象列出平衡方程式

$$\sum F_x = 0 \qquad F_2 - F_3 - F_{N1} = 0$$

$$F_{N1} = F_2 - F_3 = (30-20)\text{N} = 10\text{N}$$

(2) 求截面 2—2 上的轴力。

① 沿 2—2 截面假想把直杆切为两部分，如图 4-57（a）所示。

② 舍去右端，取左端为研究对象（也可舍去左端，取右端），如图 4-57（b）所示。

③ 在截面上以轴力 F_{N2} 代替舍去部分对研究部分的作用，如图 4-57（c）所示。

④ 对研究对象列出平衡方程式：

$$\sum F_x = 0 \qquad F_{N2} + F_2 - F_1 = 0$$

$$F_{N2} = F_1 - F_2 = (10-30)\text{N} = -20\text{N}$$

为了表明各截面上轴力沿轴线的变化情况，取平行于杆轴线的 x 轴的坐标表示横截面位置，再取垂直于 x 轴的坐标表示横截面的轴力，一般把正的轴力画在 x 轴上方，负的轴力画在 x 轴的下方。这样绘出的线图称为轴力图，如图 4-57（d）所示。

4.5.3　轴向拉压时横截面上的应力及强度计算

1. 应力分析

上面研究了构件在受拉（压）时轴力的计算，但光凭轴力的大小是不能判定构件强度是否足够。例如，用同一材料制成的粗细不同的两根杆件，在相同的拉力下，两杆的轴力相等，但当拉力逐渐增大，细杆必定先拉断。这说明拉杆的强度不仅与轴力大小有关，还与杆件横截面的面积有关，因此，杆件的强度应与横截面单位面积上的内力——应力有关。

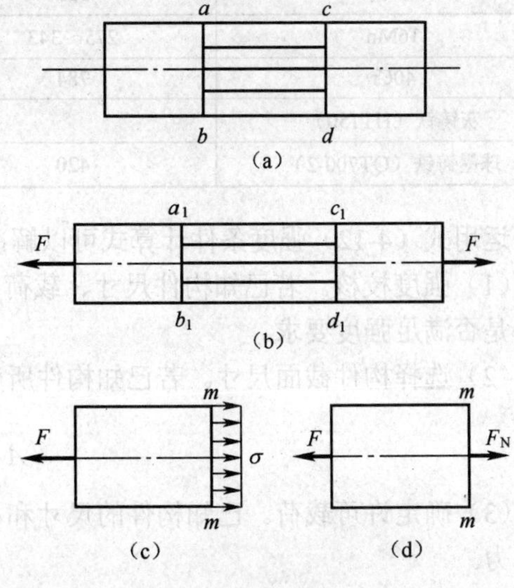

图 4-58　横截面上的应力

为了确定杆件横截面上的应力，应先了解应力在横截面上的分布规律，而应力的分布又与杆件的变形有关，为此首先观察受拉（压）后杆件的变形。如图 4-58（a）所示，取一等截面直杆，在其表面画两条横截面边界线(ab 和 cd)及与轴线平行的数根纵向线。在两端沿轴线方向施加拉力 F，如图 4-58(b)所示。分析其变形可知：①所有纵向线伸长，且伸长量相等；②横截面边界线沿轴线发生相对平移，ab、cd 分别移至 a_1b_1、c_1d_1 处，但仍为直线，并与纵向线垂直。这说明变形前为平面的横截面，变形后仍为平面，但沿轴向发生了平移，任意两截面间的各纵向纤维的伸长量相同。由材料的均匀性假设（变形固体内无间隙地充满物质，而且各处力学性能相同）可知，各纵向纤维的受力也应相等，内力系在横截面上均匀分布，即横截面上各点处的应力都相同，如图 4-58（c）所示，因此，轴向拉伸或压缩时的应力为

$$\sigma = \frac{F_N}{A} \quad \text{MPa} \tag{4-11}$$

式中，F_N—— 拉压杆件受到的轴力，单位为 N；

A—— 杆件横截面的面积，单位为 mm^2。

2. 强度计算

为保证受拉（压）杆件的正常工作，必须要求杆件的实际工作应力不超过材料的许用应力，即

$$\sigma = \frac{F}{A} \leqslant [\sigma] \tag{4-12}$$

许用应力[σ]按下式计算：

$$[\sigma] = \frac{\sigma_{lim}}{S_{min}} \tag{4-13}$$

式中，σ_{lim} —— 材料的极限应力，单位为 MPa，对塑性材料取$\sigma_{lim} = \sigma_s$（材料屈服极限），对脆性材料取$\sigma_{lim} = \sigma_b$（材料强度极限）；

S_{min}——最小安全系数，一般对塑性材料取 $S_{min} = 1.4$～1.8，脆性材料取 $S_{min} = 2.0$～3.5。

表 4-2 所示为工程中常用材料的力学性能。

表 4-2　工程中常用材料的力学性能

材料名称或牌号	屈服极限σ_s/MPa	强度极限σ_b/MPa	伸长率ψ/%
Q235	205～235	373～500	23～36
Q275	245～275	490～630	17～20
45 钢	355	529	16
16Mn	275～343	471～510	20～22
40Cr	784	981	9
灰铸铁（HT150）		120～175（拉），637（压）	
球墨铸铁（QT700-2）	420	700	2

运用式（4-12）强度条件计算式可以解决下列 3 种形式的强度计算问题。

（1）强度校核。若已知构件尺寸、载荷数值，可计算出工作应力，再用式（4-12）检查构件是否满足强度要求。

（2）选择构件截面尺寸。若已知构件所受载荷和许用应力，可按下式确定截面的面积。

$$A \geqslant \frac{F}{[\sigma]}$$

（3）确定许可载荷。已知构件的尺寸和材料的许用应力，可按下式求出构件能承受的最大轴力。

$$F_{max} \leqslant [\sigma] A$$

然后由最大轴力确定构件的许可载荷。

例 4-14　图 4-59（a）所示为冷镦机的曲柄滑块机构，锻压工件时，连杆接近水平位置承受的镦压力 $F = 1\,100\text{kN}$，连杆是矩形截面，高度 h 和宽度 b 之比 $h/b = 1.4$，材料为 45 钢，许用应力$[\sigma] = 58\text{MPa}$，试确定连杆截面尺寸 h 和 b。

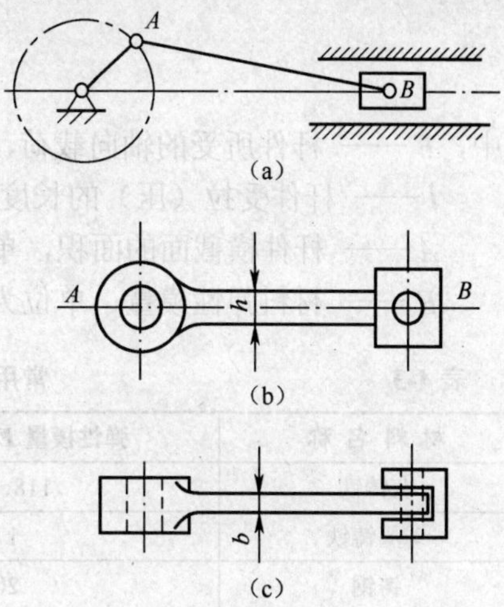

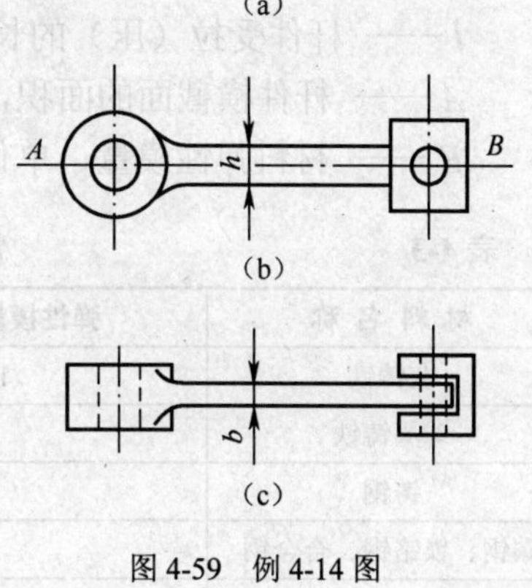

图 4-59　例 4-14 图

解　（1）计算连杆的轴向载荷 F_p。

根据题意，连杆受到的最大轴向载荷 F_p 即为镦压力 F，得

$$F_p = F = 1\,100\text{kN}$$

（2）计算连杆受到的轴力。

因连杆为二力杆件受压，其轴力为负值，轴力与连杆受到的最大轴向载荷 F_p 相等，即

$$F_N = F_p = 1\,100\text{kN}$$

（3）由强度条件计算式求连杆截面积 A。

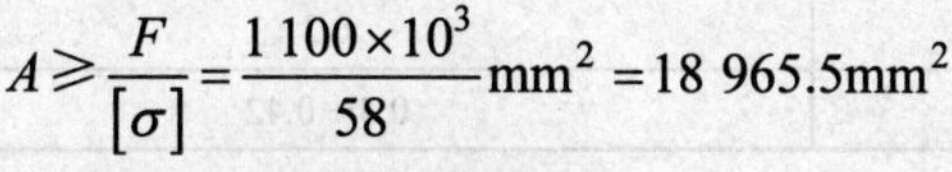

$$A \geqslant \frac{F}{[\sigma]} = \frac{1\,100 \times 10^3}{58}\text{mm}^2 = 18\,965.5\text{mm}^2$$

（4）求连杆的高 h 和宽 b。

$$h = 1.4b$$

$$A = h \cdot b = 1.4b^2$$

$$b = \sqrt{\frac{A}{1.4}} = \sqrt{\frac{18\,965.5}{1.4}}\text{mm} = 116.4\text{mm}$$

$$h = 1.4b = 1.4 \times 116.4\text{mm} = 163.0\text{mm}$$

4.5.4　轴向拉伸和压缩时的变形

直杆在轴向拉力作用下，将引起轴向尺寸的伸长和横向尺寸的缩短，反之，在轴向压力作用下，将引起轴向尺寸缩小和横向尺寸的增大。

如图 4-60 所示，设等直杆的长度为 l，横截面积为 A。在轴向拉力 F 作用下，长度由 l 变为 l_1，杆件在轴线方向的绝对伸长为

$$\Delta l = l_1 - l$$

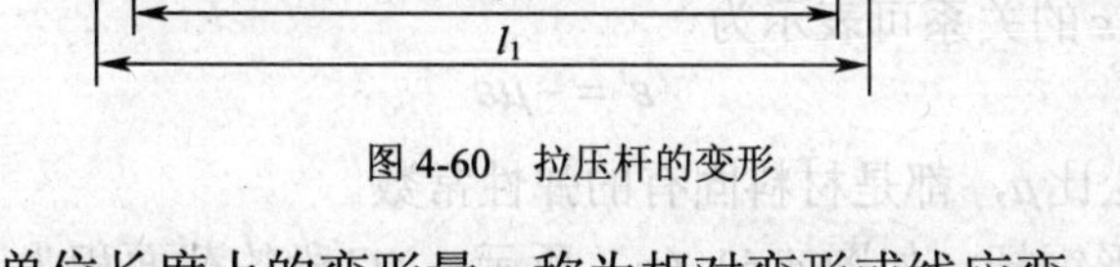

图 4-60　拉压杆的变形

将 Δl 除以 l 得到单位长度上的变形量，称为相对变形或线应变，以 ε 表示，则

$$\varepsilon = \frac{\Delta l}{l}$$

实验表明，在轴向拉伸（或压缩）时，当杆件应力不超过某一限度时杆件的轴向变形与轴向载荷、杆件长度成正比，与杆件横截面积成反比，这一关系称为虎克定律，可表示为

$$\Delta l = \frac{Fl}{EA} \tag{4-14}$$

式中，F—— 杆件所受的轴向载荷，单位为 N；

l—— 杆件受拉（压）的长度，单位为 mm；

A—— 杆件横截面的面积，单位为 mm^2；

E—— 材料弹性模量，单位为 MPa，见表 4-3。

表 4-3　　常用材料的弹性模量及泊松比

材 料 名 称	弹性模量 $E\times10^3$/MPa	泊松比μ
灰铸铁	118～126	0.3
球墨铸铁	173	0.3
铸钢	202	0.3
碳钢、镍铬钢、合金钢	206	0.3
铜及其他合金	68～127	0.3～0.42

由于拉（压）杆件的轴力 F_N 与杆件承受的轴向载荷 F 的关系为 $F_N = F$，因此，式（4-14）可写成

$$\Delta l = \frac{F_N l}{EA} \tag{4-15}$$

以上结果也同样适用于受压杆件，只要轴向拉力改为轴向压力，把伸长改为缩短即可。

由式（4-14）或式（4-15）可以看出，对长度相同、受力相等的杆件，EA 值越大，则变形 Δl 越小，因此，把 EA 称为杆件的抗拉或（抗压）刚度。

若杆件变形前的横向尺寸为 b，变形后的横向尺寸为 b_1，则横向应变为

$$\varepsilon' = \frac{\Delta b}{b} = \frac{b_1 - b}{b}$$

实验表明，当应力不超过某一限度时，横向应变ε'和轴向应变ε之比的绝对值是一个常数，即

$$\left|\frac{\varepsilon'}{\varepsilon}\right| = \mu$$

μ 称为横向变形系数或泊松比，是一个没有量纲的量，见表 4-3。

因为当杆件轴向伸长时，横向则缩短；而轴向缩短时，横向则伸长。所以，ε'和ε的符号是相反的。这样ε'和ε的关系可表示为

$$\varepsilon' = -\mu\varepsilon \tag{4-16}$$

弹性模量 E 和泊松比μ，都是材料固有的弹性常数。

例 4-15　一阶梯形钢杆，如图 4-61（a）所示，AC 段的截面积为 $A_{AB} = A_{BC} = 500mm^2$，$CD$ 段的截面积为 $A_{CD} = 200mm^2$，受力情况及各段长度如图中所示。已知材料弹性模量 $E = 200GPa$，求杆件的总变形量。

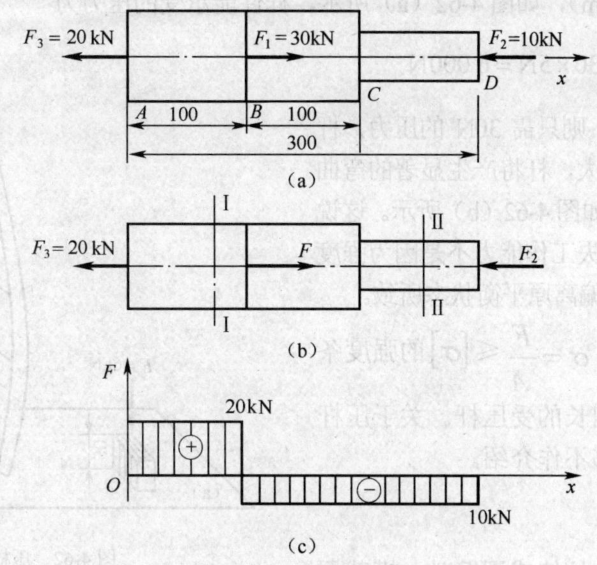

图 4-61　例 4-15 图

解　(1) 求出钢件各截面的轴力，画出轴力图。

用截面法求出截面Ⅰ—Ⅰ处和截面Ⅱ—Ⅱ处的轴力为

$$F_{\text{NI}}=F_1-F_2=(30-10)\text{kN}=20\text{kN}$$

$$F_{\text{NII}}=-F_2=-10\text{kN}$$

因为在 AB 段内各截面上的轴力均相等，在 BD 段内各截面上的轴力也相等，由此画出轴力图，如图 4-61（c）所示。

(2) 计算钢杆的总变形量。

全杆总变形量为各段变形量之代数和。

$$\Delta l_{\text{AB}}=\frac{F_{\text{N I}}l_{\text{AB}}}{EA_{\text{AB}}}=\frac{20\times10^3\times100}{200\times10^3\times500}\text{mm}=0.02\text{mm}$$

$$\Delta l_{\text{BC}}=\frac{F_{\text{N II}}l_{\text{BC}}}{EA_{\text{BC}}}=\frac{-10\times10^3\times100}{200\times10^3\times500}\text{mm}=-0.01\text{mm}$$

$$\Delta l_{\text{CD}}=\frac{F_{\text{N II}}l_{\text{CD}}}{EA_{\text{CD}}}=\frac{-10\times10^3\times100}{200\times10^3\times200}\text{mm}=-0.025\text{mm}$$

总变形量 $\Delta l_{\text{AD}}=\Delta l_{\text{AB}}+\Delta l_{\text{BC}}+\Delta l_{\text{CD}}=(0.02-0.01-0.025)\text{mm}=-0.015\text{mm}$

4.5.5　压杆稳定和应力集中简介

1. 压杆稳定

受轴向拉伸的直杆，无论杆的尺寸如何，都可用强度计算公式进行强度计算。但受轴向压缩的直杆，如果是细长杆则可能出现不能保持压杆原有直线平衡状态而突然变弯的现象，称为压杆直线状态的平衡丧失了稳定性，简称压杆失稳。例如，一根宽 30mm、厚 5mm 的矩形截面的杆件，对其施加轴向压力，如图 4-62 所示。设材料的抗压强度极限$\sigma_b=40$MPa，由实验可知，当

杆很短时（设高为 30mm），如图 4-62（a）所示，杆件能承受的压力为

$$F=\sigma_b A=40\times 30\times 5\text{N}=6\,000\text{N}$$

但是，如果杆长为 1m，则只需 30N 的压力，杆就会变弯，压力若再增大，杆将产生显著的弯曲变形而失去工作能力，如图 4-62（b）所示。这说明，细长杆受压时，丧失工作能力不是因为强度不够，而是由于其轴线偏离原平衡状态所致。

显然，式（4-12）$\sigma=\dfrac{F}{A}\leqslant[\sigma]$ 的强度条件计算式已不适合于细长的受压杆。关于压杆稳定的专门论述，本书不作介绍。

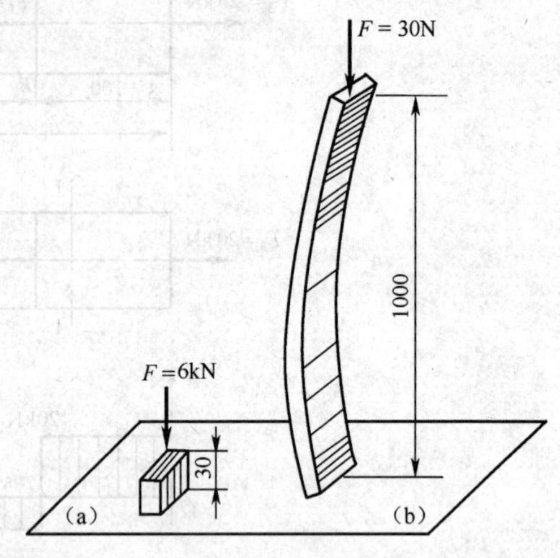

图 4-62　压杆稳定

2. 应力集中

等截面构件受轴向拉伸或压缩时，横截面上的应力一般认为是均布的。但实际上，由于结构或工艺方面的要求，构件形状常常比较复杂，如机器中的轴常开有油孔、键槽、退刀槽，或留有凸肩而使轴成为阶梯轴，截面尺寸的突然变化，造成突变处截面上的应力不再均匀分布，在孔、槽附近的局部范围内应力将显著增大，而在较远处又渐趋均匀。这种由于截面的突然变化而产生的应力局部增大现象，称为应力集中。例如图 4-63 中，孔边或槽边的应力 σ_{max} 比均匀应力约高 2～3 倍。

在静力作用下，应力集中对塑性材料和脆性材料的强度产生的影响是不同的。图 4-64（a）所示为有小圆孔的杆件在拉伸时孔边产生应力集中。对于塑性材料，当孔边附近的最大应力达到屈服极限时，杆件只在此局部产生塑性变形。如果载荷继续加大，则孔边两点的变形继续增加而应力不再增大。其余各点的应力尚未达到 σ_s，仍然随着载荷的增加而增加，如图 4-64（b）所示，直到整个截面上的应力都达到屈服极限 σ_s，应力分布趋于均匀，如图 4-64（c）所示。这个过程对杆件的应力起了一定的松弛作用，因此，塑性材料在静载荷作用下，应力集中对强度的影响较小。脆性材料则不同，因为它无屈服极限，直到破坏仍无明显的塑性变形，当最大应力达到强度极限时，就开始出现裂缝，很快导致整个构件的破坏，因此，应力集中严重降低了脆性材料构件的强度。

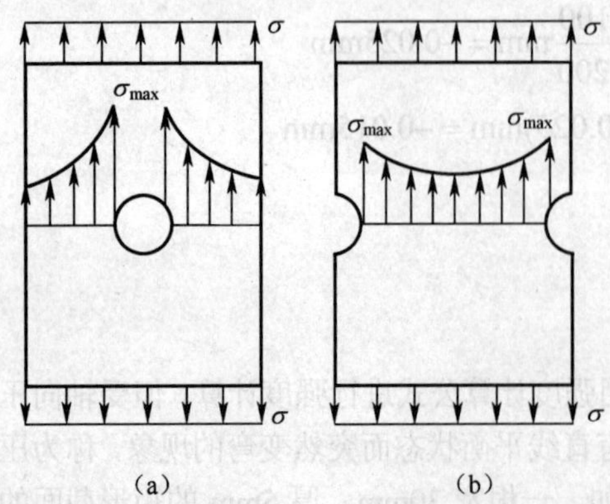

图 4-63　应力集中

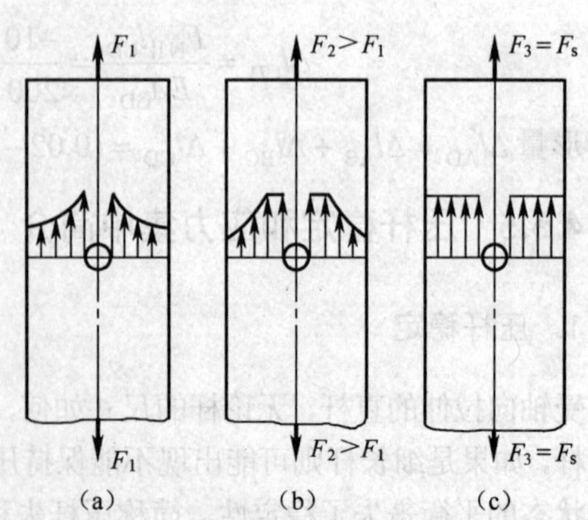

图 4-64　塑性材料应力集中现象

应该指出，在具有周期性的外力作用下，不论是塑性材料还是脆性材料，应力集中都会影响构件的强度。

习　题

4-1　一个在平面内自由运动的构件有几个自由度？一个在空间自由运动的构件有几个自由度？

4-2　什么叫运动副？运动副分为几类？具体说明各种运动副能限制的自由度数。

4-3　绘制折叠伞、折叠椅、铝合金平开窗的机构示意图。

4-4　计算如题图 4-4 所示各机构的自由度。

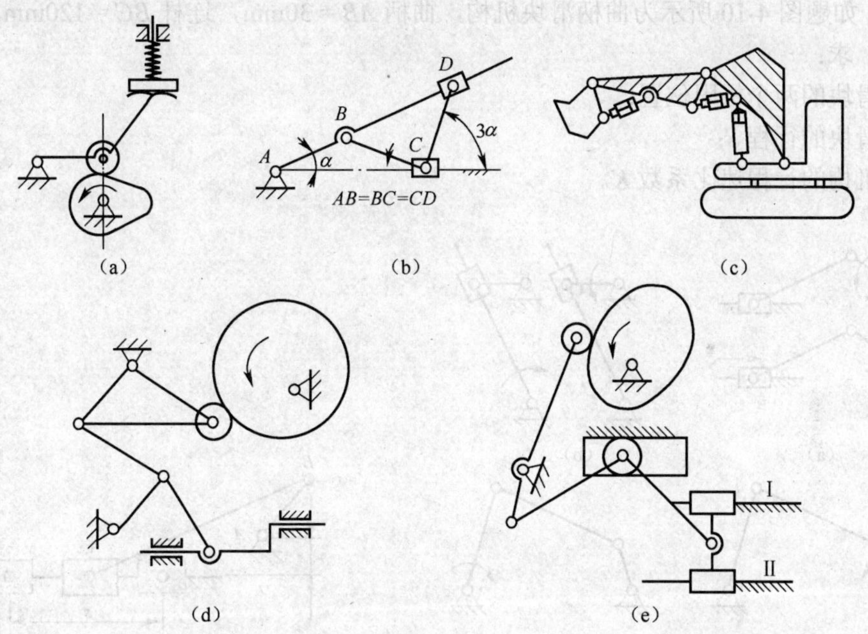

题图 4-4

4-5　检查如题图 4-5 所示简易冲床的设计方案是否具有确定的相对运动？如不具备，应如何改正？画出改正后的机构示意图。

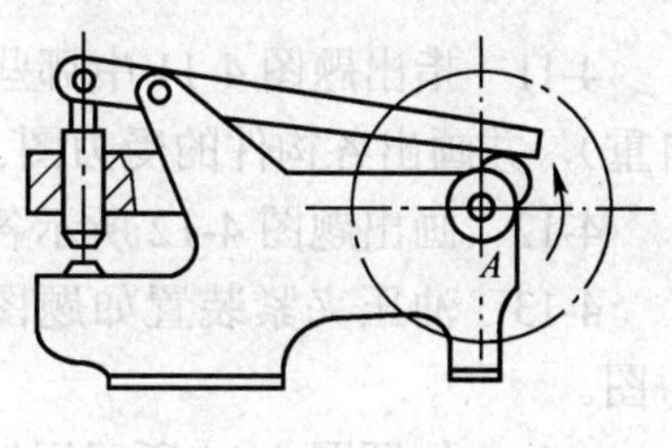

题图 4-5

4-6　什么是平面连杆机构？它有哪些优缺点？

4-7　平面四杆机构有哪些常见形式？其中最基本的是哪一种类型？

4-8　根据题图 4-8 中所注明的尺寸，判别各四杆机构的类型。

4-9　根据题图 4-9 中所示各机构作出：

（1）机构的极限位置；　（2）最大压力角位置；　（3）死点位置。

标注箭头的构件为原动件，尺寸由图中直接量取。

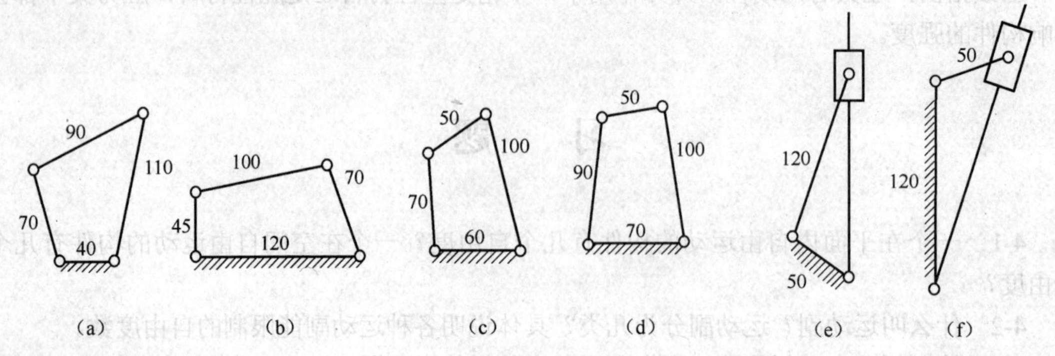

题图 4-8

4-10　如题图 4-10 所示为曲柄滑块机构，曲柄 $AB = 30\text{mm}$，连杆 $BC = 120\text{mm}$，偏心距 $e = 15\text{mm}$，求：

（1）滑块的两个极限位置；

（2）滑块的行程 S；

（3）机构的行程速比系数 K。

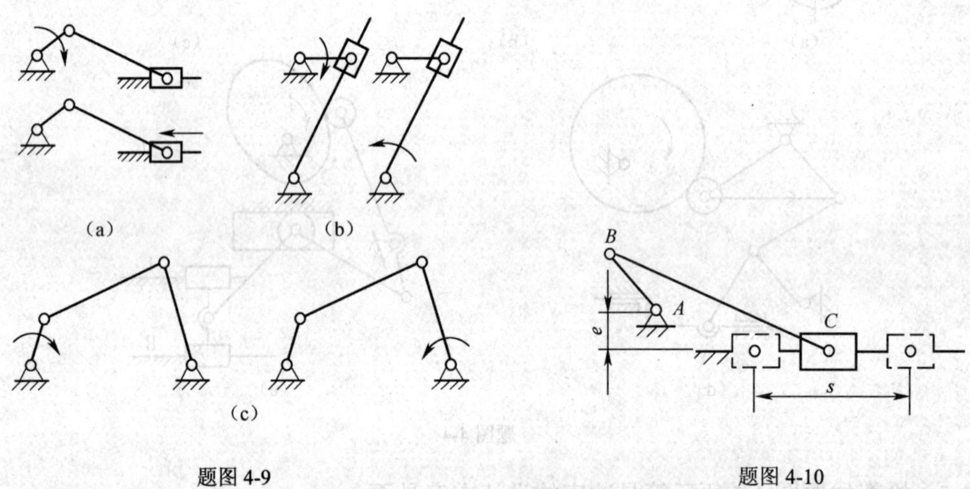

题图 4-9　　　　题图 4-10

4-11　指出题图 4-11 中哪些杆是二力杆（设所有接触处均光滑，未画出重力的构件不计自重），并画出各构件的受力图。

4-12　画出题图 4-12 所示各物体的受力图。

4-13　油压夹紧装置如题图 4-13 所示，试分别画出活塞 A，滚子 B 和杠杆 DCE 的受力图。

4-14　如题图 4-14 所示压榨机构 ABC 中，铰链 B 固定不动，作用在铰链 A 处的水平力 F 使压块 C 压紧物体 D，压块 C 与墙壁间是光滑接触。压榨机的尺寸如图中所示，试求物体 D 所受的压力。

4-15　铰链四杆机构 $CABD$ 的 CD 边固定，如题图 4-15 所示。在铰链 A 上作用力 F_1，$\angle BAF_1 = 45°$。

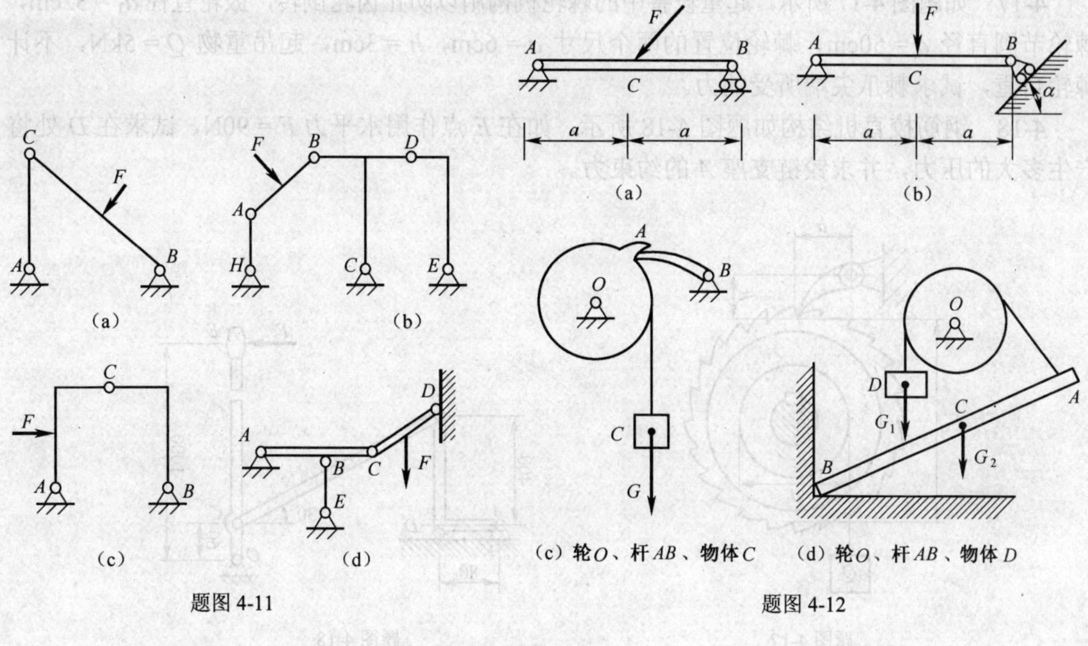

题图 4-11

(c) 轮 O、杆 AB、物体 C　(d) 轮 O、杆 AB、物体 D

题图 4-12

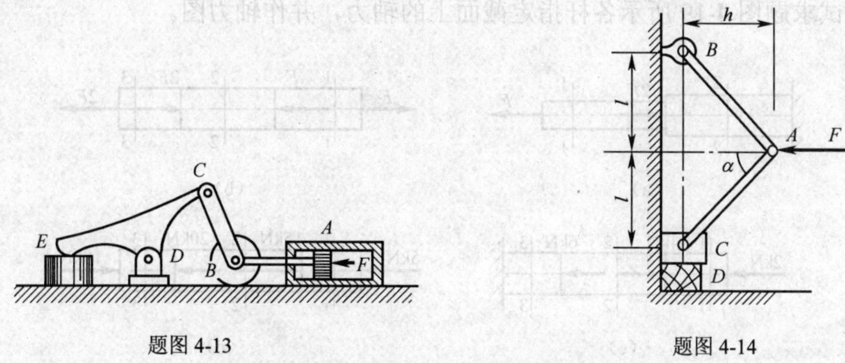

题图 4-13　　题图 4-14

在铰链 B 上作用一力 F_2，$\angle ABF_2 = 30^\circ$。此时四边形 $CABD$ 处于平衡。如果已知 $\angle CAF_1 = 90^\circ$，$\angle DBF_2 = 60^\circ$，求力 F_1 与 F_2 的关系。杆自重均忽略不计。

4-16　铰链四杆机构 $OABO_1$ 在题图 4-16 所示位置平衡。已知 $OA = 400\text{mm}$，$O_1B = 600\text{mm}$，作用在 OA 上的力偶矩 $|M_1| = 1\text{N}\cdot\text{m}$，试求力偶矩 M_2 的大小及 AB 杆所受的力。各杆重量不计。

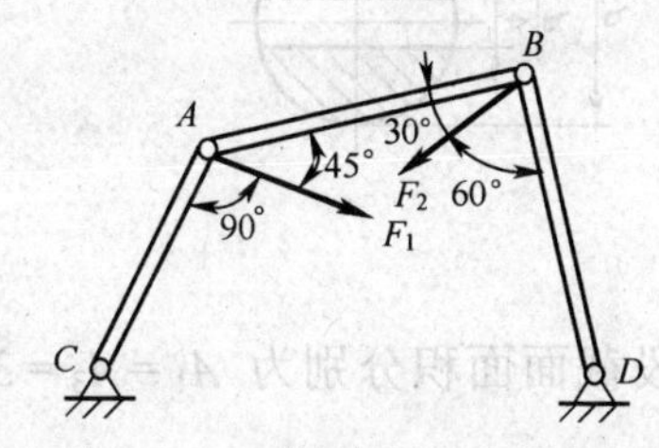

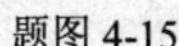

题图 4-15

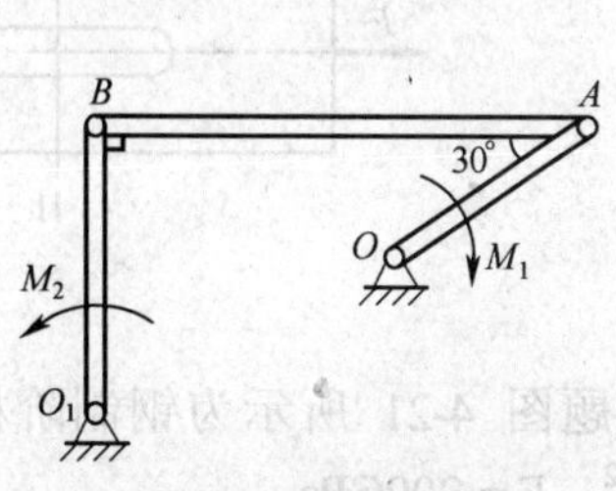

题图 4-16

4-17　如题图 4-17 所示，起重设备中的棘轮机构用以防止齿轮倒转，鼓轮直径 $d_1 = 32\text{cm}$，棘轮节圆直径 $d = 50\text{cm}$，棘轮位置的两个尺寸 $a = 6\text{cm}$，$h = 3\text{cm}$，起吊重物 $Q = 5\text{kN}$，不计棘轮自重，试求棘爪尖端所受的力。

4-18　钢筋校直机结构如题图 4-18 所示，如在 E 点作用水平力 $F = 90\text{N}$，试求在 D 处将产生多大的压力，并求铰链支座 A 的约束力。

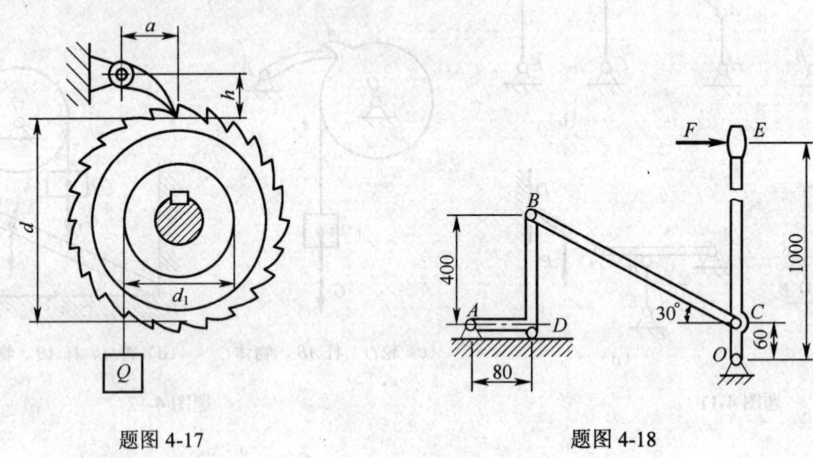

题图 4-17　　　　题图 4-18

4-19　试求题图 4-19 所示各杆指定截面上的轴力，并作轴力图。

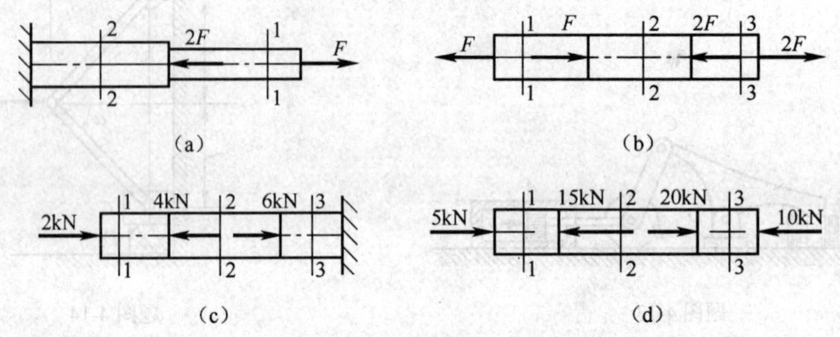

题图 4-19

4-20　在圆杆上铣去一槽，如题图 4-20 所示。已知杆受拉力 $F = 15\text{kN}$，杆直径 $d = 20\text{mm}$，式求截面 1－1、2－2 上的应力（铣去槽的横截面可近似按矩形计算）。

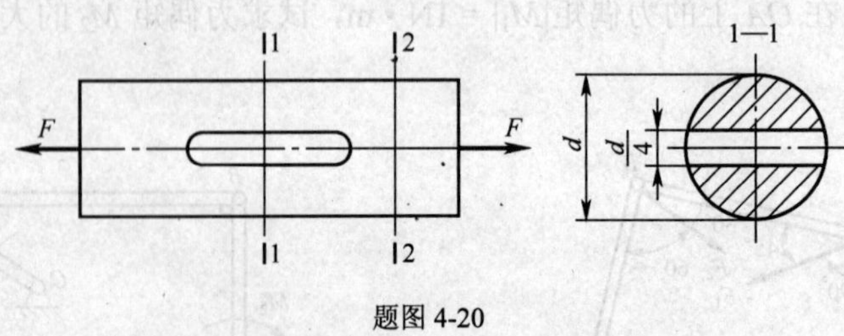

题图 4-20

4-21　题图 4-21 所示为钢制阶梯形直杆，各段截面面积分别为 $A_1 = A_3 = 300\text{mm}^2$，$A_2 = 200\text{mm}^2$，$E = 200\text{GPa}$。

（1）试求出各段的轴力，并画出轴力图；

（2）计算杆的总变形量。

4-22　如题图 4-22 所示，某机构中一连杆受拉力 $F_P = 40\text{kN}$，若拉杆材料的许用应力 $[\sigma] = 100\text{MPa}$，横截面为矩形，且 $b = 2a$，试确定 a、b 的尺寸。

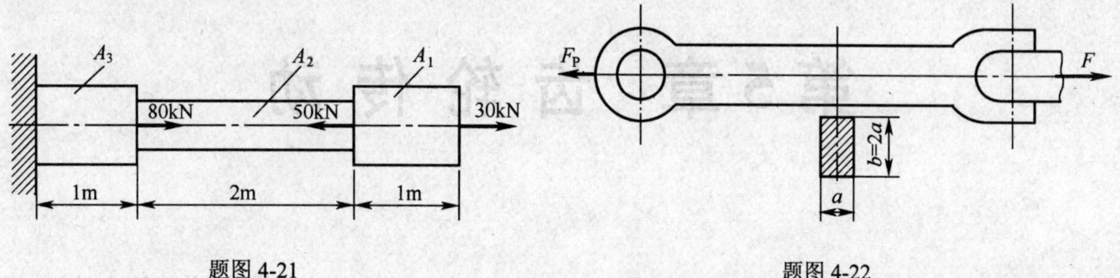

题图 4-21　　题图 4-22

4-23　题图 4-23 所示构架上悬挂的物体重 $G = 60\text{kN}$，木质支柱 AB 的截面为正方形，横截面每边长 0.2m，许用应力 $[\sigma] = 10\text{MPa}$，问 AB 支柱是否适用。

4-24　题图 4-24 所示为对心曲柄滑块机构 ABC，在图示位置平衡。已知 $l_{AB} = 400\text{mm}$，$l_{AC} = 800\text{mm}$，$\varphi = 60°$，滑块上受工作阻力 $F = 20\text{kN}$。试求：

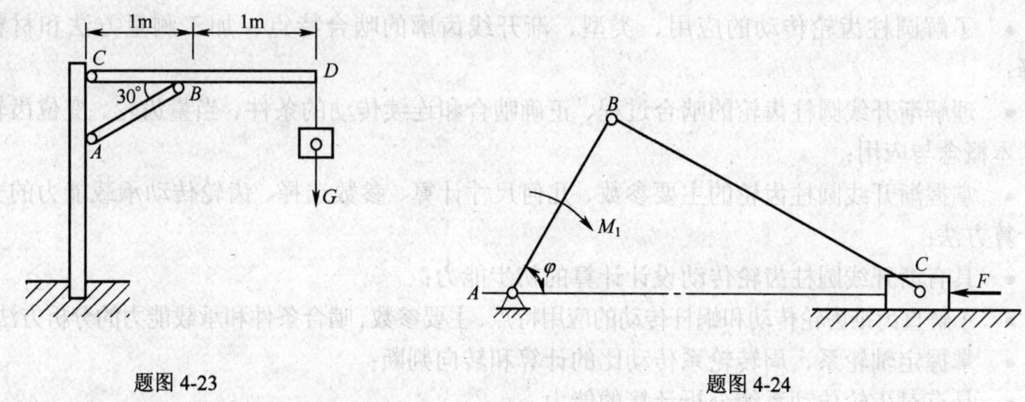

题图 4-23　　题图 4-24

（1）确定应加在曲柄 AB 杆上的主动力偶 M_1，并求出 A 处约束力及滑块对导轨面的压力；

（2）若已知连杆材料为 20 钢，$[\sigma] = 80\text{MPa}$，$E = 200\text{GPa}$，许用变形量 $[\Delta l] = \pm 0.35\text{mm}$，试按强度条件确定其横截面积并校核其刚度。

4-25　什么叫压杆失稳？什么叫应力集中？试举例说明。

第 5 章　齿 轮 传 动

齿轮传动是一种应用十分广泛的机械传动形式。本章主要介绍渐开线直齿圆柱齿轮传动的主要参数、应用特点、工作原理、设计计算方法等基本知识，同时也简要介绍了变位齿轮、斜齿圆柱齿轮、直齿圆锥齿轮及蜗杆传动的相关知识。另外，对由多对齿轮组成的传动系统——齿轮系的传动比计算也作了介绍。

教学目标

- 了解圆柱齿轮传动的应用、类型、渐开线齿廓的啮合特点、加工测量方法和材料选择；
- 理解渐开线圆柱齿轮的啮合过程、正确啮合和连续传动的条件、当量齿轮、变位齿轮的基本概念与应用；
- 掌握渐开线圆柱齿轮的主要参数、几何尺寸计算、参数选择、齿轮传动承载能力的分析计算方法；
- 具有渐开线圆柱齿轮传动设计计算的初步能力；
- 了解直齿锥齿轮传动和蜗杆传动的应用特点、主要参数、啮合条件和承载能力的分析方法；
- 掌握定轴轮系、周转轮系传动比的计算和转向判断；
- 具有对齿轮传动系统分析计算的能力。

5.1　齿轮传动的特点和分类

齿轮传动是机械传动中最主要的一类传动，它历史悠久、形式多样，且齿轮技术发展迅猛，广泛应用于传递任意两轴或多轴间的运动和动力。

5.1.1　齿轮传动的特点

1. 齿轮传动

齿轮是一个有齿的机械元件，齿轮传动是利用一对齿轮的轮齿依次交替啮合，实现机器中两轴线间运动和动力的传递，以及运动形式和速度的改变。

图 5-1 所示为齿轮传动机构，它由一对啮合齿轮和机架组成，主动齿轮的齿数为 Z_1，绕

轴 O_1 转动，从动齿轮的齿数为 Z_2，绕轴 O_2 转动。当主动轮以转速 n_1 或角速度 ω_1 顺时针方向转动时，其轮齿 1，2，3，4…通过接触点处的法向作用力 F_n，逐个地推动从动轮的轮齿 1′，2′，3′，4′…，使从动轮以转速 n_2 或角速度 ω_2 逆时针方向转动，从而实现主从动轴间转速、转矩的传递和改变。

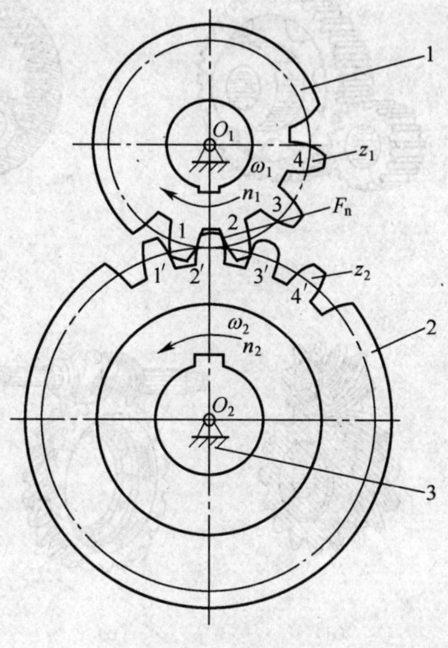

图 5-1　齿轮传动

2. 应用特点

齿轮传动是现代机械中应用最广泛的一种机械传动。与其他传动相比，齿轮传动具有如下优点。

① 两轮瞬时传动比（角速度之比 $i_{12}=\omega_1/\omega_2$）恒定不变，运动传递准确可靠。

② 适用的圆周速度范围和功率范围较大。

③ 传动效率较高，一般为 0.94～0.99。

④ 使用寿命长，结构紧凑，维护简单。

⑤ 能实现平行、相交、交错轴间的传动。

与其他传动相比，齿轮传动有如下缺点。

① 齿轮制造和安装精度要求较高，成本较高。

② 不适用于轴间距离较大的传动。

5.1.2　齿轮传动的分类

齿轮传动的分类方法有以下 3 种。

(1)齿轮传动是用来传递机器中两轴线间的运动，根据两轴线间的相对位置和轮齿齿向，齿轮传动的分类如下。

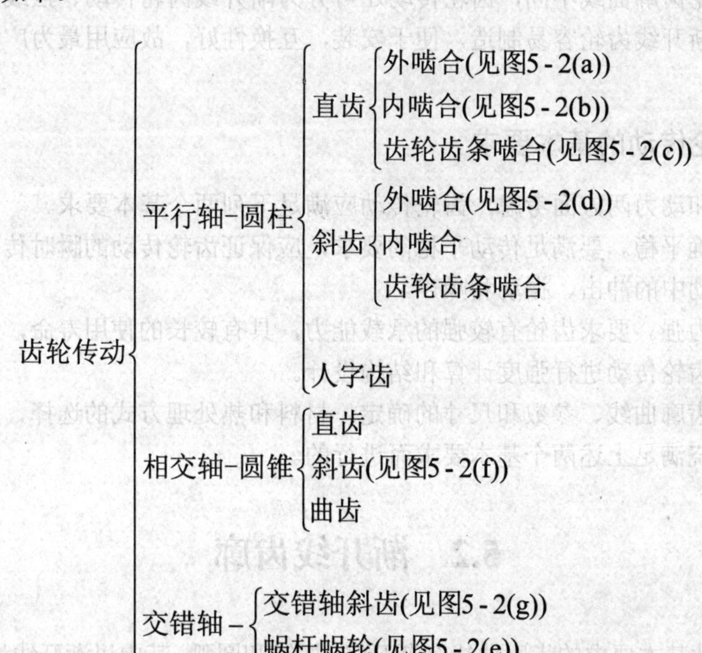

齿轮传动的主要类型如图 5-2 所示。

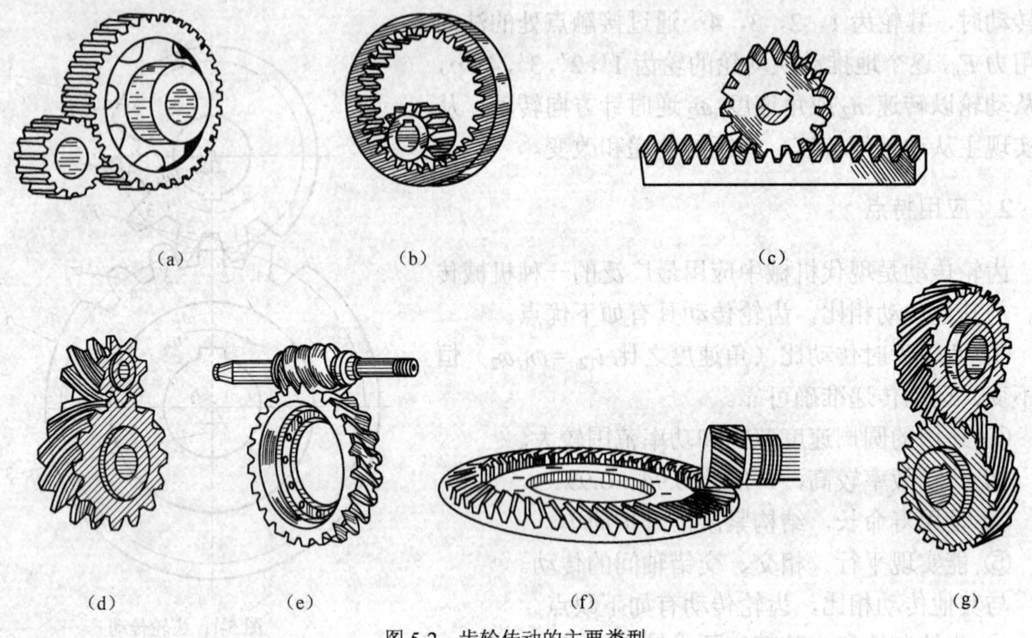

图 5-2 齿轮传动的主要类型

（2）根据工作条件不同，齿轮传动可分为开式齿轮传动和闭式齿轮传动。

① 开式齿轮传动：它没有防护箱体，齿轮是外露的，外界杂质容易侵入啮合处，润滑条件较差。其常用于低速与不重要的齿轮传动，如机床的挂轮传动、冲床、搅拌机等。

② 闭式齿轮传动：它将齿轮完全封闭在箱体内，具有良好的润滑条件和防护条件。其常用于速度较高或重要的齿轮传动，如机床主轴箱、齿轮减速器等。

（3）根据齿轮齿廓曲线不同，齿轮传动还可分为渐开线齿轮传动、摆线齿轮传动和圆弧齿轮传动。由于渐开线齿轮容易制造，便于安装，互换性好，故应用最为广泛。本章只介绍渐开线齿轮传动。

5.1.3 齿轮传动的基本要求

从传递运动和动力两方面考虑，齿轮传动应满足下列两个基本要求。

（1）传动准确平稳。要满足传动平稳的要求，应保证齿轮传动的瞬时传动比恒定不变，以避免或减小传动中的冲击、振动和噪声。

（2）承载能力强。要求齿轮有较强的承载能力，具有较长的使用寿命，即应使轮齿有足够的强度，应对齿轮传动进行强度计算和结构设计。

因此，齿轮齿廓曲线、参数和尺寸的确定，材料和热处理方式的选择，加工方法和精度等问题，都是围绕满足上述两个基本要求而进行的。

5.2 渐开线齿廓

满足齿轮传动基本要求的齿廓曲线有渐开线、摆线和圆弧。其中以渐开线齿廓应用较普遍。

5.2.1　渐开线的形成及性质

如图 5-3 所示，当直线 NK 沿半径为 r_b 的圆作纯滚动时，直线上任一点 K 的轨迹 AK，就是该圆的渐开线。该圆称为渐开线的基圆，r_b 为基圆半径，直线 NK 称为渐开线的发生线。渐开线齿轮的可用齿廓就是由同一基圆形成的两条反向渐开线的某段组成的，如图 5-4 所示。

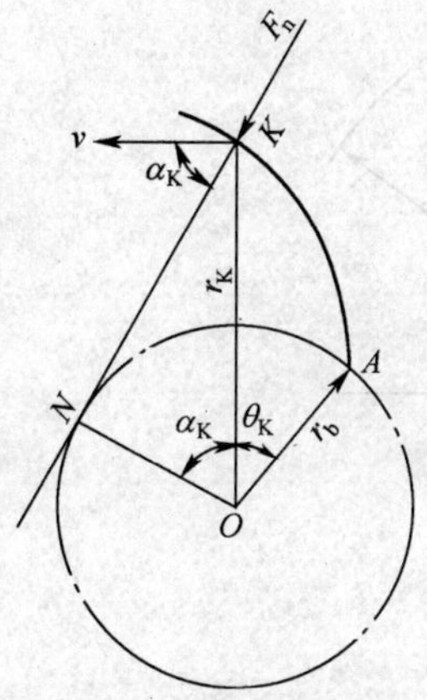

图 5-3　渐开线的形成

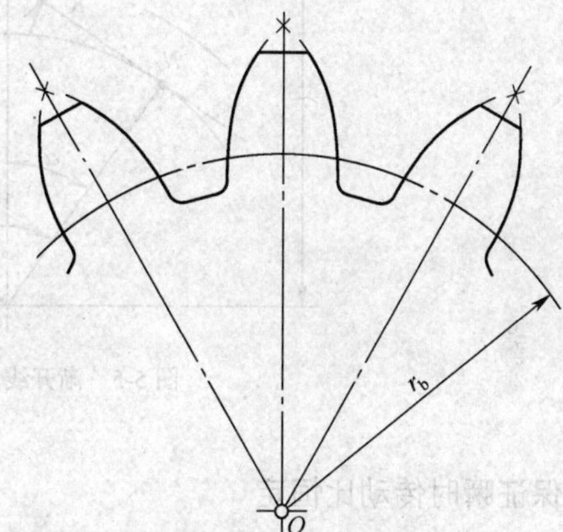

图 5-4　渐开线齿廓的形成

根据渐开线的形成，可知其具有如下性质。

（1）发生线在基圆上滚过的长度，等于基圆上被滚过的弧长，即 $\overline{NK}=\widehat{AN}$。

（2）渐开线上任一点的法线必与基圆相切，线段 NK 既是基圆的切线，同时也是渐开线在 K 点的法线和曲率半径。

（3）渐开线上 K 点的速度 v 与作用力 F_n 的夹角 α_K 称为 K 点的压力角。渐开线上各点的压力角不同，离基圆越远，压力角越大。

（4）渐开线的形状取决于基圆的大小，基圆半径越大，渐开线越平直。当基圆趋于无穷大时，渐开线就成为直线，这就是渐开线齿条的齿廓。

（5）基圆内无渐开线。

5.2.2　渐开线齿廓的啮合特性

1. 四线合一性

如图 5-5 所示，一对渐开线齿廓在任意点 K 啮合，过 K 点作两齿廓的公法线 N_1N_2，根据渐开线性质，该公法线就是两基圆的内公切线。当两齿廓转到 K' 点啮合时，过 K' 点作两齿廓公法线也是两基圆的内公切线。由于齿轮基圆的大小和位置均固定，故其公法线 N_1N_2 是唯一的，因此，两个齿轮的齿廓啮合点，从开始到终止，总在这条公法线的某一段内移动，该公法线也可称为啮合线。由于两个齿轮啮合传动时其正压力是沿着公法线方向的，因此对渐开线齿廓的齿轮传动来说，啮合线、过啮合点的公法线、基圆的内公切线和正压力作用线四线合一。该线与两轮连心线 O_1O_2 的交点 P 是一固定点，P 点称为节点。

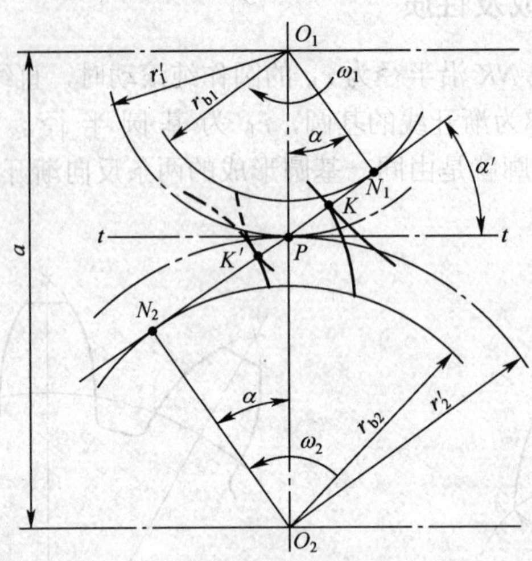

图 5-5 渐开线齿廓的啮合

2. 能保证瞬时传动比恒定

如图 5-5 所示，分别以轮心 O_1 与 O_2 为圆心，以 $r_1' = O_1P$ 与 $r_2' = O_2P$ 为半径所作的圆，称为节圆。一对渐开线齿轮的啮合传动可以看作两个节圆的纯滚动，且 $v_{p1} = v_{p2}$。设两齿轮的角速度分别为 ω_1 和 ω_2，则

$$v_{p1} = \omega_1 \cdot O_1P = v_{p2} = \omega_2 \cdot O_2P$$

从图 5-5 中不难看出，两轮的瞬时传动比为

$$i_{12} = \frac{\omega_1}{\omega_2} = \frac{O_2P}{O_1P} = \frac{r_2'}{r_1'} = \frac{r_{b2}}{r_{b1}} = \text{常量} \tag{5-1}$$

渐开线齿轮的传动比等于主从动轮基圆半径之反比。由于基圆半径 r_{b1}、r_{b2} 是定值，故渐开线齿轮的传动比能保持恒定不变。

3. 中心距可分性

两轮轴线 O_1O_2 的距离称为齿轮传动的中心距，其计算公式为

$$a = r_1' + r_2'$$

由于渐开线齿轮的传动比只与基圆半径有关，而与中心距无关，因此，在安装时若中心距略有变化也不会改变传动比的大小，此特性称为中心距可分性。该特性使渐开线齿轮对加工、安装的误差及轴承的磨损不敏感，这一点对齿轮传动十分重要。标准齿轮标准安装时，节圆与分度圆重合。

4. 啮合角不变

啮合线与两节圆公切线所夹的锐角称为啮合角，用α'表示，它就是渐开线在节圆上的压力角。显然齿轮传动时啮合角不变，力作用线方向不变，因而传动比较平稳。

5.3　直齿圆柱齿轮的主要参数及几何尺寸

渐开线直齿圆柱齿轮的几何尺寸是由其参数决定的。为实现互换性和标准化，对齿轮的部分参数规定为标准值。

5.3.1　齿轮各部分名称

图 5-6 所示为渐开线直齿圆柱齿轮的一部分，各部分名称如下。

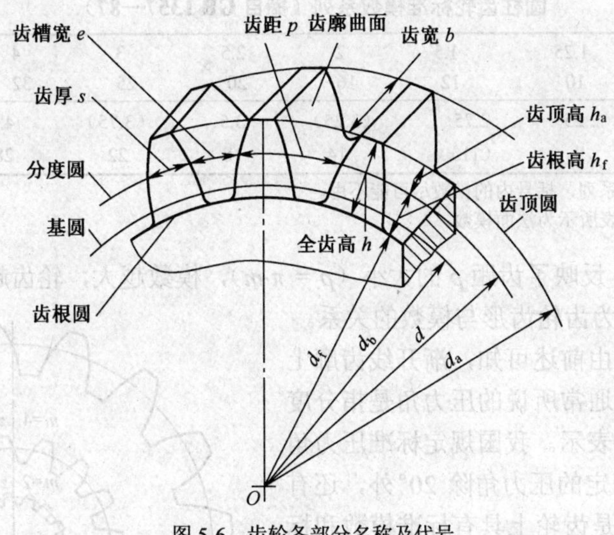

图 5-6　齿轮各部分名称及代号

（1）齿顶圆和齿根圆。齿轮顶部所在的圆称为齿顶圆，其半径与直径分别用 r_a 和 d_a 表示。相邻两齿间的空间部分称为齿槽，齿槽底所在的圆称为齿根圆，其半径与直径分别用 r_f 和 d_f 表示。

（2）分度圆。为方便设计计算，在齿轮的齿顶圆和齿根圆之间规定一个圆作为度量齿轮尺寸的基准，这个圆称为分度圆，其半径与直径分别用 r 和 d 表示。

（3）齿厚、齿槽宽和齿距。在任意圆周上轮齿两侧齿廓间的弧长称为该圆齿厚，在分度圆周上齿厚用 s 表示；在齿槽两侧齿廓间的弧长称为该圆齿槽宽，在分度圆周上的齿槽宽用 e 表示；相邻两齿同侧齿廓间的弧长称为齿距，在分度圆周上的齿距用 p 表示。它与齿厚和齿槽宽的关系为

$$p = s + e$$

对于标准齿轮，分度圆上的齿厚与齿槽宽相等，即 $s = e$。

（4）齿顶高、齿根高和全齿高。介于分度圆与齿顶圆之间的部分称为齿顶，其径向距离称为齿顶高，用 h_a 表示。介于分度圆与齿根圆之间部分称为齿根，其径向距离称为齿根高，用 h_f 表示。齿顶圆与齿根圆间的径向距离称为全齿高，用 h 表示。显然，$h = h_a + h_f$。

（5）齿宽。轮齿的轴向宽度，用 b 表示。

5.3.2 直齿圆柱齿轮的主要参数

（1）齿数 z。齿轮圆周上的轮齿总数。

（2）模数 m。齿轮的分度圆直径 d、齿数 z 和轮齿的齿距 p 之间的关系为

$$\pi \cdot d = z \cdot p \quad \text{或} \quad d = p \cdot z/\pi$$

上式中含无理数π，为设计、制造和互换方便，令 $m = p/\pi$ 为标准值，m 称为齿轮的模数，单位为 mm，故

$$d = m \cdot z \tag{5-2}$$

模数是计算和度量齿轮尺寸的一个基本参数，我国规定的标准模数系列如表 5-1 所示。

表 5-1　　圆柱齿轮标准模数系列（摘自 GB 1357—87）

第一系列	1	1.25	1.5	2	2.5	3	4	5	6
	8	10	12	16	20	25	32	40	50
第二系列	1.75	2.25	2.75	（3.25）	3.5	（3.75）	4.5	5.5	（6.5）
	7	9	（11）	14	18	22	28	（30）	36

注：① 优先采用第一系列，括号内的模数尽可能不用。
② 对斜齿轮，该表所示为法面模数。

模数 m 的大小，反映了齿距 p 的大小（$p = \pi \cdot m$），模数越大，轮齿越大，齿轮的承载能力越强。图 5-7 所示为齿轮齿形与模数的关系。

（3）压力角 α。由前述可知，渐开线齿廓上各点的压力角不同。通常所说的压力角是指分度圆上的压力角，用 α 表示。我国规定标准压力角 α= 20°。其他国家规定的压力角除 20°外，还有 15°、14.5°。分度圆是齿轮上具有标准模数和标准压力角的圆。

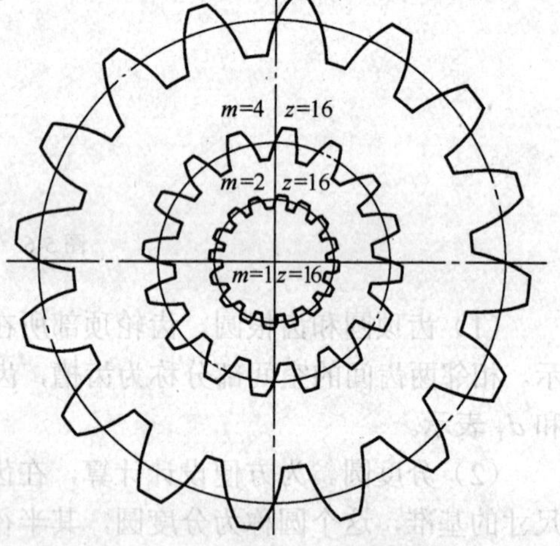

图 5-7　齿轮齿形与模数的关系

（4）齿顶高系数 h_a^* 和顶隙系数 c^*。标准规定：

正常齿制　　$h_a^* = 1$　　$c^* = 0.25$

短齿制　　$h_a^* = 0.8$　　$c^* = 0.3$

对标准齿轮　　$h_a = h_a^* m$　　$h_f = (h_a^* + c^*)\ m$

因此，模数、压力角、齿顶高系数和顶隙系数取标准值，且分度圆齿厚与齿槽宽相等的齿轮称为标准齿轮。

5.3.3 标准直齿圆柱齿轮的主要几何尺寸

渐开线标准直齿圆柱齿轮外齿轮的主要几何尺寸的计算公式如表 5-2 所示。

表 5-2　　渐开线标准直齿圆柱齿轮外齿轮的主要几何尺寸的计算公式

名　称	符　号	公　式
齿顶高	h_a	$h_a = h_a^* m$
齿根高	h_f	$h_f = (h_a^* + c^*)\ m$

续表

名　称	符　号	公　式
全齿高	h	$h = h_a + h_f$
分度圆直径	d	$d = m \cdot z$
齿顶圆直径	d_a	$d_a = z \cdot m + 2h_a$
齿根圆直径	d_f	$d_f = z \cdot m - 2h_f$
基圆直径	d_b	$d_b = d\cos\alpha$
齿距	p	$p = \pi \cdot m$
齿厚	s	$s = \frac{1}{2}\pi m$
齿槽宽	e	$e = \frac{1}{2}\pi m$
基圆齿距	p_b	$p_b = p\cos\alpha$
标准中心距	a	$a = \frac{d_1 + d_2}{2} = \frac{m(z_1 + z_2)}{2}$

注：上列公式适用于外齿轮；对于内齿轮只需将公式中的加减号变换即可。

5.3.4　公法线长度和分度圆弦齿厚

齿轮在加工和检验中，常用测量公法线长度或分度圆弦齿厚来保证齿轮的精度。

1. 公法线长度

如图 5-8 所示，卡尺在齿轮上跨若干齿数 K 所量得齿廓间的法向距离称为公法线长度，用 W_K 表示。根据渐开线性质有

$$W_K = (K-1)p_b + s_b \tag{5-3}$$

s_b 为基圆齿厚，当 $\alpha = 20°$ 时，经推导整理可得齿数为 z 的公法线长度 W_K 的计算公式

$$W_K = m[2.952\,1(K-0.5) + 0.014z] \tag{5-4}$$

式中的 K 为跨齿数，为了保证卡尺与渐开线齿廓相切，跨齿数不宜过多或过少。对于标准齿轮，可按下式确定跨齿数：

$$K = \frac{z}{9} + 0.5 \tag{5-5}$$

K 应取整数代入式（5-4）计算 W_K 值。工程实际中，W_K 值可由《机械设计手册》查得。

2. 分度圆弦齿厚和分度圆弦齿高

如图 5-9 所示，分度圆弦齿厚就是齿轮分度圆齿厚对应的弦长 $\overline{AB}$，记作 $\bar{s}$。弦齿厚 $\overline{AB}$ 的中点到齿顶圆的径向距离称为分度圆弦齿高，记作 $\overline{h_a}$，其值同样可查阅《机械设计手册》。

一般直齿圆柱齿轮检测采用公法线长度，对于 $m>10$mm 的直齿圆柱齿轮、斜齿轮、圆锥齿轮、蜗轮等检测采用分度圆弦齿厚。图 5-10（a）所示为公法线长度的测量，图 5-10（b）

所示为分度圆弦齿厚的测量。

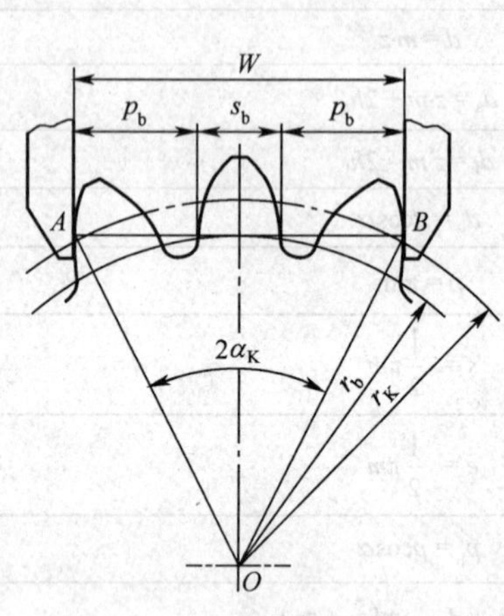

图 5-8　公法线长度

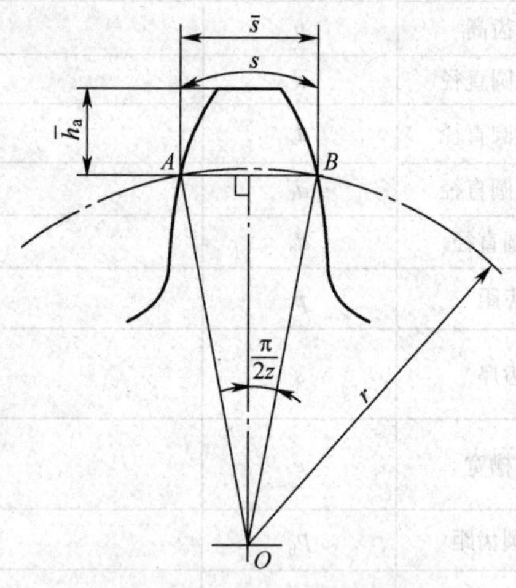

图 5-9　分度圆弦齿厚

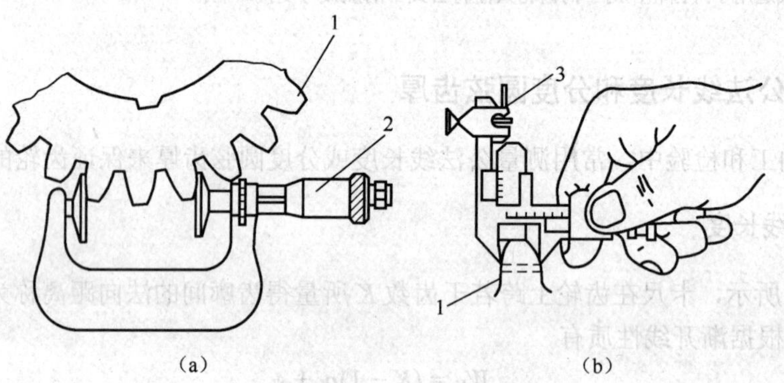

图 5-10　公法线长度和分度圆弦齿厚的测量

5.4　渐开线直齿圆柱齿轮的啮合传动

本节将从分析渐开线直齿圆柱齿轮的啮合过程讨论其啮合原理。

5.4.1　渐开线直齿圆柱齿轮的啮合过程

一对渐开线齿廓啮合能保证瞬时传动比恒定，但齿廓长度是有限的，必然会出现前后齿的交替啮合。图 5-11 所示为渐开线直齿圆柱齿轮的啮合过程，1 为主动轮，2 为从动轮，一对轮齿开始啮合时，由主动轮轮齿的齿根推动从动轮轮齿的齿顶，即从动轮的齿顶圆与啮合线 N_1N_2 的交点 B_2 为开始啮合点。随着轮 1 推动轮 2 转动，啮合点沿啮合线 N_1N_2 移动，当啮合点移动到齿轮 1 的齿顶圆与啮合线的交点 B_1 时，这一对轮齿的啮合终止。线段 $B_2\,B_1$ 为啮合点的实际轨迹，称为实际啮合线段，N_1N_2 称为理论啮合线段。

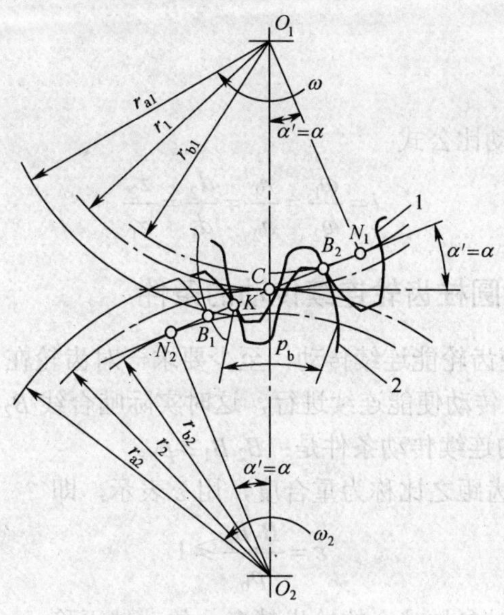

图 5-11　渐开线齿轮的啮合过程

5.4.2　渐开线直齿圆柱齿轮正确啮合的条件

一对齿轮连续顺利地传动，需要各对轮齿依次正确啮合互不干涉。如图 5-12 所示，前一对轮齿在啮合线上的 K' 点相啮合时，后一对齿必须正确地在啮合线上的 K 点进入啮合。由渐开线性质知 $K'K$ 既是轮 1 的法向齿距，又是轮 2 的法向齿距。两轮要正确啮合，两者的法向齿距必须相等，即 $p_{b1}=p_{b2}$。

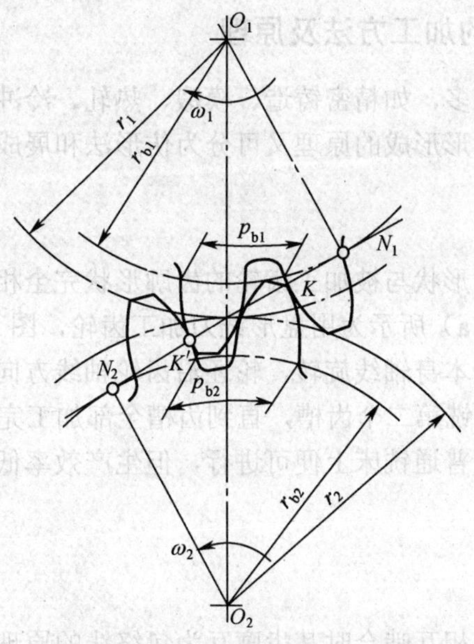

图 5-12　渐开线齿轮的正确啮合条件

由 $p_b=\pi m\cos\alpha$，不难得出渐开线直齿圆柱齿轮的正确啮合条件是：两齿轮的模数和压力

角必须分别相等，即

① $m_1 = m_2 = m$；

② $\alpha_1 = \alpha_2 = \alpha$。

由此可进一步推出传动比公式

$$i = \frac{\omega_1}{\omega_2} = \frac{n_1}{n_2} = \frac{d_2}{d_1} = \frac{z_2}{z_1} \tag{5-6}$$

5.4.3 渐开线直齿圆柱齿轮连续传动的条件

由图 5-11 可知，要使齿轮能连续传动，至少要求一对齿轮在 B_1 点退出啮合时，后一对轮齿已在 B_2 点进入啮合，传动便能连续进行，这时实际啮合线 B_2B_1 不小于齿轮的法向齿距 KB_2。因此，渐开线齿轮的连续传动条件是：$B_2B_1 \geqslant p_b$。

实际啮合线段与基圆齿距之比称为重合度，用 ε 表示，即

$$\varepsilon = \frac{B_2B_1}{p_b} \geqslant 1 \tag{5-7}$$

重合度越大，说明同时参加啮合的轮齿越多，传动越平稳。一般直齿圆柱齿轮的重合度为 $1 < \varepsilon < 2$。

5.5 渐开线直齿圆柱齿轮的切齿干涉和变位齿轮简介

展成法切削加工是渐开线齿轮加工的最常用方法。但它加工齿数较少的标准齿轮会出现干涉，这给标准齿轮的应用带来一定的局限性，于是就出现了变位齿轮。

5.5.1 渐开线齿轮的加工方法及原理

齿轮轮齿的加工方法很多，如精密铸造、模锻、热轧、冷冲、切削加工等。生产中常用的是切削法，切削加工就齿形形成的原理又可分为仿形法和展成法两类。

1. 仿形法

仿形法的特点是刀具的形状与被加工齿轮的齿廓形状完全相同。图 5-13 所示为用仿形铣刀铣削齿轮，其中图 5-13（a）所示为用盘形铣刀加工齿轮，图 5-13（b）所示为用指形铣刀加工齿轮。加工时，铣刀绕本身轴线旋转，轮坯沿齿轮轴线方向直线移动。铣出一个齿槽以后，将齿坯转过 $360°/z$，再铣第二个齿槽，直到齿槽全部加工完毕。

这种方法加工简单，在普通铣床上便可进行，但生产效率低，精度差，故常用于机械修配和单件生产。

2. 展成法

展成法是利用一对齿轮相互啮合时其齿廓互为包络线的原理来切齿的，常用方法有滚齿、插齿、剃齿、衍齿、磨齿等。它的实质是在保证刀具和齿坯间按渐开线齿轮啮合关系而运动的同时对齿坯进行切削。图 5-14（a）所示为齿轮插刀加工齿轮。插刀是具有刀刃的特殊齿

轮，插齿时插刀沿齿坯轴线上下往复运动，进行切削，同时插刀与齿坯由机床驱动绕各自轴线旋转，并保证它们旋转的速度与其齿数成反比，插刀刀刃相对于齿坯的各个瞬间位置所组成的包络线，如图 5-14（b）所示，即为被加工齿轮的齿廓。图 5-14（c）所示为齿轮滚刀加工齿轮，滚刀是具有刀刃的特殊螺旋，它的轴截面为一齿条，滚切时滚刀和齿坯由机床保证它们的对滚关系，这样便按展成原理切出渐开线齿廓，如图 5-14（d）所示。

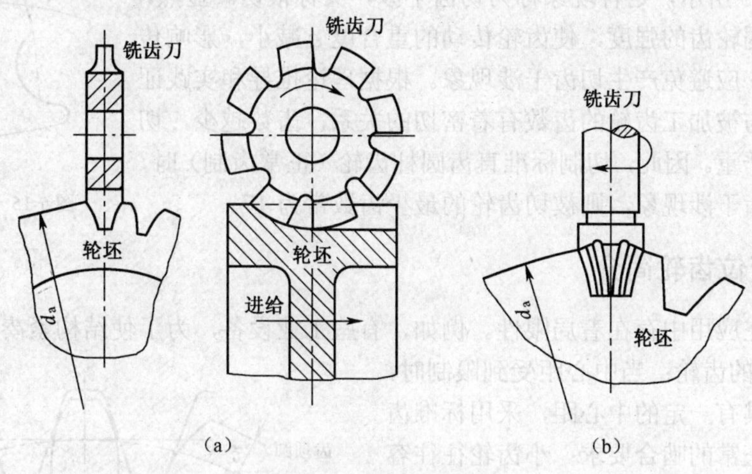

图 5-13 仿形法加工齿轮

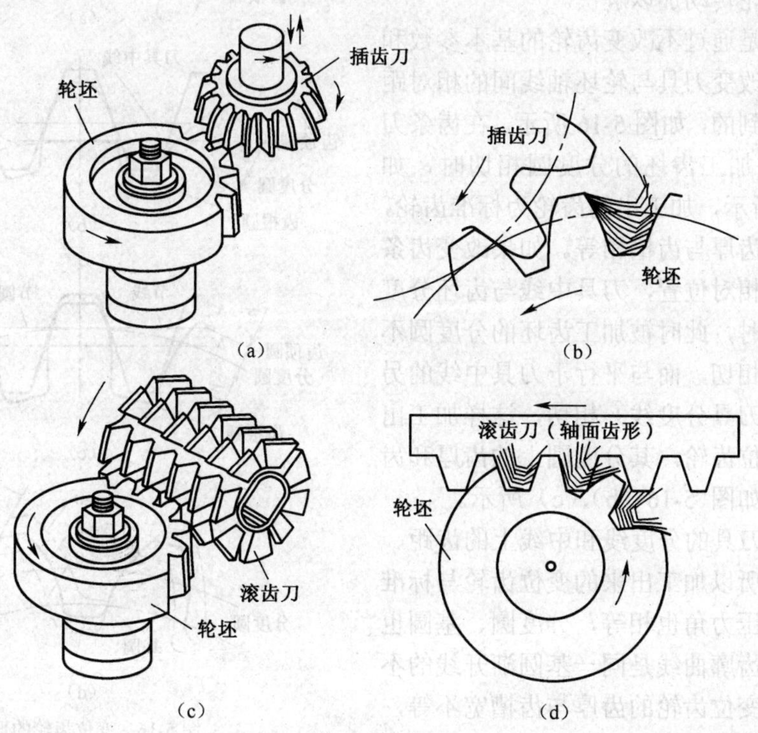

图 5-14 展成法加工齿轮

用展成法加工齿轮，同一模数和压力角而齿数不同的齿轮，可以使用同一把刀具加工，其加工精度与生产效率都较高，但必须在专用机床上加工。展成法主要用于齿轮的成批、大量生产。

5.5.2 渐开线齿轮的切齿干涉和最少齿数

用展成法加工渐开线标准齿轮时，如果被加工齿轮的齿数太少，刀具的顶部将会切入轮齿的根部，而把轮齿根部的部分渐开线齿廓切去，如图 5-15 所示，这种现象称为切齿干涉，又称根切。显然，切齿干涉会削弱轮齿的强度，使齿轮传动的重合度 ε 减小，影响传动质量，因此，应避免产生切齿干涉现象。根据理论推导和实践证明，切齿干涉与被加工齿轮的齿数有着密切的关系，齿数越少，切齿干涉现象越严重。因此，切制标准直齿圆柱齿轮（正常齿制）时，为了保证无切齿干涉现象，则被切齿轮的最少齿数常为 17。

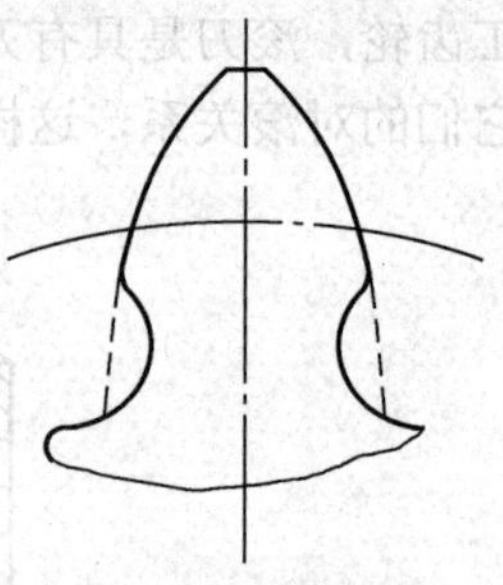

图 5-15 切齿干涉现象

5.5.3 变位齿轮简介

标准齿轮在应用中存在着局限性。例如，有些工业设备，为了使结构紧凑，往往需要采用齿数小于 17 的齿轮；当中心距受到限制时，由于标准齿轮具有一定的中心距，采用标准齿轮就不能满足正常的啮合要求；小齿轮往往容易磨损，而它的齿根强度却较弱等。这些矛盾可采用变位齿轮传动加以解决。

变位齿轮是通过不改变齿轮的基本参数和切削运动，仅改变刀具与轮坯轴线间的相对距离进行加工得到的，如图 5-16 所示。在齿条刀具的中线与被加工齿坯的分度圆相切时，如图 5-16（a）所示，加工出的齿轮为标准齿轮，其分度圆上的齿厚与齿槽相等。如果改变齿条刀具与齿坯的相对位置，刀具中线与齿坯分度圆分离或相割时，此时被加工齿坯的分度圆不与刀具的中线相切，而与平行于刀具中线的另一条直线（称刀具分度线）相切，这样加工出的齿轮称为变位齿轮，其分度圆上的齿厚和齿槽宽不相等，如图 5-16（b）、（c）所示。

由于齿条刀具的分度线和中线上的齿距、压力角相等，所以加工出来的变位齿轮与标准齿轮的模数、压力角也相等，分度圆、基圆也相同。它们的齿廓曲线是同一基圆渐开线的不同部分。但是变位齿轮的齿厚与齿槽宽不等，齿顶高、齿根高也已改变。

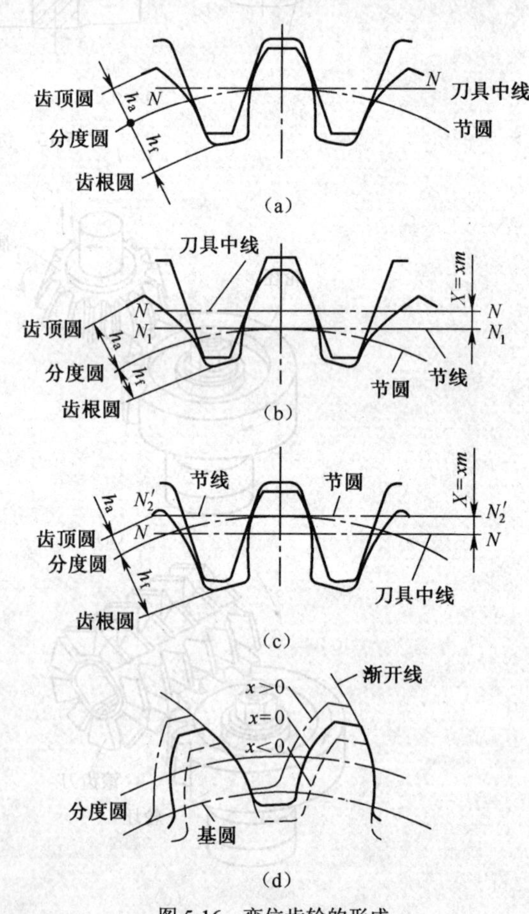

图 5-16 变位齿轮的形成

切削变位齿轮时，刀具相对于切削标准齿轮时的刀具位置改变量，称为变位量，用 xm 表示。m 为模数，x 为变位因数。切制齿轮时，刀具中线相对齿坯中心移远，称为正变位，这时

变位因数 x 为正值，切制的齿轮称为正变位齿轮。切制齿轮时，刀具中心相对于齿坯中心移近，称为负变位，这时变位因数 x 为负值，切制的齿轮称为负变位齿轮，如图 5-16（d）所示。

正变位可以避免根切，加工出来的齿轮分度圆上的齿厚大于齿槽宽，相应轮齿根部厚度增大，提高了轮齿的强度，但齿顶变尖。负变位齿轮则容易引起根切，削弱齿轮强度。

总之，变位齿轮传动可以避免根切，减小齿轮机构的尺寸，均衡大小齿轮强度，提高使用寿命，配凑中心距。因而，随着生产的发展，变位齿轮传动日益得到广泛应用。

5.6　齿轮失效形式与齿轮材料

齿轮传动是由轮齿来传递与运动和动力的。轮齿失效使齿轮丧失工作能力，故在使用期限内防止轮齿失效是齿轮设计的依据。

5.6.1　齿轮的常见失效形式

图 5-17 所示为轮齿常见的失效形式。

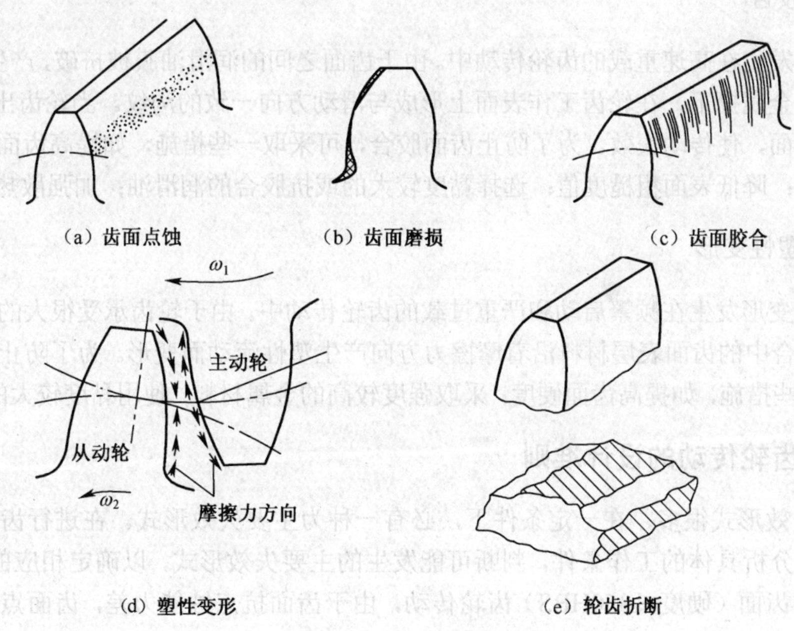

（a）齿面点蚀　（b）齿面磨损　（c）齿面胶合

（d）塑性变形　（e）轮齿折断

图 5-17　轮齿的失效形式

1. 齿面点蚀

齿面的疲劳点蚀大多发生在轮齿靠近节圆偏齿根处。轮齿工作时，齿面接触处在脉动循环变接触应力长期作用下，当应力峰值超过材料的接触疲劳极限，并经过一定应力循环次数后，齿面上将产生微小的疲劳裂纹，随着裂纹的扩展导致小块金属剥落，产生齿面点蚀。由于轮齿在节圆附近啮合时，同时啮合的齿对数少，且轮齿间相对滑动速度较慢，因此，点蚀首先出现在轮齿靠近节圆的齿根面上。点蚀引起轮齿冲击和噪声，造成传动的不平稳。为了提高齿轮的抗点蚀能力，可采取一些措施，如选择合适的齿轮材料与热处理方法，以提高齿面硬度；合理选择齿轮传动的主要参数；降低表面粗糙度值；采用黏度较大的润滑油和变位齿轮等。

2. 轮齿折断

轮齿的整体折断大多发生在轮齿的齿根处，局部折断发生在轮齿的一端。轮齿折断有两种情况：一种是由于轮齿根部的弯曲应力较大，超过了材料的弯曲疲劳极限而造成的轮齿折断；另一种情况是由于齿轮突然严重过载或承受较大的冲击载荷等原因引起的。为了防止轮齿折断，可采取一些措施，如选择合适的材料和热处理方法，降低齿面硬度；增大齿根处的圆角半径；减小齿根的弯曲应力等。

3. 齿面磨损

齿面（磨粒）磨损大多发生在齿面的工作高度上，当齿面磨损严重时，会使渐开线齿面损坏，齿侧间隙增大，从而引起齿轮传动不平稳和冲击。齿轮传动中，由于润滑条件不良，齿面磨损是在一定的滑动速度及硬质颗粒进入等原因下引起的。为了减轻齿面磨损，可采取一些措施，如采用闭式传动；加强和改善润滑条件；提高齿面硬度；提高轮齿表面粗糙度要求等。

4. 齿面胶合

齿面胶合发生在高速重载的齿轮传动中。由于齿面之间的润滑油膜被挤破，产生瞬时高温，将较软齿面的金属撕下，在轮齿工作表面上形成与滑动方向一致的沟纹。当轮齿出现胶合后，将严重损坏齿面，使传动失效。为了防止齿面胶合，可采取一些措施，如提高齿面硬度；采取不同材料组合；降低表面粗糙度值；选择黏度较大的或抗胶合的润滑油；加强散热等。

5. 齿面塑性变形

齿面塑性变形发生在频繁启动和严重过载的齿轮传动中。由于轮齿承受很大的载荷和摩擦力等原因，啮合中的齿面表层材料沿着摩擦力方向产生塑性流动而变形。为了防止齿面塑性变形，可采取一些措施，如提高齿面硬度；采取强度较高的金属材料；使用黏度较大的润滑油等。

5.6.2 齿轮传动的设计准则

齿轮的失效形式很多，在一定条件下，必有一种为主要失效形式。在进行齿轮传动的设计计算时，应分析具体的工作条件，判断可能发生的主要失效形式，以确定相应的设计准则。

对闭式软齿面（硬度≤350HBS）齿轮传动，由于齿面抗点蚀能力差，齿面点蚀将是主要的失效形式。在设计计算时，通常先按齿面接触疲劳强度设计，确定齿轮的主要参数和尺寸，然后再作齿根弯曲疲劳强度校核。

对闭式硬齿面（硬度＞350HBS）齿轮传动，由于齿面抗点蚀能力强，但易发生轮齿折断，故轮齿疲劳折断将是其主要的失效形式。在设计计算时，通常先按齿根弯曲疲劳强度设计，确定齿轮的模数和其他尺寸，然后再作齿面接触疲劳强度校核。

对用铸铁制造的一对齿轮啮合时，一般只需做轮齿弯曲疲劳强度设计计算。

对于开式齿轮传动，其主要失效形式将是齿面磨损。但由于磨损的机理比较复杂，到目前为止尚无成熟的设计计算方法，通常只能按齿根弯曲疲劳强度设计，再考虑磨损将齿轮模数增大10%～20%。

5.6.3　齿轮材料及热处理

通过齿轮传动的失效分析可知，选用齿轮材料及热处理工艺，应使轮齿表面硬度高而心部韧性好。这些要求可通过材料的选择和热处理方法达到。齿轮常用材料是锻钢，其次是铸钢、铸铁及非金属材料。

钢材经加热、锻造后成为齿轮毛坯锻件，然后对齿轮毛坯进行热处理，改变其力学性能。常用锻钢有中碳钢和中碳合金钢，如 35 钢、45 钢、40Cr、35SiMn、38CrMoAlA 等，并通过退火、正火、调质或表面淬火等热处理；低碳钢和低碳合金钢如 15 钢、20Cr、20CrMnTi 等，并通过渗碳淬火、回火热处理。

铸钢是指钢材经熔炼，浇入铸型，凝固后成为铸件，然后对齿轮毛坯进行热处理，在机械切削加工前，应安排正火热处理，这样既能消除铸造内应力，又能得到均匀的硬度。常用铸钢为 ZG270-500、ZG300-600、ZG380-700 等，可作为直径大于ϕ500mm 齿轮的材料。

铸铁是指铸铁经熔炼，浇入铸型，凝固后成为铸件，然后对齿轮毛坯进行人工时效，或正火热处理。常用铸铁为灰口铸铁 HT200、HT300；球墨铸铁 QT600-3、QT420-10 等。灰口铸铁可作为开式齿轮传动中的齿轮材料，球墨铸铁在一定范围内可代替铸钢。

非金属材料可用于高速、轻载及精度要求不高的齿轮传动，常用材料为塑性、尼龙、碳纤维增强塑性、复合材料等。

由于齿轮传动中，小齿轮的受载次数多于大齿轮，齿根厚度较薄，弯曲应力较大，为了使大小齿轮的使用寿命比较接近，一般在设计时，小齿轮的齿面硬度应高出大齿轮的齿面硬度 30～50HBS 或更多。若小齿轮与大齿轮的齿数比很大时，亦可采用硬齿面小齿轮和软齿面大齿轮相配，从而提高齿轮齿面的疲劳极限。

齿轮常用材料、热处理方式及力学性能如表 5-3 所示。

表 5-3　　齿轮常用材料、热处理方式及力学性能

材料牌号	热处理	直径 *d*（mm）	力学性能（MPa）		齿面硬度	
			σ_b	σ_s	HBS	HRC 表面淬火
45 钢	正火	≤100	600	300	169～217	40～50
		101～300	580	290	162～217	
	调质	≤100	660	380	229～286	
		101～300	640	350	217～255	
40Cr	调质	≤100	750	550	241～286	48～55
		101～300	700	500		
20Cr	渗碳、淬火	≤60	650	400		56～62
20CrMnTi	渗碳、淬火	15	1 140	850		57～63
38CrMoAlA	调质、氮化	30	1 000	850		60
ZG310-570	正火		570	310	163～207	
HT300			300		187～255	
QT500-7			500	320	170～241	
夹布胶木			100		25～35	

5.6.4 齿轮的许用应力

1．许用接触疲劳应力

齿面许用接触疲劳应力$[\sigma_H]$推荐按下式确定：

$$[\sigma_H] = 0.9\sigma_{Hlim} \quad (MPa) \tag{5-8}$$

式中，σ_{Hlim} 为试验齿轮的齿面接触疲劳极限（MPa），可根据齿轮的材料、热处理工艺及硬度由图 5-18 查取。

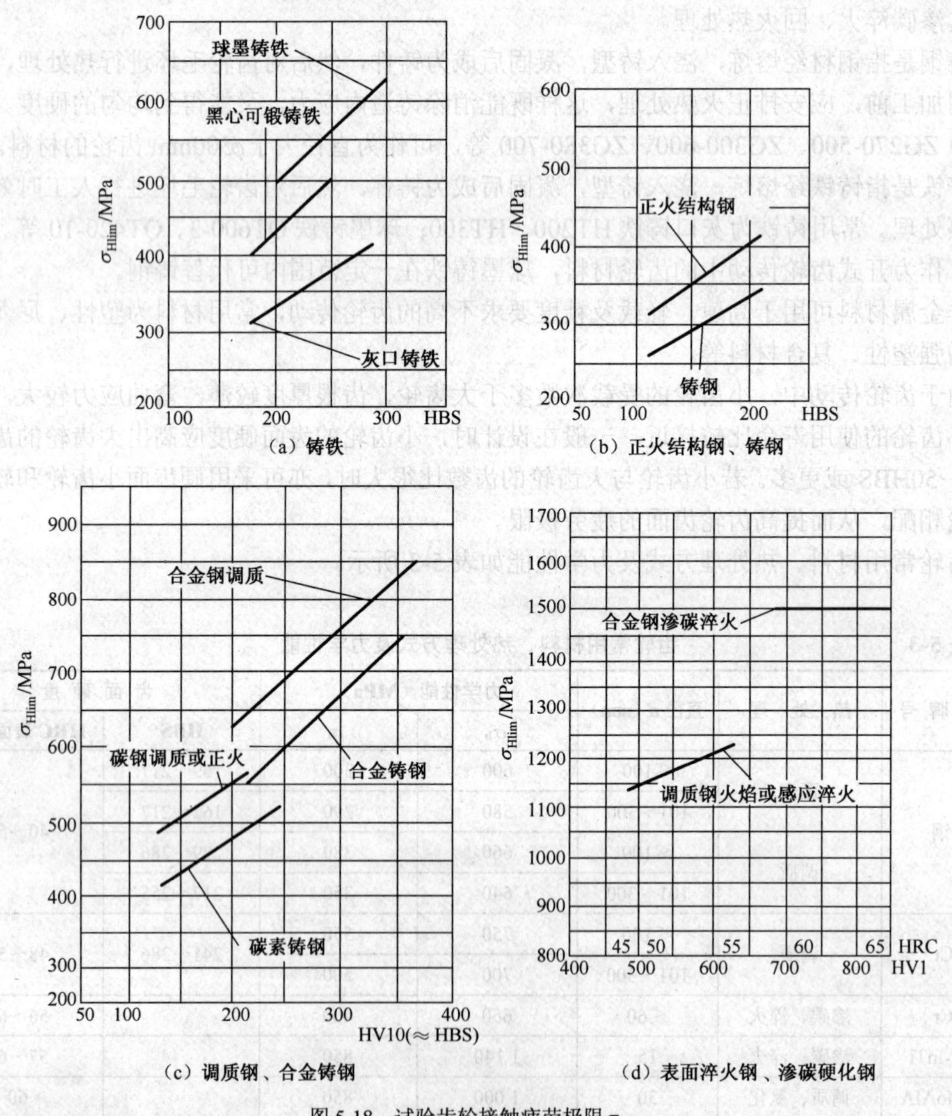

图 5-18 试验齿轮接触疲劳极限σ_{Hlim}

2．许用弯曲疲劳应力

齿根许用弯曲应力$[\sigma_F]$推荐按下式确定：

轮齿单向受力　　$[\sigma_F] = 0.7\sigma_{Flim}$　（MPa）　（5-9）

轮齿双向受力或开式齿轮　　$[\sigma_F] = 0.5\sigma_{Flim}$　（MPa）　（5-10）

式中，σ_{Flim} 为试验齿轮的齿根弯曲疲劳极限（MPa），可根据齿轮的材料、热处理工艺及硬度由图 5-19 查取。

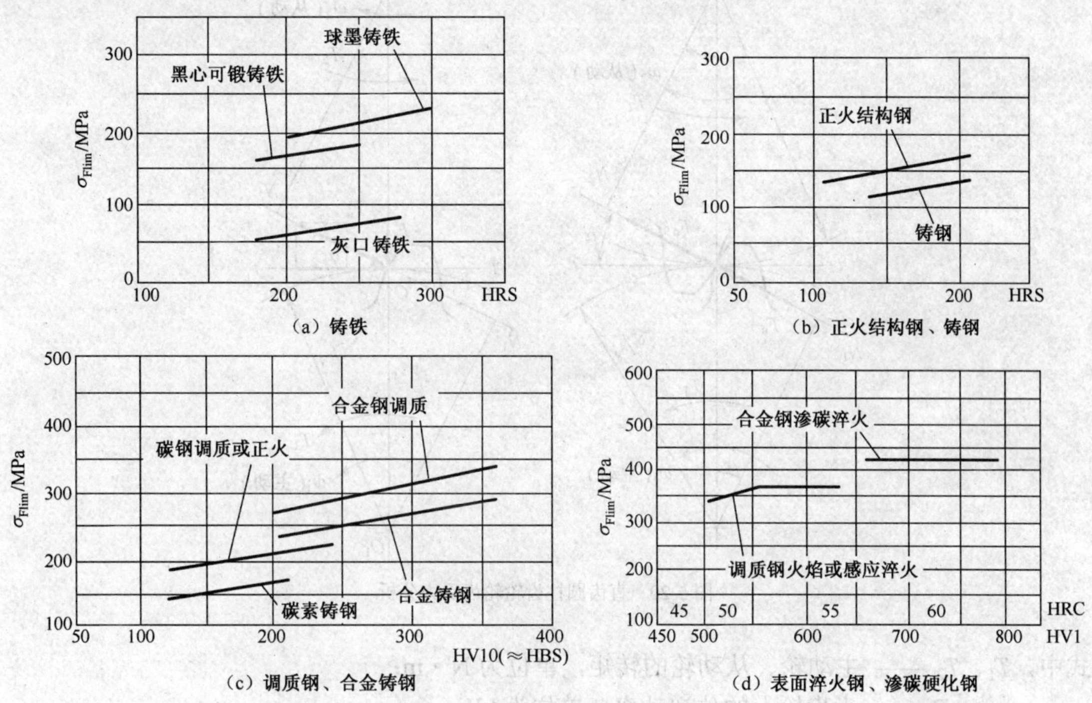

图 5-19　试验齿轮弯曲疲劳极限 σ_{Flim}

5.7 标准直齿圆柱齿轮传动设计计算

为了防止齿轮失效，根据齿轮的工作情况、失效形式及相应强度理论，确定齿轮传动的强度设计计算方法。本节所介绍的强度计算按照国家标准 GB 10063—88“通用机械渐开线圆柱齿轮承载能力简化计算方法”进行。

5.7.1 受力分析

为了计算齿轮、轴、轴承等零件的承载能力，需要对齿轮传动进行受力分析。图 5-20 所示为一对标准直齿圆柱齿轮正确安装时在节点 C 处接触的情况。若不计摩擦力，则作用在啮合轮齿上的法向力 F_n 必定沿着啮合线方向。为分析计算方便，将法向力 F_n 分解为两个相互垂直的分力：圆周力 F_t 和径向力 F_r，大小为

$$F_t = 2\,000T_1/d_1 = 2\,000T_2/d \quad (N) \tag{5-11}$$

$$F_r = F_t \cdot \tan\alpha \quad (N) \tag{5-12}$$

$$F_n = F_t/\cos\alpha \quad (N) \tag{5-13}$$

$$T_1 = 9\,550\frac{P}{n_1} \qquad (\text{N·m}) \qquad (5\text{-}14)$$

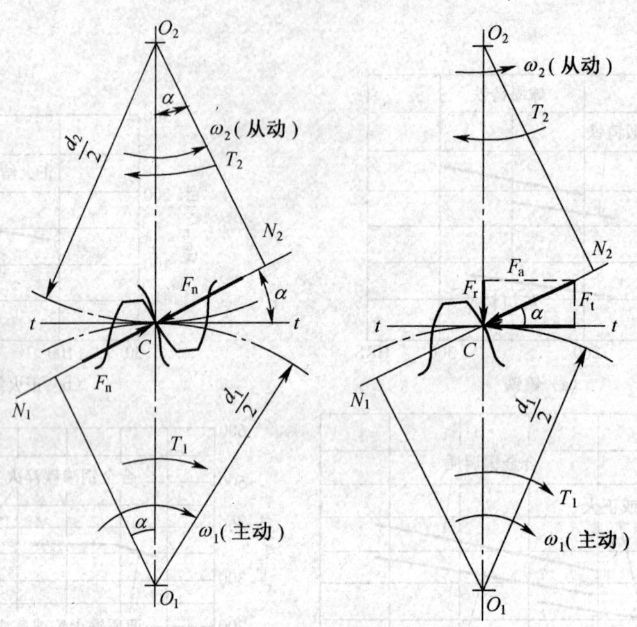

图 5-20 直齿圆柱齿轮轮齿受力分析

式中，T_1、T_2 —— 主动轮、从动轮的转矩，单位为 N·m；

P —— 小齿轮上的传递功率，单位为 kW；

n_1 —— 小齿轮的转速，单位为 r/min；

d_1、d_2 —— 主、从动轮的分度圆直径，单位为 mm；

α —— 压力角，标准值为 $\alpha = 20°$。

力的方向为：圆周力 F_t 的方向在主动轮上与啮合点运动方向相反，在从动轮上与啮合点运动方向相同。径向力 F_r 的方向分别由啮合点指向各自的轮心。

5.7.2 齿面接触疲劳强度的简化计算

1．齿面接触疲劳强度的校核公式

齿面接触疲劳强度计算的条件为：齿面实际接触应力 σ_H 小于或等于许用接触疲劳应力 $[\sigma_H]$。简化计算的接触疲劳强度校核公式为

$$\sigma_H = A_a \cdot \sqrt{\frac{1\,000(u \pm 1)^3 KT_1}{uba^2}} \leqslant [\sigma_H] \qquad (5\text{-}15)$$

式中，T_1 —— 小齿轮上的转矩，单位为 N·m；

a —— 齿轮转动中心距，单位为 mm；

u —— 齿数比，$u = z_2/z_1$；

K—— 载荷因数，其值如表 5-4 所示；

A_a—— 材料因数，根据配对齿轮材料选择，如表 5-5 所示；

"+"—— 用于外啮合齿轮传动；

"−"—— 用于内啮合齿轮传动；

b—— 轮齿啮合宽度，单位为 mm。

表 5-4　　齿轮传动载荷因数 *K*

工作特性		工作机		
		平　稳	中等冲击	较大冲击
原动机	平稳（电动机、汽轮机）	1～1.2	1.2～1.6	1.6～1.8
	轻度冲击（多缸内燃机）	1.2～1.6	1.6～1.8	1.9～2.1
	中等冲击（单缸内燃机）	1.6～1.8	1.8～2.1	2.2～2.4

注：①斜齿轮、圆周速度低、精度高的齿轮传动，取小值；直齿轮、圆周速度高的齿轮传动，取大值。
②齿轮在两轴承之间并对称布置时，取小值；齿轮不在两轴承中间，或悬臂布置时，取大值。

表 5-5　　齿轮传动材料因数 A_a

	钢	球墨铸铁	灰口铸铁
钢	336	—	—
球墨铸铁	320	307	—
灰口铸铁	289	276	258

2. 齿面接触疲劳强度的设计公式

在初步设计齿轮时，齿轮传动中心距的估算公式为

$$a \geqslant (u \pm 1)\sqrt[3]{\left(\frac{A_a}{[\sigma_H]}\right)^2 \frac{1\,000KT_1}{\psi_a \cdot u}} \tag{5-16}$$

式中，ψ_a 为齿宽因数，$\psi_a = b/a$。

注意：由于相啮合的大、小齿轮的齿面接触应力相等，而两齿轮的材料和热处理方法不尽相同，即两齿轮的许用接触疲劳应力$[\sigma_H]_1$、$[\sigma_H]_2$不同，因此，在应用式（5-15）和式（5-16）时，应取两者中较小值进行计算。

5.7.3 齿根弯曲疲劳强度的简化计算

1. 齿根弯曲疲劳强度校核公式

啮合齿轮的弯曲疲劳强度条件为：齿根的弯曲应力σ_F小于或等于齿轮的许用弯曲疲劳应力$[\sigma_F]$。简化计算的齿根弯曲疲劳强度校核公式为

$$\sigma_F = \frac{2\,000KT_1}{bd_1m}Y_{FS} \leqslant [\sigma_F] \tag{5-17}$$

式中，d_1—— 小齿轮分度圆直径，单位为 mm；

m—— 齿轮的模数，单位为 mm；

Y_{FS}—— 复合齿形因数，由图 5-21 查取。

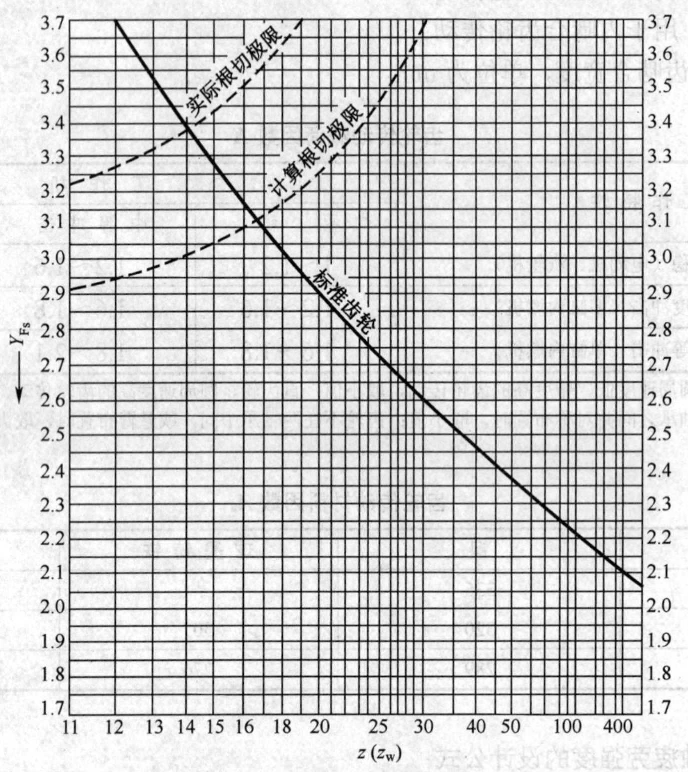

图 5-21　外啮合复合齿形因数

2. 弯曲疲劳强度的设计公式

将齿宽因数 $\psi_a = b/a$，$d = mz_1$，$a = \dfrac{m(z_1 + z_2)}{2}$，$z_1 = u \cdot z_2$，代入式（5-17），可得估算齿轮模数 m 的公式为

$$m \geqslant \sqrt[3]{\frac{4\,000KT_1}{\psi_a(u \pm 1)z_1^2}\frac{Y_{FS}}{[\sigma_F]}} \tag{5-18}$$

注意：校核计算应对大、小两齿轮分别进行，估算模数时，应将 Y_{FS1}/σ_{Flim1} 与 Y_{FS2}/σ_{Flim2} 两个比值中较大的一个代入式（5-18）。

5.7.4　齿轮传动主要参数的选择

1. 齿数 z 和模数 m

通常在满足轮齿弯曲疲劳强度的前提下，宜采用较多的齿数、较小的模数，这样可以增大齿轮传动的重合度，提高传动的平稳性。

对于闭式软齿面齿轮传动，一般可取 $z_1 = 20 \sim 40$，载荷平稳和速度高时取大值。

对于闭式硬齿面齿轮传动及开式齿轮传动，宜取较少的齿数，适当增大模数，这样可以提高轮齿的弯曲强度，以防轮齿折断。一般取 $z_1 \geqslant 17$。

模数 m 除可按估算公式确定外，也可按经验公式确定。当齿轮传动中心距 a 确定后，在初选模数时，常取 $m = (0.007 \sim 0.02)a$。

为了防止轮齿在意外冲击时折断，凡传递动力的齿轮，模数 m 不宜小于 1.5～2mm。

2．齿数比 u

齿数比 u 为大齿轮齿数与小齿轮齿数之比，即 $u = z_2/z_1$，$u \geqslant 1$。齿数比 u 与传动比 i 的含义不同，$i_{12} = n_1/n_2$，n_1 为主动轮转速，n_2 为从动轮转速。对于减速齿轮传动，$u = i$；对于增速齿轮传动，$u = 1/i$。

齿数比 u 可由工作要求和结构尺寸确定。对于一般单级减速传动，可取 $u \leqslant 7$，开式齿轮传动可取得大一些；齿数比 $u > 7$ 时，可采用二级或多级齿轮传动。

3．齿宽因数 ψ_a

齿宽因数 $\psi_a = b/a$，增大齿宽因数，可以减小传动装置的尺寸和重量。但是齿宽因数过大，将会出现载荷沿齿向分布严重不均匀的现象，使齿轮承载能力下降，因此，齿宽因数应限制在一个合理的范围内。对于闭式齿轮传动，取 $\psi_a = 0.2 \sim 0.6$。一般减速器中齿轮可取 $\psi_a = 0.4$。

为保证齿轮传动有足够的啮合宽度，并便于安装和补偿轴向尺寸误差，一般取小齿轮的齿宽 $b_1 = b_2 + (5 \sim 10)\text{mm}$，大齿轮的齿宽 $b_2 = b$，b 为啮合宽度。

5.7.5　圆柱齿轮的精度等级选择

齿轮在加工过程中，由于刀具、机床本身等原因，使加工成的齿轮不可避免地产生一定的误差。齿轮传动的传动质量与其制造质量密切相关。加工误差大、齿轮精度低，将严重影响齿轮的传动质量和承载能力。反之，若精度要求太高，将会给加工带来困难，提高加工成本。因此，根据使用要求选定恰当的精度等级至关重要。

GB/T 10095.1—2001 规定齿轮及齿轮副精度等级为 12 级。从 1 级到 12 级，表示精度从高到低依次排列。一般机械传动中，齿轮常用的精度等级为 6～8 级。齿轮精度主要包括传动精度和齿侧间隙两方面。

对齿轮传动的使用有 3 个方面的要求：传递运动的准确性，传动的平稳性，载荷分布的均匀性。齿轮每个精度等级的公差根据对这 3 方面的要求划分成 3 个公差组，第Ⅰ公差组主要影响传动的准确性，第Ⅱ公差组主要影响传动的平稳性，第Ⅲ公差组主要影响传动时齿面载荷分布的均匀性。每个公差组包括若干个检验项目公差或极限偏差。

齿轮传动精度等级的选择，要考虑齿轮的用途、工作条件、圆周速度、传递功率以及使用寿命、技术经济指标等方面的要求，一般多用类比法。齿轮第Ⅱ公差组的精度等级主要根据齿轮圆周速度确定，可参阅表 5-6。一般情况下，3 个公差组可选用相同的精度等级，但也允许根据使用要求的不同，选择不同精度等级的公差组合。如仪表及机床分度系统的齿轮传动，传递运动的准确性比传动的平稳性要求高，所以第Ⅰ公差组的精度等级比第Ⅱ公差组的精度等级高一级；而轧钢机、起重机中的低速重载齿轮传动则要求齿面载荷分布均匀，所以第Ⅲ公差组的精度等级比第Ⅱ公差组的精度等级高。

表 5-6　　齿轮传动精度等级及其应用

精度等级	圆周速度 v/（m·s^{-1}）			应用举例
	直齿圆柱齿轮	斜齿圆柱齿轮	直齿锥齿轮	
6	≤15	≤30	≤9	高速重载的齿轮传动，如机床、汽车和飞机中的重要齿轮。分度机构的齿轮，高速减速器的齿轮等
7	≤10	≤20	≤6	高速中载或中速重载的齿轮传动，如标准系列减速器的齿轮，机床和汽车变速箱中的齿轮等
8	≤5	≤9	≤3	一般机械中的齿轮传动，如机床、汽车和拖拉机中一般的齿轮，起重机械中的齿轮，农业机械中的重要齿轮等
9	≤3	≤6	≤2.5	低速重载的齿轮，低精度机械中的齿轮等

齿轮传动的侧隙是指一对齿轮啮合时，为避免因制造、安装误差以及热膨胀或承载变形等原因而导致轮齿卡死，要求齿廓的非工作表面齿侧有一定的间隙，称为齿侧间隙，简称侧隙。合适的侧隙是通过适当的齿厚极限偏差（负偏差）和中心距极限偏差来保证的，中心距越大，齿厚越小，其侧隙越大。

在齿轮零件图上应标注齿轮的精度等级和齿厚极限偏差的字母代号。如齿轮第Ⅰ公差组精度为 7 级，第Ⅱ、Ⅲ公差组精度均为 6 级，齿厚上、下偏差代号分别为 G、M，可表示为

7-6-6　GM　GB/T100951—2001

齿轮的 3 个公差组精度均为 7 级，齿厚上、下偏差代号分别为 F、L，则可表示为

7 FL GB/T10095.1—2001

5.7.6　圆柱齿轮的结构设计与工作图

在确定齿轮尺寸的基础上，考虑材料、制造工艺等因素，确定齿轮的结构形式及其尺寸是齿轮设计的任务之一。齿轮的结构形式一般根据齿顶圆直径大小选定。结构尺寸一般根据强度及工艺要求，由经验公式确定。圆柱齿轮的结构形式及结构尺寸如表 5-7 所示。齿轮工作图示例如图 5-22 所示。

表 5-7　　圆柱齿轮的结构形式和结构尺寸

名称	结构形式	结构尺寸
齿轮轴	d_a　d　δ	d_a<2d 或 δ<（2～2.5）m_t 时，轴与齿轮做成一体

续表

<table>
<tr><th>名称</th><th>结构形式</th><th colspan="7">结构尺寸</th></tr>
<tr><td rowspan="3">实心式</td><td rowspan="3">锻造
$d_a \leqslant 200$</td><td colspan="7">$d_1 = kd$，k 值见下表
（1.2～1.5）$d \geqslant l \geqslant b$
$\delta_0 = 2.5m_t$，但不小于 8mm
$D_0 = 0.5（d1 + d2）$
当 $d_0 < 10$mm 时不钻孔
$n = 0.5m_t$</td></tr>
<tr><td>d/mm</td><td>＜20</td><td>20～32</td><td>＞32～50</td><td>＞50～80</td><td>＞80～120</td><td>＞120～200</td></tr>
<tr><td>k</td><td>2.0</td><td>1.9</td><td>1.8</td><td>1.7</td><td>1.6</td><td>1.5</td></tr>
<tr><td rowspan="2">腹板式</td><td>锻造
$d_a \leqslant 500$</td><td colspan="7">$d_1 = 1.6d$
$1.5d > l \geqslant b$
$\delta_0 =$（3～4）m_t，但不小于 8mm
$D_0 = 0.5（d_1+d_2）$
$d_0 = 15～25$mm
$c = 0.2b$（模锻）、$c = 0.3b$（自由锻），但不小于 8mm
$n = 0.5m_t$
$r \approx 0.5c$</td></tr>
<tr><td>铸造
$d_a < 500$</td><td colspan="7">$d_1 = 1.6d$（铸钢）、$d_1 = 1.8d$（铸铁）
$1.5d > l \geqslant b$
$\delta_0 =$（3～4）m_t，但不小于 8mm
$Do = 0.5（d_1+d_2）$
$do =$（0.25～0.35）$（d_2-d_1）$
$c = 0.2b$，但不小于 10mm
$n = 0.5m_t$
$r \approx 0.5c$</td></tr>
<tr><td>轮辐式</td><td>铸造
$d_a > 400$，$b < 240$</td><td colspan="7">$d_1 = 1.6d$（铸钢）、$d_1 = 1.8d$（铸铁）
$1.5d > l \geqslant b$
$\delta_0 =$（3～4）m_t，但不小于 8mm
$H = 0.8d$（铸钢）、$H = 0.9d$（铸铁）
$H_1 = 0.8H$
$c =$（1～1.3）δ_0、$s = 0.8c$
$e =$（1～1.2）δ_0
$n = 0.5m_t$
$r \approx 0.5c$</td></tr>
</table>

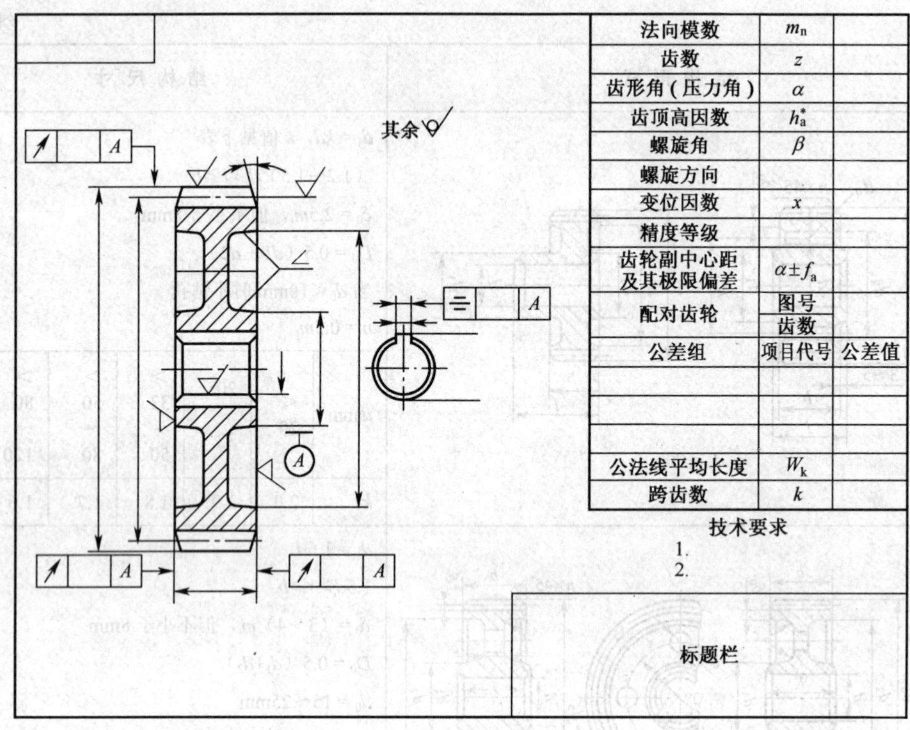

图 5-22　圆柱齿轮工作图示例

5.7.7　应用实例

例 5-1　试设计图 5-23 所示带式输送机用减速器中的直齿圆柱齿轮传动。已知：齿轮传递功率 $P = 18.5\text{kW}$，小齿轮转速 $n_1 = 720\text{r/min}$，大齿轮转速 $n_2 = 200\text{r/min}$，载荷有中等冲击，单向传动。

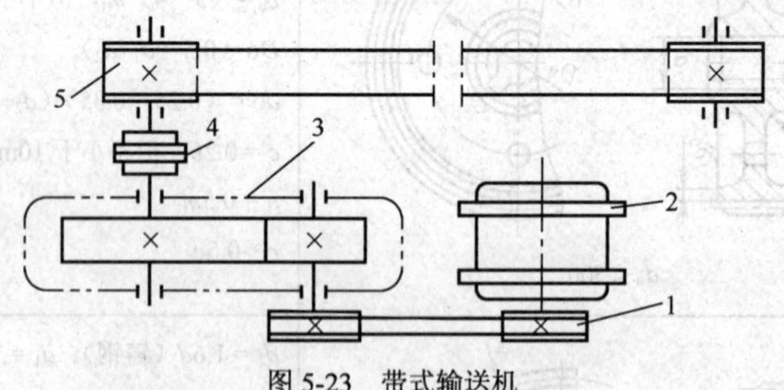

图 5-23　带式输送机

1—传送带　2—电动机　3—减速器　4—联轴器　5—输送带

解　（1）选择齿轮的材料及热处理方法，并确定许用应力。

本例所设计的齿轮传动属于闭式传动，无特殊要求，故通常采用软齿面的钢制齿轮。查阅表 5-3，选用价格便宜便于制造的材料：大、小齿轮均选用 45 钢制造，小齿轮调质处理，齿面硬度为 250HBS，大齿轮正火处理，齿面硬度为 215HBS。

根据两齿轮的齿面硬度，查图 5-18 得齿面接触疲劳极限应力为

$$\sigma_{Hlim1} = 640\text{MPa} \qquad \sigma_{Hlim2} = 610\text{MPa}$$

查图 5-19 得轮齿弯曲疲劳极限应力为

$$\sigma_{\text{Flim1}} = 245\text{MPa} \qquad \sigma_{\text{Flim2}} = 230\text{MPa}$$

于是可得许用应力

$$[\sigma_{\text{H}}]_1 = 0.9\sigma_{\text{Hlim1}} \approx 580\ \text{MPa}$$
$$[\sigma_{\text{H}}]_2 = 0.9\sigma_{\text{Hlim2}} \approx 554\ \text{MPa}$$
$$[\sigma_{\text{F}}]_1 = 0.7\sigma_{\text{Flim1F}} \approx 175\ \text{MPa}$$
$$[\sigma_{\text{F}}]_2 = 0.7\sigma_{\text{Flim2F}} \approx 164\ \text{MPa}$$

（2）接触疲劳强度设计齿轮尺寸。

① 计算小齿轮传递的转矩 T_1。

$$T_1 = 9\,550\frac{P}{n_1} = 9\,550 \times \frac{18.5}{720} = 245\text{N}\cdot\text{m}$$

② 确定齿数比 u。

$$u = i_{12} = n_1/n_2 = 720/200 = 3.6$$

③ 确定齿宽因数 ψ_{a} 和载荷因数 K。根据工作条件，选齿宽因数 $\psi_{\text{a}} = 0.4$。根据载荷性质，查表 5-4，取载荷因数 $K = 1.4$。根据两齿轮材料，查表 5-5，得因数 $A_{\text{a}} = 336$。

④ 计算中心距 a 及齿轮主要参数。因大齿轮的齿面许用接触疲劳应力值较小，故将$[\sigma_{\text{H}}]_2$ = 554MPa 代入估算式（5-16）得

$$a \geqslant (u+1)\sqrt[3]{\left(\frac{A_a}{[\sigma_H]_2}\right)^2 \frac{1\,000KT_1}{\psi_{\text{a}}u}} = (3.6\times1)\sqrt[3]{\left(\frac{336}{554}\right)^2 \times \frac{1\,000\times1.4\times245}{0.4\times3.6}} = 204.3\,\text{mm}$$

选取模数，由经验公式得

$$m = 0.016a = 0.016\times204.3 = 3.26\,\text{mm}$$

取标准值 $m = 4$mm。

小齿轮齿数

$$z_1 = \frac{2a}{m(u+1)} = \frac{2\times204.3}{4\times(3.6+1)} = 22.2$$

取整为 $z_1 = 23$。

大齿轮齿数

$$z_2 = i\cdot z_1 = 3.6\times23 = 82.8$$

取整为 $z_2 = 83$。

实际传动比 $i' = z_2/z_1 = 83/23 = 3.608$，在误差允许范围内。

⑤ 计算齿轮的主要尺寸。

齿顶高：

$$h_{\text{a}} = m = 4\text{mm}$$

齿根高：

$$h_{\text{f}} = 1.25m = 1.25\times4 = 5\text{mm}$$

全齿高：

$$h = 2.25m = 2.25\times4 = 9\text{mm}$$

分度圆直径：

$$d_1 = m \cdot z_1 = 4 \times 23 = 92\text{mm}$$
$$d_2 = m \cdot z_2 = 4 \times 83 = 332\text{mm}$$

齿顶圆直径：

$$d_{a1} = (z_1 + 2)\ m = (23+2) \times 4 = 100\text{mm}$$
$$d_{a2} = (z_2 + 2)\ m = (83+2) \times 4 = 340\text{mm}$$

齿根圆直径：

$$d_{f1} = (z_1 - 2.5)\ m = (23-2.5) \times 4 = 82\text{mm}$$
$$d_{f2} = (z_2 - 2.5)\ m = (83-2.5) \times 4 = 322\text{mm}$$

中心距：

$$a = \frac{m(z_1 + z_2)}{2} = \frac{4 \times (23 + 83)}{2} = 212\ \text{mm}$$

齿宽：

$$b = \psi_a \cdot a = 0.4 \times 212 = 84.8\text{mm}$$

取 $b_2 = 85\text{mm}$，$b_1 = b_1 + 5 = 90\text{mm}$。

（3）校核齿根弯曲疲劳强度。

计算轮齿齿根弯曲疲劳应力：由 $z_1 = 23$，$z_2 = 83$ 查图 5-22 得

$$Y_{Fa1} = 2.78，\ Y_{Fa2} = 2.23$$

$$\sigma_{F1} = \frac{2000KT_1}{bz_1m^2}Y_{Fs1} = \frac{2000 \times 1.4 \times 245}{85 \times 23 \times 4^2} \times 2.78 = 61\ \text{MPa} < [\sigma_F]_1$$

$$\sigma_{F2} = \sigma_{F1}\frac{Y_{Fs2}}{Y_{Fs1}} = 61 \times \frac{2.23}{2.78} = 49 < [\sigma_F]_2$$

故大、小齿轮的弯曲疲劳强度是足够的。

（4）确定齿轮精度。

圆周速度 $$v = \frac{\pi d_1 n}{60 \times 1\,000} = \frac{3.14 \times 92 \times 720}{60 \times 1\,000} = 3.45\text{m/s}$$

确定精度等级：由表 5-6 即减速器要求，确定齿轮 3 个公差组精度均为 8 级。

（5）结构设计与工作图（略）。

5.8 斜齿圆柱齿轮传动

对前述直齿圆柱齿轮传动，当一对齿轮进入啮合和脱离啮合时，载荷皆沿整个齿宽突然加上和卸去，因此其传动的平稳性较差，噪声和冲击也较大，不适合高速、重载传动。斜齿圆柱齿轮的出现将改善这些缺点。本节只介绍平行轴斜齿圆柱齿轮传动。

5.8.1 斜齿圆柱齿轮传动的特点

1. 斜齿圆柱齿轮形成

齿线为螺旋线的圆柱齿轮称为斜齿圆柱齿轮。平面沿着一个固定的圆柱面（即基圆柱面）

作纯滚动时，平面上一条恒定角度与基圆柱的轴线倾斜交错的直线形成的空间轨迹曲面，称为渐开螺旋面，如图 5-24 所示。其恒定角度称为基圆螺旋角，用 β_b 表示。用渐开螺旋面作为齿面的圆柱齿轮即为渐开线圆柱齿轮。当 $\beta_b = 0$ 时，为直齿圆柱齿轮；当 $\beta_b \neq 0$ 时，则为斜齿圆柱齿轮。

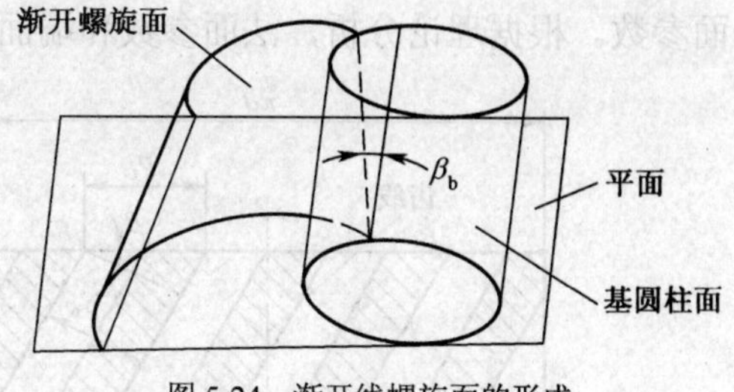

图 5-24　渐开线螺旋面的形成

斜齿圆柱齿轮的加工原理、采用的刀具和机床，与加工直齿圆柱齿轮相同，只是机床的调整有所不同。

2. 斜齿圆柱齿轮传动的特点

如图 5-25 所示，直齿轮副啮合传动时，齿面上的接触线是一条平行于齿轮轴线的直线，齿轮的啮合沿着齿宽同时开始和同时终止，传动平稳性差，在高速、重载下，容易引起冲击、振动和噪声。斜齿轮副啮合时，齿面上的接触线是倾斜的，沿着齿宽是逐渐接触并由短变长，再由长变短，直至啮合终止，其啮合过程比直齿长。另外，斜齿轮同时啮合的齿数比直齿轮多，即总重合度大，因此斜齿圆柱齿轮传动平稳，承载能力高，适合于高速、重载的传动。但是，斜齿轮传动会产生轴向分力，给轴和轴承设计带来不利影响，使其应用受到影响。

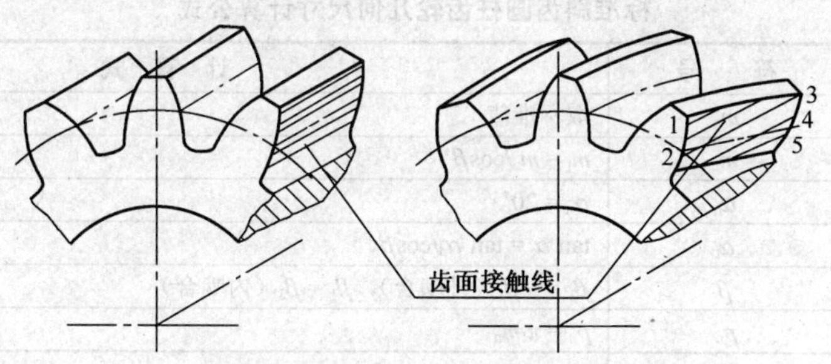

图 5-25　直齿圆柱齿轮与斜齿圆柱齿轮

5.8.2　斜齿圆柱齿轮传动

1. 斜齿圆柱齿轮的主要参数及几何尺寸

图 5-26 所示为斜齿轮沿分度圆柱面展开后的示意图。螺旋线齿线展开后为一斜直线，齿线与轴线的夹角 β 称为斜齿轮的螺旋角。β 是表示斜齿轮轮齿的倾斜程度的重要参数。β 越大，其传动优点越显著，但轴向力也越大。一般 β 取 8°～20°。

图 5-27 所示为斜齿轮旋向。轮齿螺旋线方向分为左旋和右旋，判断方向时，将齿轮轴线垂直放置，沿齿向左高右低为左旋，反之为右旋。

斜齿圆柱齿轮由于齿向的倾斜，其主要参数有法面参数和端面参数之分。法面参数在垂直于轮齿方向的平面上度量；端面参数在垂直于齿轮轴线的平面上度量。以 m_n 表示法面模数、α_n 表示法面压力角、m_t 表示端面模数、α_t 表示端面压力角。

加工圆柱齿轮时，常用滚刀或成形铣刀切齿。这些刀具在切齿时沿着轮齿螺旋线方向进刀，要求轮齿的法面参数与标准刀具的参数一致。因此，斜齿圆柱齿轮的法面参数规定为标准值。而斜齿圆柱齿轮的几何尺寸计算应按端面参数进行，故需将轮齿的法面参数换算成端面参数。根据理论分析，法面参数和端面参数的换算公式如下：

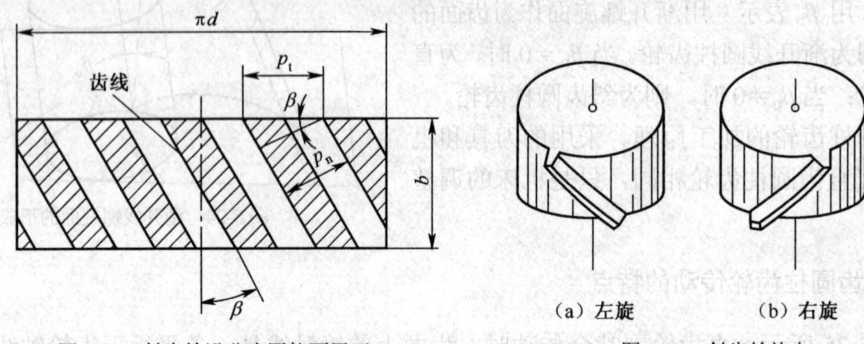

图 5-26　斜齿轮沿分度圆柱面展开　　　　图 5-27　斜齿轮旋向

$$m_n = m_t \cdot \cos\beta \tag{5-19}$$

$$\tan\alpha_n = \tan\alpha_t \cdot \cos\beta \tag{5-20}$$

式中，β——斜齿轮的螺旋角。

标准斜齿圆柱齿轮传动几何尺寸的计算公式如表 5-8 所示。

表 5-8　　标准斜齿圆柱齿轮几何尺寸计算公式

名　称	符　号	计　算　式
法面模数	m_n	取标准值
端面模数	m_t	$m_t = m_n/\cos\beta$
法面压力角	α_n	$\alpha_n = 20°$
端面压力角	α_t	$\tan\alpha_t = \tan\alpha_n/\cos\beta$
螺旋角	β	$\beta_1 = -\beta_2$（外啮合），$\beta_1 = \beta_2$（内啮合）
法面周节	p_n	$p_n = \pi \cdot m_n$
端面周节	p_t	$p_t = \pi \cdot m_t = p_n/\cos\beta$
分度圆直径	d	$d = z \cdot m_t = z \cdot m_n/\cos\beta$
齿顶高	h_a	$h_a = h_{an}^* m_n = h_{At}^* m_T$
齿根高	h_f	$h_f = (h_{an}^* + C_n^*)\ m_n = (h_{at}^* + C_t^*)\ m_n$
全齿高	h	$h = h_a + h_f$
齿顶圆直径	d_a	$d_a = d + 2h_a$
齿根圆直径	d_f	$d_f = d - 2h_f$
中心距	a	$a = \dfrac{d_1 + d_2}{2} = \dfrac{m_n(z_1 + z_2)}{2\cos\beta}$

2. 斜齿圆柱齿轮传动的正确啮合条件

斜齿圆柱齿轮传动的正确啮合条件是：两齿轮的模数和压力角分别相等；两齿轮在分度圆上的螺旋角必须绝对值相等，外啮合时旋向相反（$\beta_1 = -\beta_2$），内啮合时旋向相同（$\beta_1 = \beta_2$），即 $m_1 = m_2 = m$，$\alpha_1 = \alpha_2 = \alpha$，$\beta_1 = \pm\beta_2$

3. 斜齿圆柱齿轮的当量齿轮

用仿形法切制斜齿轮轮齿时，刀具需根据斜齿轮的法面齿形选择；斜齿轮轮齿的弯曲强度也与法面齿形有关。与斜齿轮法面齿形十分相近的直齿圆柱齿轮，称为斜齿轮的当量齿轮，它的齿数称为斜齿轮的当量齿数，用 z_v 表示。

由理论推导可得

$$z_v = z/\cos^3\beta \tag{5-21}$$

式中，z —— 斜齿轮的实际齿数。

因此，标准斜齿轮不发生切齿干涉的最少实际齿数 z_{min} 为

$$z_{min} = z_{vmin} \cdot \cos^3\beta = 17\cos^3\beta \tag{5-22}$$

5.8.3　斜齿圆柱齿轮传动的强度计算

1. 受力分析

图 5-28 所示为斜齿圆柱齿轮传动主动轮上的受力情况。图中 F_{n1} 作用在齿轮的法面内，忽略摩擦力的影响，F_{n1} 可分解成 3 个互相垂直的分力，即圆周力 F_{t1}、径向力 F_{r1} 和轴向力 F_{a1}，其值分别为

圆周力　$F_{t1} = 2\,000T_1/d_1 = 2\,000T_2/d_2$　（5-23）

径向力　$F_{r1} = F_{t1}\tan\alpha_n/\cos\beta$　（5-24）

轴向力　$F_{a1} = F_{t1}\tan\beta$　（5-25）

根据作用与反作用定律可知，两轮所受的法向力 F_n 及分力圆周力 F_t、径向力 F_r 和轴向力 F_a 大小分别相等，方向分别相反。

主动轮上的圆周力和径向力方向的判定方法与直齿圆柱齿轮相同，轴向力的方向可根据左右手法则判定，即右旋斜齿轮用右手判定、左旋斜齿轮用左手判定。弯曲的四指表示齿轮的转向，拇指的指向即为轴向力的方向，如图 5-29 所示。作用于从动轮上的力可根据作用与反作用原理来判定。

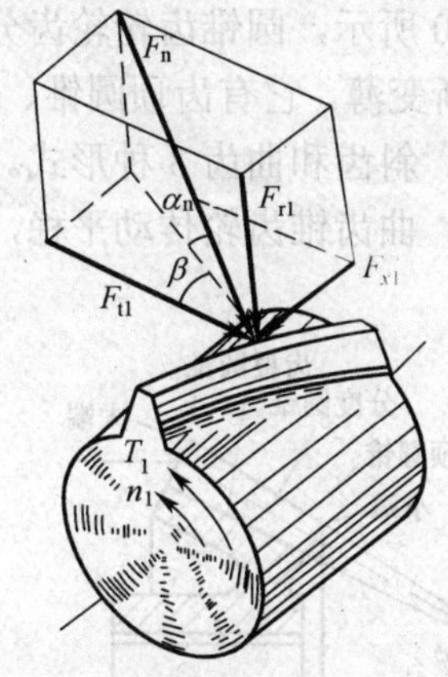

图 5-28　斜齿轮的受力分析

图 5-29　主动轮轴向力方向判定

2. 斜齿圆柱齿轮传动的强度计算

斜齿圆柱齿轮传动的强度计算方法与直齿圆柱齿轮相似，但受力是按轮齿的法向进行的。由于斜齿轮啮合时齿面接触线的倾斜以及传动重合度的增大等因素的影响，使斜齿轮的接触

应力和弯曲应力降低，承载能力比直齿轮强。

① 齿面接触疲劳强度计算。

校核公式为
$$\sigma_{\mathrm{H}} = 0.91A_{\mathrm{a}} \cdot \sqrt{\frac{1\,000\left(u \pm 1\right)^3 KT_1}{uba^2}} \leqslant \left[\sigma_{\mathrm{H}}\right] \tag{5-26}$$

设计公式为
$$a \geqslant \left(u \pm 1\right) \sqrt[3]{\left(\frac{0.91A_{\mathrm{a}}}{\left[\sigma_{\mathrm{H}}\right]}\right)^2 \frac{1\,000KT_1}{\psi_{\mathrm{a}} \cdot u}} \tag{5-27}$$

公式中符号的意义及单位同直齿轮。

② 齿根弯曲疲劳强度计算。

校核公式为
$$\sigma_{\mathrm{F}} = \frac{1\,600KT_1}{bd_1 m_{\mathrm{n}}} Y_{\mathrm{Fs}} = \frac{1\,600KT_1 Y_{\mathrm{Fs}} \cos\beta}{bm_{\mathrm{n}}^2 z_1} \leqslant [\sigma_{\mathrm{F}}] \tag{5-28}$$

设计公式为
$$m_{\mathrm{n}} \geqslant \sqrt[3]{\frac{3\,200KT_1}{\psi_{\mathrm{a}}\left(u \pm 1\right) z_1^2} \frac{Y_{\mathrm{Fs}}}{\left[\sigma_{\mathrm{F}}\right]}} \tag{5-29}$$

式中 Y_{Fs} 应按斜齿轮的当量齿数 z_{V} 查取。公式应用注意点同直齿轮。

5.9 直齿圆锥齿轮

上述圆柱齿轮的轮齿均分布在圆柱体上，若轮齿分布在圆锥体表面，则称为圆锥齿轮。

5.9.1 圆锥齿轮传动概述

圆锥齿轮传动用于传递两相交轴之间的运动和动力，一对圆锥齿轮两轴之间的交角Σ可由传动需要而决定，一般机械中常采用Σ = 90°。如图 5-30 所示，圆锥齿轮轮齿分布在一个截锥体外表面上，由大端向小端逐渐收缩，轮齿齿厚也逐渐变薄。它有齿顶圆锥、分度圆锥、齿根圆锥和基圆锥。按齿线的走向，圆锥齿轮可分为直齿、斜齿和曲齿 3 种形式。由于直齿圆锥齿轮的设计、制造和安装较为方便，故应用最为广泛。曲齿锥齿轮传动平稳，承载能力强，但加工复杂，常用于高速重载的场合。

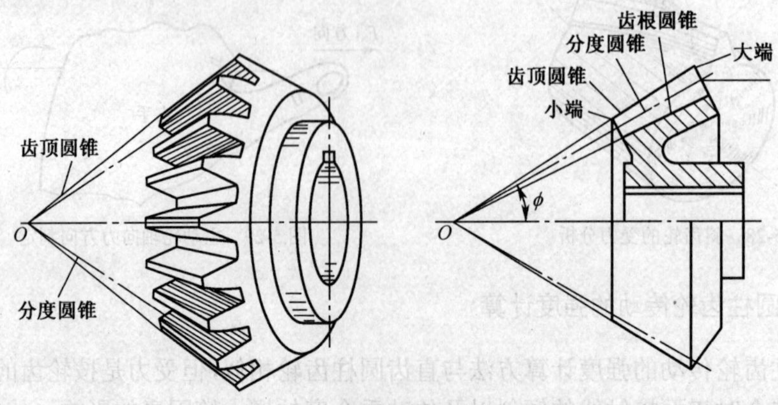

图 5-30 圆锥齿轮

5.9.2　直齿圆锥齿轮传动的主要参数、几何尺寸

圆锥齿轮传动相当于锥顶重合的一对圆锥作纯滚动。作纯滚动的圆锥称为节圆锥。标准圆锥齿轮正确安装时，节圆锥与分度圆锥重合，其母线长度 R 称为锥距，如图 5-31 所示。一对直齿圆锥齿轮正确啮合的条件是两轮齿相应部位的模数必须相等、压力角相同。

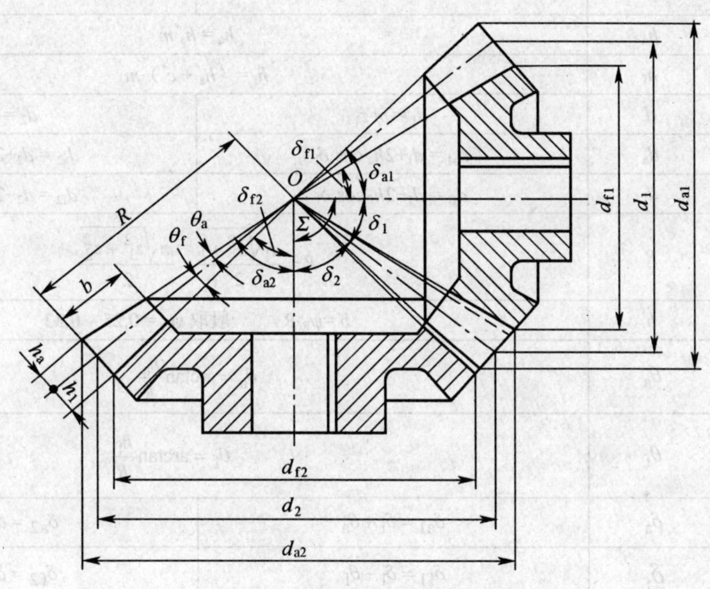

图 5-31　圆锥齿轮传动及几何尺寸

1. 主要参数

由于直齿圆锥齿轮的加工切削是从大端开始切入，为了便于测量和计算，并减少测量误差，所以圆锥齿轮的标准参数都规定在大端。我国规定了圆锥齿轮大端模数的标准系列（见表 5-9）；大端标准压力角$\alpha = 20°$，齿顶高因数 $h_a^* = 1$，顶隙因数 $c^* = 0.2$。

表 5-9　**锥齿轮的标准模数（摘自 GB/T 12368—1990）**　（mm）

1	1.125	1.25	1.375	1.5	1.75	2	2.25	2.5	2.75
3	3.25	3.5	3.75	4	4.5	5	5.5	6	6.5
7	8	9	10	11	12	14	14	18	20
22	25	28	30	32	36	40	45	50	

2. 几何尺寸

图 5-31 所示为两轴交角为$\Sigma = 90°$的标准直齿圆锥齿轮传动，它的各部分名称及几何尺寸的计算公式如表 5-10 所示。

表 5-10　　标准直齿圆锥齿轮传动的主要几何尺寸（$\Sigma = 90°$）

名　称	代　号	小 齿 轮	大 齿 轮
齿数	z	z_1	z_2
齿数比	u	$u=\frac{z_2}{z_1}=\cot\delta_1=\tan\delta_2$	
分度圆锥角	δ	$\delta_1=\arctan\frac{z_1}{z_2}$	$\delta_2=90°-\delta_1$
齿顶高	h_a	$h_a=h_a^*m$	
齿根高	h_f	$h_f=(h_a^*+c^*)\ m$	
分度圆直径	d	$d_1=m\cdot z_1$	$d_2=m\cdot z_2$
齿顶圆直径	d_a	$d_{a1}=d_1+2h_a\cdot\cos\delta_1$	$d_{a2}=d_2+2h_a\cdot\cos\delta_2$
齿根圆直径	d_f	$d_{f1}=d_1-2h_f\cdot\cos\delta_1$	$d_{f2}=d_2-2h_f\cdot\cos\delta_2$
锥距	R	$R=\frac{d_1\sqrt{u^2+1}}{2}=\frac{m\sqrt{z_1^2+z_2^2}}{2}$	
齿宽	b	$b=\psi_R\cdot R$　一般取 $\psi_R=0.25\sim0.33$	
齿顶角	θ_a	$\theta_a=\arctan\frac{h_a}{R}$	
齿根角	θ_f	$\theta_f=\arctan\frac{h_f}{R}$	
齿顶圆锥角	δ_a	$\delta_{a1}=\delta_1+\theta_a$	$\delta_{a2}=\delta_2+\theta_a$
齿根圆锥角	δ_f	$\delta_{f1}=\delta_1-\theta_f$	$\delta_{f2}=\delta_2-\theta_f$

3. 正确啮合条件

两齿轮大端模数和压力角分别相等，即 $m_1=m_2=m$，$\alpha_1=\alpha_2=\alpha$。

5.9.3　当量齿轮与当量齿数

与圆锥齿轮大端背锥上齿形十分相近的标准圆柱齿轮称为圆锥齿轮的当量齿轮，锥齿轮大端的模数、压力角为其标准值，其齿数即为圆锥齿轮的当量齿数，用 z_v 表示。

由理论推导可得

$$\left.\begin{aligned} z_{v1}&=z_1/\cos\delta_1 \\ z_{v2}&=z_2/\cos\delta_2 \end{aligned}\right\} \tag{5-30}$$

由上式可知圆锥齿轮不发生切齿干涉的最少齿数为

$$z_{min}=z_{vmin}\cdot\cos\delta=17\cos\delta<17 \tag{5-31}$$

用仿形法切制圆锥齿轮时，刀具的选择和圆锥齿轮轮齿的强度计算，均应以当量齿数或当量齿轮为依据而进行。

5.9.4　强度计算

直齿圆锥齿轮的失效形式及强度计算的依据与直齿圆柱齿轮基本相同，可近似地按齿宽中点处的一对当量直齿圆柱齿轮传动来考虑。具体的强度计算公式及方法可查阅《机械设计手册》。

5.10　蜗 杆 传 动

蜗杆传动是一种传递空间两交错轴之间运动和动力的齿轮传动形式，它广泛应用于各种机械和仪器设备中。

5.10.1　蜗杆传动的类型及特点

蜗杆传动由蜗杆和蜗轮组成，用于传递空间交错轴间的运动和动力。两轴间的交错角度为 90°，如图 5-32 所示。根据蜗杆的形状，常用的蜗杆传动可分为圆柱蜗杆传动和圆弧面蜗杆传动两大类。圆柱蜗杆传动按蜗杆齿形又分为阿基米德蜗杆（ZA 蜗杆）、渐开线蜗杆（ZI 蜗杆）、法向直廓蜗杆（ZN 蜗杆）、圆弧圆柱蜗杆（ZC 蜗杆）、锥面包络蜗杆（ZK 蜗杆）等。

切削阿基米德蜗杆（ZA 蜗杆）时，刀刃顶平面通过蜗杆轴线，蜗杆在垂直于轴线的截面内，齿形为阿基米德螺旋线，在轴向截面内为齿条形直线齿廓，在法向截面内为曲线齿廓，如图 5-33 所示。由于这种蜗杆加工测量较为方便，故应用最广。本节主要介绍阿基米德蜗杆传动。

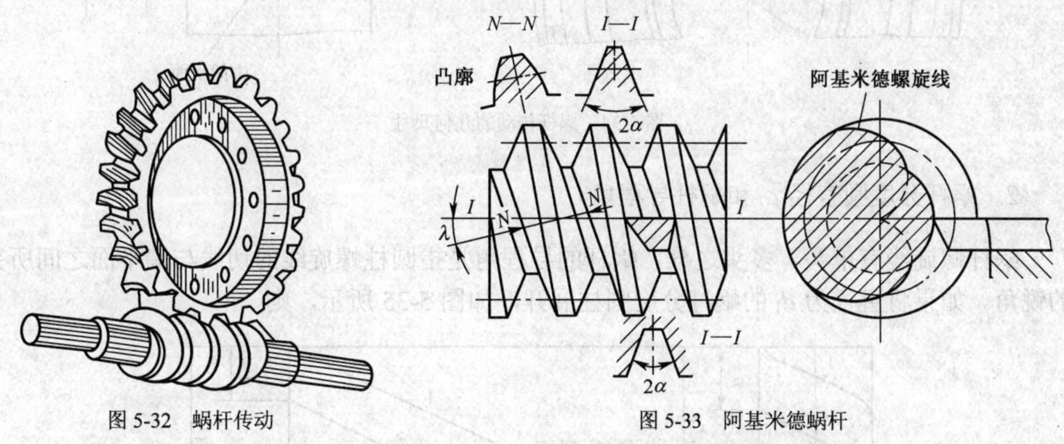

图 5-32　蜗杆传动　　　　图 5-33　阿基米德蜗杆

蜗杆传动可近似地看做是由螺旋传动变化而来的。蜗杆传动的特点如下。

（1）传动平稳、噪声小。

（2）传动比大，结构紧凑。在一般动力传动中，传动比 $i = 5 \sim 80$，当用于传递运动时传动比可达 1 000。

（3）具有自锁性。当蜗杆导程角较小时，蜗杆传动可实现自锁，即只能由蜗杆带动蜗轮，此特性被广泛应用于提升设备中。

（4）传动效率低。齿面摩擦严重，一般不宜用于大功率传动的场合。

（5）制造成本高。

5.10.2 蜗杆传动的主要参数和几何尺寸

1. 模数 m 和压力角 α

如图 5-34 所示，通过蜗杆轴线并垂直于蜗轮轴线的平面称为中间平面。在中间平面内蜗杆与蜗轮的啮合相当于齿条与齿轮的啮合传动，因此，规定中间平面上的参数为标准值。

蜗杆传动的正确啮合的条件为：蜗杆的轴面模数 m_{x1}、轴面压力角 α_{x1} 必须分别与蜗轮的端面模数 m_{t2}、端面压力角 α_{t2} 相等，即

$$m_{x1}=m_{t2}=m，\alpha_{x1}=\alpha_{t2}=\alpha，\gamma=\beta$$

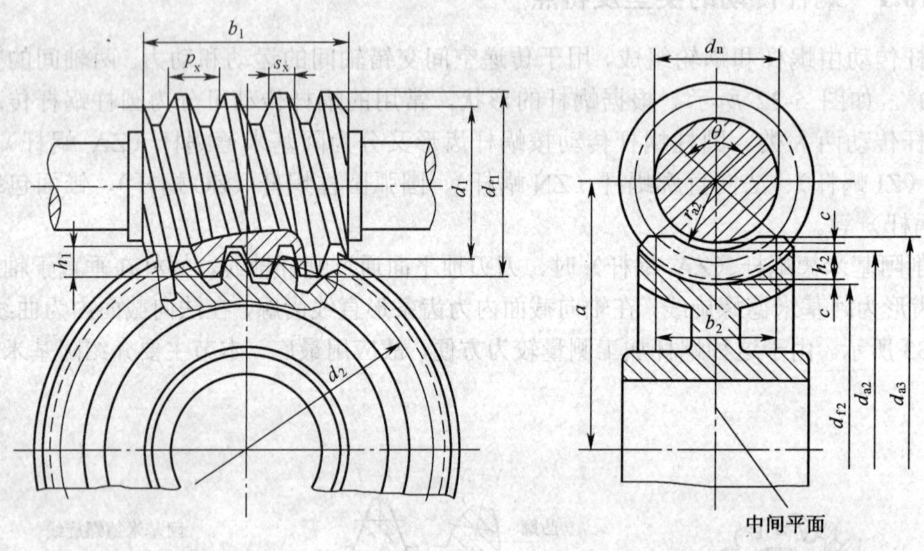

图 5-34 蜗杆传动的几何尺寸

2. 蜗杆分度圆直径 d_1 和蜗杆导程角 γ

蜗杆螺旋线有单头、多头之分。蜗杆的导程角是指圆柱螺旋线的切线与端平面之间所夹的锐角。如果将直径为 d_1 的蜗杆分度圆柱展开，如图 5-35 所示，则

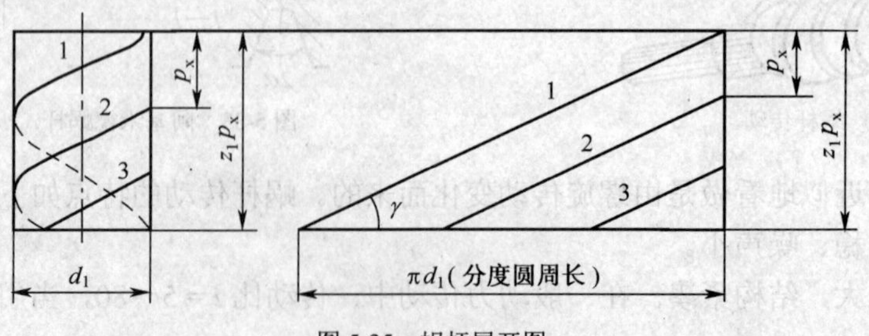

图 5-35 蜗杆展开图

$$\tan\gamma=\frac{z_1p_x}{\pi d_1}=\frac{z_1m}{d_1} \tag{5-32}$$

式中，z_1—— 蜗杆螺旋线头数，亦即蜗杆齿数；

p_x—— 蜗杆轴向齿距，单位为 mm；

m—— 蜗杆轴面（蜗轮端面）模数，单位为 mm。

加工蜗轮所用的滚刀与配对蜗杆的外形尺寸和参数几乎完全相同，由式（5-32）可知，同一标准模数 m，如果导程角γ不同，就会有无限多直径不同的蜗杆，则需要无限多的滚刀去切制蜗轮，经济性差。为了减少蜗轮滚刀的数目，便于刀具标准化，国家标准规定每一模数下的蜗杆分度圆直径为标准值，如表 5-11 所示。

表 5-11　　圆柱蜗杆传动的 m 与 d_1 搭配值

m（mm）	1	1.25		1.6		2				2.5			
d_1（mm）	18	20	22.4	20	28	（18）	22.4	（28）	35.5	（22.5）	28	（35.5）	45
m^2d_1（mm³）	18	31.25	35	51.2	71.68	72	89.6	112	142	140	175	221.9	281
m（mm）	3.15				4				5				
d_1（mm）	（28）	35.5	（45）	56	（31.5）	40	（50）	71	（40）	（50）	（63）	90	
m^2d_1（mm³）	277.8	352.2	446.5	556	504	640	800	1 136	1 000	1 250	1 575	2 250	
m（mm）	6.3				8				10				
d_1（mm）	（50）	63	（80）	112	（63）	80	（100）	140	（71）	90	（112）	160	
m^2d_1（mm³）	1 985	2 500	3 175	4 445	4 032	5 376	6 400	8 960	7 100	9 000	11 200	16 000	
m（mm）	12.5				16				20				
d_1（mm）	（90）	112	（140）	200	（112）	140	（180）	250	（140）	160	（224）	315	
m^2d_1（mm³）	14 062	17 500	21 875	31 250	28 672	35 840	46 080	64 000	56 000	64 000	89 000	126 000	

注：括号内数据尽可能不采用。

蜗轮轮齿和斜齿轮相似，把齿的旋向与轴线之间的夹角称为螺旋角，用β表示，并规定蜗杆分度圆柱面上的导程角γ应等于蜗轮分度圆柱面上的螺旋角 β，两者的螺旋方向必须相同，即$\gamma=\beta$。

3. 蜗杆头数 z_1、蜗轮齿数 z_2 和传动比 i

蜗杆头数通常为 $z_1 = 1\sim4$，最多为 6。单头蜗杆容易切削，导程角小，自锁性好，效率低。蜗杆头数愈多，加工愈困难，分度误差愈大。

蜗轮齿数 $z_2 = i\cdot z_1$，i 为传动比。为了避免切齿干涉现象，取 $z_2\geqslant27$，通常蜗轮齿数按传动比来确定。

蜗杆传动比 i 是蜗杆转速 n_1 与蜗轮转速 n_2 之比，也等于蜗轮齿数 z_2 与蜗杆头数 z_1 之比，即

$$i=\frac{n_1}{n_2}=\frac{z_2}{z_1} \tag{5-33}$$

应当注意，蜗杆传动的传动比 $i\neq d_2/d_1$。当蜗杆为主动件时，传动比应按规定选取，如表 5-12 所示。

表 5-12　　圆柱蜗杆传动的 i 与 z_1、z_2 推荐值

i	4.83～5.17	7.25～15.25	15.5～30.5	31～83
z_1	6	4	2	1
z_2	29～31	29～61	29～61	29～83

4. 蜗杆传动几何尺寸计算

阿基米德蜗杆传动几何尺寸计算公式如表 5-13 所示。

表 5-13　　阿基米德蜗杆传动几何尺寸计算公式

序　号	名　称	代　号	关 系 式	说　明
1	中心距	a	$a=\frac{d_1+d_2}{2}$	按规定选取
2	蜗杆头数	z_1		按规定选取
3	蜗轮齿数	z_2		按传动比确定
4	模数	m		按规定选取
5	传动比	i	$i=n_1/n_2=z_2/z_1$	按规定选取
7	蜗杆轴向齿距	p_x	$p_x=\pi\cdot m$	
8	蜗杆导程	p_z	$p_z=\pi\cdot m\cdot z_1$	
9	蜗杆分度圆直径	d_1		按规定选取
10	蜗杆齿顶圆直径	d_{a1}	$d_{a1}=d_1+2h_{a1}=d_1+2\mathrm{m}$	
11	蜗杆齿根圆直径	d_{f1}	$d_{f1}=d_1-2h_{f1}=d_1-2.4m$	
12	蜗杆齿顶高	h_{a1}	$h_{a1}=m$（正常齿）	
13	蜗杆齿根高	h_{f1}	$h_{f1}=1.2m$（正常齿）	
14	蜗杆齿高	h_1	$h_1=h_{a1}+h_{f1}=2.2m$（正常齿）	
15	蜗杆导程角	γ	$\tan\gamma=m\cdot z_1/d_1$	
16	蜗杆齿宽	b_1	$b_1\approx(11+0.06z_2)\,m$（$z_1\leqslant2$） $b_1\approx(12.5+0.09z_2)\,m$（$z_1>2$）	由设计确定
17	蜗轮分度圆直径	d_2	$d_2=m\cdot z_2=2a-d_1$	
18	蜗轮喉圆直径	d_{a2}	$d_{a2}=d_2+2h_{a2}$	
19	蜗轮齿根圆直径	d_{f2}	$d_{f2}=d_2-2h_{f2}$	
20	蜗轮齿顶高	h_{a2}	$h_{a2}=m$（正常齿）	
21	蜗轮齿根高	h_{f2}	$h_{f2}=1.2m$（正常齿）	
22	蜗轮齿高	h_2	$h_2=2.2m$（正常齿）	
23	蜗轮齿宽	b_2	$b_2\leqslant0.75d_{a1}$（$z_1\leqslant3$） $b_2\leqslant0.67d_{a1}$（$z_1>3$）	
24	蜗轮咽喉母圆半径	r_{g2}	$r_{g2}=a-d_{a2}/2$	
25	蜗轮齿宽角	θ	$\theta=2\arcsin\frac{b_2}{d_1}$	

5.10.3　蜗杆和蜗轮的结构

蜗杆一般与轴制成一体，称为蜗杆轴，如图 5-36 所示。只有当蜗杆齿根圆直径与轴径的比值大于 1.7 时，才采用组合式结构。

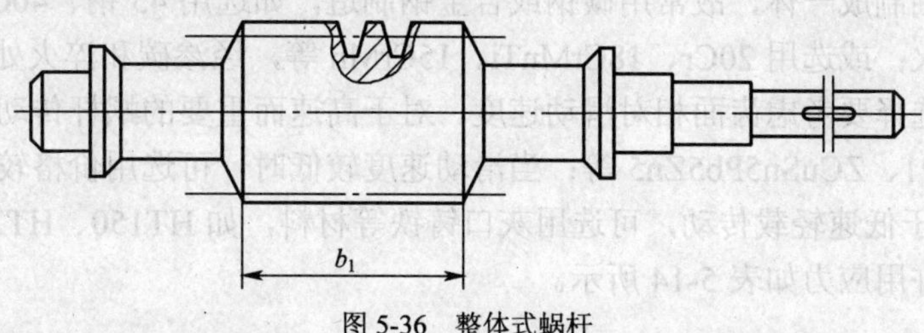

图 5-36　整体式蜗杆

蜗轮结构可分为整体式和组合式两种。铸铁蜗轮和直径小于 100mm 的青铜蜗轮均采用整体式，如图 5-37（a）所示。为了节约材料，直径较大的青铜蜗轮采用青铜齿圈配以铸铁或铸钢的轮心，制成组合式蜗轮，如图 5-36（b）、（c）所示，可以将青铜齿圈用过盈配合或螺栓与轮心连接起来。

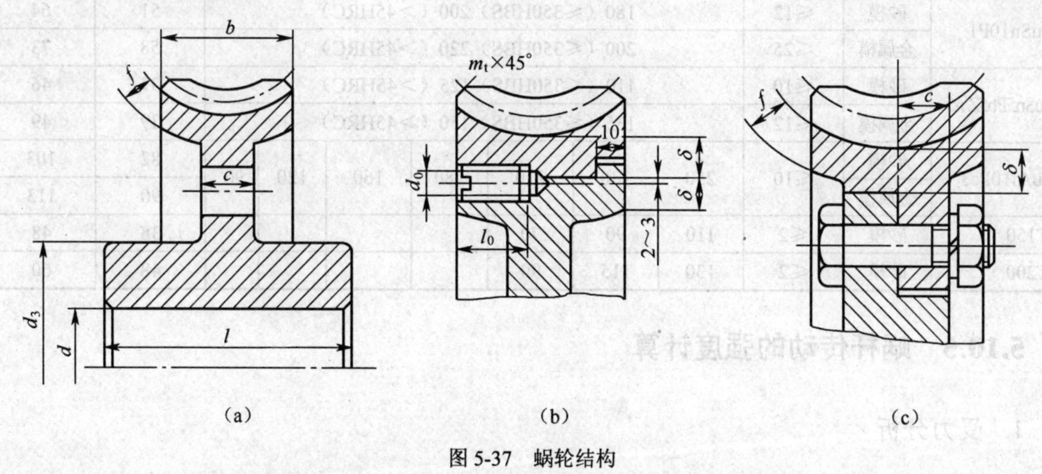

图 5-37　蜗轮结构

5.10.4　蜗杆传动的失效形式及所用材料

1．蜗杆传动的失效形式及设计准则

蜗杆传动的失效主要是轮齿失效，而且由于蜗轮材料的强度往往较蜗杆材料强度低，所以失效大多发生在蜗轮轮齿上。与齿轮传动类似，蜗杆传动的失效形式有点蚀、胶合、磨损和折断。由于相对滑动速度大，传动效率低，因此更容易产生胶合和磨损。实践表明，蜗轮在闭式传动中的失效形式主要是胶合与点蚀；在开式传动中的失效形式主要是磨损。当过载时，会发生轮齿折断现象。

综上所述，蜗杆传动一般只对蜗轮轮齿进行齿面接触疲劳强度计算。对效率不高又连续工作的闭式传动，因温升过高可能导致失效，故还需对其进行热平衡验算。有关热平衡验算的方法可查阅《机械设计手册》。

2. 蜗杆传动的材料

根据蜗杆传动的失效形式，对蜗杆传动副材料组合的要求是：有良好的减摩性、导热性和抗胶合性，有足够的强度。

蜗杆通常和轴制成一体，故常用碳钢或合金钢制造，如选用 45 钢、40Cr、42SiMn 等，经调质或高频淬火；或选用 20Cr、18CrMnTi、15CrMn 等，经渗碳和淬火处理。

蜗轮材料的选择要考虑齿面相对滑动速度。对于高速而重要的蜗杆传动，蜗轮常用锡青铜，如 ZCuSn10P1、ZCuSn5Pb5Zn5 等；当滑动速度较低时，可选用价格较低的铝青铜，如 ZCuAl10Fe3；对于低速轻载传动，可选用灰口铸铁等材料，如 HT150、HT200。

蜗轮材料的许用应力如表 5-14 所示。

表 5-14　　　　蜗轮材料的许用应力

材料牌号	铸造方法	适用滑动速度/（m/s）	许用接触应力[σ_H]/MPa 滑动速度/（m/s）							许用弯曲应力[σ_F]/MPa	
			0.5	1	2	3	4	6	8	≤45HRC	≥45HRC
ZcuSn10P1	砂模	≤12	180（≤350HBS）200（>45HRC）							51	64
	金属模	≤25	200（≤350HBS）220（>45HRC）							58	73
ZcuSn5Pb5Z n5	砂模	≤10	110（≤350HBS）125（>45HRC）							37	46
	金属模	≤12	135（≤350HBS）150（>45HRC）							39	49
ZcuAl10Fe3	砂模	≤10	250	230	210	180	160	120	90	82	103
	金属模									90	113
HT150	砂模	≤2	110	90	70					38	48
HT200	砂模	≤2	130	115	90					48	60

5.10.5 蜗杆传动的强度计算

1. 受力分析

蜗杆传动受力分析与斜齿轮传动相似。齿面上相互作用的法向力 F_n 可以分解为互相垂直的 3 个分力，即圆周力 F_t、径向力 F_r 和轴向力 F_a。设蜗杆 1 主动，蜗轮 2 从动，则力的分解如图 5-38 所示，各力为

$$F_{t1} = \frac{2000T_1}{d_1} \tag{5-34}$$

$$F_{t2} = \frac{2000T_2}{d_2} = \frac{2000T_1 i\eta}{d_2} \tag{5-35}$$

$$F_{r1} = F_{a1}\tan\alpha_{x1} = F_{t2}\tan\alpha_{t2} \tag{5-36}$$

式中，i—— 蜗杆传动的传动比；

α_{x1}—— 蜗杆齿轴面压力角；

α_{t2}—— 蜗轮端面压力角；

η —— 蜗杆传动效率，一般可取：当 $z_1 = 1$ 时，$\eta = 0.75$；当 $z_1 = 2$ 时，$\eta = 0.80$；当 $z_1 = 3$ 时，$\eta = 0.85$；当 $z_1 = 4$ 时，$\eta = 0.90$。

若忽略啮合摩擦的影响，由作用力与反作用力的关系，可得

$$F_{a1} = -F_{t2},\ F_{t1} = -F_{a2},\ F_{r1} = -F_{r2} \tag{5-37}$$

蜗杆传动 3 个分力的方向判别：圆周力 F_t、径向力 F_r 方向判别同圆柱齿轮传动；轴向力 F_a 的方向可按作用力与反作用力规则式（5-37）判别，F_{a1} 也可由“左右手定则”来判定。如图 5-39 所示，蜗杆螺旋线为右旋，用“右手定则”来判定，伸出右手半握拳，当四指与蜗杆转动方向一致时，则大拇指的指向为蜗杆轴向力 F_{a1} 方向，与大拇指指向相反，就是蜗轮的转动方向。

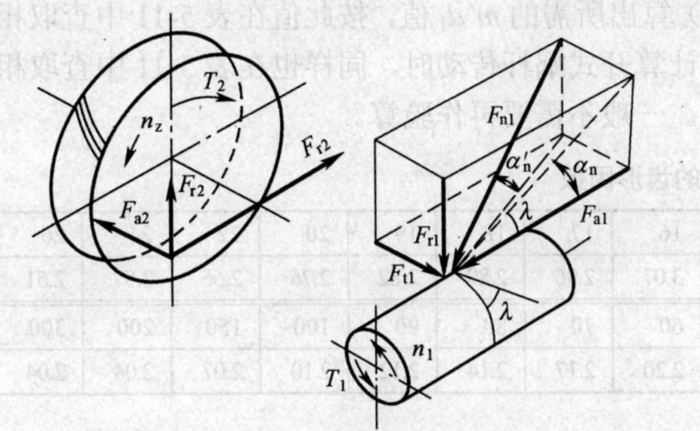

图 5-38 蜗杆传动受力分析

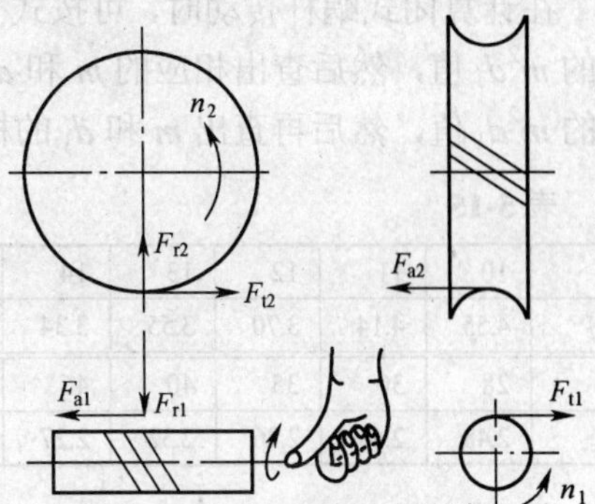

图 5-39 蜗轮转向的判定

2. 强度计算

蜗杆传动中，由于材料和结构方面的因素，蜗杆螺旋部分的强度总是比蜗轮轮齿的强度要高，所以只需作蜗轮轮齿的强度计算。蜗杆的强度可按轴的强度计算方法进行计算。

（1）蜗轮齿面接触疲劳强度计算

与斜齿圆柱齿轮传动相似，并考虑蜗轮轮齿齿形及载荷分布复杂的情况，可得蜗轮齿面接触疲劳强度计算式为

校核公式：
$$\sigma_H = \frac{100Z_E}{z_2 m}\sqrt{\frac{KT_2}{d_1}} \leqslant [\delta_H] \tag{5-38}$$

估算公式：
$$m^2 d_1 \geqslant \left(\frac{100Z_E}{z_2[\sigma_H]}\right)^2 KT_2 \tag{5-39}$$

式中，Z_E——材料因数，钢蜗杆与锡青铜蜗轮配合使用时，$Z_E = 160$，钢对铸铁 $Z_E = 162\left(\sqrt{MP_a}\right)$；

K ——载荷因数，$K = 1$～1.4，载荷平稳、蜗轮转速较低时取小值，否则取较大值；

T_2 ——蜗轮转矩，单位为 N·m；

m ——模数，单位为 mm；

z_2 ——蜗轮齿数；

d_1 ——蜗杆分度圆直径，单位为 mm；

$[\sigma_H]$ ——蜗轮齿面许用接触应力，单位为 MPa，由表 5-14 查得。

（2）蜗轮轮齿弯曲疲劳强度计算

根据斜齿轮齿根弯曲应力计算式，代入有关参数，可得蜗轮轮齿弯曲强度计算式为

校核公式：
$$\sigma_F = \frac{1600KT_2}{z_2 m^2 d_1} Y_E \leqslant [\sigma_F] \quad (5\text{-}40)$$

估算公式：
$$m^2 d_1 \geqslant \frac{1600KT_2 Y_E}{z_2 [\sigma_F]} \quad (5\text{-}41)$$

式中，Y_E —— 蜗轮轮齿的齿形因数，由表 5-15 查得。

$[\sigma_F]$ —— 蜗轮轮齿许用弯曲应力，单位为 MPa，由表 5-14 查得。

在计算闭式蜗杆传动时，可按式（5-39）算出所需的 m^2d_1 值，按此值在表 5-11 中查取相应的 m^2d_1 值，然后查出相应的 m 和 d_1 值；计算开式蜗杆传动时，同样也在表 5-11 中查取相应的 m^2d_1 值，然后再查出 m 和 d_1 的标准值。一般不需要再作验算。

表 5-15　蜗轮的齿形因数

z_2	10	11	12	13	14	15	16	17	18	19	20	22	24	26
Y_E	4.55	4.14	3.70	3.55	3.34	3.22	3.07	2.96	2.89	2.82	2.76	2.66	2.57	2.51
z_2	28	30	35	40	45	50	60	70	80	90	100	150	200	300
Y_E	2.48	2.44	2.36	2.32	2.27	2.24	2.20	2.17	2.14	2.12	2.10	2.07	2.04	2.04

5.11　轮　系

由一系列齿轮组成的传动系统称为轮系，轮系在机械传动中的应用十分广泛。本节主要介绍定轴轮系、周转轮系传动比的计算，以及齿轮系在机械中的应用。

5.11.1　概述

由一对齿轮相啮合组成的齿轮机构是齿轮传动中最简单的形式，它可以达到减速、增速或变向的目的。在多数机械传动中，如在起重机中的提升系统，需将电动机的高转速变为卷筒的低转速；在机床中则要求将电机的一种转速变换为主轴的多种转速；在汽车、拖拉机的后桥差速器中，需将发动机传来的一种转速分解为后轮的两个转速等。在这些情况下，采用一对齿轮传动无法满足要求，因此，必须应用多对齿轮组成传动装置。这种由一系列齿轮（包括蜗杆蜗轮）组成的传动系统称为轮系。

轮系传动时，根据各齿轮的几何轴线在空间的相对位置是否固定，可分为如下两种类型。

1. 定轴轮系

在轮系中，若每个齿轮的几何轴线在空间的位置都是固定不变的，则称为定轴轮系或普通轮系。图 5-40 所示为圆锥圆柱齿轮减速器。

2. 周转轮系

在轮系传动中，其中至少有一个齿轮的几何轴线是绕另一个定轴齿轮的几何轴线转动的

轮系，称为周转轮系。如图 5-41 所示，其中小齿轮 2 的轴线是不固定的，它除了能绕自身的几何轴线转动（自转）外，同时又绕固定轴线 O转动（公转）。

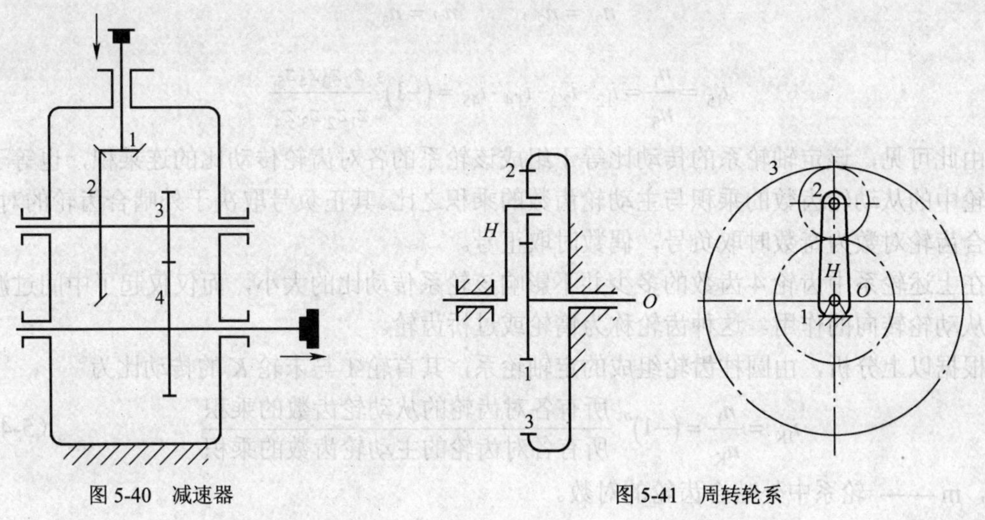

图 5-40　减速器　　　　图 5-41　周转轮系

5.11.2　定轴轮系传动比计算

轮系中，首末两齿轮的转速之比，称为该轮系的传动比。在计算轮系传动比时，除应确定其数值大小外，还应考虑两轮的转向关系。

如前所述，一对齿轮的传动比是指主动轮的转速与从动轮的转速之比，它也等于两轮齿数的反比，即

$$i_{12}=\frac{n_1}{n_2}=\pm\frac{z_2}{z_1}$$

式中，正负号分别表示输入、输出两轴的转动方向相同或相反。对于外啮合圆柱齿轮传动，因转向相反，取负号；对于内啮合圆柱齿轮传动，则取正号。应当注意，对于两轴不平行的空间齿轮传动，如圆锥齿轮传动、蜗杆传动等，两轴的转动方向无相同或相反可言，其传动比不存在正负号，两轴的转向应用画箭头的方法确定。

图 5-42 所示为一定轴轮系，计算此轮系的传动比 i_{15}。

轮系中各对齿轮的传动比为

$$i_{12}=\frac{n_1}{n_2}=-\frac{z_2}{z_1}$$

$$i_{2'3}=\frac{n_{2'}}{n_3}=\frac{z_3}{z_{2'}}$$

$$i_{3'4}=\frac{n_{3'}}{n_4}=-\frac{z_4}{z_{3'}}$$

$$i_{45}=\frac{n_4}{n_5}=-\frac{z_5}{z_4}$$

将以上各式两边分别连乘后得

$$i_{12} \cdot i_{2'3} \cdot i_{3'4} \cdot i_{45} = \frac{n_1}{n_2} \cdot \frac{n_{2'}}{n_3} \cdot \frac{n_{3'}}{n_4} \cdot \frac{n_4}{n_5} = (-1)^3 \frac{z_2 \cdot z_3 \cdot z_4 \cdot z_5}{z_1 \cdot z_{2'} \cdot z_{3'} \cdot z_4}$$

因
$$n_{2'} = n_2, \qquad n_{3'} = n_3$$

故
$$i_{15} = \frac{n_1}{n_5} = i_{12} \cdot i_{2'3} \cdot i_{3'4} \cdot i_{45} = (-1)^3 \frac{z_2 z_3 z_4 z_5}{z_1 z_{2'} z_{3'} z_4}$$

由此可见，该定轴轮系的传动比等于组成该轮系的各对齿轮传动比的连乘积，也等于各对齿轮中的从动轮齿数的乘积与主动轮齿数的乘积之比。其正负号取决于外啮合齿轮的对数，外啮合齿轮对数为奇数时取负号，偶数时取正号。

在上述轮系中齿轮 4 齿数的多少并不影响该轮系传动比的大小，而仅仅起了中间过渡和改变从动轮转向的作用。这种齿轮称为惰轮或过桥齿轮。

根据以上分析，由圆柱齿轮组成的定轴轮系，其首轮 1 与末轮 K 的传动比为

$$i_{1K} = \frac{n_1}{n_K} = (-1)^m \frac{\text{所有各对齿轮的从动轮齿数的乘积}}{\text{所有各对齿轮的主动轮齿数的乘积}} \tag{5-42}$$

式中，m —— 轮系中外啮合齿轮的对数。

在定轴轮系中，若包含有圆锥齿轮或蜗杆蜗轮，如图 5-42 所示，其传动比的大小仍可用式（5-1）进行计算，但首末两轮的转向关系不能用$(-1)^m$来确定，而必须在图上用画箭头的方法确定。

例 5-2　在图 5-43 所示的轮系中，已知各轮的齿数分别为 $z_1 = 15$，$z_2 = 25$，$z_2' = z_3' = 15$，$z_4 = z_3 = 30$，$z_4' = 2$（右旋），$z_5 = 60$，$z_5' = 20$（$m = 4\text{mm}$）。若 $n_1 = 1\,000\text{r/min}$，求齿条 6 移动速度的大小及方向。

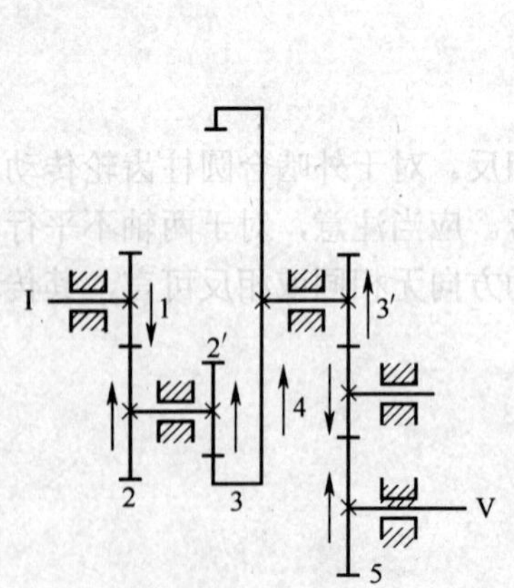

图 5-42　定轴轮系

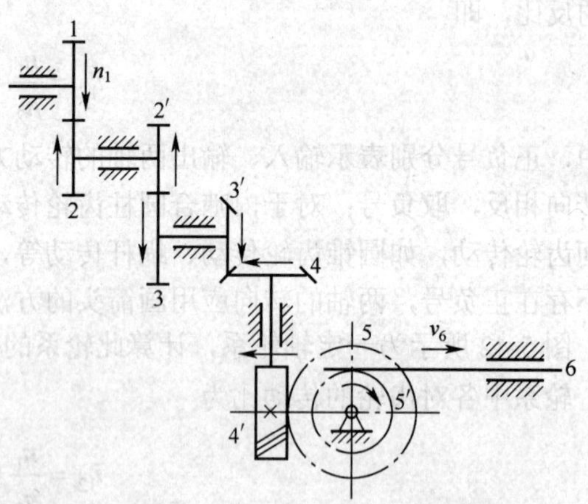

图 5-43　带有锥齿轮和蜗杆的定轴轮系

解　由图 5-43 可知，各轮轴线位置均为固定，并包含有圆锥齿轮和蜗杆蜗轮，所以是空间定轴轮系。可用式（5-1）计算传动比的大小，而各轮的转向只能用标箭头的方法表示。

由式（5-1）可得

$$i_{15} = \frac{n_1}{n_5} = \frac{z_2 z_3 z_4 z_5}{z_1 z_{2'} z_{3'} z_{4'}} = \frac{25 \times 30 \times 30 \times 60}{15 \times 15 \times 15 \times 2} = 200$$

故
$$n_5 = \frac{n_1}{i_{15}} = \frac{1\,000}{200} = 5\ \text{r/min}$$

因轮 5′与轮 5 同轴，故转速相同　$n_{5'} = n_5 = 5\ \text{r/min}$

因为齿条 6 与齿轮 5′啮合，所以齿条 6 的线速度 v_6 与齿轮 5′的节圆（标准齿轮分度圆）圆周速度相等。

$$v_6 = v_{5'} = \frac{\pi d_{5'} n_{5'}}{60\,000} = \frac{\pi m z_{5'} n_{5'}}{60\,000} = \frac{3.14 \times 4 \times 20 \times 5}{60\,000} = 0.021\ \text{m/s}$$

因轮 1 和轮 5 的轴线不平行，所以用画箭头的方法确定轮 5 的转向为顺时针方向，故齿条 6 的移动速度 v_6 的方向向右。

5.11.3　周转轮系传动比计算

图 5-44 所示为一周转轮系，外齿轮 1 和内齿轮 3 绕固定轴线 OO 回转，称为中心轮。齿轮 2 活套在构件 H 的小轴 O_1O_1 上，而构件 H 同时也能绕固定轴线 OO 回转，这种构件称为转臂或系杆。齿轮 2 既能绕自身的轴线 O_1O_1 回转（自转），又能随构件 H 绕固定轴线 OO 回转（公转），就像行星一样，兼作自转和公转，故称齿轮 2 为行星轮。

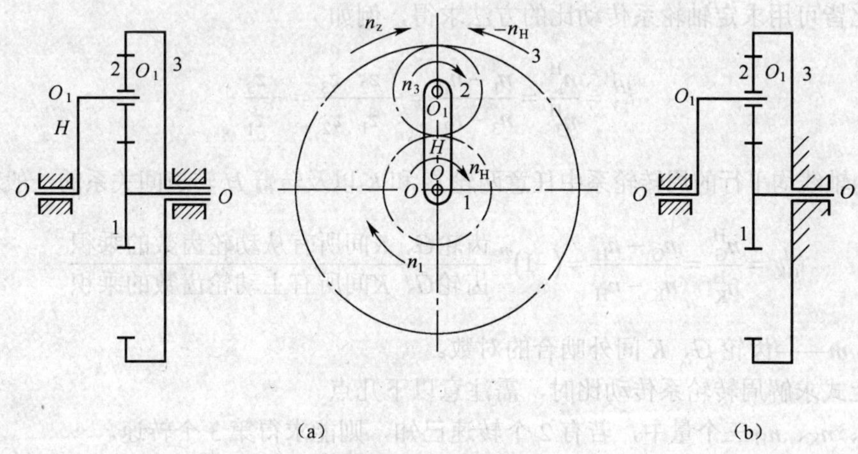

图 5-44　周转轮系

在周转轮系中，一般都以中心轮和转臂作为运动的输入和输出构件，它们是周转轮系的基本构件。基本构件通常是绕同一固定轴线回转的。

具有一个自由度的周转轮系称为行星轮系，如图 5-44（b）所示的轮系，中心轮 1 运动，而轮 3 固定，所以该轮系的自由度为

$$F = 3n - 2P_L - P_H = 3 \times 3 - 2 \times 3 - 2 = 1$$

为了使该轮系中的各构件有确定的相对运动，只需要一个主动构件。

具有两个自由度的周转轮系，称差动轮系，如图 5-44（a）所示的轮系，中心轮 1 和 3 都不固定，所以该轮系的自由度为

$$F = 3n - 2P_L - P_H = 3 \times 4 - 2 \times 4 - 2 = 2$$

为了使该轮系中的各构件有确定的相对运动，需要两个主动构件。

周转轮系和定轴轮系的根本区别就在于周转轮系中有转臂，所以使得行星轮既有自转又

有公转。由于这个差别，周转轮系的传动比就不能直接用定轴轮系的传动比计算方法来计算。

计算周转轮系传动比时通常采用相对速度法。根据相对运动原理可知，如果给整个轮系加一个与转臂 H 的转速 n_H 大小相等、方向相反的转速（$-n_H$），则轮系各构件间相对运动关系仍保持不变。这样转臂 H 变为不动，而整个周转轮系转化为定轴轮系。这种经转化而得到的假想定轴轮系称为原周转轮系的转化轮系。

以图 5-44 所示周转轮系为例，当轮系中加上$-n_H$后，各构件的转速如表 5-16 所示。

表 5-16　　周转轮系与转化轮系各轮的转速关系

构 件 名 称	周转轮系中的转速	转化轮系中的转速
中心轮 1	n_1	$n_1^H = n_1 - n_H$
行星轮 2	n_2	$n_2^H = n_2 - n_H$
中心轮 3	n_3	$n_3^H = n_3 - n_H$
转臂 H	n_H	$n_H^H = n_H - n_H$

上表所列转化轮系中各构件的转速的上方都带有角标 ^{H}，它表示这些转速是各构件对转臂 H 的相对转速。由于转化轮系中转臂 H 相对静止不动，故为定轴轮系。转化轮系中任意两轮的传动比皆可用求定轴轮系传动比的方法求得，例如

$$i_{13}^H = \frac{n_1^H}{n_3^H} = \frac{n_1 - n_H}{n_3 - n_H} = -\frac{z_2 \cdot z_3}{z_1 \cdot z_2} = -\frac{z_3}{z_1}$$

各轮的轴线均平行的周转轮系中任意两轮 G 和 K 以及转臂 H 转速间关系的一般表达式为

$$i_{GK}^H = \frac{n_G^H}{n_K^H} = \frac{n_G - n_H}{n_K - n_H} = (-1)^m \frac{\text{齿轮}G\text{、}K\text{间所有从动轮齿数的乘积}}{\text{齿轮}G\text{、}K\text{间所有主动轮齿数的乘积}} \qquad (5\text{-}43)$$

式中，m——齿轮 G、K 间外啮合的对数。

应用上式求解周转轮系传动比时，需注意以下几点。

① n_G、n_K、n_H 三个量中，若有 2 个转速已知，则能求得第 3 个转速。

② 在 n_G、n_K、n_H 三个量中，如果 2 个转速方向相反，则 1 个为正值，另 1 个为负值。

③ $i_{GK} \neq i_{GK}^H$。i_{GK} 是行星齿轮系中轮 G 与轮 K 的绝对转速之比，而后者是转化轮系中两轮的相对转速比。

④ i_{GK}^H 的符号为正（或负），表示轮 G 和轮 K 在转化轮系中相对转向相同（或相反），即 n_G^K 与 n_K^H 的转向相同（或相反），与其绝对转速 n_G、n_K 的转向无关。对各轮的轴线均平行周转轮系，i_{GK}^H 的符号由（-1）^{m} 确定；对由锥齿轮所组成的周转轮系，i_{GK}^H 的符号则将转化轮系按定轴轮系的箭头方法确定。

对于由定轴轮系和周转轮系所组成的混合轮系，不能简单地用对整个轮系加一个公共转速的办法将其转化为一个定轴轮系。因为，这样做的结果是使周转轮系变成定轴轮系，同时也把原来的定轴轮系反而变成了周转轮系，致使问题得不到解决，所以，在混合轮系传动比计算时，首先是将定轴轮系与周转轮系区分开来，然后分别列出它们的计算方程式，最后联立求解，即可得到整个轮系的传动比。

例 5-3　在图 5-44（b）所示的周转轮系中，各轮的齿数分别为 $z_1 = 25$，$z_2 = 17$，$z_3 = 60$，且 $n_1 = 1\,836$ r/min，求传动比 i_{1H} 和转臂 H 的转速 n_H。

解　因中心轮 3 是固定的，即其转速为零。先列出转化轮系的传动比，根据式（5-43）得

$$i_{13}^{H} = \frac{n_1^{\mathrm{H}}}{n_3^{\mathrm{H}}} = \frac{n_1 - n_H}{n_3 - n_H} = -\frac{z_3}{z_1}$$

因　$n_3 = 0$，则

$$\frac{n_1 - n_{\mathrm{H}}}{0 - n_{\mathrm{H}}} = -\frac{z_3}{z_1} = -\frac{60}{25}$$

解得

$$i_{1\mathrm{H}} = \frac{n_1}{n_{\mathrm{H}}} = 1 + \frac{60}{25} = 3.4$$

代入 $n_1 = 1\,836$ r/min 得

$$n_{\mathrm{H}} = \frac{n_1}{i_{1\mathrm{H}}} = \frac{1836}{3.4}\ \mathrm{r/min} = 540\quad \mathrm{r/min}$$

结果为正，说明转臂 H 与齿轮 1 的转向相同。

例 5-4　如图 5-45 所示为加法机构的轮系，其中圆锥齿轮 1、2、3 和转臂 H 组成周转轮系，圆柱齿轮 4、5 组成定轴轮系。已知 $z_1 = z_2 = z_3 = 15$，$z_4 = 30$，$z_5 = 15$，轮 1 和轮 3 都是主动轮，它们的转速分别为 n_1 和 n_2，求输出转速 n_5。

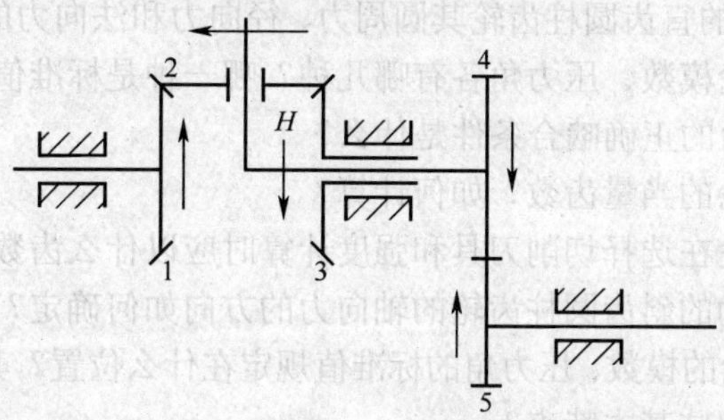

图 5-45　加法机构

解　周转轮系传动比为

$$i_{13}^{H} = \frac{n_1^{\mathrm{H}}}{n_3^{\mathrm{H}}} = \frac{n_1 - n_{\mathrm{H}}}{n_3 - n_{\mathrm{H}}} = (-1)\frac{z_2 z_3}{z_1 z_2} = (-1)\frac{15\times 15}{15\times 15} = -1$$

该周转轮系由圆锥齿轮组成，转化轮系中 n_1 和 n_3 的转向用画箭头方法表示。由于轮 1 和轮 3 的箭头方向相反（即转向相反），所以上式中传动比的计算取负号。

整理上式得

$$n_{\mathrm{H}} = \frac{1}{2}(n_1 + n_3)$$

该轮系为差动轮系，轮 1、3 均为主动件，因转臂 H 和轮 4 装在同一轴上，故 $n_{\mathrm{H}} = n_4$。

轮 4、5 为定轴轮系，故

$$i_{45} = \frac{n_4}{n_5} = -\frac{z_5}{z_4} = -\frac{1}{2}$$

所以

$$n_5 = -2n_4 = -2 \times \frac{1}{2}(n_1 + n_3) = -(n_1 + n_3)$$

若 n_1 和 n_3 转向相同，则用正号代入；若 n_1 和 n_3 转向相反，则其中一个用正号代入，另一个用负号代入；n_5 的转向由计算结果所得的正负号来确定。

习　　题

5-1　齿轮传动有什么特点？齿轮传动的类型有哪些？

5-2　渐开线直齿圆柱齿轮的正确啮合条件是什么？连续传动条件是什么？

5-3　什么叫齿轮的切齿干涉？标准直齿圆柱齿轮不发生切齿干涉的最少齿数是多少？

5-4　什么叫变位齿轮？与标准齿轮相比有什么特点？

5-5　常见的齿轮轮齿损伤与失效形式有哪些？

5-6　开式齿轮传动和闭式齿轮传动的轮齿失效形式有什么不同？闭式软齿面齿轮传动与闭式硬齿面齿轮传动的失效形式又有什么不同？各自的设计准则是什么？

5-7　为什么小齿轮齿面硬度要比大齿轮齿面硬度高些？

5-8　为什么斜齿圆柱齿轮比直齿圆柱齿轮传动平稳且承载能力大？

5-9　一对啮合传动的直齿圆柱齿轮其圆周力、径向力和法向力的大小、方向如何确定？

5-10　斜齿圆柱齿轮模数、压力角各有哪几种？哪一种是标准值？

5-11　斜齿圆柱齿轮的正确啮合条件是什么？

5-12　什么叫斜齿轮的当量齿数？如何计算？

5-13　斜齿圆柱齿轮在选择切削刀具和强度计算时应以什么齿数为依据？

5-14　一对啮合传动的斜齿圆柱齿轮的轴向力的方向如何确定？

5-15　直齿圆锥齿轮的模数、压力角的标准值规定在什么位置？其正确啮合条件是什么？

5-16　蜗杆传动有哪些基本特点？

5-17　蜗杆传动的正确啮合条件是什么？其传动比是否等于蜗轮和蜗杆的分度圆直径之比？

5-18　什么叫定轴轮系？什么叫周转轮系？

5-19　如何计算定轴轮系的传动比？怎样确定其首末轮的转向关系？

5-20　为什么可以通过转化轮系计算周转轮系的传动比？转化轮系中各构件的转速是否与原周转轮系的转速相等？

5-21　C61508 车床主轴箱内有一对标准直齿圆柱齿轮，其模数 $m = 3\text{mm}$，齿数 $z_1 = 21$，$z_2 = 66$，压力角 $\alpha = 20°$，正常齿制。试计算两齿轮的主要几何尺寸。

5-22　上题中若支承两齿轮的箱体轴承孔中心距恰好等于标准中心距。试确定两轮的节圆直径和啮合角，并作图确定实际啮合线 B_1B_2 的长度，检查该对齿轮传动的重合度为多少？

5-23　已知一标准渐开线直齿圆柱齿轮，其齿顶圆直径 $d_{a1} = 77.5\text{mm}$，齿数 $z_1 = 29$。要求设计一个大齿轮与其外啮合，传动的安装中心距 $a = 145\text{mm}$，试计算这对齿轮的主要参数及大齿轮的主要尺寸。

5-24　今有一个齿数 $z=24$ 的正常齿制标准圆柱齿轮，跨齿数为 3 时，测得公法线长度 $W_3=61.83$mm；跨齿数为 2 时，测得公法线长度 $W_2=37.55$mm。此外，测得齿顶圆直径 $d_a=208$mm，试确定该齿轮的压力角和模数。

5-25　试设计单级直齿圆柱齿轮减速器中的齿轮传动。已知传递功率 $P=5$kW，小齿轮转速 $n_1=970$r/min，大齿轮转速 $n_2=250$r/min；电动机驱动，工作载荷比较平稳，单向传动，小齿轮齿数已选定 $z_1=25$，材料选 45 钢调质 210HBS，大齿轮材料选 45 钢正火 180HBS。

5-26　已知一对正常齿标准斜齿圆柱齿轮的模数 $m_n=3$mm，齿数 $z_1=23$、$z_2=76$，分度圆螺旋角 $\beta=8°6'34''$，试求其中心距、端面压力角、当量齿数、分度圆直径、齿顶圆直径和齿根圆直径。

5-27　题图 5-27 所示为斜齿圆柱齿轮减速器。

（1）已知主动轮 1 的螺旋角旋向及转向，为了使轮 2 和轮 3 的中间轴的轴向力最小，试确定轮 2、3、4 的螺旋角旋向和各轮产生的轴向力方向。

（2）已知 $m_{n2}=3$mm，$z_2=57$，$\beta_2=18°$，$m_{n3}=4$mm，$z_3=20$，问 β_3 应为多少时，才能使中间轴上两齿轮产生的轴向力相互抵消？

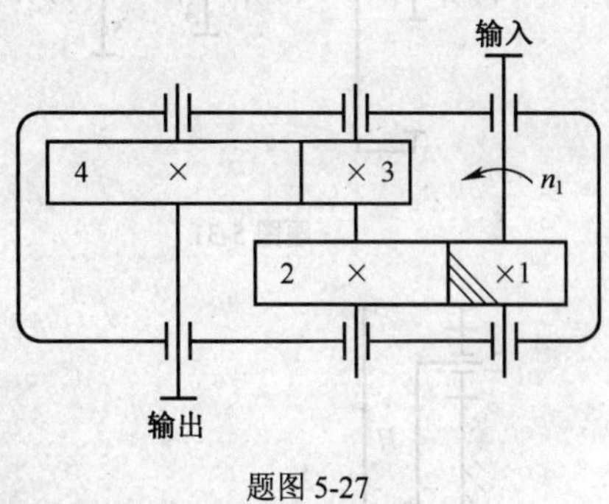

题图 5-27

5-28　已知一对轴交角 $\Sigma=90°$ 的直齿圆锥齿轮传动，$m=3$mm，齿数 $z_1=20$，$z_2=40$，压力角 $\alpha=20°$，齿顶高系数 $h_a^*=1$，顶隙系数 $c^*=0.2$。试计算该对齿轮的几何尺寸。

5-29　一标准普通圆柱蜗杆传动，已知其蜗杆的轴向模数 $m=10$mm，头数 $z_1=1$，分度圆直径 $d_1=90$mm，蜗轮齿数 $z_2=31$，试确定蜗杆分度圆直径、蜗轮分度圆直径、蜗杆分度圆导程角、中心距。

5-30　试判定题图 5-30 所示齿轮与蜗杆的转动方向或螺旋方向，蜗杆均为主动。

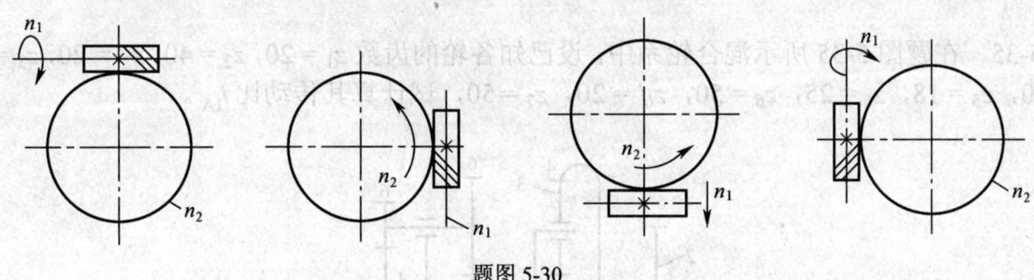

题图 5-30

5-31　题图 5-31 所示轮系中，已知各轮的齿数为 $z_1=z_2=20$，$z_3=60$，$z'_3=26$，$z_4=30$，$z'_4=22$，$z_5=34$。试计算传动比 i_{15}。

5-32　题图 5-32 所示的手摇提升装置中，设已知各轮的齿数 $z_1=20$，$z_2=50$，$z_2'=15$，$z_3=30$，$z_3'=1$，$z_4=40$，$z_4'=18$，$z_5=52$，试求其传动比 i_{15}，并指出提升重物时手柄的转向。

5-33　在题图 5-33 所示的行星齿轮系中，已知轮 3 的转速 $n_3=2\,400$r/min，各轮的齿数 $z_1=105$，$z_3=135$，试求系杆 H 的转速。

5-34　题图 5-34 所示为一矿山用电钻的传动机构。已知各轮的齿数为 $z_1=15$，$z_3=45$，电动机 m 的转速 $n_1=3\,000$r/min。试计算钻头 h 的转速 n_h。

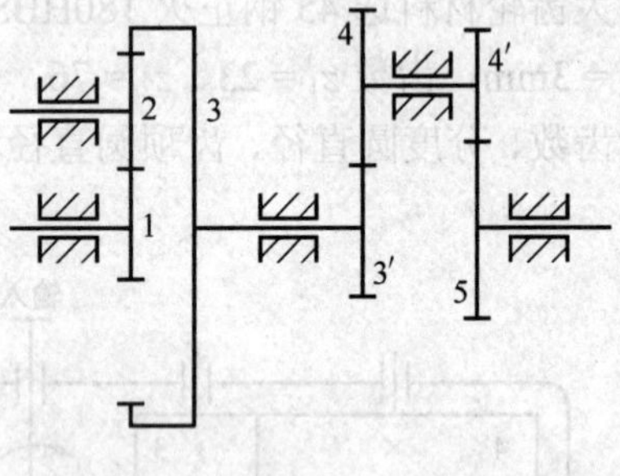

题图 5-31

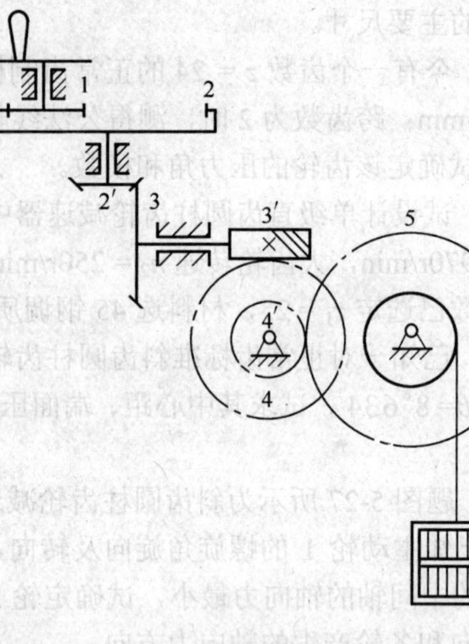

题图 5-32

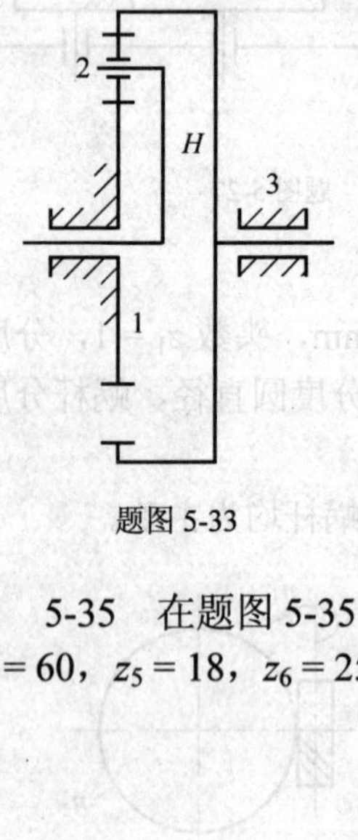

题图 5-33

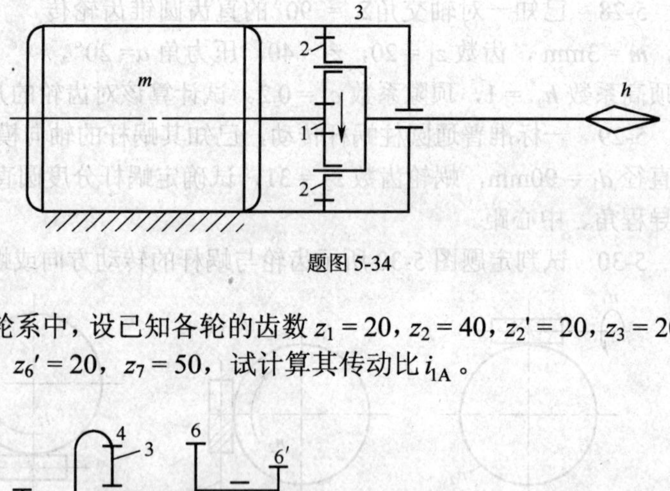

题图 5-34

5-35　在题图 5-35 所示混合轮系中，设已知各轮的齿数 $z_1 = 20$，$z_2 = 40$，$z_2' = 20$，$z_3 = 20$，$z_4 = 60$，$z_5 = 18$，$z_6 = 25$，$z_6 = 50$，$z_6' = 20$，$z_7 = 50$，试计算其传动比 i_{1A}。

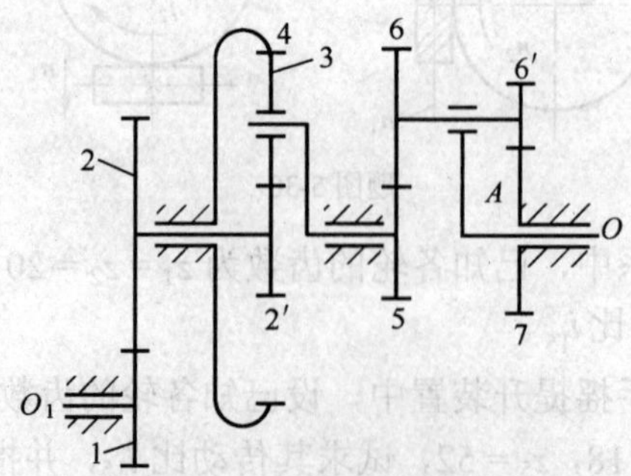

题图 5-35

第 6 章　带传动和链传动

带传动和链传动是机械传动中常用的挠性传动，它们均由主、从动轮和包绕在它们外面的挠性件（带或链）组成，一般用来传递相距较远两轴之间的运动和动力。带传动和链传动在工作原理上不同，大部分带传动靠摩擦力实现传动，链传动则靠链条和连轮之间的啮合实现传动。本章着重分析带传动的工作情况，并介绍其设计计算方法，同时简单讨论链传动工作特点。

教学目标

- 了解带传动、链传动的工作原理、运动特性、应用特点和结构标准；
- 了解带传动、链传动的张紧、布置和维护的基本知识；
- 掌握带传动的设计计算方法、步骤和主要参数选择；
- 具有选择、设计和维护挠性传动的一般能力。

6.1　带传动的类型和特点

带传动一般由主动带轮 1、从动带轮 2 和传动带 3 组成。带具有挠性，包绕在带轮外面并适度张紧，通过它将主动带轮的运动和动力传递给从动带轮，如图 6-1 所示。

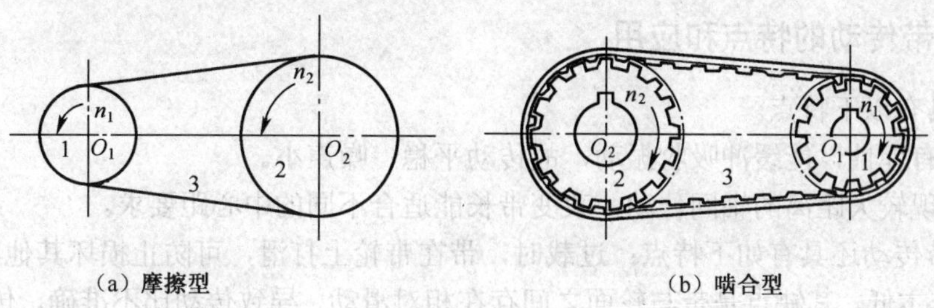

图 6-1　带传动

6.1.1　带传动的主要类型

根据工作原理不同，带传动分为摩擦型和啮合型两大类。摩擦型带传动如图 6-1（a）所示，依靠带与带轮间的摩擦力来传递运动和动力；啮合型带传动（也叫同步带传动），依靠带内侧的齿与齿形带轮的啮合来传递运动和动力，如图 6-1（b）所示。

摩擦型带传动中，根据带横截面形状不同可分为以下 4 种。

1.平带传动

平带的横截面为扁平矩形，内表面与带轮接触，如图 6-2（a）所示。

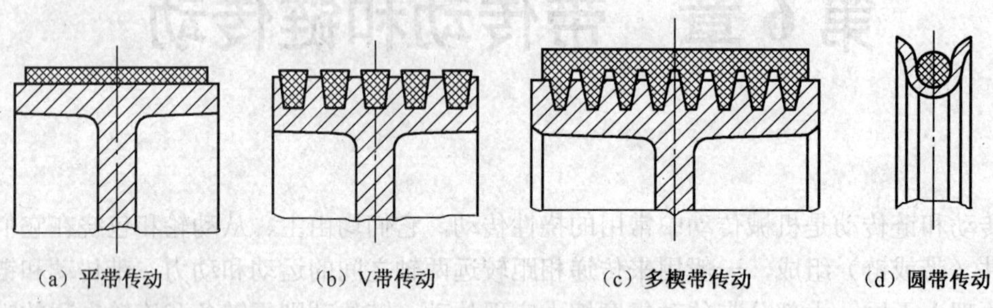

图 6-2 摩擦型带传动类型

2. V 带传动

V 带的横截面为梯形，两侧面为工作面，如图 6-2（b）所示。V 带与平带相比，由于正压力作用在楔形面上，因此，带在相同的张紧程度下，V 带传动中的摩擦力要大得多，能传递较大的功率，且结构紧凑，故应用最广。

3. 多楔带传动

多楔带由若干 V 带组合而成，如图 6-2（c）所示，它可避免多根 V 带长度不等，传力不均的缺点。

4. 圆带传动

圆带的横截面呈圆形，如图 6-2（d）所示。圆带传动仅适用于载荷很小的传动，如用于缝纫机、牙科医疗器械等。

6.1.2 带传动的特点和应用

带传动具有以下特点。

① 带具有弹性，能缓冲吸收振动，故传动平稳、噪声小。

② 能实现较大距离的轴间传动，改变带长能适合不同的中心距要求。

摩擦型带传动还具有如下特点：过载时，带在带轮上打滑，可防止损坏其他零件；结构简单，制造成本低。其缺点是带与轮面之间存在相对滑动，导致传动比不准确，传动效率低，带的寿命较短。

啮合型带传动还具有如下特点：传动比准确；传动比较大（可达 10）；传动效率高（可达 98%）；适合较高的传动速度（可达 50m/s）。啮合型传送带的制造工艺复杂，安装精度要求较高。

摩擦型传动一般适用于功率不大和无须保证准确传动比的场合。在多级减速传动装置中，带传动通常置于与电动机相连的高速级。啮合型（同步）带传动主要用于中小功率、传动比要求精确的场合，如数控机床、绘图仪、录音机、打印机等精密机械。

6.2　普通 V 带、V 带轮的结构及标准

V 带在机械传动中应用较广，V 带又有普通 V 带、窄 V 带、宽 V 带、汽车 V 带和大楔角 V 带等。其中以普通 V 带应用最广，故本节只讨论普通 V 带传动。

6.2.1　普通 V 带的结构及标准

普通 V 带是截面呈等腰梯形的橡胶带，两侧面是其工作面，其结构如图 6-3 所示。抗拉体是承受载荷的主体，由帘布或线绳组成。线绳结构的普通 V 带柔韧性好，使用寿命长，适用于带轮直径较小、转速较高的场合。

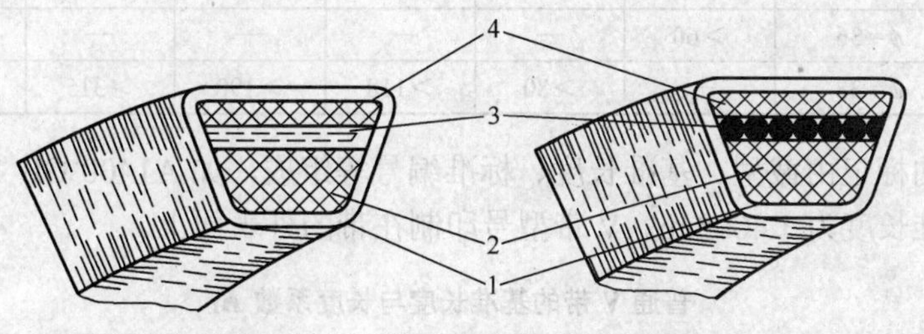

图 6-3　普通 V 带的结构
1—包布　2—底胶　3—承载层　4—顶胶

V 带截面尺寸及带轮沟槽尺寸如表 6-1 所示，按截面尺寸由小到大分为 Y、Z、A、B、C、D、E 七种型号。V 带绕过带轮时发生弯曲变形，在截面上有一个中性面保持其宽度不变，这个中性面称为节面。节面的宽度称为节宽 b_p。带轮上与 V 带节面处于同一位置上的轮槽宽称为轮槽的基准宽度 b_d，该处的带轮直径称为带轮的基准直径 d_d。工程中常称的带轮直径 d，即指带轮的基准直径 d_d。普通 V 带都制成无接头的环形。在规定的张紧力下，V 带在节面位置处的长度称为带的基准长度 L_d。其基准长度与长度系数如表 6-2 所示。

表 6-1　　普通 V 带截面尺寸及带轮沟槽尺寸

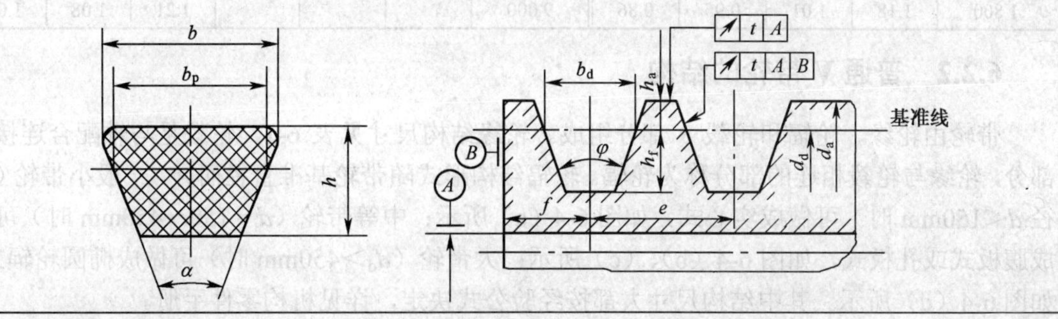

续表

尺寸		Y	Z	A	B	C	D	E
		型号						
普通V带尺寸	节宽 b_p/mm	5.3	8.5	11	14	19	27	32
	顶宽 b/mm	6	10	13	17	22	32	38
	高宽 h/mm	4	6	8	11	14	19	25
	单位长度质量 m/(kg/m)	0.04	0.06	0.10	0.17	0.30	0.62	0.87
	楔角 a	40°						
带轮沟槽尺寸	b_d	5.3	8.5	11	14	19	27	32
	h_{amin}	1.6	2.0	2.75	3.5	4.8	8.1	9.6
	h_{fmin}	4.7	7.0	8.7	10.8	14.3	19.9	23.4
	e	8 ± 0.3	12 ± 0.3	15 ± 0.3	19 ± 0.4	25.5 ± 0.5	37 ± 0.6	44.5 ± 0.7
	f_{min}	6	7	9	11.5	16	23	28
	与 d_d 相对应的 ϕ：ϕ= 32°	≤60	—	—	—	—	—	—
	ϕ= 34°	—	≤80	≤118	≤190	≤315	—	—
	ϕ= 36°	＞60	—	—	—	—	≤475	≤600
	ϕ= 38°	—	＞80	＞118	＞190	＞315	＞475	＞600

普通 V 带的标记由截型、基准长度、标准编号等组成，如 A1400 GB 11544—1989 表示 A 型 V 带，基准长度为 1 400mm。V 带型号印制在带的外表面上。

表 6-2　　普通 V 带的基准长度与长度系数 K_L

基准长度 L_d/mm	K_L Z	A	B	C	基准长度 L_d/mm	K_L Z	A	B	C	D	E
400	0.87				2 000		1.03	0.98	0.88		
450	0.89				2 240		1.06	1.00	0.91		
500	0.91				2 500		1.09	1.03	0.93		
560	0.94				2 800		1.11	1.05	0.95	0.83	
630	0.96	0.81			3 150		1.13	1.07	0.97	0.86	
710	0.99	0.83			3 550		1.17	1.09	0.99	0.89	
800	1.00	0.85			4 000		1.19	1.13	1.02	0.91	
900	1.03	0.87	0.82		4 500			1.15	1.04	0.93	0.90
1 000	1.06	0.89	0.84		5 000			1.18	1.07	0.96	0.92
1 120	1.08	0.91	0.86		5 600				1.09	0.98	0.95
1 250	1.11	0.93	0.88		6 300				1.12	1.00	0.97
1 400	1.14	0.96	0.90		7 100				1.15	1.03	1.00
1 600	1.16	0.99	0.92	0.83	8 000				1.18	1.06	1.02
1 800	1.18	1.01	0.95	0.86	9 000				1.21	1.08	1.05

6.2.2　普通 V 带轮的结构

带轮由轮缘、轮辐和轮毂 3 部分组成。轮缘结构尺寸见表 6-1，轮毂是与轴配合连接的部分，轮缘与轮毂相连的部分称为轮辐。轮辐结构形式随带轮基准直径而异，一般小带轮（直径 d＜150mm 时）可做成实心式，如图 6-4（a）所示；中等带轮（d = 150～450mm 时）可做成腹板式或孔板式，如图 6-4（b）、（c）所示；大带轮（d_d＞450mm 时）可做成椭圆轮辐式，如图 6-4（d）所示。其中结构尺寸大都按经验公式决定，详见机构零件手册。

为了防止 V 带绕过带轮时弯曲过大而影响 V 带的强度，应限制小带轮的最小直径，可根据 V 带型号选择小带轮直径 $d \geqslant d_{min}$。大带轮的直径应按传动比计算获得，但应圆整为 V 带轮直径标准系列值，V 带轮最小基准直径与标准系列直径如表 6-3 所示。

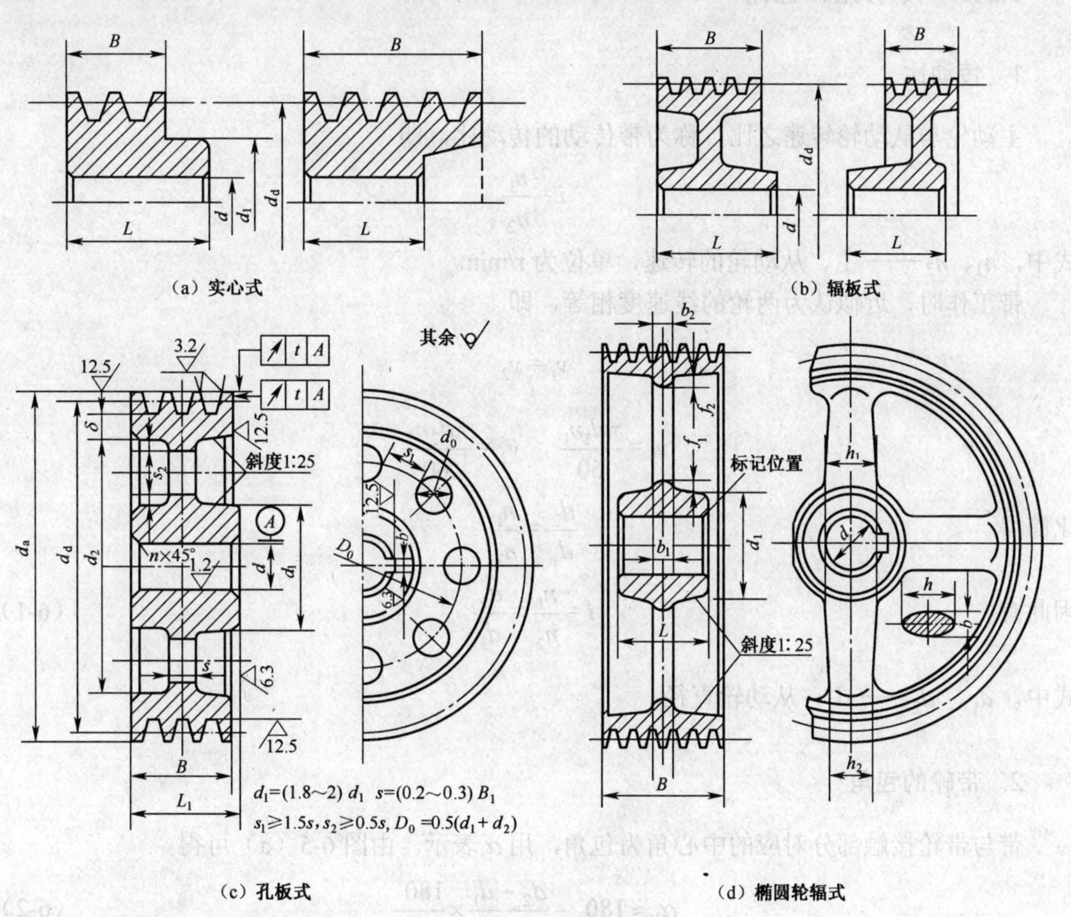

图 6-4　普通 V 带轮结构

V 带轮的材料可选用灰铸铁、铸钢、铝合金或工程塑料。当带速 $v \leqslant 20$m/s 时采用 HT200；$v \geqslant 25 \sim 45$m/s 时宜用铸钢；小功率时可选用铸铝或工程塑料。

表 6-3　V 带轮最小基准直径与标准系列直径

V 带型号	Y	Z	A	B	C	D	E
最小基准直径 d_{min}/mm	20	50	75	125	200	355	500
标准系列直径/mm	50,56,63,71,75,80,85,90,95,100,106,112,118,125,132,140,150,160,170,180,200,212,224,236,250,265,280,315,355,375,400,425,450,475,500,630,710,800,900,1 000,1 120,1 250,1 600,2 000,2 500						

6.3　带传动的工作情况分析

本节将通过分析带传动的受力来讨论带传动的工作能力和传动特点。由带传动的工作情况分析可知，带传动的失效主要表现为皮带的打滑和疲劳破坏等，它们是带传动设计计算的依据。

6.3.1 传动比和包角

1. 传动比

主动轮与从动轮转速之比，称为带传动的传动比，即

$$i = \frac{n_1}{n_2}$$

式中，n_1、n_2——主、从动轮的转速，单位为 r/min。

带工作时，近似认为两轮的线速度相等，即

$$v_1 = v_2$$

$$v_1 = \frac{\pi d_1 n_1}{60}, \quad v_2 = \frac{\pi d_2 n_2}{60}$$

化简得

$$\frac{d_2}{d_1} = \frac{n_1}{n_2}$$

因此有

$$i = \frac{n_1}{n_2} = \frac{d_2}{d_1} \tag{6-1}$$

式中，d_1、d_2——主、从动轮直径。

2. 带轮的包角

带与带轮接触部分对应的中心角为包角，用α表示。由图 6-5（a）可得

$$\alpha_1 \approx 180^\circ - \frac{d_2 - d_1}{a} \times \frac{180^\circ}{\pi} \tag{6-2}$$

式中，α_1——小带轮上的包角，单位为°；

a——两轮中心距，单位为 mm。

6.3.2 受力分析

带以一定的初拉力 F_0 张紧在两带轮上，使带与带轮接触面间产生正压力，如图 6-5（a）所示。进入工作状态时，接触面产生摩擦力，使进入主动轮一边的带的拉力增大为 F_1，该边称为紧边；离开主动轮一边带的拉力降为 F_2，该边称为松边，如图 6-5（b）所示。两边拉力差（F_1−F_2）为传递动力作用的拉力，称为有效拉力 F_e。

对于具体的带传动，当要求传递功率为 P（kW）、带速为 v（m/s）时，要求的有效拉力为 $F_e = 1\,000P/v$。

由于带传动为摩擦传动，有效拉力 F_e 在数值上等于带与小带轮触弧上摩擦力总和。在一定条件下，摩擦力有一极限值，如果负载力超过极限值，带将打滑而导致带传动不能正常工作。影响带传动的最大有效拉力 F_{emax} 的因素如下：

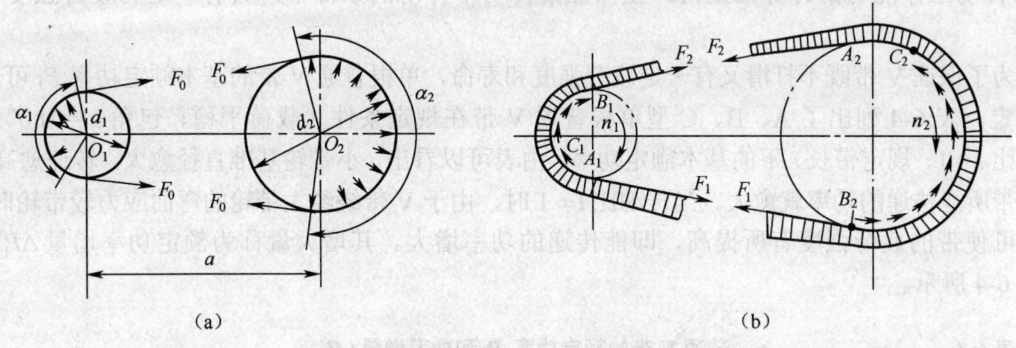

图 6-5　带传动受力分析

① 摩擦因数 f: f 愈大，F_{emax} 愈大，由于 V 带的当量摩擦因素 $f_v \approx 3f$，所以 V 带传递能力远高于平带。

② 小带轮包角α_1：α_1 愈大，F_{emax} 愈大，一般要求$\alpha_1 \geqslant 120^\circ$。

③ 初拉力 F_0：F_0 愈大，F_{emax} 愈大，但同时将加剧带的磨损，并造成带的过度拉伸而松弛，缩短寿命，因此，带的预紧程度应在合适的范围内。

6.3.3　弹性滑动和打滑

带是弹性体，受拉后会产生弹性变形。拉力愈大，伸长量愈大。由于紧边拉力大于松边拉力，故带在紧边的弹性伸长量较大。如图 6-5（b）所示，带由紧边 A_1 点绕上主动轮时，带的速度 v 与主动轮的圆周速度 v_1 相等。在带随轮由 A_1 点转至 B_1 点的过程中，带内拉力由 F_1 降至 F_2，伸长量也相应减小，带渐渐向后收缩，与带轮间产生了相对滑动，使 $v < v_1$。同样，在从动轮上也要发生相对滑动，但情况正好相反，导致从动轮的圆周速度 v_2 小于带速 v。这种由于带的弹性变形量的变化而引起的带与带轮间的相对滑动，称为带传动的弹性滑动。

由于弹性滑动的影响，从动轮的圆周速度 v_2 总是低于主动轮的圆周速度 v_1，其相对降低率称为滑动率 ε。

$$\varepsilon = \frac{v_1 - v_2}{v_1} \tag{6-3}$$

滑动率 ε 的值与带的材料和受力大小等因素有关，难以获得准确值，因此带传动不能获得准确的传动比。带传动的滑动率为 1%～2%，一般计算中可忽略不计。

带传动的载荷愈大，滑动率值也愈大。当传递的力超过极限有效拉力时，滑动范围扩大到整个接触弧，带便在带轮上打滑。打滑造成带的磨损加剧，从动轮转速急剧降低，导致传动失效。工作中应该尽量避免打滑。但当传动突然超载时，打滑可以起到过载保护的作用，避免其他零件的损坏。

6.3.4　普通 V 传动的计算

1. 普通 V 传动的失效形式及计算准则

V 带传动的主要失效形式是打滑和带的疲劳损坏，因此，为了保证 V 带传动正常工作，

V 带传动工作能力的计算准则为：在保证带传动不打滑的条件下，具有一定的疲劳强度和寿命。

为了保证 V 带既不打滑又有一定疲劳强度和寿命，单根普通 V 带的基本额定功率 P_1 可查表确定。表 6-4 列出了 A、B、C 型单根普通 V 带在规定条件（载荷平稳、包角 $\alpha = 180°$、传动比 $i = 1$、规定带长）下的基本额定功率。由表可以看出，小带轮基准直径愈大，转速愈高，单根带所能传递的功率就愈大。当传动比 $i \neq 1$ 时，由于 V 带绕经大带轮的弯曲应力较带轮时小，可使带的疲劳强度有所提高，即能传递的功率增大。其增大量称为额定功率增量 ΔP_1，如表 6-4 所示。

表 6-4　　普通 V 带的额定功率 P_1 和功率增量 ΔP_1

型号	小带轮转速 n_1/(r/min)	小带轮基准直径 d_{d1}/mm								传动比 i					
		单根 V 带的额定功率 P_1/kW								1.13～1.18	1.19～1.24	1.25～1.34	1.35～1.51	1.52～1.99	≥2.00
										额定功率增量 ΔP_1/kW					
A		75	90	100	112	125	140	160	180						
	700	0.40	0.61	0.74	0.90	1.07	1.26	1.51	1.76	0.04	0.05	0.06	0.07	0.08	0.09
	800	0.45	0.68	0.83	1.00	1.19	1.41	1.69	1.97	0.04	0.05	0.06	0.08	0.09	0.10
	950	0.51	0.77	0.95	1.15	1.37	1.62	1.95	2.27	0.05	0.06	0.07	0.08	0.10	0.11
	1 200	0.60	0.93	1.14	1.39	1.66	1.96	2.36	2.74	0.07	0.08	0.10	0.11	0.13	0.15
	1 450	0.68	1.07	1.32	1.61	1.92	2.28	2.73	3.16	0.08	0.09	0.11	0.13	0.15	0.17
	1 600	0.73	1.15	1.42	1.74	2.07	2.45	2.94	3.40	0.09	0.11	0.13	0.15	0.17	0.19
	2 000	0.84	1.34	1.66	2.04	2.44	2.87	3.42	3.93	0.11	0.13	0.16	0.19	0.22	0.24
B		125	140	160	180	200	224	250	280						
	400	0.84	1.05	1.32	1.59	1.85	2.17	2.50	2.89	0.06	0.07	0.08	0.10	0.11	0.13
	700	1.30	1.64	2.09	2.53	2.96	3.47	4.00	4.61	0.10	0.12	0.15	0.17	0.20	0.22
	800	1.44	1.82	2.32	2.81	3.30	3.86	4.46	5.13	0.11	0.14	0.17	0.20	0.23	0.25
	950	1.64	2.08	2.66	3.22	3.77	4.42	5.10	5.85	0.13	0.17	0.20	0.23	0.26	0.30
	1 200	1.93	2.47	3.17	3.85	4.50	5.26	6.04	6.90	0.17	0.21	0.25	0.30	0.34	0.38
	1 450	2.19	2.82	3.62	4.39	5.13	5.97	6.82	7.76	0.20	0.25	0.31	0.36	0.40	0.46
	1 600	2.33	3.00	3.86	4.68	5.46	6.33	7.20	8.13	0.23	0.28	0.34	0.39	0.45	0.51
C		200	224	250	280	315	355	400	450						
	500	2.87	3.58	4.33	5.19	6.17	7.27	8.52	9.81	0.20	0.24	0.29	0.34	0.39	0.44
	600	3.30	4.12	5.00	6.00	7.14	8.45	9.82	11.29	0.24	0.29	0.35	0.41	0.47	0.53
	700	3.69	4.64	5.64	6.76	8.09	9.50	11.02	12.63	0.27	0.34	0.41	0.48	0.55	0.62
	800	4.07	5.12	6.23	7.52	8.92	10.46	12.10	13.80	0.31	0.39	0.47	0.55	0.63	0.71
	950	4.58	5.78	7.04	8.49	10.05	11.73	13.48	15.23	0.37	0.47	0.56	0.65	0.74	0.83
	1 200	5.29	6.71	8.21	9.81	11.53	13.31	15.04	16.59	0.47	0.59	0.70	0.82	0.94	1.06
	1 450	5.84	7.45	9.04	10.72	12.46	14.12	15.53	16.47	0.58	0.71	0.85	0.99	1.14	1.27

若普通 V 带传动的包角 α_1 和带长 L_d 不符合上述规定条件，应对查处的 P_1 和 ΔP_1 进行修正。单根 V 带的许用功率为

$$[P_1] = (P_1 + \Delta P_1) K_\alpha K_L \tag{6-4}$$

式中，K_α——包角系数，按实际包角α_1查表 6-5；

K_L——长度系数，按实际基准长度 L_d 查表 6-2。

表 6-5　　包角系数 K_α

小轮包角α_1	180°	175°	170°	165°	160°	155°	150°	145°	140°	135°	130°	125°	120°
K_α	1	0.99	0.98	0.96	0.95	0.93	0.92	0.91	0.89	0.88	0.86	0.84	0.82

2. 普通 V 带传动的计算步骤和参数选择

通常我们需要根据一些已知条件，如传动用途、载荷性质、传递的名义功率 P、带轮转速、对传动外轮廓尺寸要求等，来选择确定所用 V 带的型号、长度和根数，V 带轮的结构及尺寸，V 带传动的中心距，初拉力和 V 带作用于轴上的力等。

V 带传动的计算步骤如下。

（1）确定计算功率 P_d，选择 V 带型号。

根据所选 V 带传动的使用场合及工况条件的差异，引入工况系数 K_A 对名义传递功率 P 加以修正，即为计算功率值 $P_d(\text{kW})$。

$$P_d = K_A P \tag{6-5}$$

式中，K_A——工况系数，见表 6-6。

表 6-6　　工况系数 K_A

载荷性质	工作机	原动机					
		空、轻载起动			重载起动		
		每天工作小时/h					
		<10	10～16	>16	<10	10～16	>16
载荷变动微小	液体搅拌机、通风机和鼓风机（≤7.5kW）、离心式水泵和压缩机、轻型输送机	1.0	1.1	1.2	1.1	1.2	1.3
载荷变动小	带式输送机（不均匀负荷）、通风机（>7.5kW）、旋转式水泵和压缩机（非离心式）、发电机、金属切削机床、旋转筛、锯木机和木工机械	1.1	1.2	1.3	1.2	1.3	1.4
载荷变动较大	制砖机、斗式提升机、往复式水泵和压缩机、起重机、磨粉机、冲剪机床、橡胶机械、振动筛、纺织机械、重载输送机	1.2	1.3	1.4	1.4	1.5	1.6
载荷变动很大	破碎机（旋转式、鄂式等）、磨碎机（球磨、棒磨、管磨）	1.3	1.4	1.5	1.5	1.6	1.8

注：① 空、轻载启动——电动机（交流起动、三角起动、直流并励）、四缸以上的内燃机、装有离心式离合器、液力联轴器的动力机；

② 重载启动——电动机（联机交流起动、直流复励或串励）、四缸以下的内燃机；

③ 反复启动、正反转频繁、工作条件恶劣等场合，K_A应乘 1.2。

按计算功率 P_d 和小带轮转速 n_1，参考图 6-6 选取 V 带型号。但选型号介于两区域交界线附近时，可分别选取这两种型号进行计算，然后择优确定。

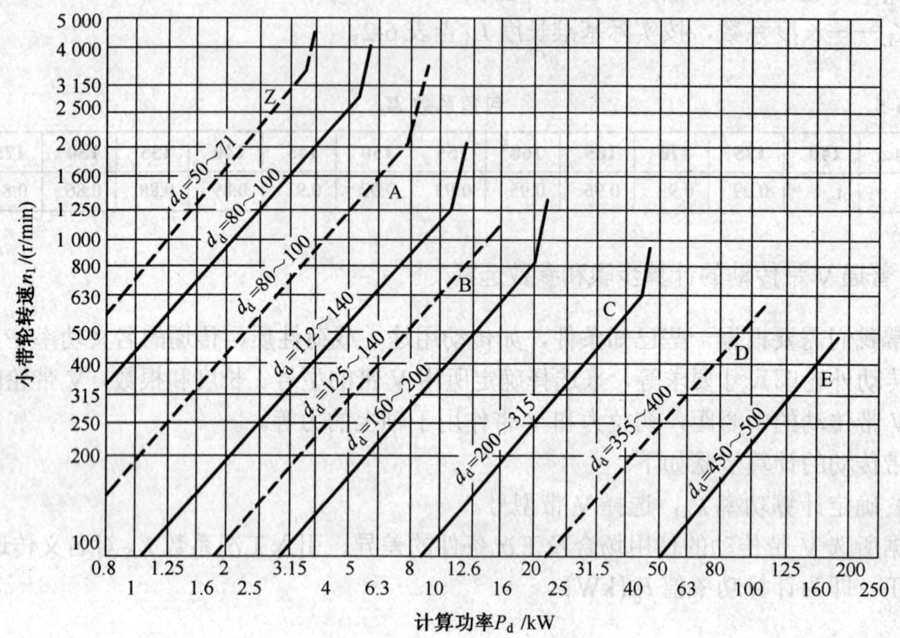

图 6-6　普通 V 带选型图

（2）确定两带轮的基准直径 d_{d1}、d_{d2}。

小带轮直径较小时，结构紧凑，传递相同的功率时，则需要更大的圆周力，使带的根数增多。表 6-3 列出了各种型号的 d_{min} 及带轮直径标准系列。为了提高 V 带的寿命，在结构准许的条件下，宜选较大的基准直径。

选取了小带轮的基准直径 d_{d1} 后，还要验算带的速度是否在合适的范围（5～25m/s）内。

$$v = \frac{\pi d_{d1} n_1}{60 \times 1\,000} \tag{6-6}$$

大带轮基准直径 d_{d2} 可按 $d_{d2} = i d_{d1}$ 计算，并按表 6-3 圆整为标准尺寸。

（3）确定中心距 a 和带的基准长度 L_d。

当结构上对中心距无一定要求时，可按下式初定中心距 a_0。

$$0.7(d_{d1}+d_{d2}) \leqslant a_0 \leqslant 2(d_{d1}+d_{d2}) \tag{6-7}$$

当 a_0 确定后，由传动的几何关系可计算带的基准长度 L_{d0}，几何关系如图 6-7 所示。

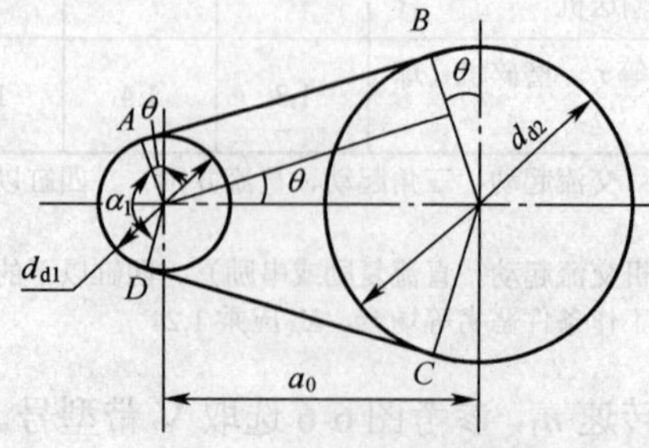

图 6-7　带传动的几何关系

$$L_{d0} = 2a_0 + \frac{\pi}{2}(d_{d1} + d_{d2}) + \frac{(d_{d2} - d_{d1})^2}{4a_0} \tag{6-8}$$

查表 6-2 选取与 L_{d0} 相近的基准长度 L_d，再按下述近似公式计算实际中心距 a。

$$a = a_0 + (L_d - L_{d0})/2 \tag{6-9}$$

为了张紧和调整，实际中心局调节范围为

$$a_{min} = \alpha - 0.015L_d$$
$$a_{max} = \alpha + 0.03L_d$$

按下式计算小带轮包角α_1。

$$\alpha_1 = 180° - \frac{d_{d2} - d_{d1}}{a} \times 57.3° \geqslant 120° \tag{6-10}$$

若α_1太小，可增大中心距 a 或设置张紧轮。

（4）确定 V 带根数 z。

$$z \geqslant \frac{P_d}{[P_1]} = \frac{P_d}{(P_1 + \Delta P_1)K_\alpha K_L} \tag{6-11}$$

式中，$[P_1]$——单根 V 带许用功率，由式（6-4）计算。

按上式计算并圆整所确定的根数 z 不应超过 V 带的最多使用根数 z_{max}。若超出，应加大带轮直径或选较大截面的带型，重新计算。各种型号的 V 带推荐 z_{max} 如表 6-7 所示。

表 6-7　　V 带传动最多使用带根数

V 带截型	Y	Z	A	B	C	D	E
z_{max}	1	2	5	6	8	8	9

（5）计算初定拉力 F_0 及轴上所受力 F_Q。

单根 V 带合适的初拉力 F_0 为

$$F_0 = 500 \times \frac{P_d}{zv}\left(\frac{2.5}{K_\alpha} - 1\right) + mv^2 \tag{6-12}$$

式中，m——V 带每米长度质量，单位为 kg/m。

作用在轴上的力

$$F_Q = 2zF_0 \sin\frac{\alpha_1}{2} \tag{6-13}$$

F_Q 力为计算轴、轴承的依据。

例 6-1　某车床电动机和床头箱之间采用普通 V 带传动。电动机型号为 Y132M-4，额定功率 $P = 7.5$kW，转速 $n_1 = 1\,440$r/min，从动轴转速 $n_1 = 800$r/min，要求中心距约 700mm，每天工作 16h 以上，试选择普通 V 带型号、长度和根数，确定带轮直径，计算中心距、初拉力和作用在轴上的力。

解 ① 确定计算功率 P_d，选择普通 V 带型号。

按工作机、原动机工况，由表 6-6 查得 $K_A = 1.3$，由式（6-5）得计算功率

$$P_d = K_A P = 1.3 \times 7.5\text{kW}$$

$P_d = 9.75\text{kW}$，$n_1 = 1\,440\text{r/min}$，由图 6-6 选 B 型普通 V 带。

② 确定两带轮基准直径 d_{d1}、d_{d2}。

按 B 型带，由表 6-3 和表 6-4 取 $d_{d1} = 140\text{mm}$，并验算带速，由式（6-6）得

$$v = \frac{\pi d_{d1} n_1}{60 \times 1\,000} = \frac{\pi \times 140 \times 1\,440}{60 \times 1\,000}\text{m/s} = 10.56\text{m/s}$$

带速在 5～25m/s 之内。

$$d_{d2} = \frac{n_1}{n_2} \cdot d_{d1} = \frac{1\,440}{800} \times 140\text{mm} = 252\text{mm}$$

由表 6-3 选得标准值 $d_{d2} = 250\text{mm}$。

③ 确定中心距 a 和带的基准长度 L_d。

由式（6-8）得

$$\begin{aligned} L_{d0} &= 2a_0 + \frac{\pi}{2}(d_{d1} + d_{d2}) + \frac{(d_{d2} - d_{d1})^2}{4a_0} \\ &= 2 \times 700\text{mm} + \frac{\pi}{2}(140 + 250)\text{mm} + \frac{(250 - 140)^2}{4 \times 700}\text{mm} \\ &\approx 2\,016.93\text{mm} \end{aligned}$$

由表 6-2 取标准值 $L_d = 2\,000\text{mm}$，由式（6-9）计算实际中心距 a。

$$a \approx a_0 (L_d - L_{d0})/2 = 700\text{mm} + \frac{1}{2} \times (2\,000 - 2\,016.93)\text{mm} = 691.54\text{mm}$$

安装时应保证的最小中心距 a_{min} 和调整时最大中心距 a_{max} 分别为

$$\begin{aligned} a_{min} &= a - 0.015L_d = 691.54\text{mm} - 0.015 \times 2\,000\text{mm} = 661.54\text{mm} \\ a_{max} &= a + 0.03L_d = 691.54\text{mm} + 0.3 \times 2\,000\text{mm} = 751.54\text{mm} \end{aligned}$$

由式（6-10）验算小带轮包角 α_1。

$$\alpha_1 = 180^\circ - \frac{d_{d2} - d_{d1}}{a} \times 57.3^\circ = 180^\circ - \frac{250 - 140}{691.54} \times 57.3^\circ = 170.9^\circ > 120^\circ$$

计算结果符合要求。

④ 计算 V 带根数 z。

按 B 型带，$n_1 = 1\,440\text{r/min}$，$d_{d1} = 140\text{mm}$，由表 6-4 查得 $P_1 = 2.82\text{kW}$，按 $i = \frac{250}{140} = 1.78$ 查得 $\Delta P_1 = 0.40\text{kW}$；按 $\alpha_1 = 170.8°$，由表 6-5 查得 $K_\alpha = 0.98$；按 $L_d = 2\,000\text{mm}$，查表 6-2 得 $K_L = 0.98$，代入式（6-11）得

$$z = \frac{P_d}{(P_1 + \Delta P_1)K_\alpha \cdot K_L} = \frac{9.75}{(2.82 + 0.40) \times 0.98 \times 0.98} = 3.15$$

取 $z = 4$。

⑤ 计算初拉力 F_0。

由表 6-1 查得 $m = 0.17$kg/m，由式（6-12）得

$$F_0 = 500 \times \frac{P_d}{zv}\left(\frac{2.5}{K_\alpha} - 1\right) + mv^2$$

$$= 500 \times \frac{9.75}{4 \times 10.56}\left(\frac{2.5}{0.98} - 1\right)\text{N} + 0.17 \times 10.56^2\,\text{N}$$

$$= 198.1\text{N}$$

⑥ 计算带作用在轴上的力 F_Q。

由式（6-13）得

$$F_Q = 2zF_0 \sin\frac{\alpha_1}{2} = 2 \times 4 \times 198.1 \times \sin\frac{170.9^\circ}{2}\text{N} = 1\,579.7\text{N}$$

6.4　链传动的类型和特点

链传动由主动链轮 1、从动链轮 2 和绕在链轮上的链条 3 组成，靠链条与链轮轮齿的啮合传递运动和动力，如图 6-8 所示。

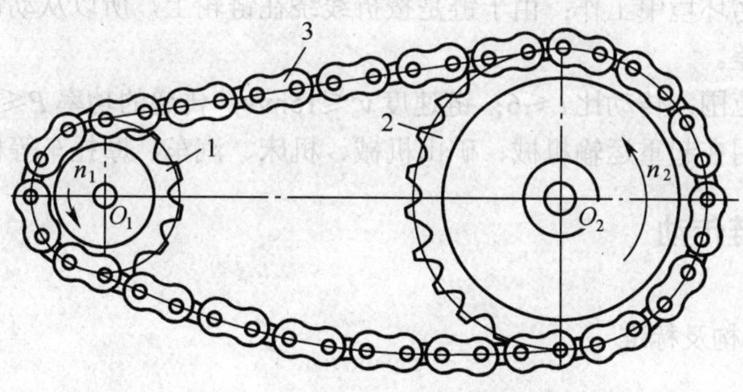

图 6-8　链传动

6.4.1　链条的主要类型

按用途不同，链条可分为传动链、输送链和起重链。传动链主要用来传递动力，其型式有滚子链、套筒链、弯板链、齿形链、销轴链等，如图 6-9 所示，最常用的是滚子链。

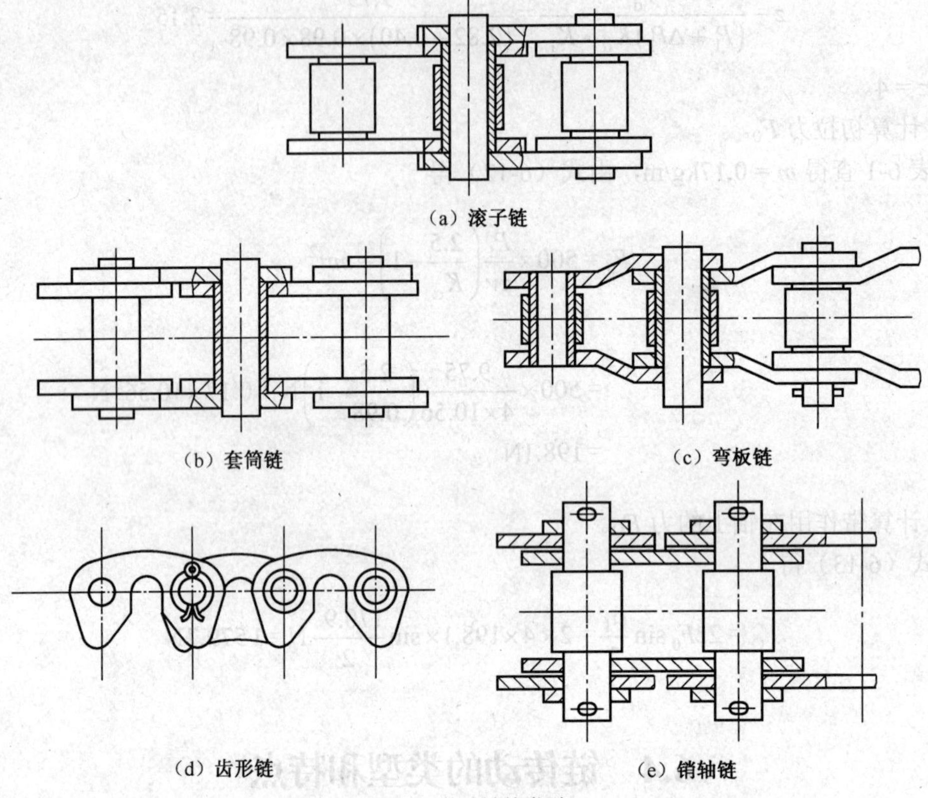

图 6-9　传动链的类型

6.4.2　链传动的主要特点

与带传动相比，链传动能保证准确的平均传动比，效率高，作用在轴上的压力小，能在高温及多尘土的恶劣环境中工作；由于链是按折线绕在链轮上，所以从动链轮的瞬时转速不均匀，运动平稳性差。

链传动的适用范围：传动比 $i \leqslant 6$；链速度 $v \leqslant 15$m/s；传递的功率 $P \leqslant 100$kW。

链传动广泛应用在起重运输机械、矿山机械、机床、汽车、摩托车等机械传动中。

6.4.3　滚子链传动

1. 滚子链的结构及标准

滚子链的结构如图 6-10（a）所示，两片内链板与套筒采用过盈配合，构成内链节，两片外链板与销轴采用过盈配合，构成外链节。销轴穿过套筒，将内、外链节交替连接成链条，如图 6-10（b）所示。套筒、销轴间为间隙配合，因而内、外链节可相对转动。滚子和套筒间亦为间隙配合，使链条与链轮啮合时形成滚动摩擦，以减少磨损。

链条相邻销轴中心的距离称为节距，用 p 表示，它是链传动的主要参数。

滚子链已标准化，分 A、B 两种系列。A 系列用于重载、高速或重要传动；B 系列用于一般传动。常用的 A 系列滚子链的基本参数和尺寸如表 6-8 所示。

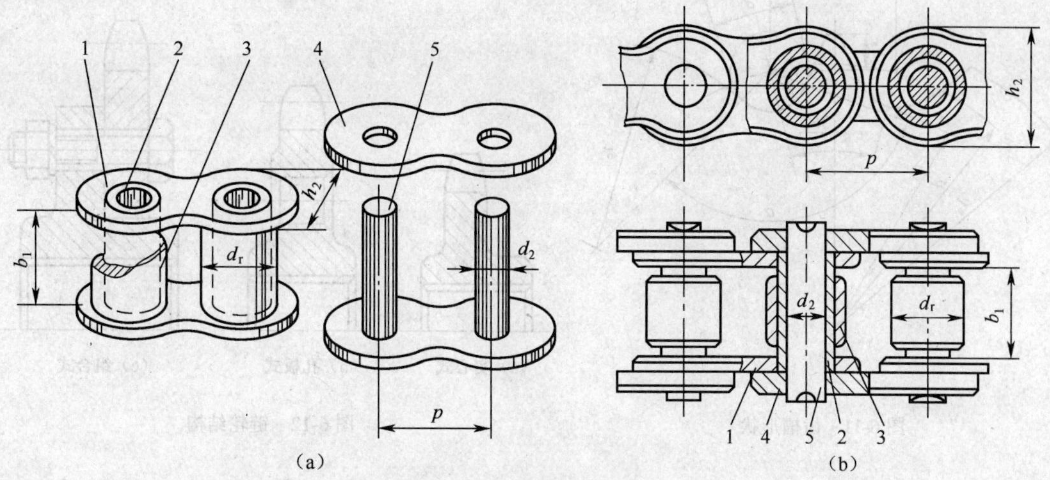

图 6-10　滚子链的结构

1—内链板；2—套筒；3—滚子；4—外链板；5—销轴

表 6-8　　**A 系列滚子链基本参数和尺寸**

链号	节距 p/mm	排距 p_t/mm	滚子外径 d_r/mm	内链节内宽 b_1/mm	内链板高度 h_2/mm	极限拉伸载荷（单排）F_Q/N	每米质量（单排）q /（kg/m）
08A	12.70	14.38	7.95	7.85	12.07	13 800	0.60
10A	15.875	18.11	10.16	9.40	15.09	21 800	1.00
12A	19.05	22.78	11.91	12.57	18.08	31 100	1.50
16A	25.40	29.29	15.88	15.75	24.13	55 600	2.60
20A	31.75	35.76	19.05	18.90	30.18	86 700	3.80
24A	38.10	45.44	22.23	25.22	36.20	124 000	5.60
28A	44.45	48.87	25.40	25.22	42.24	169 000	7.50
32A	50.80	58.55	28.58	31.55	48.26	222 400	10.10

注：① 多排链极限拉伸载荷按表列单排链数据乘以排数计算。

② 使用过渡链节时，极限拉伸载荷按表列数值 80%计算。

滚子链的标记包括：链号、系列、排数、节数、国标号。例如，节距 $P = 15.875$mm、A 系列、双排、50 节的滚子链标记为：10A−2 × 50 GB1243.1−1983。

2. 链轮的结构

链轮齿形应保证链轮与链条接触良好，链节能自由进入和退出。齿槽形状为双圆弧齿形，如图 6-11 所示。

链轮的轴向齿廓有圆弧和直线两种，常用圆弧形齿廓。

链轮的结构形式如图 6-12 所示。直径小的链轮制成实心式；中等尺寸的链轮制成腹板式或孔板式；直径较大时，可采用组合式结构，轮齿磨损后可更换齿圈。

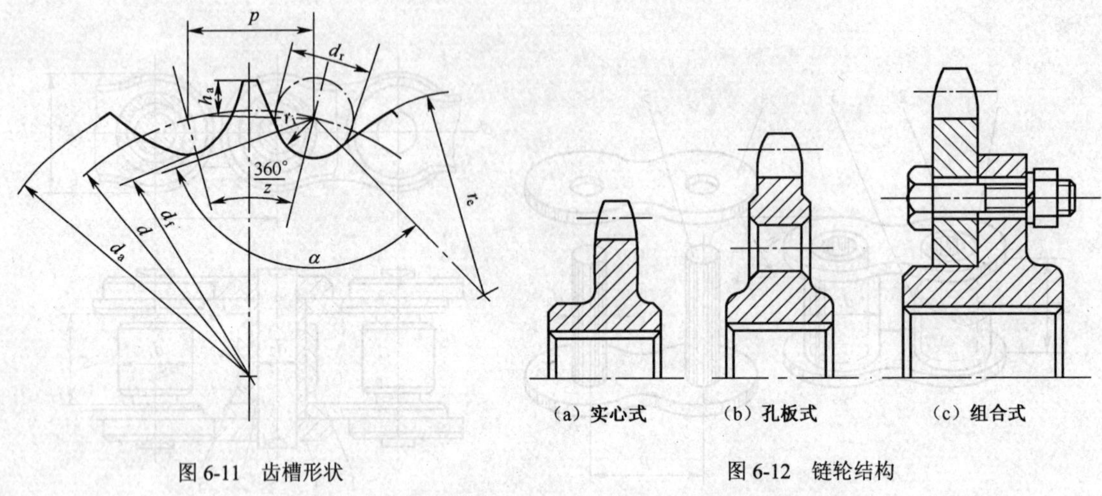

图 6-11　齿槽形状　　　图 6-12　链轮结构

6.5　带传动和链传动的布置、润滑和维护

为了保证带传动和链传动能正常工作和延长使用寿命，正确使用和维护十分重要。

6.5.1　V 带传动的张紧装置

带在初始安装时需要张紧，并且在工作一段时间后会因带的松弛而需要重新张紧，以保证正常工作。常用的张紧方法有以下几种。

1．调整中心距

图 6-13（a）所示为使用滑轨 1 和调节螺钉 2 来调整中心距，图 6-13（b）所示为使用摆动架 3、调节螺杆 4 等装置，来调整中心距，以便定好带的初拉力。对于小功率的传动，也可用浮动架的方式使带自动张紧，如图 6-14 所示。

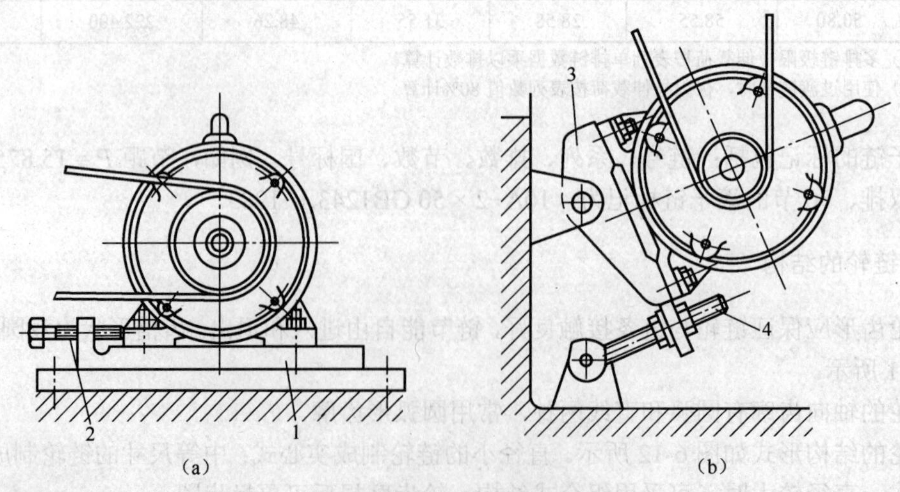

图 6-13　调整中心距离张紧装置

2. 使用张紧轮

中心距不可调时，可采用张紧轮装置，如图 6-15 所示。张紧轮一般布置在松边内侧，使带只受单向弯曲，同时张紧轮应尽量靠近大带轮，以减小对小带轮包角的影响。

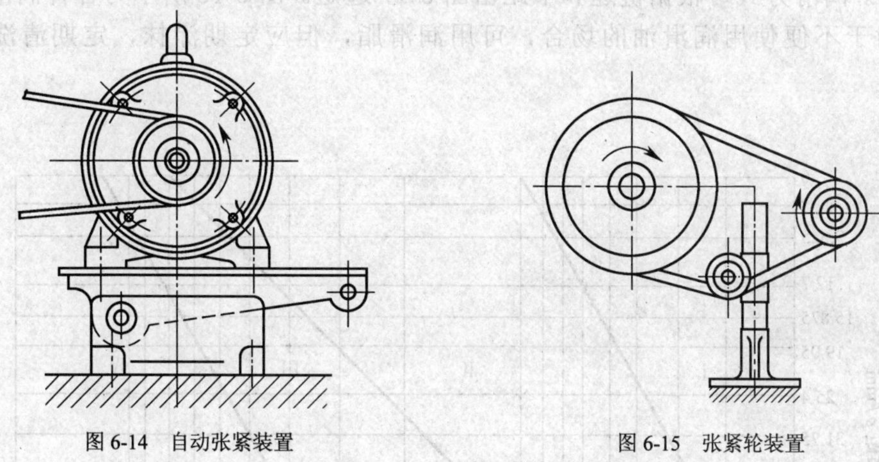

图 6-14　自动张紧装置　　图 6-15　张紧轮装置

6.5.2　V 带传动的安装和维护

（1）安装带轮时，两带轮轴线应相互平行，其 V 型槽对称面应重合，误差不超过 20°。

（2）对于多根 V 带传动，要选择公差值在同一档次的带配成一组使用，以免各带受力不均匀。

（3）套装带时不得强行撬入，应先将中心距缩小，待带套在带轮轮槽内后再张紧。

（4）定期对 V 带进行检查（一般带的寿命为 2 500～3 500h），查看有无松弛和断裂现象，以便及时调整中心距或更换 V 带。更换 V 带时，要求成组更换。

（5）要采用安全防护罩，以保障操作人员安全；同时还要防止油、酸、碱等对 V 带的腐蚀。

6.5.3　链传动的布置

链传动的布置按两链轮中心连线位置，可分为水平布置、倾斜布置和垂直布置 3 种，如图 6-16 所示。链与链轮啮合以水平布置最好，垂直布置最差，因为后者链条下垂，会减少链与下边链轮啮合的齿数，应尽量避免采用垂直布置。

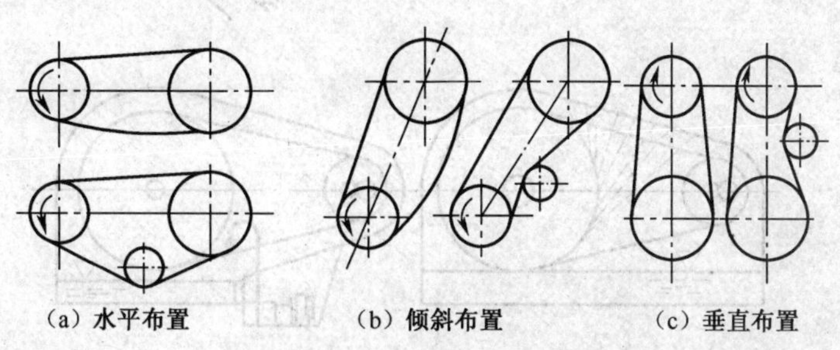

图 6-16　链传动布置

6.5.4 链传动的润滑和维护

链传动的润滑可缓和冲击、减少摩擦、减轻磨损、延长寿命。采用的润滑油要有较大的运动黏度和良好的油性，通常选用的牌号为 L-AN32、L-AN46、L-AN68 的全损耗系统用油。润滑方式可根据链速和节距由图 6-17 选定。图 6-18 所示为各种润滑方式示意图。对于不便使用润滑油的场合，可用润滑脂，但应定期涂抹，定期清洗链轮和链条。

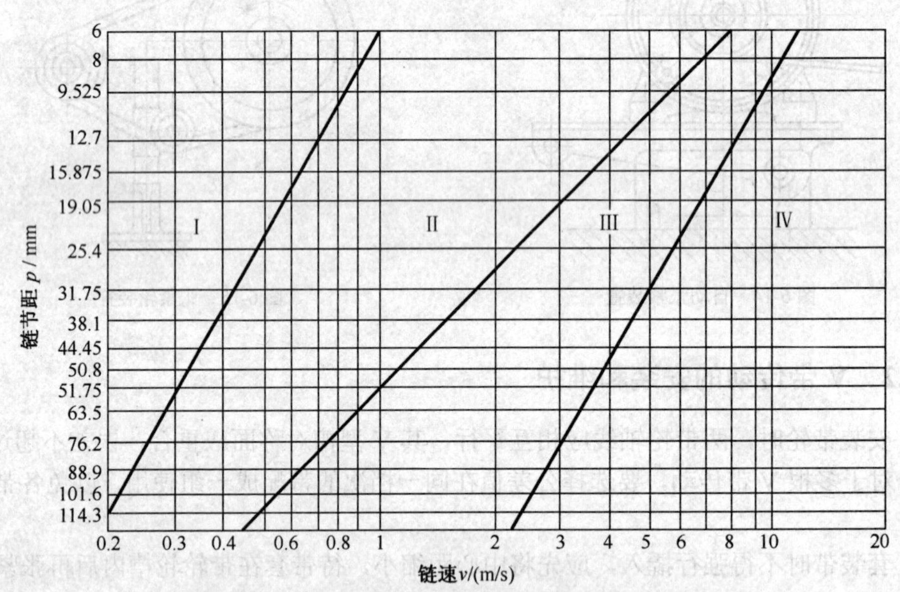

图 6-17 链传动建议用的润滑方式

Ⅰ—人工定期润滑 Ⅱ—滴润滑 Ⅲ—油浴式飞溅润滑 Ⅳ—压力喷油润滑

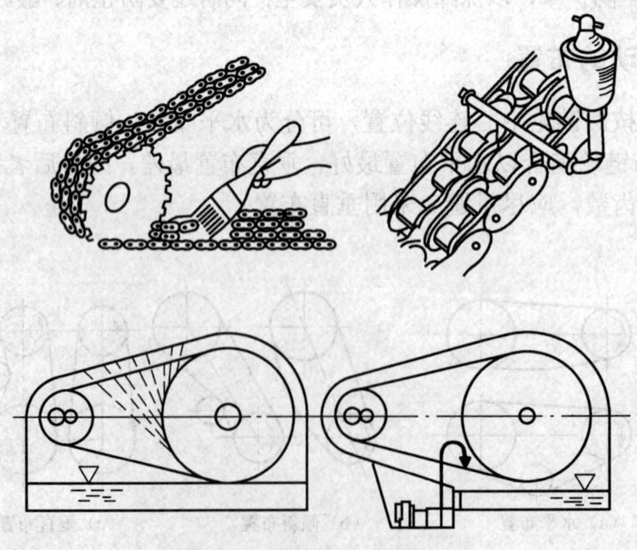

图 6-18 各种润滑方式示意图

习　题

6-1　带传动一般应放在高速级还是低速级？为什么？

6-2　带传动与齿轮传动及链传动比较有哪些优缺点？

6-3　V 带截面楔角 $\alpha=40°$，为什么 V 带轮槽角却有 32°、34°、36°、38°四个值？带轮直径愈小，槽角是较大还是较小，为什么？

6-4　为什么弹性滑动是必然产生的？打滑是应当避免的？打滑一定有害吗？

6-5　为了避免带打滑，将带轮和带接触的工作表面加工粗糙些，以增大摩擦，这样解决是否合理？为什么？

6-6　增加初拉力可以增加带传动的有效拉力，但带传动中一般并不采用增大初拉力的方法来提高带的传动能力，而把初拉力控制在一定数值上，为什么？

6-7　试说明带传动中，为什么要限制下列参数？

（1）带轮最小基准直径 d_{dmin}；（2）带速 v；（3）小轮包角 α_1；（4）张紧力 F_0；（5）带的根数 z。

6-8　传动链有哪几种？各用于何种传动场合？

6-9　为什么链条节数常取偶数，而链轮齿数取为奇数？

6-10　试分析变速自行车链传动多级变速的原理。

第7章 轴 承

在各种机器中广泛使用着轴承，用以保证轴的精度，减少轴与支承物间的摩擦和磨损。本章将重点介绍滚动轴承的类型特点、标准、应用选择和轴承部件的组合设计。对滑动轴承仅作一般介绍。

教学目标

- 了解滑动轴承的类型特点及应用；
- 了解滚动轴承的主要类型、应用特点、选型原则、失效形式及设计准则；
- 掌握滚动轴承的代号涵义和寿命计算方法；
- 掌握滚动轴承的组合设计内容和设计要点；
- 具有合理选择滚动轴承并进行组合设计的初步能力。

7.1 轴承的功用和类型

轴承机器中主要用来支承轴及轴上零件的重要部件。根据摩擦性质，轴承分为滑动轴承和滚动轴承。

7.1.1 轴承的功用

轴承是机器中主要用来支承轴和轴上回转零件的部件。轴承能减少轴颈（轴与轴承配合部位称为轴颈）与支承间的摩擦和磨损，用来保证轴正常工作时所需的回转精度。

7.1.2 轴承的类型

根据工作时轴承中的摩擦性质，可把轴承分为滑动摩擦轴承（简称滑动轴承）和滚动摩擦轴承（简称滚动轴承）两大类。

滑动轴承按其摩擦状态，分为液体摩擦滑动轴承和非液体摩擦滑动轴承。在工作时，若轴颈和轴承工作表面之间完全被一层油膜分开而不直接接触，这种轴承称为液体摩擦滑动轴承；若轴颈和轴承工作表面间虽有润滑油而未能将接触表面完全分开，这种轴承称为非液体摩擦滑动轴承。非液体摩擦滑动轴承具有结构简单，易于制造，安装方便等优点，故一般的机械中使用的滑动轴承大多为此类轴承。由于滑动轴承本身具有一些独特的优点，使得它在某些特殊场合仍占有重要地位。

滚动轴承具有摩擦阻力小，易启动，适用范围广，轴向尺寸小，润滑和维修方便等优点，故应用广泛。滚动轴承已标准化、系列化，对设计、使用、润滑、维护都很方便，因此，在一般机器中应用较广。但滚动轴承的径向尺寸大，有振动和噪声，一般由专业工厂大批量生产。

由于滚动轴承的机械效率较高，对轴承的维护要求较低，因此，在中、低转速以及精度要求较高的场合得到广泛应用。

根据工作时轴承所受载荷的方向，轴承可分为受径向载荷的向心轴承；受轴向载荷的推力轴承和同时受径向载荷及轴向载荷的向心推力轴承。

7.2 滑动轴承简介

根据轴承所能承受的载荷方向，非液体摩擦滑动轴承分为向心滑动轴承和推力滑动轴承。向心滑动轴承用于承受径向载荷，推力滑动轴承用于承受轴向载荷。

7.2.1 向心滑动轴承

1. 结构形式

这类轴承的结构形式有整体式、剖分式、调心式和间隙可调式 4 种。

（1）整体式滑动轴承。图 7-1（a）所示为无轴承座的整体式滑动轴承，它是在机架或箱体上直接加工出轴承孔，有时在孔内再安装轴套。图 7-1（b）所示为有轴承座的整体式滑动轴承，它由轴承座和轴瓦组成。使用时，将轴承座用螺栓固定在机架上。这种轴承已标准化，具体结构和尺寸可查阅 JB2560—91。

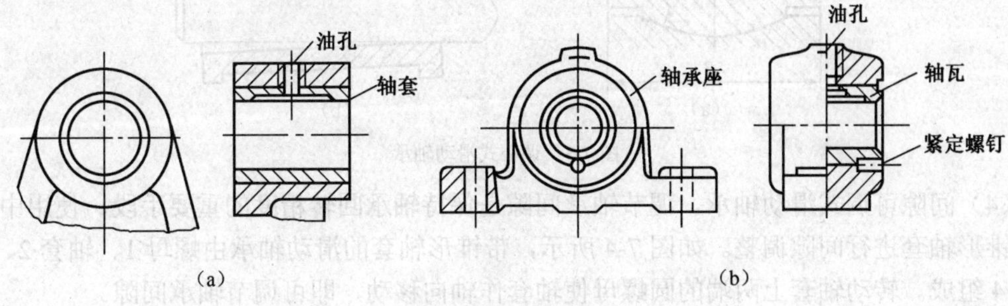

图 7-1　整体式滑动轴承

整体式滑动轴承结构简单，造价低廉，刚度大，但是磨擦表面磨损后，轴颈与轴瓦之间的间隙无法调整，只能更换轴瓦，且装拆时轴或轴承需作轴向移动，使得装拆不便，故适用于低速、轻载和间歇工作且不重要的场合。

（2）剖分式滑动轴承。图 7-2 所示为剖分式滑动轴承的常见形式，它由轴承座 1、剖分轴瓦 2、轴承盖 3、连接螺栓 4、润滑油杯 5 等组成。为防止轴承盖和轴承座横向错动和便于装配时对中，轴承座和轴承盖的剖分面均设置有阶梯形止口，并可放置少量垫片，通过增减轴瓦剖分面间的调整垫片，可调节轴颈和轴承之间的间隙。

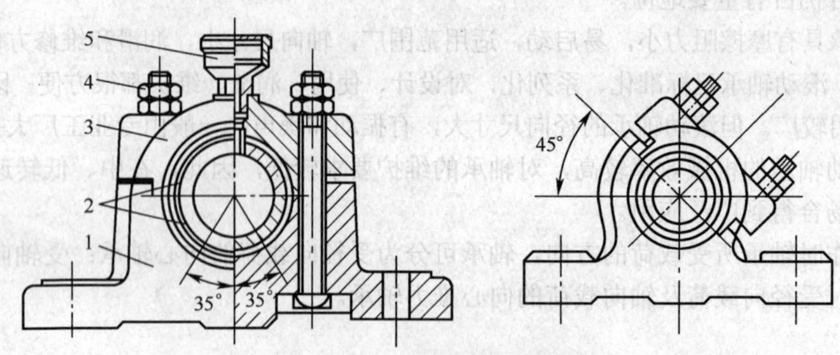

图 7-2　剖分式滑动轴承

1—轴承座　2—剖分轴瓦　3—轴承盖　4—连接螺栓　5—润滑油杯

考虑到径向载荷的不同，剖分式滑动轴承分为水平式和斜开式两种。剖分面可制成水平或倾斜 45°的，选用时，应保证径向载荷作用线不超出剖分面垂直中心线左右各 35°的范围。这类轴承间隙可调整，装拆方便，故应用较广。

剖分式滑动轴承其结构已标准化，可查阅 JB 2561— 91 和 JB 2563— 91。

（3）调心式滑动轴承。图 7-3（a）所示为调心式滑动轴承，它的特点是把轴瓦的支承面做成球面，利用轴瓦与轴承座间的球面配合使轴瓦可在一定角度范围内摆动，以适应轴受力后产生的弯曲变形，避免图 7-3（b）所示的轴与轴承两端局部接触而产生的磨损。但球面不易加工，只用于轴承宽度 B 与直径 d 之比大于 1.5～1.75 的场合。

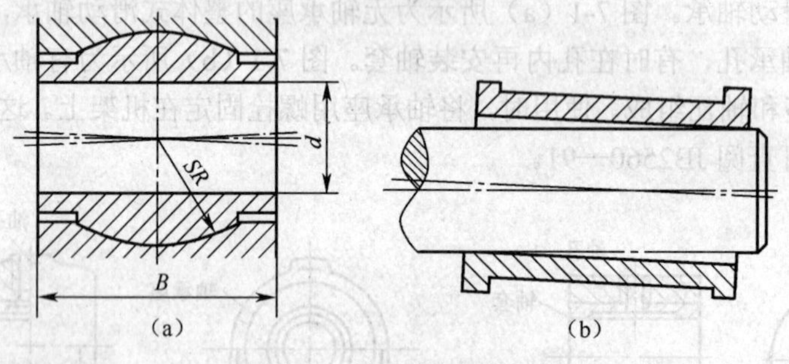

图 7-3　调心式滑动轴承

（4）间隙可调式滑动轴承。调节轴承间隙是保持轴承回转精度的重要手段。使用中，常采用锥形轴套进行间隙调整。如图 7-4 所示，带锥形轴套的滑动轴承由螺母 1、轴套 2、销 3 和轴 4 组成。转动轴套上两端的圆螺母使轴套作轴向移动，即可调节轴承间隙。

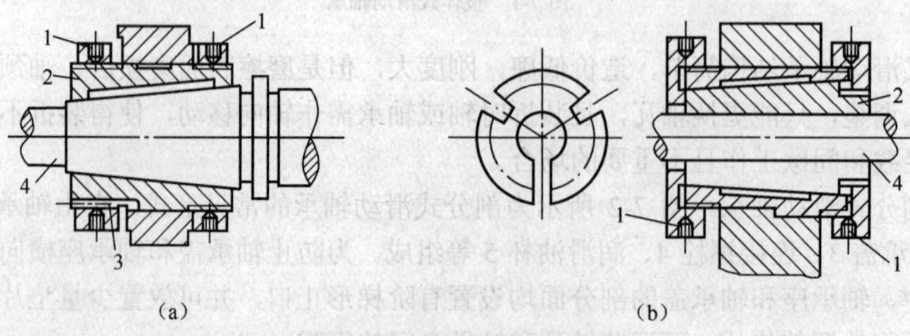

图 7-4　带锥形轴套的滑动轴承

2. 轴瓦

轴瓦是轴承与轴颈直接接触的零件，有整体式、剖分式和分块式 3 种，如图 7-5 所示。整体式轴瓦用于整体式轴承；剖分式轴瓦用于剖分式轴承；大型滑动轴承，为了便于运输、装配，一般采用分块式轴瓦。为了把润滑油导入摩擦表面，在轴瓦的非承载区内制出油孔与油沟。为了使润滑油能均匀分布在整个轴颈上，油沟的长度应适宜。若油沟过长，会使润滑油从轴瓦端部大量流失；而油沟过短，会使润滑油流不到整个接触表面。通常可取油沟的长度为轴瓦长度的 80%左右。剖分式轴瓦的油沟形式如图 7-6 所示。

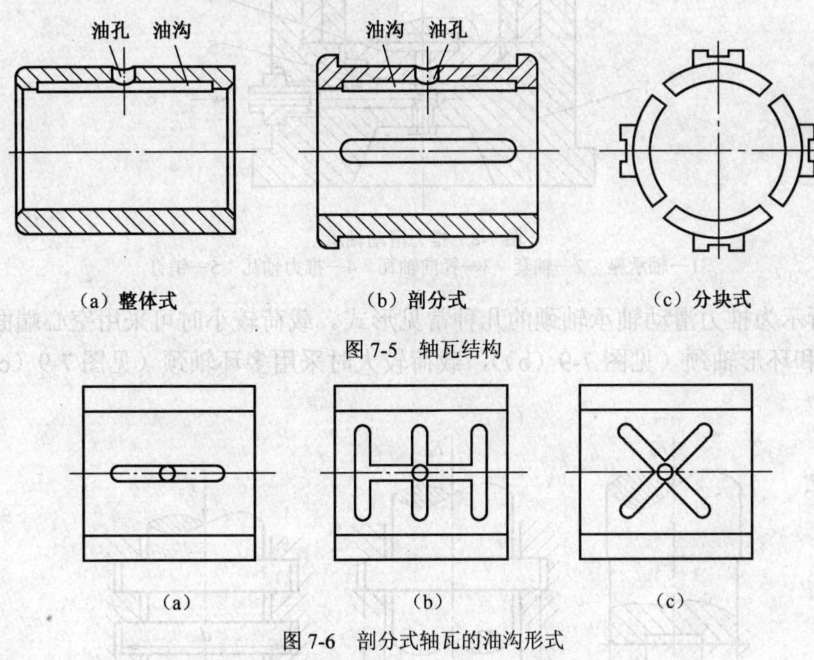

（a）整体式　（b）剖分式　（c）分块式

图 7-5　轴瓦结构

（a）　（b）　（c）

图 7-6　剖分式轴瓦的油沟形式

3. 轴承衬

为了改善轴表面的摩擦性能，提高承载能力，对于重要轴承，常在轴瓦内表面上浇铸一层减磨材料，称为轴承衬（简称轴衬）。轴衬的厚度从 0.5mm～6mm 不等。为了保证轴承衬与轴瓦结合牢固，在轴瓦的内表面应制出沟槽，如图 7-7 所示。

图 7-7　轴承衬

7.2.2 推力滑动轴承

推力滑动轴承又称止推轴承，承受轴向载荷。推力滑动轴承由轴承座 1、轴套 2、径向轴瓦 3、推力轴瓦 4 和销钉 5 组成，其结构如图 7-8 所示。轴的端面和推力轴瓦是轴承的主要工作部分，轴瓦的底部为球面，可以自动进行位置调整，以保证轴承摩擦表面的良好接触。销钉是用来防止推力轴瓦随轴转动的。工作时润滑油由下部注入，从上部油管导出。

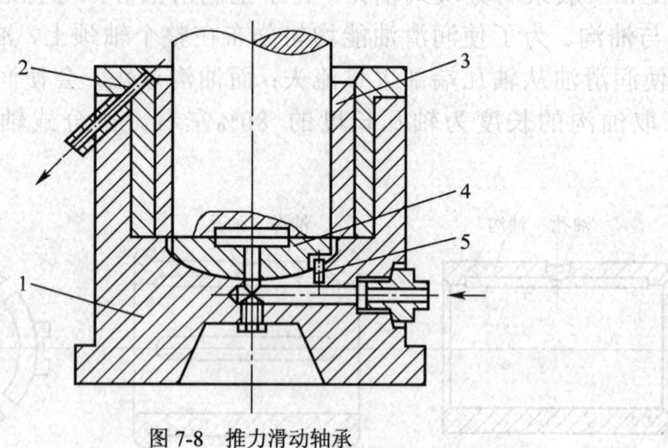

图 7-8 推力滑动轴承

1—轴承座 2—轴套 3—径向轴瓦 4—推力轴瓦 5—销钉

图 7-9 所示为推力滑动轴承轴颈的几种常见形式。载荷较小时可采用空心端面轴颈（见图 7-9（a））和环形轴颈（见图 7-9（b）），载荷较大时采用多环轴颈（见图 7-9（c））。

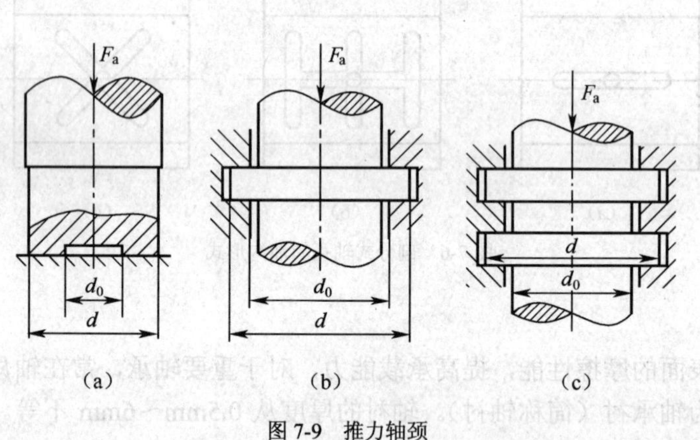

图 7-9 推力轴颈

7.2.3 轴承材料

轴承材料是指与轴颈直接接触的轴瓦或轴衬的材料。轴承材料应具有以下性能。

① 足够的强度，包括抗压、抗冲击、抗疲劳等强度，以保证较大的承载能力。

② 良好的减摩性、耐磨性和磨合性，以提高轴承的效率及延长其使用寿命。

③ 良好的导热性、耐腐蚀性、工艺性以及价格低廉等。

但是，任何一种材料不可能同时具备上述性能，因而设计时应根据具体工作条件，按主要性能来选择轴承材料。常用的轴承材料有铸造轴承合金、铸造铜合金、铸铁等金属材料，其性能和应用如表 7-1 所示。

表 7-1　　　　　　常见轴承材料的性能和应用

轴承材料		最大许用值①			最高工作温度/℃	硬度②HBS	性能比较③				备　注
		[p]/MPa	[v]/(m·s-1)	[pv]/(MPa·m·s-1)			抗胶合性	顺嵌应入性	耐腐蚀	耐疲劳	
锡锑轴承合金	ZSnSb11Cu6	平稳载荷			150	150/20～30	1	1	1	5	用于高速、重载下工作的主要轴承。变载荷下易疲劳。价格高
		25（40）	80	20（100）							
	ZSnSb8Cu4	冲击载荷									
		20	60	15							
铅锑轴承合金	ZPbSb16Sn16Cu	12	12	10（50）	150	150/20～30	1	1	3	5	用于中速、中等载荷的轴承。不宜受显著冲击。可作为锡锑轴承合金的代用品
	ZPbSb15Sn5Cu3	5	8	5							
锡青铜	ZcuSn10P1	15	10	15（25）	280	200/50～100	3	5	1	1	用于中速、重载及受载荷的轴承，用于中速、中载的轴承
	ZcuSn5Pb5Zn5	8	3	15							
铅青铜	ZcuPb30	25	12	30（90）	280	300/40～280	3	4	4	2	用于高速、重载轴承，能承受变载和冲击
铝青铜	ZcuA19Fe4Ni4Mn2	15（30）	4（10）	12（60）	280	200/100～120	5	5	5	2	最适用于润滑充分的低速、重载轴承
	ZcuA10Fe3Mn2	20	5	15							
黄铜	ZcuZn38Mn2Pb2	10	1	10	200	200/80～150	3	5	1	1	用于低速、中载的轴承
铝锑轴承合金	20 高锡铝合金 铝硅合金	28～35	14		140	300/45～50	4	3	1	2	用于高速、中载轴承，是较新的轴承材料。其强度高，耐腐蚀，表面性能好
铸铁	HT150 HT200 HT250	2～4	0.5～1	1～4		200～250/160～180	4	5	1	1	适用于低速、轻载的不重要轴承、价廉

①（ ）内为极限值，其余为一般值（润滑良好）。对于液体摩擦滑动轴承，限制［pv］值无意义，因与散热等条件关系很大。

② 分子为最小轴颈硬度，分母为合金硬度。

③ 性能比较：1—最佳；2—良；3—较好；4—一般；5—最差。

除了上述几种材料外，还可采用非金属材料（如石墨、塑料、尼龙、橡胶、粉末冶金和硬木等）作为轴瓦材料，其中塑料应用最广。塑料具有摩擦小、抗压强度高、耐磨性好等优点，但耐热能力差，因此，使用塑料作轴承材料时，应注意冷却。

7.3 滚动轴承

滚动轴承是由专门工厂制造的标准件，它效率高、类型多、易于选购和互换，在一般机器中被广泛使用。本节将介绍其类型、标准、应用特点、寿命计算和组合设计要点。

7.3.1 滚动轴承的结构和类型

1. 滚动轴承的结构

如图 7-10 所示，滚动轴承通常由外圈 1、内圈 2、滚动体 3 和保持架 4 组成。一般内、外圈均设有滚道，一方面可限制滚动体沿轴向移动，同时又能降低滚动体与内、外圈之间的接触应力。保持架把滚动体彼此隔开，避免滚动体相互接触，以减少摩擦和磨损。工作时轴承内圈与轴颈配合，外圈与轴承座或机座配合。通常内圈与轴一起转动，外圈固定不动。但有时也可以外圈转动而内圈不动，或内、外圈同时转动。滚动轴承的构造中，有的无外圈或内圈，有的无保持架，但不能没有滚动体。

滚动体有多种形式，以适合不同类型滚动轴承的结构要求。常见的滚动体形状有球形、圆柱形、圆锥形、鼓形、滚针形等多种，如图 7-11 所示。

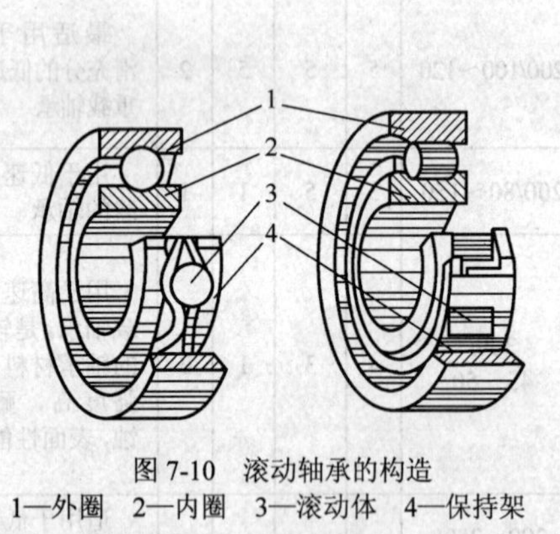

图 7-10　滚动轴承的构造
1—外圈　2—内圈　3—滚动体　4—保持架

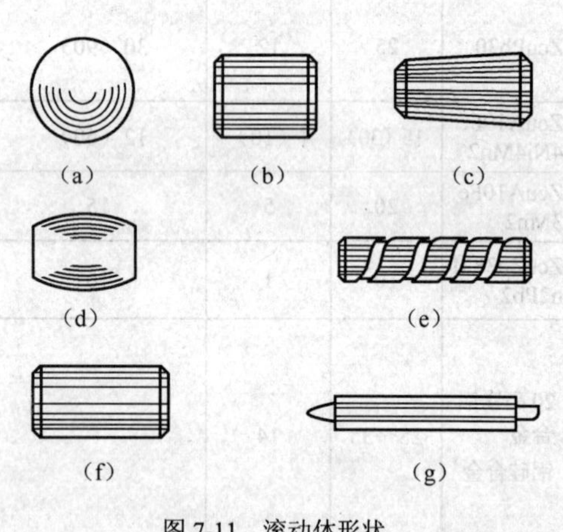

图 7-11　滚动体形状
（a）球形　（b）短圆柱形　（c）圆锥形　（d）鼓形
（e）空心螺旋形　（f）长圆柱形　（g）滚针形

滚动轴承的外圈、内圈、滚动体均采用强度高、耐磨性好的铬锰高碳钢制造。保持架多用低碳钢或铜合金制造，也可采用塑料及其他材料。

2. 滚动轴承的类型和性能

（1）按滚动体形状分类。

① 球轴承：滚动体是球形，它与滚道之间为点接触，故其承载能力和耐冲击能力较低。但轴承的极限转速较高，球的制造工艺简单，价格便宜。

② 滚子轴承：除球轴承之外，其他均称为滚子轴承。滚动体与滚道之间为线接触，故其承载能力和耐冲击能力较高。但轴承的极限转速低，制造工艺较求复杂，价格较高。

（2）按承受载荷的方向（或轴承接触角）分类。

滚动体与外圈滚道接触处的法线方向与轴承的径向平面（垂直于轴承轴心线的平面）之间的夹角 a，称为接触角，如图 7-12 所示。a 越大，轴承承受轴向载荷的能力越大。按轴承承载方向可分为向心轴承和推力轴承。

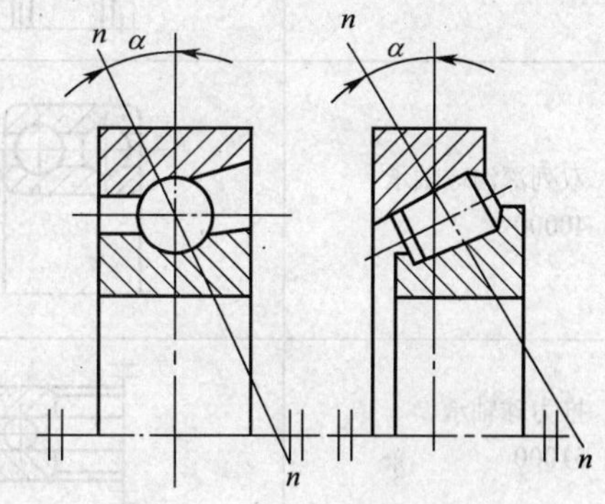

图 7-12　滚动轴承的接触角

① 向心轴承：向心轴承主要承受径向载荷，其分类如下。

a.径向接触轴承（$a = 0°$）。主要承受径向载荷，也可承受较小的轴向载荷，如深沟球轴承、调心轴承等。

b.向心角接触轴承（$0° < a \leqslant 45°$）。能同时承受径向载荷和轴向载荷的联合作用，如角接触球轴承、圆锥滚子轴承等。接触角越大，承受轴向载荷的相对值也越强。圆锥滚子轴承能同时承受较大的径向和单向载荷，内、外圈沿轴向可以分离，装拆方便，间隙可调。

也有的向心轴承不能承受轴向载荷，只能承受径向载荷，如圆柱滚子轴承（N）、滚针轴承（NA）等。

② 推力轴承：推力轴承只能或主要承受轴向载荷，其分类如下。

a.轴向接触轴承（$a = 90°$）。只能承受轴向载荷，如单、双向推力轴承，推力滚子轴承等。推力轴承的两个套圈的内孔直径不同，直径较小的套圈紧配在轴颈上，称为轴圈；直径较大的套圈安放在机座上，称为座圈。由于套圈上滚道深度浅，当转速较高时，滚动体的离心力大，轴承对滚动体的约束力不够，故允许的转速较低。

b.推力角接触轴承（$45° < a < 90°$）。主要承受轴向载荷，也可承受较小的径向载荷，如推力调心球面滚子轴承等。

表 7-2 所示为滚动轴承的类型、主要特性和应用。

表 7-2　　滚动轴承的类型、特性和应用

类型及代号	结构简图及标准号	载 荷 方 向	主要性能及应用
调心球轴承 10000			其外圈的内表面是球面，内、外圈轴线间允许角偏位为 2°～3°，极限转速低于深沟球轴承。可承受径向载荷及较小的双向轴向载荷，用于轴变形较大及不能精确对中的支承处
调心滚子轴承 20000			轴承外圈的内表面是球面，主要承受径向载荷及一定的双向轴向载荷，但不能承受纯轴向载荷，允许角偏位为 0.5°～2°。常用在长轴或受载荷作用后轴有较大的弯曲变形及多支点的轴上

续表

类型及代号	结构简图及标准号	载荷方向	主要性能及应用
圆锥滚子轴承 30000			可同时承受较大的径向及轴向载荷，承载能力大于“7”类轴承。外圈可分离，装拆方便，成对使用
双列深沟球轴承 40000			主要承受径向载荷，也能承受一定的双向轴向载荷。承载能力较深沟球轴承高
推力球轴承 51000			只能承受轴向载荷，而且载荷作用线必须与轴线相重合，不允许有角偏差，极限转速低
双向推力球轴承 52000			能承受双向轴向载荷，其余与推力轴承相同
深沟球轴承 60000			可承受径向载荷及一定的双向轴向载荷。内、外圈轴线间有小量的角偏差
角接触球轴承 70000	α 7000C 型($\alpha=15°$) 7000AC 型($\alpha=25°$) 7000B 型($\alpha=40°$)		可同时承受径向及轴向载荷，也可用来承受纯轴向载荷。承受轴向载荷的能力由接触角的大小决定，接触角大则承受轴向载荷的能力高。由于存在接触角，承受纯径向载荷时，会产生内部轴向力，使内、外圈有分离的趋势，因此这类轴承都成对使用，可以分装于两个支点或同装于一个支点上。极限转速较高
推力滚子轴承 80000			能承受较大的单向轴向载荷，极限转速低
圆柱滚子轴承 N0000			能承受较大的径向载荷，不能承受轴向载荷，极限转速也较高，但允许的角偏位很小，约 2′～4′。设计时，要求轴的刚度大，对中性好
滚针轴承 NA0000			不能承受轴向载荷，不允许有角度偏斜，极限转速较低。结构紧凑，在内径相同的条件下，与其他轴承比较，其外径最小。适用于径向尺寸受限制的部件中

7.3.2 滚动轴承的代号

为了区别不同类型、结构、尺寸和精度的轴承，国家标准规定了识别符号，即轴承代号，并把它打制在轴承的端面上。滚动轴承的代号由前置代号、基本代号和后置代号3部分组成。其中基本代号用以表示轴承的类型、结构和尺寸，是轴承代号的基础，从基本代号可判明轴承的结构形式和外形尺寸。前置代号和后置代号是在基本代号前后的补充代号，对轴承起补充说明的作用。代号排列顺序如下：

前 置 代 号	基 本 代 号	后 置 代 号

1. 前置、后置代号

前置、后置代号是轴承在结构形状、尺寸、公差、技术要求等有改变时，在基本代号前、后添加的补充代号，其排列如表7-3所示。

表7-3　滚动轴承代号排列

轴承代号									
前置代号	基本代号	后置代号（组）							
		1	2	3	4	5	6	7	8
成套轴承分部件		内部结构	密封套圈与变形防尘	保持架及其材料	轴承材料	公差等级	游隙	配置	其他

（1）前置代号。前置代号是添加在基本代号前的补充代号，用字母表示，用以说明成套轴承部件的特点。一般当轴承无须作说明时，无前置代号。前置代号及其含义如表7-4所示。

表7-4　前置代号及其含义

代　号	含　义	示　例
L	可分离轴承的可分离内圈或外圈	LNU207　LN207
R	不带可分离内圈或处圈的轴承（滚针轴承仅适用于NA型）	RNU207　RNA6904
K	滚子和保持架组件	K81107
WS	推力圆柱滚子轴承轴圈	WS81107
GS	推力圆柱滚子轴承座圈	GS81107

（2）后置代号。后置代号共有8组（见表7-3），用字母（或字母加数字）表示，用以说明轴承内部结构、密封和防尘形式、材料、公差等级等。

① 内部结构代号，如表7-5所示。

表7-5　内部结构代号

代　号	含　义	示　例
A、B、C、D、E	①表示内部结构改变 ②表示标准设计，其含义随不同类型、结构而异	B 角接触球轴承　公称接触角 $\alpha = 40°$ 7210B 圆锥滚子轴承　接触角加大 32310B C 角接触球轴承　公称接触角 $\alpha = 15°$ 7005C 调心滚子轴承　C型 23122C E 加强型 NU207E
AC D ZW	角接触球轴承　公称接触角 $\alpha = 25°$ 剖分式轴承 滚针保持架组件　双列	7210AC K50 × 55 × 20D K20 × 25 × 40ZW

注：加强型，即内部结构设计改进，增大轴承承载能力。

② 密封、防尘与外部形状变化代号：用字母表示，如 K 表示圆锥孔轴承；N 表示轴承外圈上有止动槽；NR 表示轴承外圈上有止动槽并带止动环等。详见轴承手册。

③ 公差等级代号：分为 0、6、6x、5、4、2 六个级别，分别用/P0、/P6、/P6x、/P5、/P4、/P2来表示。其中 0 为常用的普通级，为最低，不标出。2 级最高，6x 级仅用于圆锥滚子轴承。

④ 游隙代号：游隙代号共分为 6 组，常用基本组代号为 0，一般可不标注。其他游隙组别代号分别为/C1、/C2、/C0、/C3、/C4、/C5，依次递增。

后置代号标注规则是：4 组（含 4 组）以后代号前用“/”隔开，当公差代号与游隙代号需同时标注时，可省去后者字母，如/P6/C3，标注为/P63，当代号间可能产生混淆时，则应在其中空半格。

2. 基本代号

（1）类型代号。类型代号用数字或字母表示，见表 7-2。

（2）尺寸系列代号。尺寸系列代号包括直径系列代号和宽度（对推力轴承为高度）系列代号。宽度系列是指径向接触轴承或向心角接触轴承的内径相同，而宽度有一个递增的系列尺寸。高度系列是指轴向接触轴承的内径相同，轴承高度有一个递增的系列尺寸。直径系列是表示同一类型、内径相同的轴承，其外径有一个递增的系列尺寸。组合排列时，宽.(高)度系列在前，直径系列在后，如表 7-6 所示。当宽度系列为“0”时，可省略（但在调心轴承和圆锥滚子轴承中不可省略）。

表 7-6　　尺寸系列代号

直径系列		向心轴承								推力轴承			
		宽度系列代号								高度系列代号			
		8	0	1	2	3	4	5	6	7	9	1	2
		宽度尺寸依次递增→								高度尺寸依次递增→			
		尺寸系列代号											
外径尺寸依次递增↓	7	—	—	17	—	37	—	—	—	—	—	—	—
	8	—	08	18	28	38	48	58	68	—	—	—	—
	9	—	09	19	29	39	49	59	69	—	—	—	—
	0	—	00	10	20	30	40	50	60	70	90	10	—
	1	—	01	11	21	31	41	51	61	71	91	11	—
	2	82	02	12	22	32	42	52	62	72	92	12	22
	3	83	03	13	23	33	—	—	—	73	93	13	23
	4	—	04	—	24	—	—	—	—	74	94	14	24
	5	—	—	—	—	—	—	—	—	—	95	—	—

注：表中“—”表示不存在此种组合。

（3）内径代号。内径代号表示轴承内径尺寸的大小，如表 7-7 所示。

表 7-7　　轴承内径代号

内径代号	00	01	02	03	04～99
轴承内径 mm	10	12	15	17	代号数×5

注：轴承内径代号用两位阿拉伯数字表示。其中轴承内径 d 为 22mm、28mm、32mm、≥500mm 的轴承用内径毫米数直接表示，但需用“/”与组合代号分开，如××/22，表示该轴承内径 d＝22mm。

轴承代号举例：

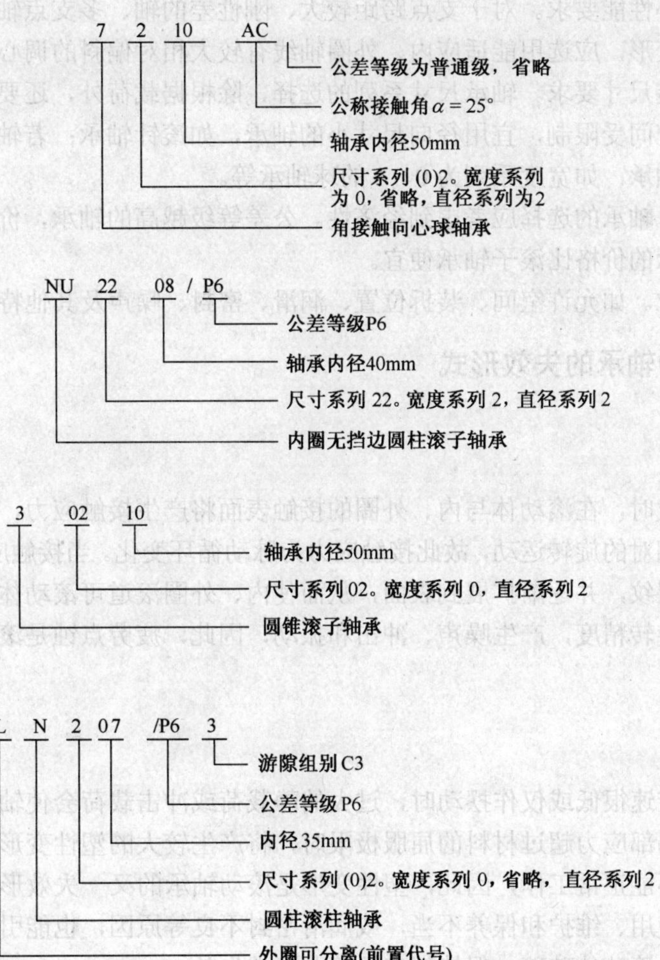

7.3.3　滚动轴承的类型选择

各类滚动轴承有不同的特性，因此，选择滚动轴承类型时，必须根据轴承实际工作情况合理选择，一般应考虑如下因素。

（1）载荷的大小、方向和性质。当载荷小而稳定时宜选用球轴承，载荷大且有冲击时宜选用滚子轴承。受纯径向载荷，宜选用径向接触轴承；受纯轴向载荷，宜选用推力轴承。同时承受径向载荷和轴向载荷时，应根据两者比值来考虑，当与径向载荷相比轴向载荷较小时，宜取深沟球轴承（60000 型）或接触角不大的角接触球轴承（70000 型）及圆锥滚子轴承（30000 型）；当与径向载荷相比轴向载荷较大时，可选接触角较大的角接触球轴承（70000AC）及圆锥滚子轴承（30000B 型）；当轴向载荷比径向载荷大很多时，也可选用径向接触轴承和推力轴承的组合结构，配合使用。

（2）轴承转速。转速高选用球轴承，转速低可选用滚子轴承。推力轴承不宜用于高速，若轴向载荷不大也可采用径向接触球轴承。在轴承手册中列入了各类轴承的极限转速 $n_{\lim}$（r/min）值，这个转速是指载荷不大（$P \leqslant 0.1C_r$。P 为当量动载荷，C_r 为基本额定动载荷），冷却条件正常，公差等级为普通级轴承时的最大允许转速。在选择轴承时必须使轴承在低于极限转速下工作。

（3）自动调心性能要求。对于支点跨距较大、刚性差的轴、多支点轴或弯曲变形较大的轴，为适应轴的变形，应选用能适应内、外圈轴线有较大相对偏斜的调心轴承。

（4）轴承安装尺寸要求。轴承尺寸系列的选择，除根据载荷外，还要根据轴承安装部位的空间。若径向空间受限制，宜用径向尺寸小的轴承，如滚针轴承；若轴向空间受限制，宜用轴向尺寸小的轴承，如宽度系列为 0、1 的球轴承等。

（5）经济性。轴承的选择应考虑到经济性。公差等级越高的轴承，价格越高。当公差等级相同时，球轴承的价格比滚子轴承便宜。

（6）特殊要求。如允许空间、装拆位置、润滑、密封、噪声及其他特殊性能要求。

7.3.4 滚动轴承的失效形式

1. 疲劳点蚀

滚动轴承受载时，在滚动体与内、外圈的接触表面将产生接触应力，由于内、外圈和滚动体在工作时有相对的旋转运动，故此接触应力为脉动循环变化。当接触应力超过极限值时，表层下产生疲劳裂纹，并逐渐扩展到表面，从而使内、外圈滚道可滚动体表面形成疲劳点蚀使滚动轴承丧失旋转精度，产生噪声、冲击和振动，因此，疲劳点蚀是滚动轴承的失效形式之一。

2. 塑性变形

当滚动轴承转速很低或仅作摆动时，过大的静载荷或冲击载荷会使轴承滚道和滚动体接触处产生较大的局部应力超过材料的屈服极限时，将产生较大的塑性变形，若变形量超过一定范围，轴承将不能正常工作，因此，塑性变形是滚动轴承的又一失效形式。

此外，由于使用、维护和保养不当，或润滑密封不良等原因，也能引起轴承早期磨损、胶合、套圈断裂、滚动体破碎、保持架破损等非正常失效。

7.3.5 滚动轴承的寿命计算

1. 滚动轴承的设计准则

（1）对于一般运转的轴承，为防止疲劳点蚀发生，以疲劳强度计算为依据，称为轴承的寿命计算。

（2）对于不回转、转速很低或间歇摆动的轴承，为防止塑性变形，以静强度计算为依据，称为轴承的静强度计算。

2. 寿命计算中的基本概念

（1）寿命。滚动轴承的寿命是指轴承中任何一个滚动体或内、外圈滚道上出现疲劳点蚀前轴承转过的总转数，或在一定转速下总的工作小时数。

（2）基本额定寿命。一批类型、尺寸相同的轴承，由于材料、加工精度、热处理与装配质量不可能完全相同，即使在同样条件下工作，各个轴承的寿命也是不相同的。在国标中规定以基本额定寿命作为计算依据。基本额定寿命是指一批相同的轴承，在同样条件下工作，其中 10%的轴承产生疲劳点蚀时转过的总转数，或在一定转速下总的工作小时数。

（3）额定动载荷。基本额定寿命为 $10^6 r$ 时轴承所能承受的载荷，称为额定动载荷，以“C_r”表示，轴承在额定动载荷作用下，不发生疲劳点蚀的可靠度是 90%。各种类型和不同尺寸轴承的 C_r 值查设计手册。

（4）额定静载荷。轴承工作时，受载最大的滚动体和内、外圈滚道接触处的接触应力达到一定值（向心和推力球轴承为 4 200MPa，滚子轴承为 4 000MPa，）时的静载荷，称为额定静载荷，用“C_{0r}”表示，其值可查设计手册。

（5）当量动载荷。额定动、静载荷是在向心轴承只承受径向载荷、推力轴承只承受轴向载荷的条件下，根据试验确定的。实际上，轴承承受的载荷往往与上述条件不同，因此，必须将实际载荷等效为一假想载荷，这个假想载荷称为当量动载荷，以“P”表示。

3. 寿命计算

在实际应用中，额定寿命常用给定转速下运转的小时数表示。考虑到机器振动和冲击的影响，引入载荷因数 f_P（见表 7-8）；考虑到工作温度的影响，引入了温度因数 f_t（见表 7-9）。实际的寿命计算公式为

$$L_h = \frac{10^6}{60n}\left(\frac{f_t C_r}{f_P P}\right)^{\varepsilon} \tag{7-1}$$

表 7-8　载荷因数 f_P

载荷性质	f_P	举例
无冲击或有轻微冲击	1.0～1.2	电动机、汽轮机、通风机、水泵
中等冲击和振动	1.2～1.8	车辆、机床、内燃机、起重机、冶金设备、减速器
强大冲击和振动	1.8～3.0	破碎机、轧钢机、石油钻机、振动筛

表 7-9　温度因数 f_t

轴承工作温度/℃	≤100	125	150	175	200	225	250	300	350
温度系数 f_t	1	0.95	0.90	0.85	0.80	0.75	0.70	0.60	0.50

若当量动载荷 P 与转速 n 均已知，预期寿命 L'_h 已选定，则可根据下式选择轴承型号

$$C_r' = \frac{f_P P}{f_t}\sqrt[\varepsilon]{\frac{60nL_h'}{10^6}} \leqslant C \tag{7-2}$$

式中，C_r'——计算额定动载荷，单位为 kN；

C_r——额定动载荷，单位为 kN，可查附表 7-1～附表 7-3；

ε——寿命指数，球轴承 $\varepsilon = 3$，滚子轴承 $\varepsilon = 10/3$。

4. 当量动载荷的计算

当量动载荷是一假想载荷，在该载荷作用下，轴承的寿命与实际载荷作用下的寿命相同。当量动载荷 P 的计算式为

$$P = XF_r + YF_a \tag{7-3}$$

式中，P——当量动载荷，单位为 N；

X——径向载荷因数（表 7-10）；

Y——轴向载荷因数（表 7-10）；

F_r——轴承承受的径向载荷，单位为 N；

F_a——轴承承受的轴向载荷，单位为 N。

表 7-10　径向载荷因数 *X* 和轴向载荷因数 *Y*

轴承类型		相对轴向载荷 F_a/C_{0r}	e	$F_a/F_r>e$ X	$F_a/F_r>e$ Y	$F_a/F_r\le e$ X	$F_a/F_r\le e$ Y
深沟球轴承（60000 型）		0.014	0.19	0.56	2.30	1	0
		0.028	0.22		1.99		
		0.056	0.26		1.71		
		0.084	0.28		1.55		
		0.11	0.30		1.45		
		0.17	0.34		1.31		
		0.28	0.38		1.15		
		0.42	0.42		1.04		
		0.56	0.44		1.00		
角接触球轴	$\alpha = 15°$（70000C 型）	0.015	0.38	0.44	1.47	1	0
		0.029	0.40		1.40		
		0.058	0.43		1.30		
		0.087	0.46		1.23		
		0.12	0.47		1.19		
		0.17	0.50		1.12		
		0.29	0.55		1.02		
		0.44	0.56		1.00		
		0.58	0.56		1.00		
	$\alpha = 25°$（70000AC 型）	—	0.68	0.41	0.87	1	0
	$\alpha = 40°$（70000B 型）		1.14	0.35	0.57	1	0
圆锥滚子轴承（30000 型）		—	见附表 7-3	0.4	见附表 7-3	1	0
调心球轴承（10000 型）		—	见轴承手册	0.65	见轴承手册	1	见轴承手册

对于只承受径向载荷的轴承，当量动载荷为轴承的径向载荷，即

$$P = F_r$$

对于只承受轴向载荷的轴承，当量动载荷为轴承的轴向载荷 F_a，即

$$P = F_a$$

5. 向心角接触轴承实际轴向载荷的计算

（1）向心角接触轴承的内部轴向力。由于向心角接触轴承有接触角，故轴承在受到径向载荷作用时，承载区内滚动体的法向力分解，会产生一个轴向分力 S（见图 7-13）。S 是在径向载荷作用下产生的轴向力，通常称为内部轴向力，其大小按表 7-11 所列公式来求，方向（相对于轴而言）沿轴向由轴承外圈的宽边指向窄边。

表 7-11　　向心角接触轴承的内部轴向力 S

角接触球轴承			圆锥滚子轴承
$\alpha=15°$（70000C 型）	$\alpha=25°$（70000AC 型）	$\alpha=40°$（70000B 型）	
$S=eF_r$（e 见表 7-10）	$S=0.68F_r$	$S=1.14F_r$	$S=F_r/2Y$（Y 是 $F_a/F_r>e$ 时的轴向载荷因数）

（2）向心角接触轴承的实际轴向载荷。向心角接触轴承在使用时实际所受的轴向载荷 F_a，除与外加轴向载荷 F_X（见图 7-14）有关外，还应考虑内部轴向力 S 的影响。计算两支点实际轴向载荷的步骤如下。

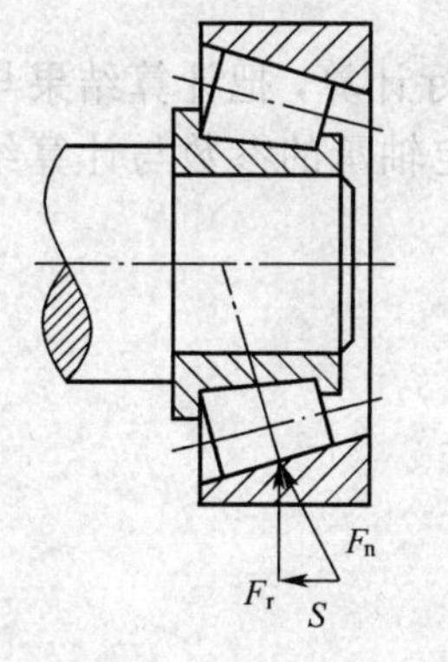

图 7-13　内部轴向力

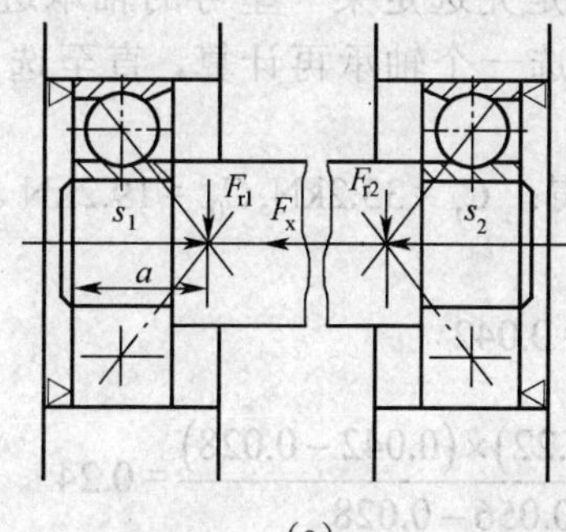

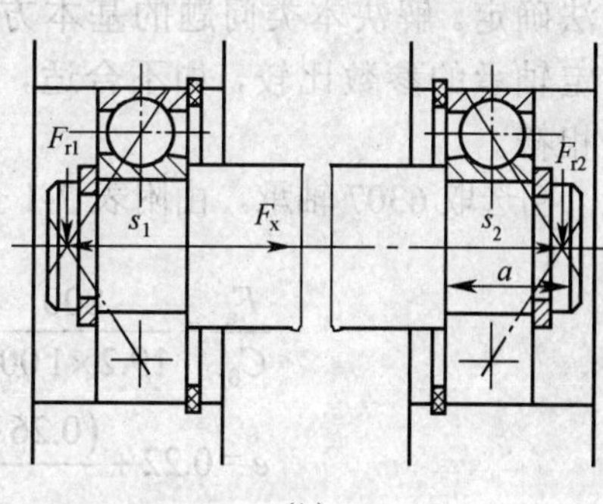

图 7-14　角接触轴承的实际轴向载荷 F_a 的计算

① 先计算出两支点内部轴向力 S_1、S_2 的大小，并标出其方向。

② 将外加轴向载荷 F_X 及与之同向的内部轴向力的和与另一内部轴向力进行比较，以判定轴承的“压紧”端与“放松”端。

③ “放松”端轴承的轴向载荷等于它本身的内部轴向力。

④ “压紧”端轴承的轴向载荷等于除了它本身的内部轴向力以外的所有轴上轴向力的代数和。

7.3.6　滚动轴承寿命计算举例

例 7-1　深沟球轴承 6207，承受径向载荷 $F_r=1\,600$N，轴向载荷 $F_a=800$N，试计算其当量动载荷 P。

解　由附表 7-1 查得：$C_{0r}=15.2$kN

$$\frac{F_a}{C_{0r}}=\frac{800}{15.2\times1\,000}=0.052$$

由表 7-10，用插入法求 e：

$$e=0.22+\frac{(0.26-0.22)\times(0.052-0.028)}{0.056-0.028}=0.254$$

$$\frac{F_a}{F_r}=\frac{800}{1\,600}=0.5>e$$

由表 7-10 查得　$X=0.56$

由插入法求得　$Y=1.71+\frac{(1.99-1.71)\times(0.26-0.254)}{0.26-0.22}=1.75$

则　$P=XF_r+YF_a=(0.56\times1\,600+1.75\times800)\text{N}=2\,296\text{N}$

例 7-2　选择一水泵用深沟球轴承，已知轴颈 $d=35\text{mm}$，轴的转速 $n=2\,860\text{r/min}$，径向载荷 $F_r=1\,600\text{N}$，轴向载荷 $F_a=800\text{N}$，$L_h'=5\,000\text{h}$。

解　本例是径向接触轴承受径向载荷和轴向载荷的复合作用，根据预期寿命选择轴承型号，应先计算当量动载荷。由于轴承型号未定，$\frac{F_a}{C_{0r}}$、e 值均未知，X 值，Y 值无法确定。解决本类问题的基本方法是先选定某一型号的轴承进行计算，把计算结果与选定轴承的参数比较，如不合适，重选一个轴承再计算，直至选定轴承的参数与计算结果相符。

初选取 6307 轴承，由附表 7-1 查得：$C_r=33.2\text{kN},C_{0r}=19.2\text{kN}$。

$$\frac{F_a}{C_{0r}}=\frac{800}{19.2\times1\,000}=0.042$$

$$e=0.22+\frac{(0.26-0.22)\times(0.042-0.028)}{0.056-0.028}=0.24$$

$$\frac{F_a}{F_r}=\frac{800}{1\,600}=0.5>e=0.24$$

$$X=0.56$$

$$Y=1.71+\frac{(1.99-1.71)\times(0.26-0.24)}{0.26-0.22}=1.85$$

$$P=XF_r+YF_a=(0.56\times1\,600+1.58\times800)\text{N}=2\,376\text{N}$$

由表 7-8 查得 $f_p=1.1$，由表 7-9 查得 $f_t=1$，$\varepsilon=3$，则

$$C_r'=\frac{f_pP}{f_t}\sqrt[\varepsilon]{\frac{60nL_h'}{10^6}}=\frac{1.1\times2\,376}{1}\times\sqrt[3]{\frac{60\times2\,860\times5\,000}{10^6}}\times10^{-3}\text{kN}=24.8\text{kN}$$

由于选定的轴承 6307 的 $C_r=33.2\text{kN},C_r>>C_r'$，说明初选取的轴承裕度太大，不合适。重选轴承 6207，由附表 7-1 查得 $C_r=25.5\text{kN},C_{0r}=15.2\text{kN}$

$$\frac{F_a}{C_{0r}} = \frac{800}{15.2 \times 1\,000} = 0.052$$

$$e = 0.22 + \frac{(0.26 - 0.22) \times (0.052 - 0.028)}{0.056 - 0.028} = 0.254$$

$$\frac{F_a}{F_r} = \frac{800}{1\,600} = 0.5 > e = 0.24$$

$$X = 0.56$$

$$Y = 1.71 + \frac{(1.99 - 1.71) \times (0.26 - 0.254)}{0.26 - 0.22} = 1.75$$

$$P = XF_r + YF_a = (0.56 \times 1\,600 + 1.75 \times 800)\text{N} = 2\,296\text{N}$$

由表 7-8 查得 $f_p = 1.1$，由表 7-9 查得 $f_t = 1$，$\varepsilon = 3$，则

$$C_r' = \frac{f_p P}{f_t} \sqrt[\varepsilon]{\frac{60nL_h'}{10^6}} = \frac{1.1 \times 2\,296}{1} \times \sqrt{\frac{60 \times 2\,860 \times 5\,000}{10^6}} \times 10^{-3}\text{kN} = 24\text{kN}$$

由计算可知，选定轴承 6207 的 C_r（25.5kN）大于 C_r'（24kN），且较接近，因此重选的轴承 6207 合适。

例 7-3　图 7-15 所示为一工程机械中的传动装置。根据工作条件决定采用一对角接触球轴承，并暂选定型号为 7208AC，已知作用径向载荷为 $F_{r1} = 1\,000\text{N}$，$F_{r2} = 2\,060\text{N}$，外加作用在轴心线上的轴向载荷 $F_A = 880\text{N}$，转速 $n = 5\,000\text{r/min}$，运转中受中等冲击，预期使用寿命 $L_h' = 2\,500\text{h}$。试校核该轴承强度。

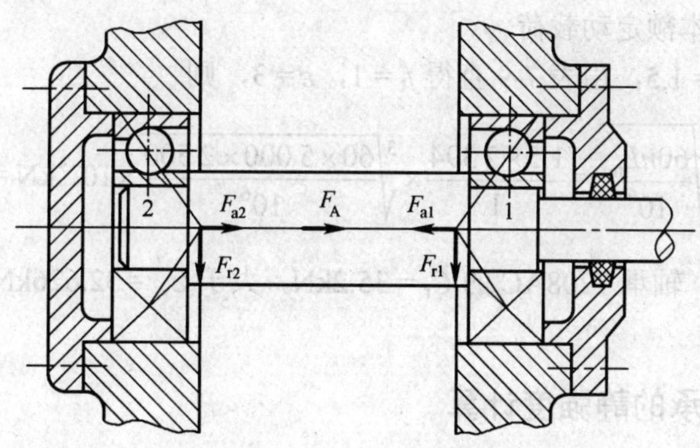

图 7-15　例 7-3 图

解　本例为角接触球轴承的校核计算，此类轴承由于有内部轴向力，因此，应首先计算内部轴向力。

（1）计算内部轴向力。

由表 7-11 查得 7208AC 型轴承内部轴向力

$$S_1 = 0.68F_{r1} = 0.68 \times 1\,000\text{N} = 680\text{N}$$

$$S_2 = 0.68F_{r2} = 0.68 \times 2\,060\text{N} = 1\,401\text{N}$$

方向如图 7-15 所示。

（2）计算轴承的轴向载荷。

$$F_A + S_2 = (880 + 1\,401)\text{N} = 2\,281\text{N} > S_1$$

因此，整个轴有向右移动的趋势，可端轴承“1”压紧，左端轴承“2”放松，故

$$F_{a1} = F_A + S_2 = (880 + 1\,401)\text{N} = 2\,281\text{N}$$
$$F_{a2} = S_2 = 1\,401\text{N}$$

（3）计算当量动载荷。

① 轴承 1 的当量动载荷 P_1。由表 7-10 得 70000AC 型轴承的 $e = 0.68$。

$$\frac{F_{a1}}{F_{r1}} = \frac{2\,281}{1000} = 2.28 > e$$

由表 7-10 查得 $X = 0.41$，$Y = 0.87$，则

$$P_1 = XF_{r1} + YF_{a1} = (0.41 \times 1\,000 + 0.87 \times 2\,281)\text{N} = 2\,394\text{N}$$

② 轴承 2 的当量动载荷 P_2

$$\frac{F_{a2}}{F_{r2}} = \frac{1\,401}{2\,060} = 068 = e$$

由表 7-10 查得 $X = 1$，$Y = 0$，则

$$P_2 = XF_{r2} + YF_{a2} = (1 \times 2\,062 + 0 \times 1\,401)\text{N} = 2\,060\text{N}$$

两轴承型号相同，而 $P_1 > P_2$，故应按 P_1 计算。

（4）校核轴承基本额定动载荷。

由表 7-8 查得 $f_p = 1.5$，由表 7-9 查得 $f_t = 1$，$\varepsilon = 3$，则

$$C_r' = \frac{f_p P_1}{f_t}\sqrt[\varepsilon]{\frac{60nL_h'}{10^6}} = \frac{1.5 \times 2\,394}{1} \times \sqrt[3]{\frac{60 \times 5\,000 \times 2\,500}{10^6}} \times 10^{-3}\text{kN} = 32.626\text{kN}$$

由附表 7-2 查得，轴承 7208AC 的 $C_r = 35.2\text{kN}$，大于 $C_r' = 32.626\text{kN}$，且数值接近，故所选轴承合适。

7.3.7 滚动轴承的静强度计算

静强度计算的目的是防止轴承产生过大的塑性变形。对非低速转动的轴承，若承受的载荷变化太大时，在按寿命计算选择出轴承型号后，还应进行静强度验算。

额定静载荷是轴承静强度计算的依据。与当量动载荷相似，轴承在工作时，如果同时承受径向载荷与轴向载荷，也应按当量静载荷 P_0 进行计算。

当量静载荷的计算公式为

$$P_0 = X_0 F_r + Y_0 F_a \tag{7-4}$$

式中　X_0——径向载荷因数（见表 7-12）；

Y_0——轴向载荷因数（见表 7-12）；

F_r——轴承承受的径向载荷，单位为 N；

F_a——轴承承受的轴向载荷，单位为 N。

表 7-12　　径向载荷因数 X_0 和轴向载荷因数 Y_0

轴承类型		X_0	Y_0
深沟球轴承（60000 型）		0.6	0.5
角接触球轴承	α = 15°（70000C 型）	0.5	0.4
	α = 25°（70000AC 型）	0.5	0.3
	α = 40°（70000B 型）	0.5	0.2
圆锥滚子轴承（30000 型）		0.5	见附表 7-3

静强度的计算公式为

$$S_0P_0 \leqslant C_0 \tag{7-5}$$

式中　S_0——安全因数（见表 7-13）。

表 7-13　　安全因数

使用要求和载荷性质	S_0
对旋转精度和平稳运转的要求较高或承受强大的冲击载荷	1.2～2.5
正常使用	0.8～1.2
对旋转精度和平稳运转的要求较低，没有冲击和振动	0.5～0.8

7.3.8　滚动轴承的组合结构

为了保证轴和轴上零件的正常运转，除正确选用轴承类型、型号外，还应解决轴承的组合结构问题，其中包括轴承组合的轴向固定、支承结构形式、滚动轴承的配合及滚动轴承的装拆等一系列问题。

1. 单个滚动轴承内、外圈的轴向固定

与轴上其他零件一样，滚动轴承也必须轴向固定，尤其是受轴向力的滚动轴承，轴向固定更应可靠。其固定方式如表 7-14、表 7-15 所示。

表 7-14　　常用滚动轴承内圈的轴向固定方法

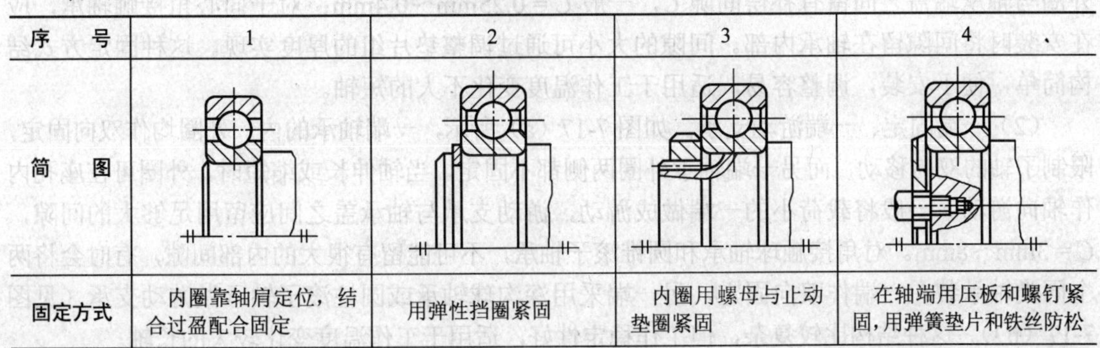

序　号	1	2	3	4
简　图				
固定方式	内圈靠轴肩定位，结合过盈配合固定	用弹性挡圈紧固	内圈用螺母与止动垫圈紧固	在轴端用压板和螺钉紧固，用弹簧垫片和铁丝防松

续表

序　号	1	2	3	4
特　点	结构简单，装拆方便，占用空间小，可用于两端固定的支承中	结构简单，装拆方便，占用空间小，多用于深沟球轴承的固定	结构简单，装拆方便，紧固可靠	不能调整轴承游隙，多用于轴颈 $d>70$mm 的场合，允许转速较高

表 7-15　　常用滚动轴承外圈的轴向固定方法

序　号	1	2	3
简　图			
固定方式	外圈用端盖紧固	外圈用弹性挡圈紧固	外圈由挡肩定位，轴系另一端支承靠螺母或端盖紧固
特　点	结构简单，紧固可靠，调整方便	结构简单，装拆方便，占用空间小，多用于向心类轴承	结构简单，工作可靠
序　号	4	5	
简　图			
固定方式	外圈由套筒上的挡肩定位再用端盖紧固	外圈用螺钉和调节杯紧固	
特　点	结构简单，外壳孔可为通孔，利用垫片可调整轴系的轴向位置，装配工艺性好	便于调整轴承游隙，用于角接触轴承的紧固	

2. 轴系的固定

轴系固定的目的是防止轴工作时发生轴向窜动，保证轴上零件有确定的工作位置。常用的固定方式有以下两种。

（1）两端单向固定。如图 7-16 所示，两端的轴承都靠轴肩和轴承盖作单向固定，两个轴承的联合作用就能限制轴的双向移动。为了补偿轴的受热伸长，对于深沟球轴承，可在轴承外圈与轴承端盖之间留有补偿间隙 C，一般 $C=0.25$mm～0.4mm；对于向心角接触轴承，应在安装时将间隙留在轴承内部。间隙的大小可通过调整垫片组的厚度实现。这种固定方式结构简单，便于安装，调整容易，适用于工作温度变化不大的短轴。

（2）一端固定、一端游动支承。如图 7-17（a）所示，一端轴承的内、外圈均作双向固定，限制了轴的双向移动，而另一端轴承外圈两侧都不固定。当轴伸长或缩短时，外圈可在座孔内作轴向游动。一般将载荷小的一端做成游动，游动支承与轴承盖之间应留用足够大的间隙，$C=3$mm～8mm。对角接触球轴承和圆锥滚子轴承，不可能留有很大的内部间隙，有时会将两个同类轴承装在一端作双向固定，另一端采用深沟球轴承或圆柱滚子轴承做游动支承（见图 7-17（b））。这种结构比较复杂，但工作稳定性好，适用于工作温度变化较大的长轴。

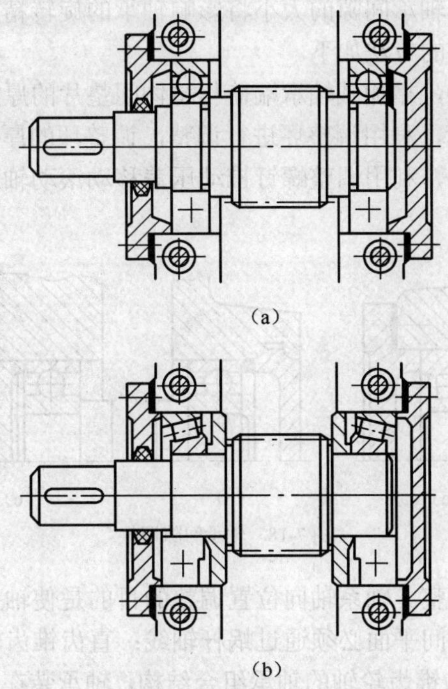

图 7-16　两端单向固定支承

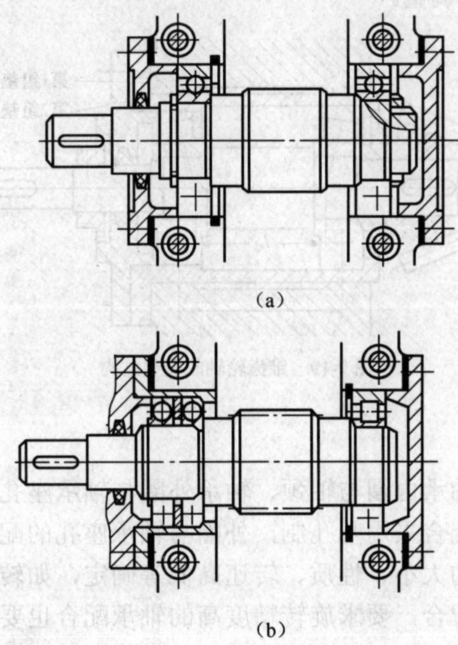

图 7-17　一端固定、一端游动支承

3. 滚动轴承组合结构的调整

滚动轴承组合结构的调整包括轴承间隙的调整和轴系轴向位置的调整。

（1）轴承间隙的调整。轴承间隙的大小将影响轴承的旋转精度、轴承寿命和传动零件工作的平稳性。轴承间隙调整的方法如下。

① 如图 7-18（a）所示，靠加减轴承端盖与箱体间垫片的厚度进行调整。

② 如图 7-18（b）所示，利用调整环进行调整，调整环的厚度在装配时确定。

③ 如图 7-18（c）所示，利用调整螺钉推动压盖移动滚动轴承外圈进行调整，调整后用螺母锁紧。

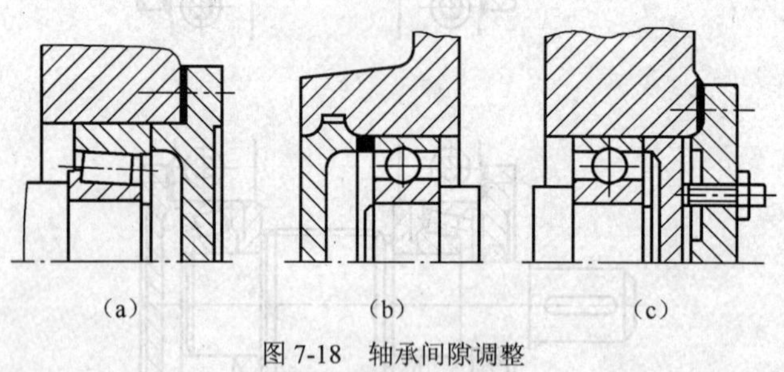

图 7-18　轴承间隙调整

（2）轴系轴向位置的调整。轴系轴向位置调整的目的是使轴上零件有准确的工作位置，如蜗杆传动，要求蜗轮的中间平面必须通过蜗杆轴线；直齿锥齿轮传动，要求两锥齿轮的锥顶必须重合。图 7-19 所示为锥齿轮轴的轴承组合结构，轴承装在套杯内，通过加减第 1 组垫片的厚度来调整轴承套杯的轴向位置，即可调整锥齿轮的轴向位置；通过加减第 2 组垫片的厚度，可以实现轴承间隙的调整。

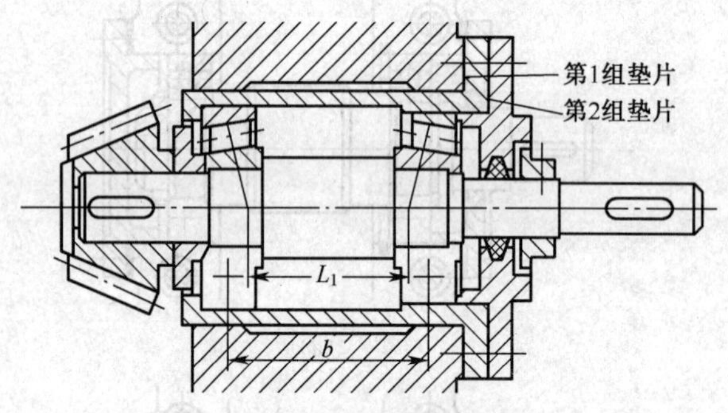

图 7-19　锥齿轮轴的调整结构

4．滚动轴承的配合

滚动轴承的配合是指轴承内圈与轴颈、轴承外圈与轴承座孔的配合。由于滚动轴承是标准件，故内圈与轴颈的配合采用基孔制，外圈与轴承座孔的配合采用基轴制。配合的松紧程度根据轴承工作载荷的大小、性质、转速高低等确定，如转速高、载荷大、冲击振动比较严重时应选用较紧的配合，要求旋转精度高的轴承配合也要紧一些；游动支承和需经常拆卸的轴承的配合则应松一些。

对于一般机械，轴与内圈的配合常选用 m6、k6、js6 等，外圈与轴承座孔的配合常选用 J7、H7、G7 等。由于滚动轴承内径的公差带在零线以下，因此，内圈与轴的配合比圆柱公差标准中规定的基孔制同类配合要紧些，如圆柱公差标准中 H7/k6、H7/m6 均为过渡配合，而在轴承内圈与轴的配合中就成了过盈配合。

5. 滚动轴承的装拆

安装和拆卸轴承的力应直接加在紧配合的套圈端面上，不能通过滚动体传递。由于内圈与轴的配合较紧，在安装轴承时注意以下两点。

（1）对中、小型轴承，常用专用压套压装轴承的内、外圈，如图 7-20 所示。

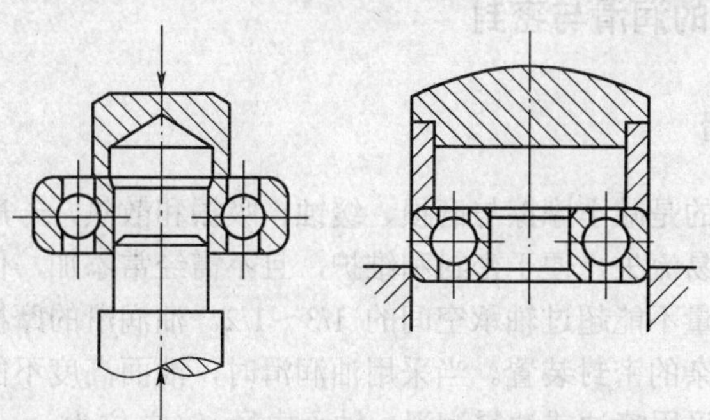

图 7-20　轴承的安装

（2）对尺寸较大的轴承，可在压力机上压入或把轴承放在油里加热至 80℃～100℃，然后取出套装在轴颈上。

轴承的拆卸可根据实际情况按图 7-21 所示的实施。为使拆卸工具的钩头钩住内圈，应限制轴肩高度。轴肩高度可查设计手册。

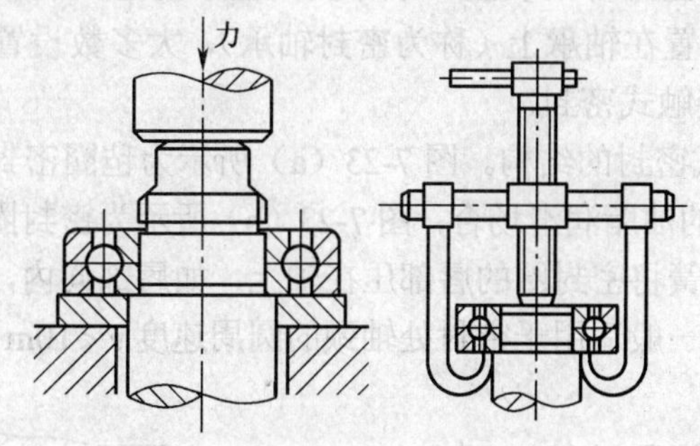

图 7-21　轴承的拆卸

内、外圈可分离的轴承，其外圈的拆卸可用压力机、套筒或螺钉顶出，也可以用专用设备拉出。为了便于拆卸，座孔的结构一般采用图 7-22 所示的形式。

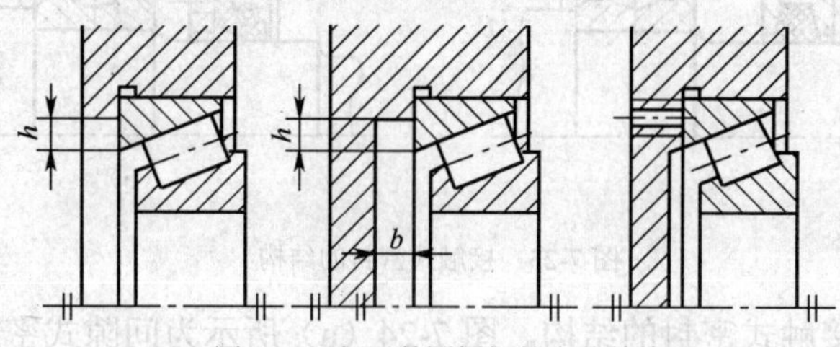

图 7-22　便于外圈拆卸的座孔结构

6. 保证支承部分的刚度和同轴度

为保证支承部分的刚度，轴承座孔壁应有足够的厚度，并设置加强肋以增强刚度。对于向心角接触轴承，可采用反装（外圈宽边相对，见图 7-14（b）），提高支承刚度。

为保证支承部分的同轴度，同一轴上两端的轴承座孔必须保持同心，因此，两端轴承座孔的尺寸应尽量相同，以便加工时一次镗出，减少同轴度误差。若轴上装有不同外径尺寸的轴承时，可采用套杯结构。

7.3.9 滚动轴承的润滑与密封

1. 滚动轴承的润滑

轴承润滑的主要目的是减小摩擦与磨损、缓蚀、吸振和散热，一般采用脂润滑或者油润滑。润滑脂黏性大，不易流失，便于密封和维护，且不需经常添加，但转速较高时，功率损失较大。润滑脂的填充量不能超过轴承空间的 1/3～1/2。油润滑的摩擦阻力小，润滑可靠，但需要供油设备和较复杂的密封装置。当采用油润滑时，油面高度不能超出轴承中最低滚动体的中心。高速轴承宜采用喷油或油雾润滑。轴承内径 d（单位为 mm）与轴承转速 n（单位为 r/min）的乘积 $d \cdot n$ 的值可作为选择润滑方式的依据。具体的润滑剂及润滑方式选择详见设计手册。

2. 滚动轴承的密封

密封的目的是为了防止外部的灰尘、水分及其他杂物进入轴承，并阻止轴承内润滑剂的流失。密封装置可直接设置在轴承上（称为密封轴承），大多数设置在轴承支承部位。轴承密封分为接触式密封和非接触式密封。

图 7-23 所示为接触式密封的结构。图 7-23（a）所示为毡圈密封，一般适用于密封处轴颈的圆周速度 $v < 4 \sim 5\text{m/s}$ 的油脂润滑场合；图 7-23（b）所示为密封圈密封，密封圈由皮革或橡胶制成，利用环形螺旋弹簧将密封圈的唇部压在轴上，如唇部向内，可防止油外泄，如唇部向外，可防止灰尘等侵入，一般适用于密封处轴颈的圆周速度 $v < 10\text{m/s}$ 的油润滑或脂润滑。

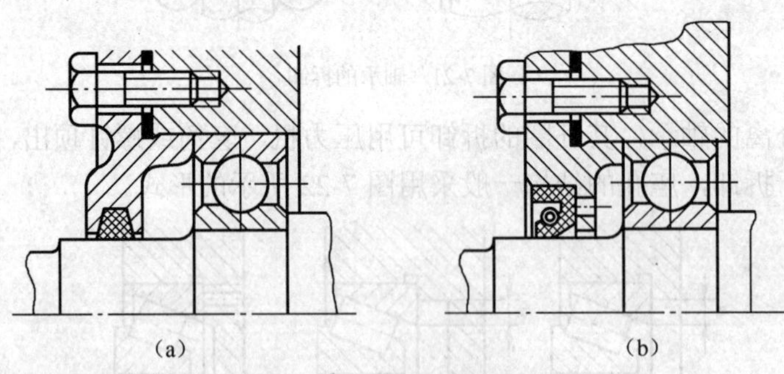

图 7-23 接触式密封的结构

图 7-24 所示为非接触式密封的结构。图 7-24（a）所示为间隙式密封，在轴与轴承之间留有细小的间隙，半径间隙为 0.1mm～0.3mm，中间填以润滑脂，用于工作环境清洁、干燥的场合；图 7-24（b）所示为迷宫式密封，轴与轴承之间有曲折的间隙，迷宫式密封适用于油润滑和脂润滑，密封可靠，对工作环境要求不高；图 7-24（c）所示为毡圈和迷宫的组合密封，密封效果更好。

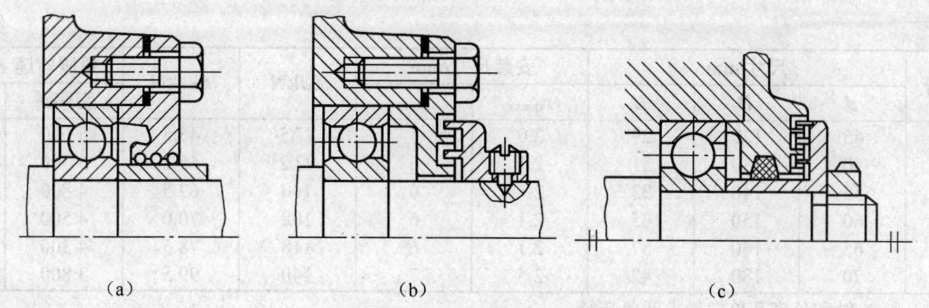

图 7-24 非接触式密封的结构

附表 7-1 **深沟球轴承（GB/T276）**

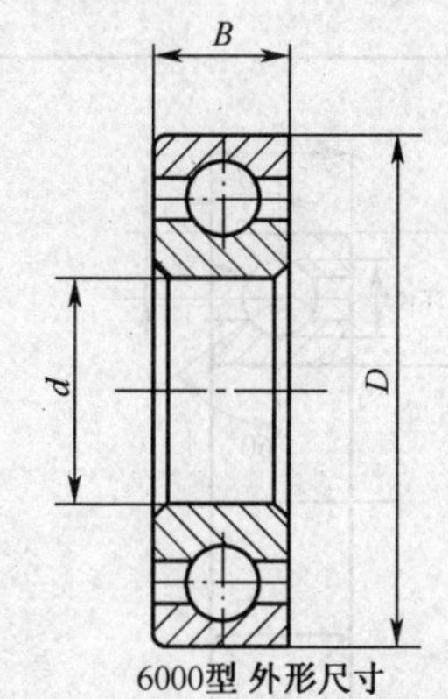

6000型 外形尺寸

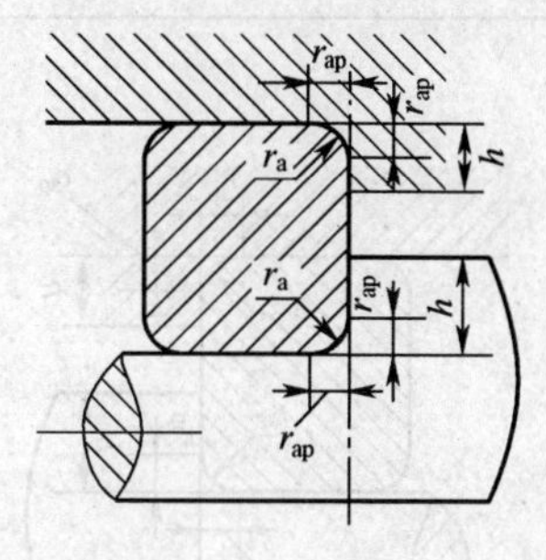

安装尺寸

简化画法

标记示例：滚动轴承 6210GB/T276

轴承型号	尺寸/mm			安装尺寸/mm		C_r/kN	C_{0r}/kN	极限转速 n/(r/min)	
	d	D	B	r_{apmax}	h_{min}			脂润滑	油润滑
6204	20	47	14	1.00	3.0	12.8	6.65	14 000	18 000
6205	25	52	15	1.00	3.0	14.0	7.88	12 000	16 000
6206	30	62	16	1.00	3.0	19.5	11.5	9 500	13 000
6207	35	72	17	1.00	3.5	25.5	15.2	8 500	11 000
6208	40	80	18	1.00	3.5	29.5	18.0	8 000	10 000
6209	45	85	19	1.00	3.5	31.5	20.5	7 000	9 000
6210	50	90	20	1.00	3.5	35.0	23.2	6 700	8 500
6211	55	100	21	1.50	4.5	43.2	29.2	6 000	7 500
6212	60	110	22	1.50	4.5	47.8	32.8	5 600	7 000
6213	65	120	23	1.50	4.5	57.2	40.0	5 000	6 300
6214	70	125	24	1.50	4.5	60.8	45.0	4 800	6 000
6304	20	52	15	1.00	3.50	15.8	7.88	13 000	17 000
6305	25	62	17	1.00	3.50	22.2	11.5	10 000	14 000
6306	30	72	19	1.00	3.50	27.0	15.2	9 000	12 000
6307	35	80	21	1.50	4.50	33.2	19.2	8 000	10 000
6308	40	90	23	1.50	4.5	40.8	24.0	7 000	9 000
6309	45	100	25	1.50	4.5	52.8	31.8	6 300	8 000
6310	50	110	27	2.0	5	61.8	38.0	6 000	7 500
6311	55	120	29	2.0	5	71.5	44.8	5 300	6 700
6312	60	130	31	2.1	6	81.8	51.8	5 000	6 300
6313	65	140	33	2.1	6	93.8	60.5	4 500	5 600
6314	70	150	35	2.1	6	105	68.0	4 300	5 300
6404	20	72	19	1.00	3.5	31.0	15.2	9 500	13 000
6405	25	80	21	1.50	4.5	38.2	19.2	8 500	11 000
6406	30	90	23	1.50	4.5	47.5	24.5	8 000	10 000
6407	35	100	25	1.50	4.5	56.8	29.5	6 700	8 500
6408	40	110	27	2.0	5	65.5	37.5	6 300	8 000

续表

轴承型号	尺寸/mm			安装尺寸/mm		C_r/kN	C_{0r}/kN	极限转速 n/(r/min)	
	d	D	B	r_{apmax}	h_{min}			脂润滑	油润滑
6409	45	120	29	2.0	5	77.5	45.5	5 600	7 000
6410	50	130	31	2.1	6	92.2	55.2	5 300	6 700
6411	55	140	33	2.1	6	100	62.5	4 800	6 000
6412	60	150	35	2.1	6	108	70.0	4 500	5 600
6413	65	160	37	2.1	6	118	78.5	4 300	5 300
6414	70	180	42	2.5	7	140	99.5	3 800	4 800

注：r_{apmax}——轴和外壳孔单向最大圆角半径。

附表 7-2　角接触球轴承（GB/T292）

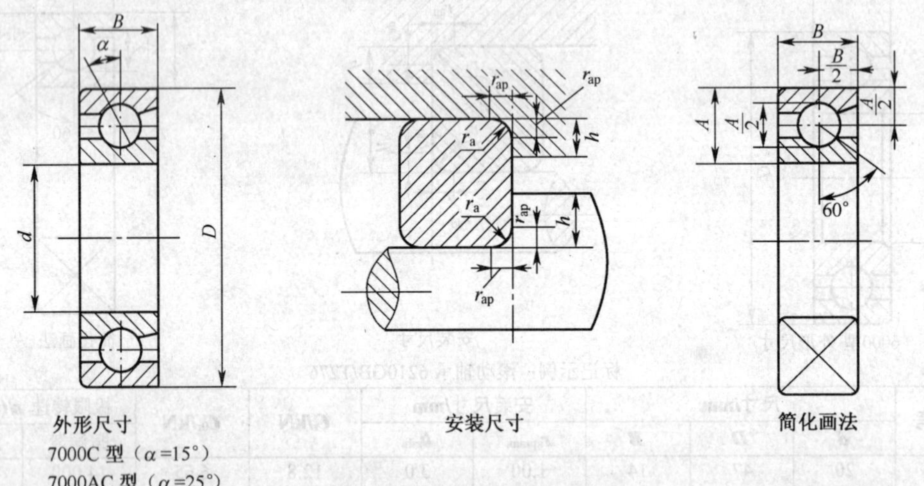

外形尺寸
7000C 型（α=15°）
7000AC 型（α=25°）

安装尺寸

简化画法

标记示例：滚动轴承 7214C GB/T 292

轴承型号		尺寸/mm			安装尺寸/mm		C_r/kN		C_{0r}/kN		极限转速 n/(r/min)			
											脂润滑		油润滑	
		d	D	B	r_{apmax}	h_{min}	7000C	7000AC	7000C	7000AC	7000C	7000AC	7000C	7000AC
7204C	7204AC	20	47	14	1.00	3.0	14.5	14.0	8.22	7.82	13 000	13 000	18 000	18 000
7205C	7205AC	25	52	15	1.00	3.0	16.5	15.8	10.5	9.88	11 000	11 000	10 000	10 000
7206C	7206AC	30	62	16	1.00	3.0	23.0	22.0	15.0	14.2	9 000	9 000	13 000	13 000
7207C	7207AC	35	72	17	1.00	3.5	30.5	29.0	20.0	19.2	8 000	8 000	11 000	11 000
7208C	7208AC	40	80	18	1.00	3.5	36.8	35.2	25.4	24.5	7 500	7 500	10 000	10 000
7209C	7209AC	45	85	19	1.00	3.5	38.5	36.8	28.5	27.2	6 700	6 700	9 000	9 000
7210C	7210AC	50	90	20	1.00	3.5	42.8	40.8	32.0	30.5	6 300	6 300	8 500	8 500
7211C	7211AC	55	100	21	1.50	4.5	52.8	50.5	40.5	38.5	5 600	5 600	7 500	7 500
7212C	7212AC	60	110	22	1.50	4.5	61.0	58.2	48.5	46.2	5 300	5 300	7 000	7 000
7213C	7213AC	65	120	23	1.50	4.5	69.8	66.5	55.2	52.5	4 800	4 800	6 300	6 300
7214C	7214AC	70	125	24	1.50	4.5	70.2	69.2	60.0	57.2	4 500	4 500	6 000	6 000

注：r_{apmax}——轴和外壳孔的单向最大圆角半径。

附表 7-3 圆锥滚子轴承（GB/T297）

外形尺寸
30000型

安装尺寸

简化画法

标记示例：
滚动轴承 30210GB/T 297

轴承型号	尺寸/mm						安装尺寸/mm							e	Y	Y_0	C_r	C_{0r}	极限转速 n/(r/min)	
	d	D	T	B	C	α	d_1	d_2	D_3	D_4	a_1	a_2	r_{mmax}				/kN	/kN	脂润滑	油润滑
30204	20	47	15.25	14.0	12.0	12°57'10"	26	27	40～41	43	2	3.5	1.00	0.35	1.7	1	28.2	30.5	8 000	10 000
30205	25	52	16.25	15.0	13.0	14°02'10"	31	31	44～46	48	2	3.5	1.00	0.35	1.7	0.9	32.2	37.0	7 000	9 000
30206	30	62	17.25	16.0	14.0	14°02'10"	36	37	53～56	58	2	3.5	1.00	0.37	1.6	0.9	43.2	50.5	6 000	7 500
30207	35	72	18.25	17.0	15.0	14°02'10"	42	44	62～65	67	3	3.5	1.50	0.35	1.7	0.9	54.2	63.5	5 300	6 700
30208	40	80	19.75	18.0	16.0	14°02'10"	47	49	69～73	75	3	4.0	1.50	0.37	1.6	0.9	63.0	74.0	5 000	6 300
30209	45	85	20.75	19.0	16.0	15°06'34"	52	53	74～78	80	3	5.0	1.50	0.4	1.5	0.8	67.8	83.5	4 500	5 600
30210	50	90	21.75	20.0	17.0	15°38'32"	57	58	79～83	86	3	5.0	1.50	0.42	1.4	0.8	73.2	92.0	4 300	5 300
30211	55	100	22.75	21.0	18.0	15°06'34"	64	64	88～91	95	4	5.0	2.0	0.4	1.5	0.8	90.8	115	4 000	5 000

续表

轴承型号	尺寸/mm						安装尺寸/mm							e	Y	Y_0	C_r	C_{0r}	极限转速 n/(r/min)	
	d	D	T	B	C	α	d_1	d_2	D_3	D_4	a_1	a_2	r_{mmax}				/kN	/kN	脂润滑	油润滑
30212	60	110	23.75	22.0	19.0	15°06'34"	69	69	96～101	103	4	5.0	2.0	0.4	1.5	0.8	102	130	3 600	4 500
30213	65	120	24.75	23.0	20.0	15°06'34"	74	77	106～111	114	4	5.0	2.0	0.4	1.5	0.8	120	152	3 200	4 000
30214	70	125	26.25	24.0	21.0	15°38'32"	79	81	110～116	119	4	5.5	2.0	0.42	1.4	0.8	132	175	3 000	3 800
30304	20	52	16.25	15.0	13.0	11°18'36"	27	28	44～45	48	3	3.5	1.50	0.3	2	1.1	33.0	33.2	7 500	9 500
30305	25	62	18.25	17.0	15.0	11°18'36"	32	34	54～55	58	3	3.5	1.50	0.3	2	1.1	46.8	48.0	6 300	8 000
30306	30	70	20.75	19.0	16.0	11°51'35"	37	40	62～65	66	3	5.0	1.50	0.31	1.9	1.1	59.0	63.0	5 600	7 000
30307	35	80	22.75	21.0	18.0	11°51'35"	44	45	70～71	74	3	5.0	2.0	0.31	1.9	1.1	75.2	82.5	5 000	6 300
30308	40	90	25.25	23.0	20.0	12°57'10"	49	52	77～81	84	3	5.5	2.0	0.35	1.7	1	90.8	108	4 500	5 600
30309	45	100	27.25	25.0	22.0	12°57'10"	54	59	86～91	94	3	5.5	2.0	0.35	1.7	1	108	130	4 000	5 000
30310	50	110	29.25	27.0	23.0	12°57'10"	60	65	95～100	103	4	6.5	2.5	0.38	1.7	1	130	158	3 800	4 800
30311	55	120	31.50	29.0	25.0	12°57'10"	65	70	104～110	112	4	6.5	2.5	0.35	1.7	1	152	188	3 400	4 300
30312	60	130	33.50	31.0	22.0	28°48'39"	72	76	112～118	121	5	7.5	2.5	0.35	1.7	1	170	210	3 200	4 000
30313	65	140	36.00	33.0	28.0	12°57'10"	77	83	122～128	131	5	8.0	2.5	0.35	1.7	1	195	242	2 800	3 600
30314	70	150	38.00	35.0	30.0	12°57'10"	82	89	130～138	141	5	8.0	2.5	0.35	1.7	1	218	272	2 600	3 400

习　题

7-1　滑动轴承和滚动轴承各有什么特点？为什么内燃机曲轴采用滑动轴承，而汽车车轮和减速箱齿轮轴却采用滚动轴承？

7-2　根据结构特点，滑动轴承分哪几类？各适用于什么场合？

7-3　常用的轴瓦材料有哪几种？轴承合金为什么只能做轴承衬？

7-4　试说明下列滚动轴承代号的含义：30308、LN203、6210/C3、7210C、51208、N208E/P4、7208AC/P5。

7-5　试述滚动轴承的主要失效形式。

7-6　滚动轴承的额定寿命、额定动载荷和当量动载荷的含义是什么？

7-7　滚动轴承的内、外圈的固定形式各有几种？适用于什么场合？

7-8　采用滚动轴承轴系结构形式有几种？适用于什么场合？

7-9　在进行滚动轴承组合设计时应考虑哪些问题？

7-10　轴承为什么要进行润滑和密封？常用的润滑油和密封装置有哪些？

7-11　一代号为 6304 的深沟球轴承，承受径向载荷 $F_r = 2$kN，载荷平稳，转速 $n = 960r/\text{min}$，一般工作温度，试计算该轴承的寿命；若载荷改为 $F_r = 4$kN，其他条件不变，此时轴承的寿命是多少？

7-12　根据工作条件，某机器传动装置中的轴两端各采用一个深沟球轴承，轴颈 $d = 35$mm，转速 $n = 200$r/min，每个轴承承受径向载荷 $F_r = 2\,000$N，一般工作温度，载荷平稳，预期使用寿命 $L_h' = 8\,000\text{h}$，试选择该轴承。

7-13　一矿山机械的转轴，两端用 6313 深沟球轴承，每个轴承的径向载荷 $F_r = 5\,400$N，轴上的轴向外载荷 $F_A = 2\,650$N，轴的转速 $n = 1\,250$r/min，一般温度下工作，有轻微冲击，预期使用寿命 $L_h' = 5\,000\text{h}$，该轴承是否适用？

7-14　根据工作条件，决定在某传动轴上安装一对角接触球轴承，如题图 7-14 所示，已知两轴承载荷分别为 $F_{r1} = 1\,470$N，$F_{r2} = 2\,650$N，轴向外载荷 $F_A = 1\,000$N，轴颈 $d = 40$mm，转速 $n = 5\,000$r/min，一般温度下工作，有中等冲击，预期使用寿命 $L_h' = 2\,000\text{h}$，试选择轴承型号。

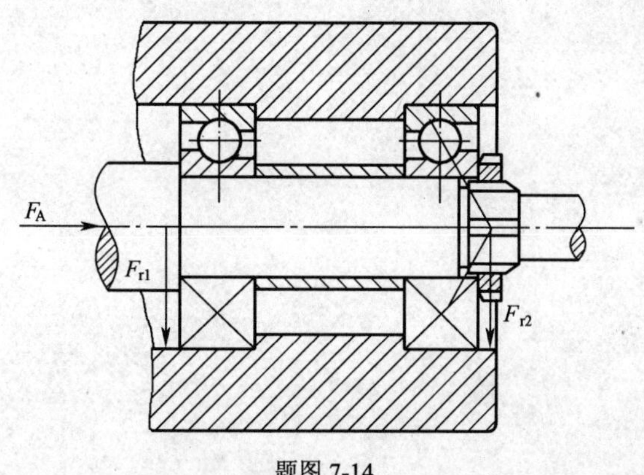

题图 7-14

7-15　如题图 7-15 所示，齿轮轴用 30 206 轴承支承。已知径向载荷 $F_{r1}=1.5\text{kN}$，$F_{r2}=0.5\text{kN}$，轴向外载荷 $F_A=0.8\text{kN}$，轴转速 $n=960\text{r/min}$，一般工作温度，有轻微冲击，预期使用寿命 $L_h'=2\,000\text{h}$，该轴承是否适用？

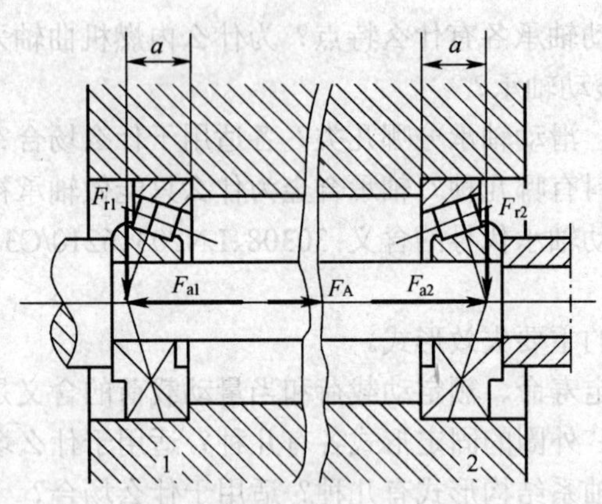

题图 7-15

第 8 章　轴

传动零件必须被支承起来才能进行工作，支承传动件的零件即为轴。轴是机械中重要的起支承和传递运动动力的零件。本章主要介绍轴设计的一般方法和结构设计要求，着重介绍传动轴、心轴、转轴的承载能力问题。

教学目标

- 了解轴的类型、常用材料和轴设计的基本要求和方法；
- 掌握传动轴、心轴、转轴的强度、刚度问题的分析和计算；
- 掌握转轴结构设计的基本要求，能比较熟练地进行结构设计；
- 具有对各类轴进行承载能力分析的初步能力；
- 具有对阶梯转轴进行一般设计的能力。

8.1　概　　述

轴是我们在日常生活、生产实践中经常用到的零件。它的主要功用是用来支承回转零件，并实现回转运动和传递动力。如车轮、齿轮、带轮、链轮、铣刀等各种做回转运动的零件，都必须安装在轴上，才能正常运转。凡有回转件的机器，必定有轴。因此，轴是各类机械装置中广泛应用的重要支承件。

8.1.1　轴的分类

轴的功用主要是支承旋转零件（如凸轮、齿轮和带轮）并传递运动和动力，它是重要的非标准零件。

（1）按轴的承载情况，轴可以分为 3 种类型。

① 传动轴：只承受扭矩而不承受弯矩的轴（或主要受扭矩而弯矩很小的轴）称为传动轴，如图 8-1 所示的轴 AB 为汽车变速箱与后桥之间的传动轴。

② 心轴：只承受弯矩而不承受扭矩的轴称为心轴，心轴按其是否转动可分为转动心轴和固定心轴。图 8-2（a）所示为车辆的转动心轴，图 8-2（b）所示为自行车前轮的固定心轴。

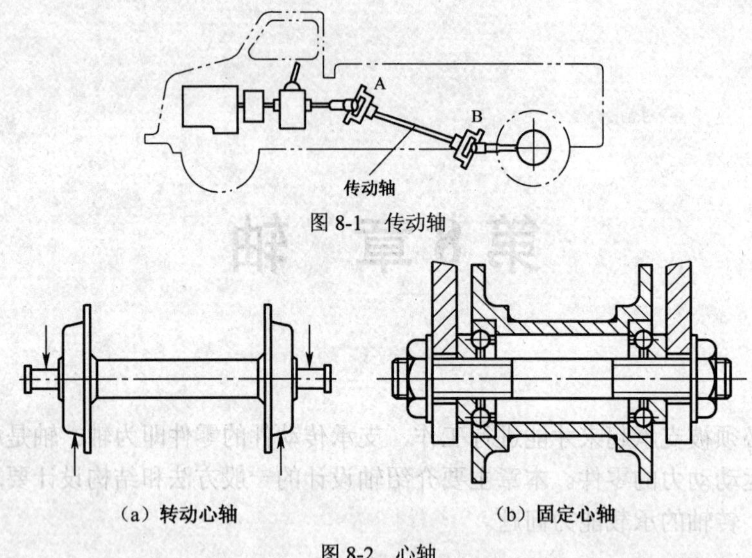

图 8-1 传动轴

图 8-2 心轴

③ 转轴：既承受扭矩又承受弯矩的轴称为转轴，如图 8-3 所示减速器中的轴。转轴是机器中最常用的一种轴。

(2) 按轴线几何形状的不同，轴可以分为直轴（见图 8-1、见图 8-2、见图 8-3）和曲轴（见图 8-4）。

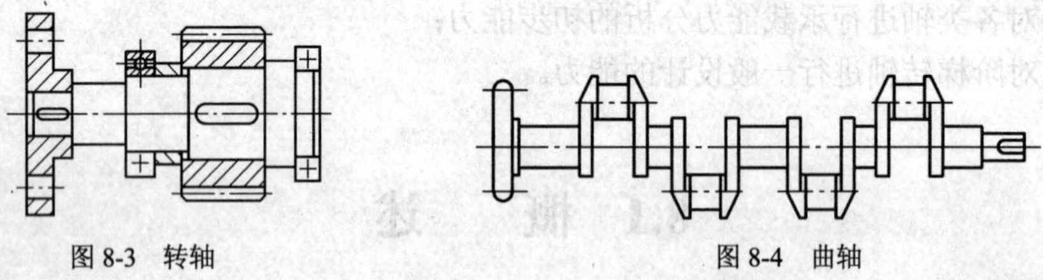

图 8-3 转轴　　图 8-4 曲轴

轴一般制成实心轴，但为减轻重量（如大型水轮机、航空发动机）或满足工作要求（如在轴中心需通过其他零件或润滑油）时，则采用空心轴。

另外还有一种软轴，其轴线可以按使用要求随意变化，又称挠性轴，如图 8-5 所示，软轴可绕过障碍物 *A*、*B* 传到所需的位置。这种轴常用于机械中的捣振机、汽车中的转速表等。

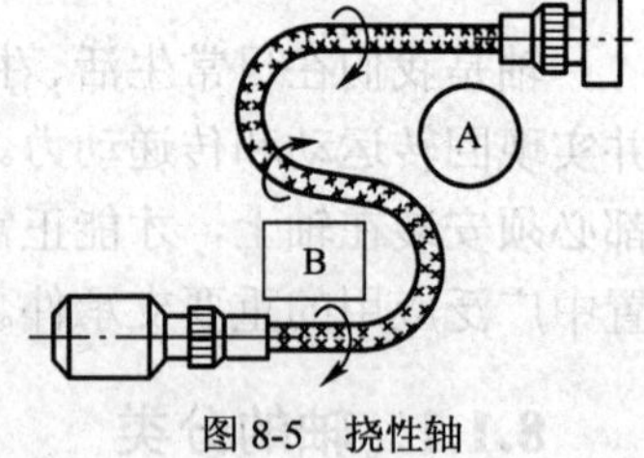

图 8-5 挠性轴

8.1.2 轴的材料

轴工作时的应力都为重复性的交变应力，轴的失效形式多是疲劳破坏，因此，轴的材料要求有一定的强度和韧性，且对应力集中的敏感性低。轴与滑动轴承发生相对运动的表面应具有足够的耐磨性。轴的常用材料是碳素钢、合金钢和球墨铸铁，钢轴毛坯多为轧制圆钢或锻件。

1. 碳素钢

优质中碳钢 30～50 钢常用于比较重要和承载较大的轴，其中 45 钢应用最广。对于这类钢可以通过调质或正火等热处理方法改善和提高其力学性能。

普通碳钢 Q235、Q275 可用于不重要或承载较小的轴。

2. 合金钢

合金钢具有良好的综合力学性能和热处理性能，对于承载很大而重量、尺寸受限制，或有较高强度、耐磨性、较强防腐蚀性要求的轴，可采用合金钢，并进行必要的热处理。

必须注意的是：①合金钢对应力集中敏感性强，且价格较高；②在一般温度下，碳素钢和合金钢的弹性模量相差不多，故用合金钢代替碳素钢不能提高轴的刚度；③各种热处理、化学处理及表面强化处理（如喷丸、滚压等）可显著提高轴的疲劳强度但对其刚度影响很小。

3. 球墨铸铁

球墨铸铁适合于外形复杂的轴（如曲轴、凸轮轴等），其价格低廉，强度较高，且有良好的耐磨性、吸振性和易切削性，对应力集中的敏感性较低。但铸件的质量不易控制，可靠性差。

轴的常用材料及其主要力学性能如表 8-1 所示。

表 8-1　　轴的常用材料及其主要力学性能

材料		热处理	毛坯直径/mm	硬度/HBS	力学性能				备注
类别	牌号				强度极限 σ_b/Mpa	屈服点 σ_s/Mpa	弯曲疲劳极限 σ_{-1}/Mpa	剪切疲劳极限 τ_{-1}/Mpa	
碳素钢	Q235		≤16	—	460	235	200	105	用于不重要或承载不大的轴
			≤40	—	440	225			
	45	正火	≤100	170～217	600	300	275	140	应用最广
		调质	≤200	217～255	650	360	300	155	
合金钢	40Cr	调质	≤100	241～286	750	550	350	200	用于承载较大而无很大冲击的重要轴
			>100～300	241～286	700	550	340	185	
	35SiMn（42 SiMn）	调质	≤100	229～286	800	520	400	205	性能接近 40Cr，用于中小型轴
			>100～300	217～269	750	450	350	185	
	40MnB	调质	25	—	1 000	800	485	280	性能接近 40Cr，用于重要轴
			≤200	241～286	750	500	335	195	
	20Cr	渗碳淬火回火	15	表面 50～60HRC	850	550	375	215	用于要求强度和韧性均较高的轴
			≤60		650	400	280	160	
	20CrMnTi		15	表面 50～60HRC	1 100	850	525	300	
球墨铸铁	QT400-15		—	156～197	400	300	145	125	用于结构形状复杂的轴
	QT600-2		—	197～269	600	420	215	185	

8.2　传动轴的强度和刚度——构件的扭转问题

传动轴由于传递转矩而发生扭转变形，从而在截面上产生了扭矩和应力。下面将从传动轴在传递转矩时截面上的内力、应力分析出发，介绍构件扭转变形的基本概念，进而得出传动轴强度和刚度的校核条件。

8.2.1　扭转的基本概念和转矩 *T*

1. 基本概念

传动轴在传递转矩 T 时，将产生扭转变形。在垂直于轴线平面（轴的横截面）内有内力偶，即作用着扭矩。变形特点是：各横截面绕轴线发生相对转动。轴的变形以横截面间绕轴线的相对角位移即扭转角 ϕ 表示，如图 8-6 所示，图中 ϕ 就是截面Ⅱ相对于截面Ⅰ的扭转角，简称扭角。

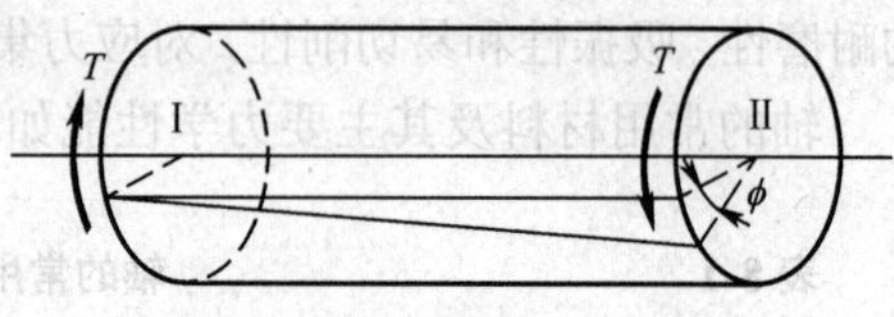

图 8-6　扭转变形

2. 转矩 T 的计算

对于传动轴通常知道轴的转速和传递的功率，在分析截面内力时，往往要计算转矩 T，其计算公式为

$$T = 9\,550\frac{P}{n} \tag{8-1}$$

式中，P——传递的功率，单位为 kW；

n——轴的转速，单位为 r/min；

T——轴的转矩，单位为 N · m。

8.2.2　扭矩和扭矩图

1. 传动轴的扭矩

传动轴在传递转矩 T 时，横截面上产生的内力偶矩称为扭矩，以 M_n 表示。其大小可用截面法根据力矩平衡条件求得。现以图 8-1 所示的传动轴为例，说明横截面上扭矩的计算。图 8-7 所示为传动轴 AB 的受力简图，在轴两端受转矩 T，用截面法求扭矩的步骤如下。

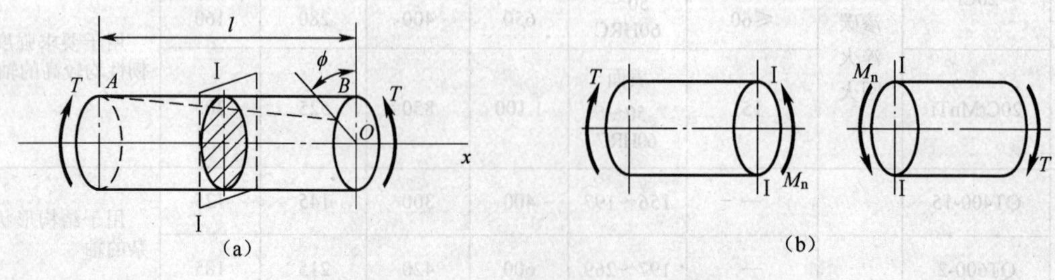

图 8-7　截面的扭矩

（1）在轴任意处用截面Ⅰ—Ⅰ把轴截为两段，取其中任意一段，如图 8-1 所示取左端。

（2）由于整根轴是平衡的，所以两端均处于平衡状态，因此截面Ⅰ—Ⅰ上必定作用着一个扭矩 M_n（内力偶矩）与转矩相平衡。

（3）根据力系平衡方程式

$$\sum M_o = 0 \qquad M_n - T = 0$$

得

$$M_n = T$$

为了使从两段轴上求得的同一截面上的扭矩不仅大小相等且符号相同，通常将扭矩的正负规定如下：按右手螺旋法则，用四指表示扭矩的转向，拇指的指向与横截面的外法线方向相同时，该扭矩为正，如图 8-8（a）所示；反之为负，如图 8-8（b）所示。

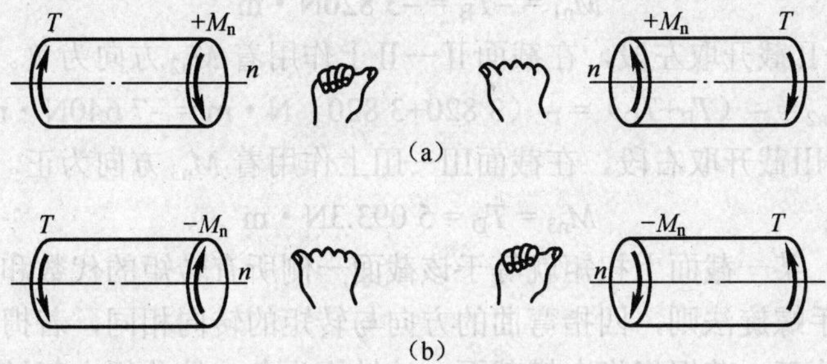

图 8-8　扭矩的正负

实际工作中的轴往往受数个扭矩的作用，此时也用同样的方法计算轴任意截面处的扭矩。

例 8-1　如图 8-9 所示，已知轴的转速 $n = 300\text{r/min}$，通过轮 A 输入功率 $P_A = 400\text{kW}$，而经由 B、C、D 输出功率分别为 $P_B = 120\text{kW}$，$P_C = 120\text{kW}$，$P_D = 160\text{kW}$，试计算截面Ⅰ—Ⅰ，Ⅱ—Ⅱ，Ⅲ—Ⅲ处的扭矩。

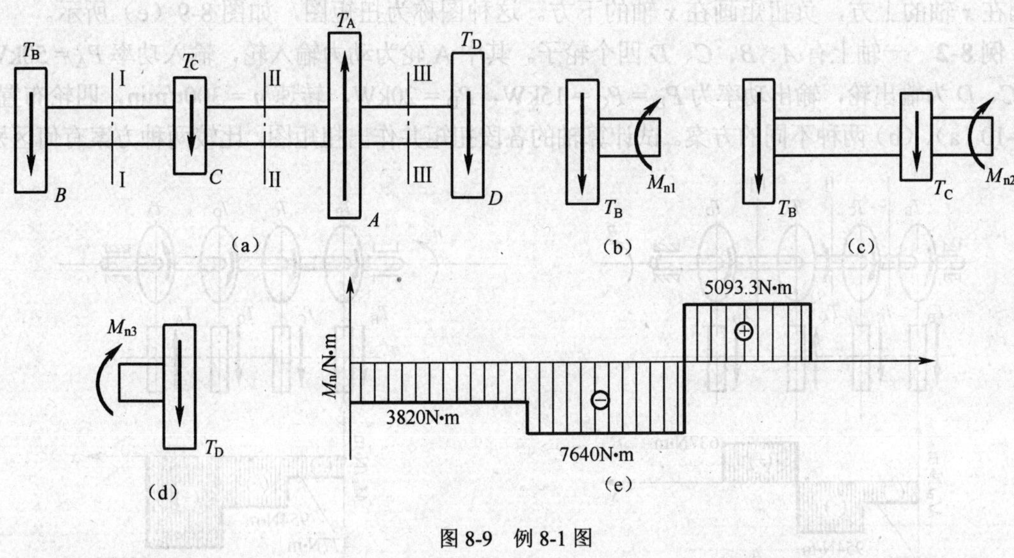

图 8-9　例 8-1 图

解　（1）计算转矩 T。

各轮的转矩为

$$T_A = 9\,550\frac{P_A}{n} = 9\,550 \times \frac{400}{300}\text{N}\cdot\text{m} = 12\,733.3\text{N}\cdot\text{m}$$

$$T_B = 9\,550\frac{P_B}{n} = 9\,550 \times \frac{120}{300}\text{N}\cdot\text{m} = 3\,820\text{N}\cdot\text{m}$$

$$T_C = T_B = 3\,820\text{N}\cdot\text{m}$$

$$T_D = 9\,550\frac{P_D}{n} = 9\,550 \times \frac{160}{300}\text{N}\cdot\text{m} = 5\,093.3\text{N}\cdot\text{m}$$

各轮转矩方向如图 8-9（a）所示。

（2）用截面法求各截面扭矩。

① 沿截面Ⅰ—Ⅰ截开取左段，在截面Ⅰ—Ⅰ上作用着 M_{n1} 方向为负。

$$M_{n1} = -T_B = -3\,820\text{N}\cdot\text{m}$$

② 沿截面Ⅱ—Ⅱ截开取左段，在截面Ⅱ—Ⅱ上作用着 M_{n2} 方向为负。

$$M_{n2} = -（T_B+T_C）= -（3\,820+3\,820）\text{N}\cdot\text{m} = -7\,640\text{N}\cdot\text{m}$$

③ 沿截面Ⅲ—Ⅲ截开取右段，在截面Ⅲ—Ⅲ上作用着 M_{n3} 方向为正。

$$M_{n3} = T_D = 5\,093.3\text{N}\cdot\text{m}$$

从上例可看出，某一截面上扭矩就等于该截面一侧所有转矩的代数和。若把转矩的正负号规定如下：按右手螺旋法则，四指弯曲的方向与转矩的转向相同，若拇指伸出时的指向背离该截面，该转矩为正；若拇指指向横截面，该转矩为负。按此规定正转矩产生正扭矩，反之亦然，以后即可直接由截面一侧转矩的代数和来求该截面上的扭矩。

2．扭矩图

为了判断轴扭转时的危险截面，需画出横截面上的扭矩沿轴线变化的图形，图中以平行于轴线的坐标为 x，表示截面的位置，垂直于轴线的纵坐标 M_n 表示相应截面上的扭矩，正扭矩画在 x 轴的上方，负扭矩画在 x 轴的下方。这种图称为扭矩图，如图 8-9（e）所示。

例 8-2 一轴上有 A、B、C、D 四个轮子。其中 A 轮为动力输入轮，输入功率 $P_A = 50\text{kW}$，B、C、D 为输出轮，输出功率为 $P_B = P_C = 15\text{kW}$，$P_D = 20\text{kW}$，转速 $n = 300\text{r/min}$，四轮布置有图 8-10（a）、（b）两种不同的方案。试计算轴的各段扭矩并作出扭矩图，比较两种方案有何区别。

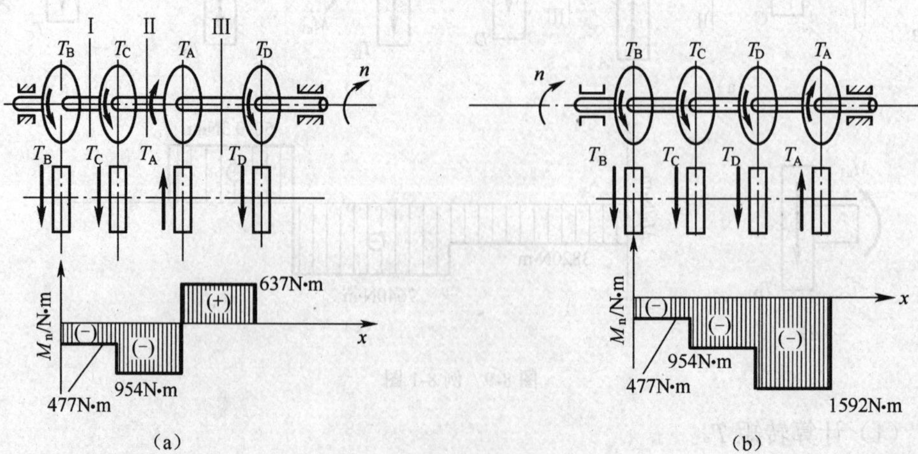

图 8-10　例 2-2 图

解　(1) 计算各轮的转矩。

$$T_A = 9\,550\frac{P_A}{n} = 9\,550 \times \frac{50}{300}\text{N} \cdot \text{m} = 1\,592\text{N} \cdot \text{m}$$

$$T_B = T_C = 9\,550\frac{P_B}{n} = 9\,550 \times \frac{15}{300}\text{N} \cdot \text{m} = 477\text{N} \cdot \text{m}$$

$$T_D = 9\,550\frac{P_D}{n} = 9\,550 \times \frac{20}{300}\text{N} \cdot \text{m} = 637\text{N} \cdot \text{m}$$

(2) 以图 8-10 (a) 所示为例计算各截面扭矩。

① 沿截面Ⅰ截开取左段，得

$$M_{n1} = -T_B = -477\text{N} \cdot \text{m}$$

② 沿截面Ⅱ截开取左段，得

$$M_{n2} = -T_B - T_C = (-477 - 477)\text{N} \cdot \text{m} = -954\text{N} \cdot \text{m}$$

③ 沿截面Ⅲ截开取右段，得

$$M_{n3} = T_D = 37\text{N} \cdot \text{m}$$

(3) 以同样的方法可求得图 8-10 (b) 所示方式布置的扭矩（计算从略，读者自行计算）。

$$M_{n1} = -47\text{N} \cdot \text{m}$$

$$M_{n2} = -954\text{N} \cdot \text{m}$$

$$M_{n3} = -1\,592\text{N} \cdot \text{m}$$

(4) 画扭矩图，如图 8-10 所示。

(5) 比较图 8-10 (a)、(b) 两种布置方式，可以看出按图 (a) 布置的最大扭矩为 M_{n2} = 954N · m；而按图 (b) 布置的最大的扭矩为 M_{n3} = 1 592N · m，因此，图 (a) 布置方式优于图 (b) 布置方式。

8.2.3　传动轴受扭转时截面上切应力与变形

1. 应力的分布规律

为了分析传动轴扭转时横截面上的应力，如图 8-11 所示，在圆轴的表面画两条圆周线和两条与轴线平行的纵向线，然后在两端施加转矩 T，使其产生微小变形。观察其变形看出如下现象。

(1) 各圆周线绕轴线相对转动一个角度，但形状、大小及相互间轴向距离均无变化。

(2) 纵向线倾斜了一个角度 γ，原来的矩形变成平行四边形，但纵向线仍为直线。

图 8-11　传动轴的扭转变形

根据以上观察到的现象，可以得出如下结论。

(1) 扭转变形后各截面仍为平面。

(2) 相邻两截面间的距离不变，说明横截面上正应力为零。

(3) 由于变形后，截面各圆半径不变，说明沿半径方向应力为零。

(4) 由于相邻截面绕轴线产生了相对转动，此现象可看作为两层刚性薄片绕轴线相对转动，截面上除圆心点外，各点均发生错动，产生了剪切变形，故截面上除圆心外各点都存在扭切应力，切应力方向必垂直于半径。

因此，可以推断传动轴在转矩作用下，横截面上存在着一与半径垂直的切应力。

2. 切应力的计算公式

由上面的分析可知，传动轴扭转后，在横截面上半径为 ρ 的 A 点处的切应力τ_ρ的计算公式为

$$\tau_\rho = \frac{M_n}{I_P} \cdot \rho \tag{8-2}$$

式中，M_n——传动轴横截面上的扭矩，单位为 N·mm；

I_P——截面对圆心的极惯性矩，单位为 mm^4，见表 8-2；

ρ——截面上 A 点至圆心的距离，单位为 mm。

表 8-2 常用截面的 ***I***、***W*** 计算公式

截面图形	轴惯性矩	抗弯截面系数	极惯性矩	抗扭截面系数
实心圆（直径 d）	$I_z = I_y = \frac{\pi d^4}{64} \approx 0.05d^4$	$W_z = W_y = \frac{\pi d^3}{32} \approx 0.1d^3$	$I_P = \frac{\pi d^4}{32} \approx 0.1d^4$	$W_n = \frac{\pi d^3}{16} \approx 0.2d^3$
空心圆（外径 D，内径 d）	$I_z = I_y = \frac{\pi}{64}(D^4 - d^4) = \frac{\pi}{64}D^4(1-\alpha^4) \approx 0.05D^4(1-\alpha^4)$ 式中：$\alpha = \frac{d}{D}$	$W_z = W_y = \frac{\pi D^3}{32}(1-\alpha^4) \approx 0.1D^3(1-\alpha^4)$ 式中：$\alpha = \frac{d}{D}$	$I_P = \frac{\pi}{32}(D^4 - \alpha^4) = \frac{\pi}{32}D^4(1-\alpha^4) \approx 0.1D^4(1-\alpha^4)$ 式中：$\alpha = \frac{d}{D}$	$W_n = \frac{\pi}{16}D^3(1-\alpha^4) = 0.2D^3(1-\alpha^4)$ 式中：$\alpha = \frac{d}{D}$
矩形（宽 b，高 h）	$I_z = \frac{bh^3}{12}$ $I_y = \frac{hb^3}{12}$	$W_z = \frac{bh^2}{6}$ $W_y = \frac{hb^2}{6}$		

上式表明，轴扭转时横截面上任一点的切应力，与该点到圆心距离 ρ 成正比，其切应力分布规律如图 8-12 所示。从该图可以看出，当 $\rho = \frac{d}{2}$（d 为轴的直径）时 τ_ρ达到最大值，即圆周上各点的切应力最大，其计算公式为

$$\tau_{max} = \frac{M_n}{I_P} \cdot \frac{d}{2}$$

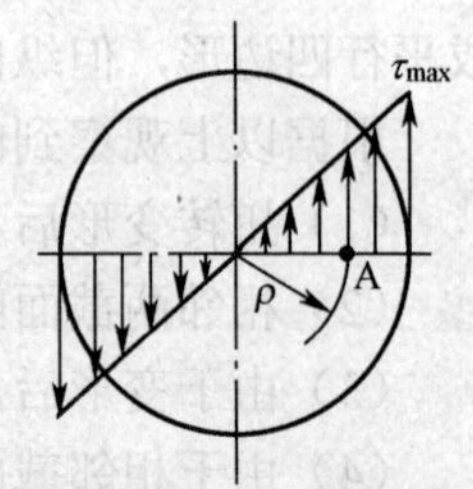

图 8-12 切应力的分布规律

令 $W_n = \dfrac{I_p}{d/2}$ 则上式变为

$$\tau_{max} = \frac{M_n}{W_n} \tag{8-3}$$

式中，W_n——抗扭截面系数，单位 mm^3，见表 8-2。

3．圆轴的扭转变形

圆轴的扭转变形可用轴两截面间的扭转角 ϕ 来表示，也可用单位长度上的扭转角 θ 来表示。

$$\phi = \frac{M_n l}{GI_p} \times \frac{180°}{\pi} \tag{8-4}$$

式中，M_n——圆轴截面上的扭矩，单位为 N·mm；

l——两截面间的距离，单位为 mm；

G——材料的剪切弹性模量，单位为 MPa；

I_P——截面极惯性矩，单位为 mm^4，见表 8-2。

或

$$\theta = \frac{\phi}{l} = \frac{M_n}{GI_p} \times \frac{180°}{\pi} \tag{8-5}$$

上式说明，扭转变形与截面上的扭矩成正比。GI_p 值越大，轴的扭转变形越小，因此，GI_p 值反映圆轴抗扭转变形的能力，称为抗扭刚度。

8.2.4　传动轴的强度和刚度校核

1．强度校核

为了保证传动轴在传递扭矩时不致因强度不足而破坏，轴内的最大应力不得超过材料的许用切应力，即要求

$$\tau_{max} = \frac{M_n}{W_n} \leqslant [\tau] \tag{8-6}$$

上式即为传动轴扭转强度校核公式。应注意：M_n 应是全轴危险截面上的扭矩，也就是产生最大切应力的横截面上的扭矩。

许用切应力由实验确定，研究表明许用切应力[τ]和许用正应力[σ]之间存在下列关系：

对于塑性材料，[τ]=（0.5～0.6）[σ]

对于脆性材料，[τ]=（0.8～1.0）[σ]

例 8-3　图 8-1 所示的汽车传动轴 AB，由材料为 45 钢的无缝钢管制成，外径 $d = 90$mm，内径 $d_1 = 85$mm，传递最大转矩 $T = 1.5$kN·m，材料的许用切应力[τ]= 60MPa，试完成下列工作：

（1）校核 AB 轴的强度；

（2）若用相同材料的实心轴，并要求与原轴强度相同，试计算实心轴的直径 d_2；

（3）比较实心轴和空心轴的重量。

解 （1）强度校核。传动轴各截面扭矩均相等，即

$$M_{\mathrm{n}} = T = 1.5\mathrm{kN \cdot m}$$

抗扭截面系数为

$$W_{\mathrm{n}} = \frac{\pi d^3}{16}(1-\alpha^4) = \frac{\pi \times 90^3}{16}\left[1-\left(\frac{85}{90}\right)^4\right]\mathrm{mm}^3 = 29\,240\mathrm{mm}^3$$

$$\tau_{\max} = \frac{M_{\mathrm{n}}}{W_{\mathrm{n}}} = \frac{1.5\times10^3\times10^3}{29\,240}\mathrm{MPa} = 51.2\mathrm{MPa} < [\tau]$$

（2）计算实心轴直径 d_2。由于材料相同，当要求它们强度相同时，实际上只要使它们的抗扭截面系数相等，即

$$\frac{\pi d_2^3}{16} = \frac{\pi d^3}{16}(1-\alpha^4)$$

$$d_2 = d\sqrt[3]{1-\alpha^4} = 90\times\sqrt[3]{1-\left(\frac{85}{90}\right)^4}\mathrm{mm} = 53\mathrm{mm}$$

（3）比较两轴重量。设空心轴的重量为 G_1，实心轴的重量为 G_2，由于两轴材料相同，长度相同，它们的重量比即为截面积比。

$$\frac{G_1}{G_2} = \frac{\pi(d^2-d_1^2)/4}{\pi d_2^2/4} = \frac{90^2-85^2}{53^2} = 0.311$$

可见在强度相同的条件下，空心轴的重量只有实心轴的约 1/3。这是由于实心轴中心部分的切应力远小于许用切应力，中心部分的材料未被充分利用，如把中心部分的材料移到离中心较远的位置，即制成空心轴，既可节省材料，又可减轻自重。但空心轴壁厚不能太薄，太薄会发生局部皱褶。

2．刚度校核

轴扭转时的刚度条件是最大单位扭转角 θ 不超过许用扭转角［θ］，即

$$\theta_{\max} = \frac{M_{\mathrm{n}}}{GI_{\mathrm{p}}}\times\frac{180°}{\pi} \leqslant [\theta] \tag{8-7}$$

单位长度内的许用扭转角［θ］，应根据受扭构件的工作要求确定，具体数值可查有关手册。一般情况下规定为：

精密机械的轴　$[\theta] = 0.25° \sim 0.5°/\mathrm{m}$

一般传动轴　$[\theta] = 0.5° \sim 1°/\mathrm{m}$

精度较低的轴　$[\theta] = 1° \sim 2.5°/\mathrm{m}$

例 8-4 校核例 8-3 汽车传动轴的刚度，并按相同抗扭刚度条件计算该轴为实心轴时的直径 d_2（采用相同材料），且比较两轴重量。已知 $[\theta] = 1.5°/\mathrm{m}$，$G = 80\mathrm{GPa}$。

解 （1）刚度校核。由例 8-3 分析轴各截面的扭矩均为 $M_{\mathrm{n}} = T = 1.5\mathrm{kN \cdot m}$。

$$\theta=\frac{M_n}{GI_p}\times\frac{180°}{\pi}=\frac{1.5\times10^3}{80\times10^9\times0.1\times0.09^4\left[1-(85/90)^4\right]}\times\frac{180°}{\pi}=0.8°/m<[\theta]$$

此传动轴刚度满足要求。

(2) 计算实心轴直径 d_2。当材料相同时，两轴抗扭刚度相同的条件是两轴截面极惯性相等。

$$\frac{\pi d^4}{32}(1-\alpha^4)=\frac{\pi d_2^4}{32}$$

$$d_2=d\times\sqrt[4]{1-\alpha^4}=90\times\sqrt{1-(85/90)^4}\,\text{mm}=60\text{mm}$$

(3) 空心轴重量 G_1 和实心轴直径 G_2 的比。

$$\frac{G_1}{G_2}=\frac{\frac{\pi}{4}(d^2-d_1^2)}{\frac{\pi}{4}d_2^2}=\frac{90^2-85^2}{60^2}=0.243$$

计算结果说明，从扭转刚度考虑也是空心轴更为合理。

8.2.5 轴最小直径的估算

上述传动轴强度校核公式不仅应用在传动轴强度计算中，还常常被应用在转轴初始设计阶段。转轴在开始设计时，往往需先按传递的扭矩估算出受扭轴段的最小直径，并以其作为基本参数，进行轴的结构设计。

由式（8-3）和式（8-1），当 $T=M_n$ 时

$$\tau_{max}=\frac{T}{W_n}=\frac{9\,550\frac{P}{n}\times10^3}{0.2d^3}\leqslant[\tau]$$

由此式得出

$$d\leqslant\sqrt[3]{\frac{9\,550\times10^3P}{0.2[\tau]n}}=C\sqrt[3]{\frac{P}{n}}\text{mm} \tag{8-8}$$

式中，P——轴传递的功率，单位为 kW；

$[\tau]$——许用切应力，单位为 MPa；

n——轴的转速，单位为 r/min；

C——计算常数，取决于轴的材料及受载情况，见表 8-3。

表 8-3　　轴常用材料的 *C* 值

轴的材料	Q235、20		35		45		40Cr、35SiMn		
C	160	148	135	125	118	112	107	102	98

注：当轴受弯矩较小或只受转矩时，C 取小值，否则取大值。

当轴按式（8-8）求得的轴段上开键槽时，应适当增大直径，单键增大 3%，双键增大 7%，

然后将轴径圆整为标准系列，按表 8-4 选取标准值。

表 8-4　　　标准直径

标准直径
12*、13、14、15、16、17、18、20、21、22、24、25*、26、28、30、32*、34、36、38、40*、42、45、48、50*、53、56、
60、63*、67、71、75、80*、85、90、95、100*、105、110、120、125*、130、140、150、160*、170、180、190、200*

注：① 带*号者为 Ra10 系列，优先选用；

② 本标准不适用于另有其他标准的机械零件（如滚动轴承、螺纹、联轴器等）。

此外，还可按经验公式估算轴的直径。例如，在一般减速器中，高速输入轴的直径可按与其相连接的电动机的直径 D 估算，$d=(0.8\sim1.2)D$；低速输出轴的直径可按中心距 a 估算，$d=(0.3\sim0.4)a$；配有联轴器的轴段，应以联轴器的相关尺寸确定轴的直径。

8.3　心轴的强度和刚度——构件的弯曲问题

心轴由于受载荷作用而发生弯曲，从而在截面上产生弯矩和弯曲应力。下面将从心轴受载荷作用而发生弯曲时截面上的内力、应力分析出发，介绍弯曲变形的基本概念，进而得出心轴强度和刚度的校核条件。

8.3.1　弯曲的基本概念

1. 弯曲变形

图 8-13（a）所示为机车车轴，在外力 F 的作用下，原来的直线变成曲线，这种变形称为弯曲，如图 8-13（b）所示。

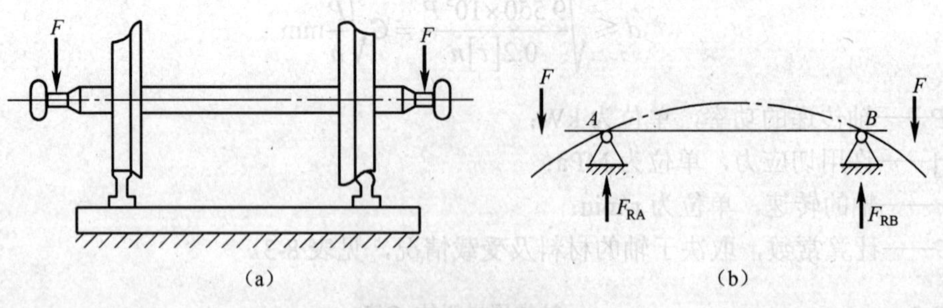

图 8-13　机车车轴

以弯曲变形为主的构件在工程上常称为梁。

工程中这种发生弯曲的构件是很多的，如图 8-14 所示的桥式吊车梁，跑车载荷垂直于梁的轴线，在载荷 F 的作用下，吊车梁的轴线由直线变成了曲线，如图 8-14（b）所示。

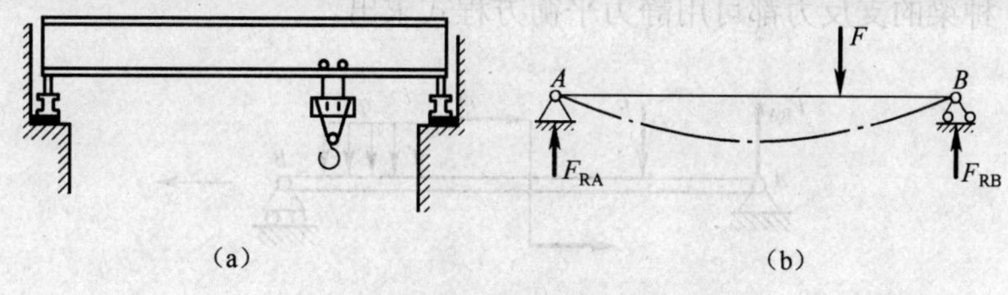

图 8-14　吊车梁

如果外力作用在构件的对称平面内，构件发生弯曲变形后其轴线仍在此对称平面内，这种弯曲称为平面弯曲。心轴受力后的弯曲变形属于平面弯曲。本节只讨论平面弯曲时的应力和变形问题。

2. 轴支承的简化形式

（1）简支梁。构件的一端为固定铰支座，另一端为移动铰支座。

图 8-15（a）所示为减速器简图中的轴，一端的轴承可简化为固定支座，另一端的轴承则简化为移动铰支座，如图 8-15（b）所示。工程中常把这种支承形式的轴称简支梁。

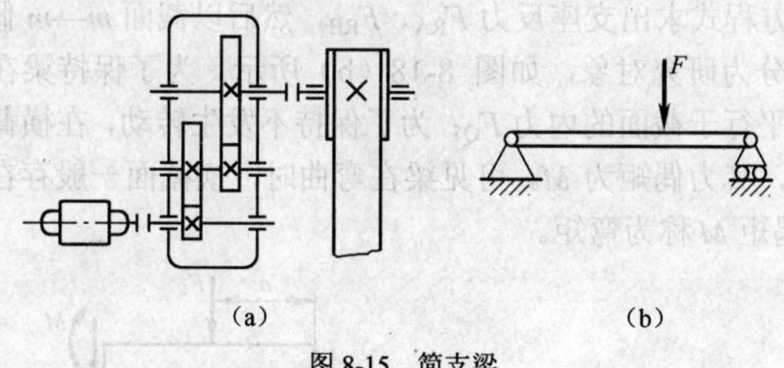

图 8-15　简支梁

（2）外伸梁。其支承形式与简支梁相同，但轴的一端伸出支座之外。

图 8-13 所示的机车车轴，工程中常把这种支座形式的轴称为外伸梁。

（3）悬臂梁。构件的一端固定，一端自由。

如图 8-16（a）所示，构件一端固定在墙壁中，自由端支承一载荷 F，工程中把这种支承形式的构件称为悬臂梁，其支座简化形式如图 8-16（b）所示。

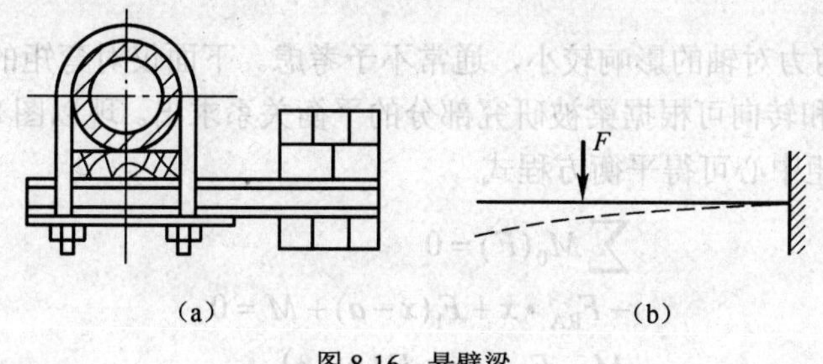

图 8-16　悬臂梁

3. 轴上载荷的简化

作用在轴上的载荷一般可简化为集中力 F，集中力偶 M 和均布载荷 q（单位为 N/m），如图 8-17 所示。在进行轴系受力简化时，常把齿轮、带轮等的力简化在轮毂的中点。若载荷为已知，以上 3 种梁的支反力都可用静力平衡方程式求出。

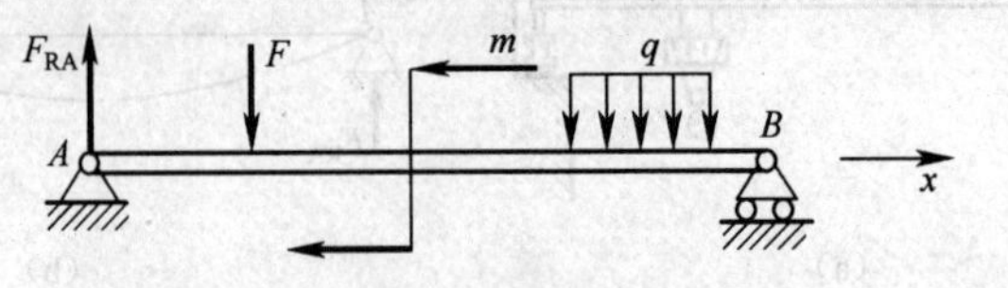

图 8-17 轴上载荷的简化

8.3.2 弯曲时的内力——剪力和弯矩

1．弯曲时的内力——剪力和弯矩

为了对心轴弯曲后的强度和刚度进行校核，需求出心轴在外力作用下，截面上的内力。内力的求法仍可用截面法。

图 8-18 所示为受集中力 F_1、F_2、F_3 作用的简支梁。为求出距 A 端 x 处横截面 $m—m$ 上的内力，首先按平衡方程式求出支座反力 F_{RA}、F_{RB}，然后以截面 $m—m$ 假想把梁截开，取左段（也可取右段）部分为研究对象，如图 8-18（b）所示。为了保持梁在垂直方向的平衡，在横截面上必有一个平行于截面的内力 F_Q；为了保持不发生转动，在横截面还必有一个位于截断平面内的内力偶，其力偶矩为 M。可见梁在弯曲时，横截面一般存在两个内力元素，其中 F_Q 称为剪力，力偶矩 M 称为弯矩。

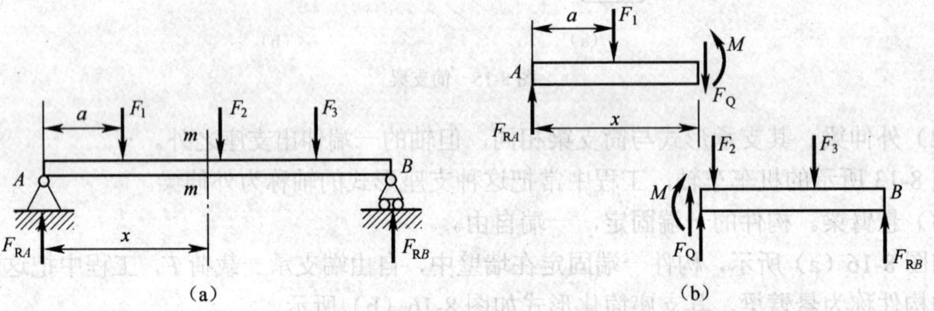

图 8-18 弯曲时的内力

一般情况下，剪力对轴的影响较小，通常不予考虑。下面仅对弯矩的计算进行说明。

弯矩 M 的大小和转向可根据梁被研究部分的平衡关系求出。现以图 8-18（b）左段为例，以截面形心 O 为力矩中心可得平衡方程式

$$\sum M_0(F)=0$$

$$-F_{RA}\cdot x+F_1(x-a)+M=0$$

得

$$M=F_{RA}\cdot x-F_1\left(x-a\right)$$

由上式得出截面上弯矩的计算规律：梁内任一截面上的弯矩，等于截面任一侧上所有外力对该截面形心力矩的代数和。

为了使左侧或右侧求得的弯矩不仅数值相等且符号相同，对弯矩的正负作如下规定：使水平梁在截面处弯成下凸状的为正弯矩；使水平梁在截面处弯成上凸状的为负弯矩，如图 8-19 所示。

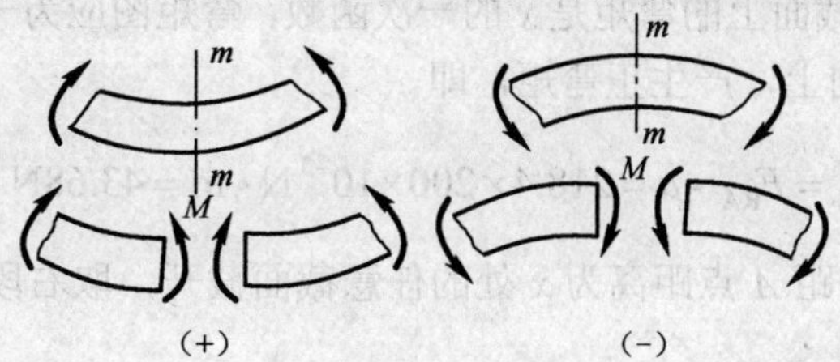

图 8-19　弯矩的正负

当应用外力对截面形心力矩的代数和规定来计算弯矩时，外力正负号的确定应遵循如下规则：无论截面的左侧或右侧，向上的外力取正号，向下的外力取负号。

利用弯矩的计算规定和外力正负号的规则计算弯矩，比用截面法建立平衡方程式简便得多。所以在以后的计算中，均用上述的规律和规则计算指定截面上的弯矩。

2. 弯矩图

为了表达弯矩沿轴线的变化规律，通常以梁的左端为坐标原点，以梁的轴线为 x 轴（取右向为正），纵坐标代表各截面上的弯矩而得到的图形，称为弯矩图。在计算弯矩和画弯矩图时，以集中力和集中力偶的作用点、均布载荷的起止点、轴承的支点把梁分为若干段，对每段计算弯矩，把正弯矩画在 x 轴上方，负弯矩画在 x 轴下方。

下面通过例题说明弯矩的计算及弯矩图的画法。

例 8-5　如图 8-20（a）所示的简支梁是齿轮轴只考虑齿轮径向力 F_r 的计算简图。已知 $F_r = 364\text{N}$，$a = 200\text{mm}$，$b = 300\text{mm}$，试计算轴的各段弯矩并画出弯矩图。

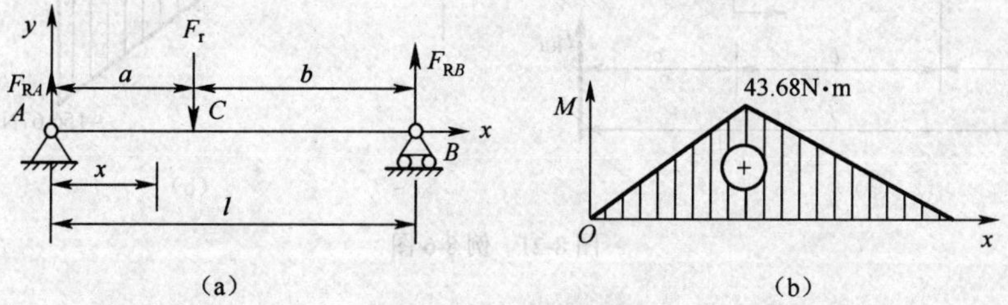

图 8-20　例 8-5 图

解　(1) 计算支座反力，在支承处画出支反力 F_{RA}、F_{RB}。

$$\sum M_B(F) = 0 \qquad F_r b - F_{RA} l = 0$$

$$F_{RA} = \frac{b}{l}F_r = \frac{300}{500}\times 364\text{N} = 218.4\text{N}$$

$$\sum F_y = 0 \qquad F_{RA} - F_r + F_{RB} = 0$$

$$F_{RB} = F_r - F_{RA} = (364 - 218.4)\text{N} = 145.6\text{N}$$

(2) 计算各段弯矩。以轴上集中力作用点 C 为界，将梁分为 AC、CB 两部分，在 AC 段上，距 A 点距离为 x 处的任意截面截开，取左段为分析对象，其截面上的弯矩为

$$M = F_{RA} \cdot x$$

上式表明，AC 段各截面上的弯矩是 x 的一次函数，弯矩图应为一斜直线，最大弯矩发生在 C 点，由于 F_{RA} 方向向上，产生正弯矩，即

$$M_{CL} = F_{RA} \cdot a = 218.4 \times 200 \times 10^{-3}\,\text{N} \cdot \text{m} = 43.68\text{N} \cdot \text{m}$$

在 CB 段上，同样取距 A 点距离为 x 处的任意截面截开，取右段为分析对象，其截面上弯矩为

$$M = F_{RB} \cdot (l - x) \qquad (a < x < l)$$

其同样是 x 的一次函数，弯矩亦应为一斜直线，最大弯矩亦发生在 C 点，由于 F_{RB} 方向向上，产生正弯矩，即

$$M_{CR} = F_{RB}(l - a) = F_{RB} \cdot b = 145.6 \times 300 \times 10^{-3}\,\text{N} \cdot \text{m} = 43.68\text{N} \cdot \text{m}$$

（3）画弯矩图。由于两支承处 A、B 的弯矩为零，即 $M_A = 0$、$M_B = 0$，因此只需把 M_A 和 M_{CL}、M_B 和 M_{CR} 作为线段两端相连即可。图 8-20（b）所示即为该轴的弯矩图。

例 8-6 如图 8-21 所示，轴上受集中力 $F = 1\,000$N，集中力偶 $M = 250$N·m，$a = 100$mm，$b = 120$mm，$c = 80$mm，求各段的弯矩，并画出弯矩图。

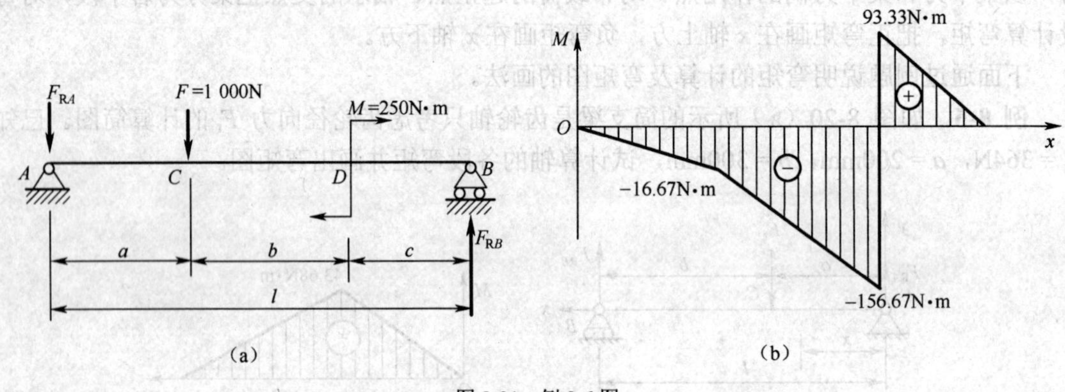

图 8-21 例 8-6 图

解 （1）求支反力。先假设支反力方向如图 8-21（a）所示（也可任意取支反力方向，待计算后用正负号来判定）。

$$\sum M_B(F) = 0 \qquad F_{RA}l + F(b + c) - M = 0$$

$$F_{RA} = \frac{M - F(b+c)}{l} = \frac{250 - 1\,000 \times (120 + 80) \times 10^{-3}}{(100 + 120 + 80) \times 10^{-3}}\text{N} = 166.7\text{N}$$

$$\sum M_A(F) = 0 \qquad F_{RB} \cdot l - M - F \cdot a = 0$$

$$F_{RB} = \frac{M + F \cdot a}{l} = \frac{250 + 1\,000 \times 100 \times 10^{-3}}{300 \times 10^{-3}}\text{N} = 1\,166.7\text{N}$$

因 F_{RA}、F_{RB} 计算均为正值，支反力假设方向正确。

（2）计算各段交界处截面上的弯矩。

AC 段：

$$M_A = 0$$
$$M_C = -F_{RA} \cdot a = -166.7 \times 199 \times 10^{-3}\,\text{N} \cdot \text{m} = -16.67\,\text{N} \cdot \text{m}$$

CD 段：

$$M_C = -16.67\,\text{N} \cdot \text{m}$$
$$M_{DL} = -F_{RA}(a+b) - F \cdot b = -166.7 \times (100+120) \times 10^{-3} - 1\,000 \times 120 \times 10^{-3}$$
$$= -156.67\,\text{N} \cdot \text{m}$$

BD 段（为计算方便，观察右侧）：

$$M_{DR} = F_{RB} \cdot c = 1166.7 \times 80 \times 10^{-3}\,\text{N} \cdot \text{m} = 93.33\,\text{N} \cdot \text{m}$$
$$M_B = 0$$

（3）画弯矩图。把各段分界点处截面上的弯矩值，作为线段两端点，两两相连即画出如图 8-21（b）所示的弯矩图。

此例中 D 处作用着一集中力偶，D 处左右截面弯矩有突变，其变化量为该处受到的力偶矩，因此左右截面应分别计算其弯矩。

8.3.3　弯曲正应力和弯曲强度校核

1. 纯弯曲时圆截面轴上的正应力

如图 8-22（a）所示，在圆轴的外表面上画两圆周线 1—1 和 2—2，并在其间画纵向线 ab 和 cd。在轴的纵向对称平面内施一对大小相等、方向相反的力偶 M，使梁发生纯弯曲，如图 8-22（b）所示。经分析可知：

（1）轴的外侧伸长，内侧缩短。从外侧伸长过渡到内侧缩短必有一层材料的长度没有发生变化，这既未伸长又未缩短的一层称为中性层。中性层与横截面的交线称为该截面的中性轴，如图 8-22（b）中的 z 轴。中性层的中线称为挠曲线，圆轴的轴心线即为挠曲线。

（2）轴弯曲变形后，横截面仍为平面，两相邻截面只是绕中性轴（z 轴）相对转过一个 θ 角，但相互间无任何错动。

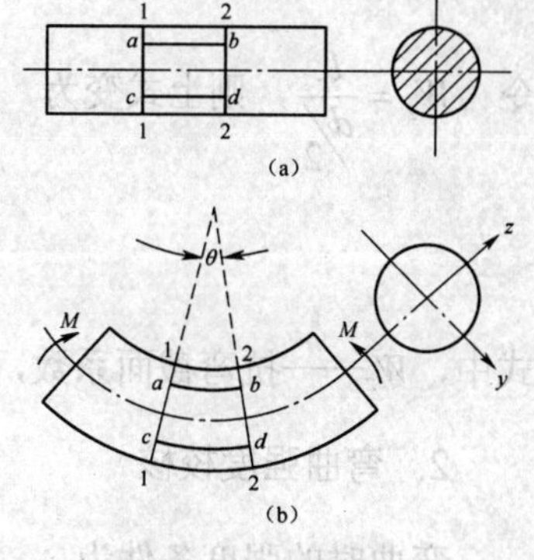

图 8-22　弯曲变形

纯弯曲的圆轴可想象为由一束束纤维组成，弯曲的结果使轴的凸边纤维伸长，因此该边横截面上存在着拉应力；凹边纤维缩短，因此该边的横截面上存在着压应力；中性层纤维既未伸长又未缩短，因此 该层应力为零；由于横截面间未发生相对错动，因此，横截面上不存在切应力。

根据以上分析和推导，横截面上距中性层距离为 y 的 A 点处的正应力 σ 为

$$\sigma_A = \frac{M}{I_z} \cdot y \tag{8-9}$$

式中，M——圆轴横截面上的弯矩，单位为 N·mm；

I_z——截面对中性轴的轴惯性矩，单位为 mm^4，见表 8-2；

y——A 点距中性轴的距离，单位为 mm。

上式表明，纯弯曲时横截面上任一点的正应力与该点到中性轴的距离成正比，最大拉（压）应力发生在离中性层最远的边缘处，中性层上各点应力为零。弯曲正应力在横截面上的分布规律如图 8-23 所示。对于圆截面，最大正应力发生在 $y = d/2$（d 为圆轴截面直径）处，因此，轴弯曲时的最大正应力为

$$\sigma_{\max} = \frac{M}{I_z} \cdot \frac{d}{2}$$

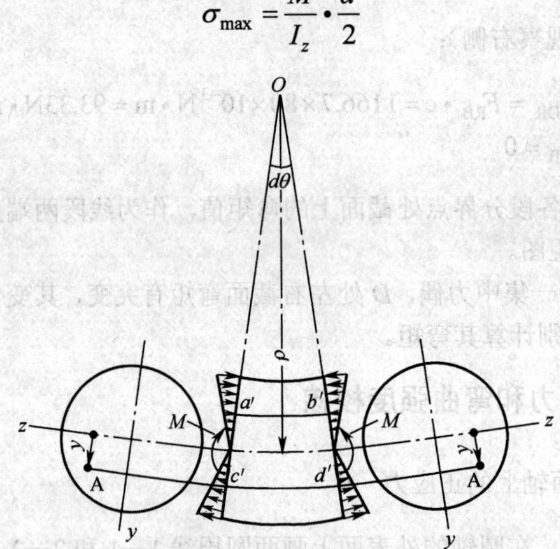

图 8-23　弯曲正应力分布规律

令 $W_z = \dfrac{I_z}{d/2}$，则上式变为

$$\sigma_{\max} = \frac{M}{W_z} \tag{8-10}$$

式中，W_z——抗弯截面系数，单位为 mm^3，见表 8-2。

2. 弯曲强度校核

弯曲时的强度条件为

$$\sigma_{\max} = \frac{M}{W_z} \leqslant [\sigma_B]_r \tag{8-11}$$

式中，r——应力循环特性；

$[\sigma_B]_{-1}$、$[\sigma_B]_0$、$[\sigma_B]_{+1}$——对称循环应力状态、脉动循环应力状态、静应力状态下材料的许用弯曲应力，单位为 MPa，见表 8-5。

通常，转动心轴弯曲应力按对称循环变化，如图 8-2（a）所示的机车心轴；固定心轴考虑到实际载荷的波动，其弯曲应力按脉动循环变化，如图 8-2（b）的自行车前轮的固定心轴。

表 8-5　　　　轴材料的许用弯曲应力 MPa

材　　料	σ_B	$[\sigma_B]_{+1}$	$[\sigma_B]_0$	$[\sigma_B]_{-1}$
碳素结构钢	500	170	75	45
	600	200	95	55
	700	230	110	65
合金结构钢	800	270	130	75
	1 000	330	150	90
铸钢	400	100	50	30
	500	120	70	40

式（8-11）可用来解决强度校核、截面尺寸计算和确定许用载荷 3 类问题。

例 8-7　卷扬机卷筒心轴的材料为 45 钢，$\sigma_B = 600\text{MPa}$，心轴的结构和受力情况如图 8-24（a）所示，$F = 25.3\text{kN}$。试校核心轴的强度。

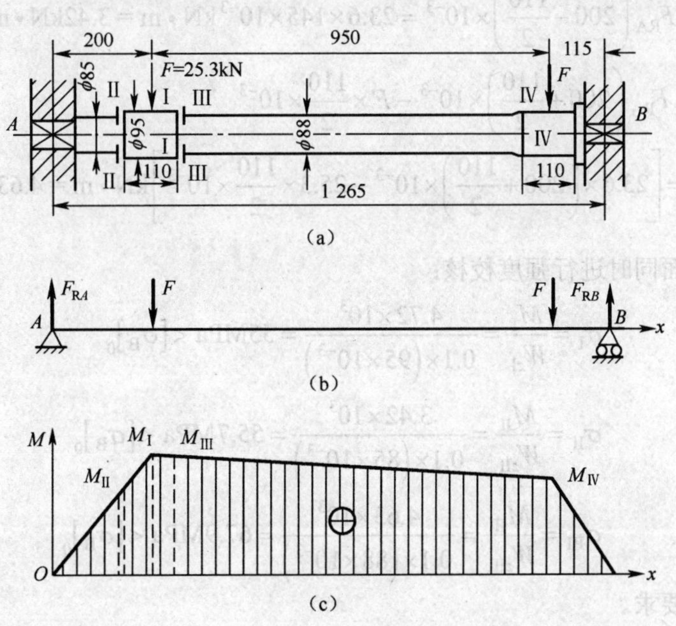

图 8-24　例 8-7 图

解　（1）确定许用应力。

此心轴为固定心轴，考虑卷扬机工作载荷的波动等因素，弯曲应力按脉动循环变化考虑，由表 8-5 查得 $[\sigma_B]_0 = 95\text{MPa}$。

$$F_{RB} = \frac{25.3 \times 200 + 25.3 \times (950 + 200)}{1\,265}\text{kN} = 27\text{kN}$$

$$F_{RA} = 2F - F_{RB} = (2 \times 25.3 - 27)\text{kN} = 23.6\text{kN}$$

（2）计算截面弯矩。

心轴的计算简图如图 8-24（b）所示。首先求支反力，方向如图 8-24（b）所示。

求各段分界点处截面上的弯矩：

$$M_A = 0$$

$$M_I = F_{RA} \times 200 \times 10^{-3}\,\text{kN}\cdot\text{m} = 4.72\text{kN}\cdot\text{m}$$

$$M_{IV} = F_{RB} \times 115 \times 10^{-3} = 27 \times 115 \times 10^{-3}\,\text{kN}\cdot\text{m} = 3.11\text{kN}\cdot\text{m}$$

$$M_B = 0$$

画弯矩图，连接以上 M_A、M_I、M_{IV}、M_B 四点，即得弯矩图如图 8-24（c）所示。

（3）强度校核。

从弯矩图中可以看出截面 I—I 处的弯矩最大，即

$$M_{max} = M_1 = 4.72\text{kN}\cdot\text{m}$$

所以截面 I—I 可能是危险截面。截面Ⅱ—Ⅱ和截面Ⅲ—Ⅲ的弯矩虽较小，但截面直径也小，也可能是危险截面，所以也要算出这两截面上弯矩

$$M_{II} = F_{RA}\left(200 - \frac{110}{2}\right) \times 10^{-3} = 23.6 \times 145 \times 10^{-3}\,\text{kN}\cdot\text{m} = 3.42\text{kN}\cdot\text{m}$$

$$M_{III} = F_{RA}\left(200 + \frac{110}{2}\right) \times 10^{-3} - F \times \frac{110}{2} \times 10^{-3}$$

$$= \left[23.6 \times \left(200 + \frac{110}{2}\right) \times 10^{-3} - 25.3 \times \frac{110}{2} \times 10^{-3}\right]\text{kN}\cdot\text{m} = 4.63\text{kN}\cdot\text{m}$$

现对 3 个截面同时进行强度校核：

$$\sigma_I = \frac{M_I}{W_{zI}} = \frac{4.72 \times 10^3}{0.1 \times \left(95 \times 10^{-3}\right)} = 55\text{MPa} < [\sigma_B]_0$$

$$\sigma_{II} = \frac{M_{II}}{W_{zII}} = \frac{3.42 \times 10^3}{0.1 \times \left(85 \times 10^{-3}\right)} = 55.7\text{MPa} < [\sigma_B]_0$$

$$\sigma_{III} = \frac{M_{III}}{W_{zIII}} = \frac{4.63 \times 10^3}{0.1 \times \left(88 \times 10^{-3}\right)} = 67.9\text{MPa} < [\sigma_B]_0$$

该心轴满足使用要求。

从本例也可看出危险截面有时不一定在最大弯矩截面处。本例的危险截面在截面Ⅲ—Ⅲ处。

例 8-8 螺旋压板夹紧装置如图 8-25 所示。已知板长 $3a = 150$mm，压板材料许用弯曲应力 $[\sigma_B]_{+1} = 140$MPa，试计算压板传给工件的最大允许压紧力 F。

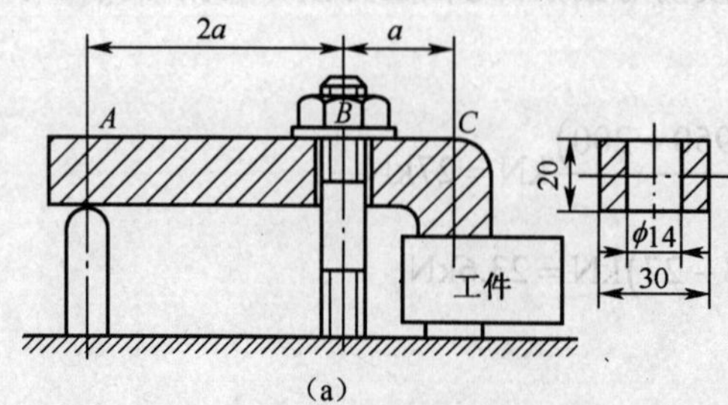

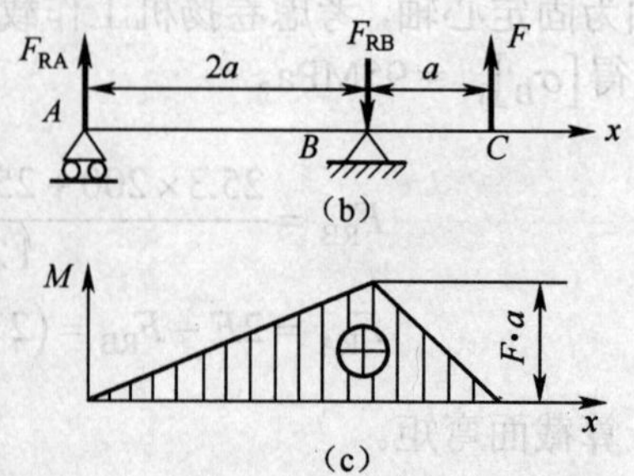

图 8-25 例 8-8 图

解 压板可简化为图 8-25（b）所示的外伸梁。

（1）计算支反力。

$$F_{RA} = \frac{F}{2}$$

$$F_{RB} = \frac{3}{2}F$$

（2）计算压板的弯矩。

$$M_{max} = M_B = F \cdot a = 0.05F$$

$$M_A = 0$$

$$M_C = 0$$

最大弯矩发生在支点 B 处。

于是作出弯矩图如图 8-25（c）所示。

（3）计算许用压紧力。

$$\sigma_{max} = \frac{M}{W_z} \leqslant [\sigma_B]_{+1}$$

由强度校核公式（8-11）得

$$M_{max} \leqslant W_z [\sigma_B]_{+1}$$

该截面可看为两个矩形截面相减而成，因此该截面的轴惯性矩可由两个截面的轴惯性矩相减而得。

$$I_z = \left(\frac{30 \times 20^3}{12} - \frac{14 \times 20^3}{12}\right) \text{mm}^4 = 10\,667 \text{mm}^4$$

$$W_z = \frac{I_z}{y_{max}} = \frac{10\,667}{10} \text{mm}^3 = 1\,066.7 \text{mm}^3$$

于是得 $0.05F \times 10^3 \leqslant 1\,066.7 \times 140\text{N}$

$F \leqslant 2\,987\text{N}$

所以根据压板强度，最大压紧力不能超过 2 987N。

8.3.4 弯曲变形的刚度条件

实际工作中的轴，除了要有足够的强度外，还应有足够的刚度，如刚度不足而引起过大的变形也是不允许的，因此，还要研究轴在弯曲时的变形问题。

1. 挠度、转角和刚度条件

讨论弯曲变形时，以变形前杆件的轴线为 x 轴，垂直向上的轴为 y 轴，如图 8-26 所示。在平面弯曲的情况下，轴变形后的轴线成为一条连续光滑曲线，称为挠曲线。挠曲线方程式为

$$y = f(x)$$

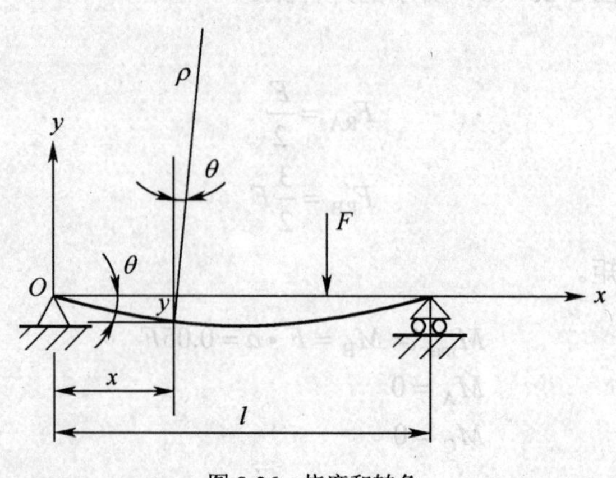

图 8-26　挠度和转角

衡量弯曲变形大小有两个基本量。

（1）挠度。是指坐标为 x 的横截面形心在 y 方向的位移 y。向上时为正，向下时为负。

（2）转角。是指弯曲变形时横截面相对原来位置转过的角度 θ。逆时针方向转角为正，顺时针方向转角为负。

为了使轴有足够的刚度，根据不同的工作要求，限制其最大挠度 y_{max} 和最大转角 θ_{max} 不超过某一规定值，即刚度条件为

$$|y_{max}| \leqslant [y]$$

$$|\theta_{max}| \leqslant [\theta]$$

式中，$[y]$　$[\theta]$——规定的许用挠度和许用转角，其值可查手册，一般参照下列数据：

一般用途的轴　　$[y]$ =（0.000 3～0.000 5）l

刚度要求较高的轴　$[y]$ = 0.000 2 l

装齿轮或滚动轴承处 $[\theta]$ = 0.001 rad

2. 用叠加法求弯曲变形概述

在材料符合虎克定律而且变形较小的前提下，挠度、转角与载荷成正比。每个载荷产生的支反力、截面弯矩、挠度和转角都不受其他载荷的影响，因此，当轴上同时作用几个载荷时，可以分别求出每个载荷单独作用时的变形（挠度和转角），然后把所得的变形叠加，即为这些载荷共同作用时轴的变形。这就是计算弯曲变形的叠加原理，具体方法可参照有关资料。

8.4　转轴的强度——构件的弯扭组合问题

转轴在机械传动中应用十分广泛。转轴既承受扭矩又承受弯矩，是在弯扭组合变形状态

下工作的。转轴截面上的应力状态比单纯扭转或弯曲时截面上应力状态要复杂得多，需根据应力状态理论和有关的强度理论才能解决。对于一般钢制的轴，由第三强度理论可知，弯扭组合变形的强度条件为

$$\sigma_e = \frac{M_e}{W_z} = \frac{\sqrt{M^2 + (\alpha M_n)^2}}{0.1d^3} \leqslant [\sigma_B]_{-1} \tag{8-12}$$

式中，σ_e——当量弯曲应力，单位为 MPa；

M_e——当量弯矩，单位为 N·mm，$M_e = \sqrt{M^2 + (\alpha M_n)^2}$；

M——合成弯矩，单位为 N·mm，$M = \sqrt{{M_H}^2 + {M_V}^2}$，其中 M_H 为水平弯矩，M_V 为垂直弯矩；

M_n——截面上的扭矩，单位为 N·mm；

W_z——轴危险截面的抗弯截面系数，单位为 mm^3，对于实心圆轴，$W_z = 0.1d^3$；

α——根据扭矩性质而定的折合系数，对于不变的扭矩，$\alpha = \dfrac{[\sigma_B]_{-1}}{[\sigma_B]_{+1}} \approx 0.3$

对于脉动循环变化的扭矩，$\alpha = \dfrac{[\sigma_B]_{-1}}{[\sigma_B]_0} \approx 0.6$；对于对称循环变化的扭矩，$\alpha = 1$；$[\sigma_B]_{-1}$、$[\sigma_B]_0$、$[\sigma_B]_{+1}$ 见表 8-5。

对于一般的转轴，弯曲应力按对称循环变化；当轴不转或随载荷一起转动时，考虑实际载荷的波动，弯曲应力按脉动循环变化。多数情况下，转轴的变化规律难于确定，故一般转轴的扭矩按脉动循环变化；当需要经常正反转时，按对称循环变化。

计算轴的直径时，式（8-12）可写为

$$d \geqslant \sqrt[3]{\frac{M_e}{0.1[\sigma_B]_{-1}}} \tag{8-13}$$

例 8-9 长为 1.6m，直径 $d = 110$mm 的轴 AB 用联轴器和电动机连接，如图 8-27 所示。在 AB 轴中点装一重 $G = 5$kN，直径 $D = 1.2$m 的传动带轮，受到带的拉力分别为，松边 $F = 3$kN、紧边 $2F = 6$kN。轴材料为 45 钢，$\sigma_B = 600$MPa，试校核此轴的强度。

解 （1）轴的受力分析。

① 画出轴上的受力简图，如图 8-27（b）所示。

② 求轴上的作用力。轴的中点所受力是带轮自重和传动带拉力之和，即

$$F_Q = (G+F+2F) = (5+3+6)\ \text{kN} = 14\text{kN}$$

③ 求轴传递的转矩。轴传递的转矩可由带轮的受力分析得出：

$$T = (2F - F) \cdot \frac{D}{2} = (6-3) \times \frac{1.2}{2}\ \text{kN} \cdot \text{m} = 1.8\text{kN} \cdot \text{m}$$

由以上分析可知此轴受弯扭组合的作用。

（2）按当量弯矩校核轴的强度。

① 求支反力。

$$F_{RA}=F_{RB}=\frac{F_Q}{2}=\frac{14}{2}\text{kN}=7\text{kN}$$

② 求弯矩、作弯矩图。

$$M_A=0 \qquad M_B=0$$

$$M_{max}=F_{RA}\cdot\frac{l}{2}=7\times0.8\text{kN}\cdot\text{m}=5.6\text{kN}\cdot\text{m}$$

画弯矩图，如图 8-27（c）所示。

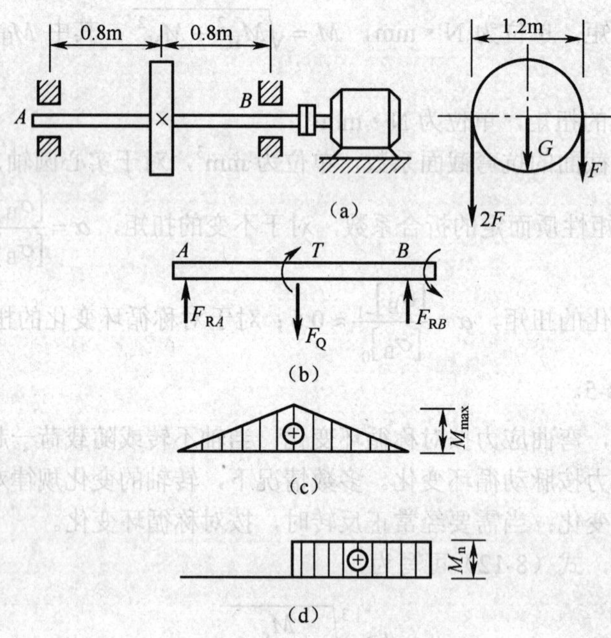

图 8-27 例 8-9 图

③ 求扭矩、作扭矩图。

自轴中点至 B 点各截面上的扭矩：

$$M_n=T=1.8\,\text{kN}\cdot\text{m}$$

画扭矩图，如图 8-27（d）所示。

④ 按当量弯矩法校核轴的强度。

弯曲应力按对称循环，由表 8-5 查得 $[\sigma_B]_{-1}=55\text{MPa}$，扭矩按脉动循环变化，取 $\alpha=0.6$，由式（8-12）得

$$\sigma_e=\frac{\sqrt{M^2+(\alpha M_n)^2}}{0.1d^3}=\frac{\sqrt{(5.6\times10^6)^2+(0.6\times1.8\times10^6)^2}}{0.1\times110^3}$$

$$=42.8\text{MPa}<[\sigma_B]_{-1}=55\text{MPa}$$

此轴强度足够。

8.5　轴结构尺寸的确定

图 8-28 所示为一齿轮减速器的高速轴，轴上与轴承配合部分称为轴颈，与传动零件（带轮、齿轮、联轴器等）配合的部分称为轴头，连接轴颈和轴头的非配合部分称为轴身。

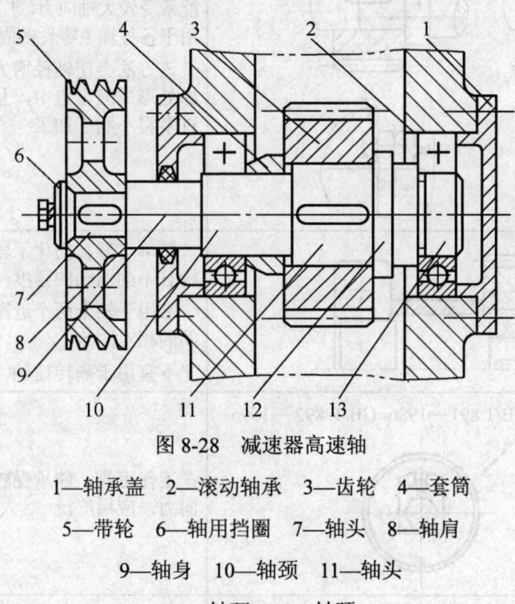

图 8-28　减速器高速轴

1—轴承盖　2—滚动轴承　3—齿轮　4—套筒
5—带轮　6—轴用挡圈　7—轴头　8—轴肩
9—轴身　10—轴颈　11—轴头
12—轴环　13—轴颈

轴结构尺寸确定的基本要求如下。

（1）轴和轴上零件应有正确的工作位置（定位要求）。

（2）各零件要可靠地相互连接（固定要求）。

（3）轴应便于加工，轴上零件应便于装拆（工艺性要求）。

（4）尽量减少应力集中（疲劳强度要求）。

（5）轴的尺寸应合理（尺寸要求）。

8.5.1　轴和轴上零件的定位

阶梯轴上截面变化的部位称为轴肩，它对轴上零件起定位作用。在图 8-28 中，带轮 5、齿轮 3 和滚动轴承 2 都是靠轴肩作轴向定位的，整根轴由两端轴承盖在箱体中定位。

8.5.2　轴上零件的固定

1. 轴上零件的轴向固定

轴上零件的轴向固定是为了防止在工作中零件沿轴向窜动。常用的定位方法如表 8-6 所示。其中轴肩、轴环、套筒、轴端挡圈及圆螺母应用更为广泛。

轴上零件一般应作双向固定，这时可将表 8-6 中的各种方法联合使用。为保证固定可靠，与轴上要配合的轴段长度应比轮毂宽度略短，如表 8-6 中的套筒结构，$l = B - (1\sim3)$ mm。

表 8-6　　轴上零件的轴向固定方法及应用

轴向固定方法及结构简图		特点和应用	设计注意要点
轴肩与轴环	I　II　a　b　d　R　r　C	简单可靠，不需附加零件，能承受较大轴向力。广泛应用于各种轴上零件的固定 该方法会使轴径增大，阶梯处形成应力集中，且阶梯过多将不利于加工	为保证零件与定位面靠紧，轴上过渡圆角半径 r 应小于零件圆角半径 R 或倒角 C，即 $r<C<a$、$r<R<a$ 一般取定位高度 $a=(0.07\sim0.1)d$，轴环宽度 $b=1.4a$
套筒	B　l	简单可靠、简化了轴的结构且不削弱轴的强度 常用于轴上两个近距零件间的相对固定 不宜用于高转速轴	套筒内径与轴的配合较松，套筒结构、尺寸可视需要灵活设计
轴端挡圈	轴端挡圈GB/T 891—1986，GB/T 892—1996	工作可靠，能承受较大轴向力，应用广泛	只用于轴端 应采用止动垫片等防松措施
锥面		装拆方便，且可兼作周向固定 宜用于高速、冲击及对中性要求高的场合	只用于轴端 常与轴端挡圈联合使用，实现零件的双向固定
圆螺母	圆螺母（GB/T 812—1988）止动垫圈（GB/T 858—1988）	固定可靠，可承受较大轴向力，能实现轴上零件的间隙调整 常用于轴上两零件间距较大处，亦可用于轴端	为减小对轴强度的削弱，常用细牙螺纹 为防松，须加止动垫圈或使用双螺母
弹性挡圈	弹性挡圈（GB/T 894.1—1986，GB/T 894.2—1986）	结构紧凑、简单、装拆方便，但受力较小，且轴上切槽将引起应力集中 常用于轴承的固定	轴上轴槽尺寸见 GB/T 894.1—1986
紧定螺钉与锁紧挡圈	紧定螺母(GB/T 71—1985) 锁紧挡圈(GB/T 884—1986)	结构简单，但受力较小，且不适于高速场合	

2. 轴上零件的周向固定

轴上零件周向固定是为了防止零件与轴产生相对转动。常用的方法有键、花键联接（见第 9 章）及图 8-29 所示的各种方法，图（a）为紧定螺钉联接，图（b）为销联接，图（c）为成形面联接，图（d）为过盈联接。

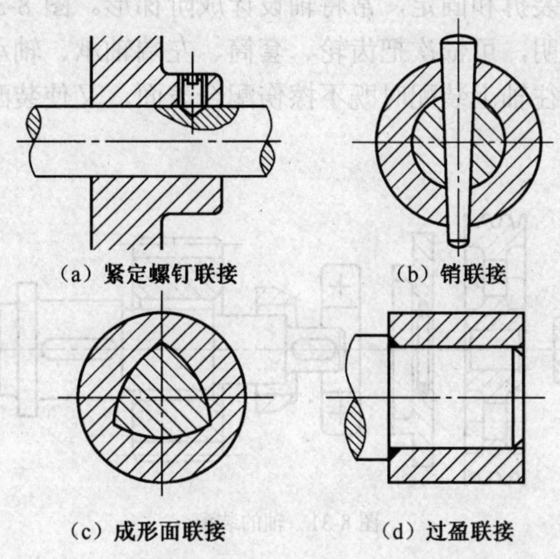

图 8-29　周向固定

8.5.3　轴的结构工艺性

1. 加工工艺性

（1）轴直径变化尽可能小，并应尽量限制轴的最小直径及最大直径差，这样既能节省材料，又可减少切削加工量。

（2）轴上需磨削或切制螺纹处，应留出砂轮越槽和螺纹退刀槽，如图 8-30 所示，以保证加工完整。

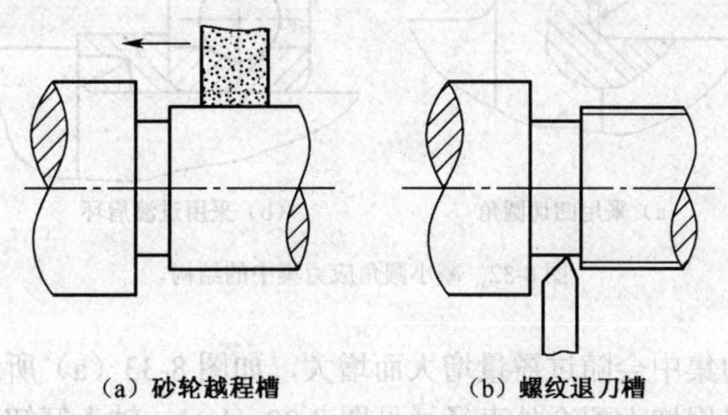

图 8-30　砂轮越程槽和螺纹退刀槽

（3）应尽量使轴上同类结构要素（如过渡圆角、倒角、越程槽、退刀槽及中心孔等）的尺寸相同，并符合标准和规定，如数个轴段上有键槽，应将它们布置在同一母线上，以便于加工。

（4）轴上配合轴段直径应取标准值，与滚动轴承配合的轴径应按滚动轴承内径选取，轴上螺纹部分的直径应符合螺纹标准等。

2. 装配工艺性的要求

（1）为了便于零件的装拆和固定，常将轴设计成阶梯形。图 8-31 所示为图 8-28 减速箱高速轴的装拆图。图中表明，可依次把齿轮、套筒、左端轴承、轴承盖、带轮和轴端挡圈从左端装入，这样零件依次往轴上装配时既不擦伤配合表面，又使装配方便；右端轴承从右端装入。

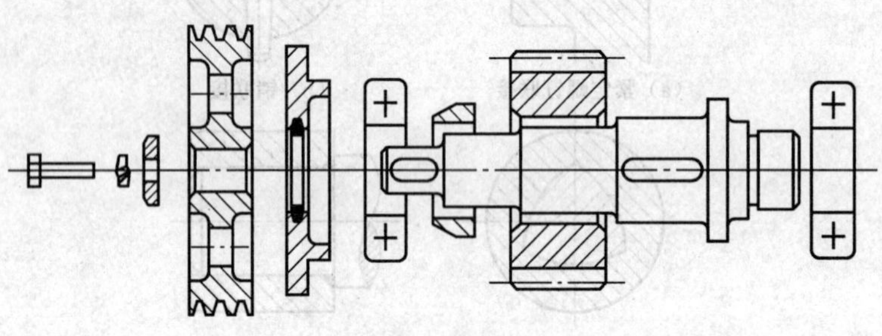

图 8-31 轴的装配

（2）轴端应倒角、去毛刺，以便于装配。

（3）固定滚动轴承的轴肩高度应小于轴承内圈厚度，以便装拆。

8.5.4 提高轴的疲劳强度

尽量使轴径变化过渡平缓，宜采用较大的过渡圆角以缓和应力集中，如相配零件内孔圆角或倒圆很小时，可采用凹切圆角，如图 8-32（a）所示，或采用过渡肩环，如图 8-32（b）所示。

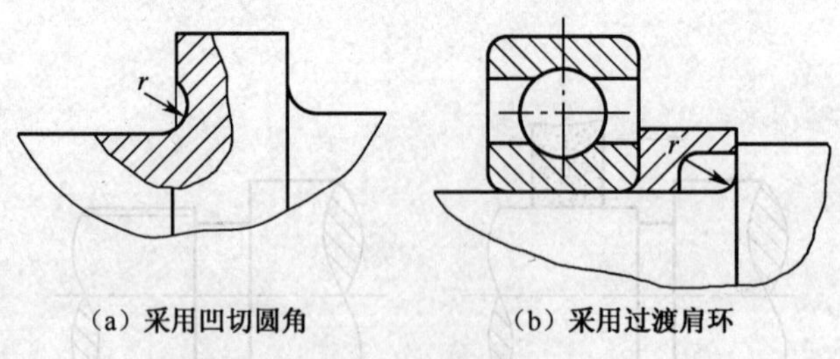

（a）采用凹切圆角　（b）采用过渡肩环

图 8-32 减小圆角应力集中的结构

过盈配合处的应力集中会随过盈量增大而增大，如图 8-33（a）所示。当过盈量较大时，为缓和应力集中，要采用增大配合处直径（见图 8-33（b））、轴上开卸荷槽（见图 8-33（c））或在轮毂上开卸荷槽（见图 8-33（d））等方法。

键槽端部与轴肩距离不宜过小，以避免损伤过渡圆角，减少多种应力集中源重合的机会，如图 8-34 所示。

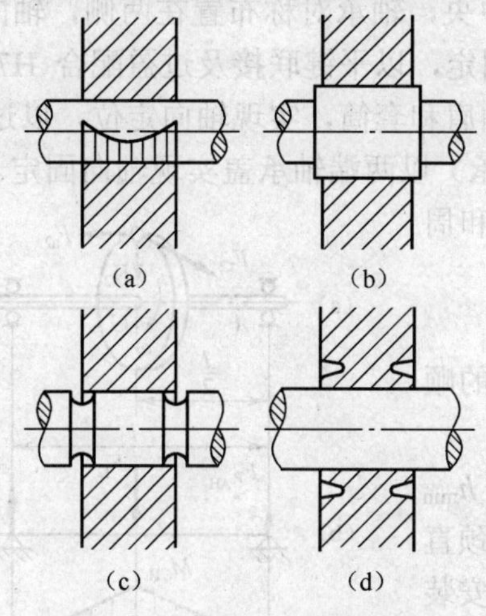

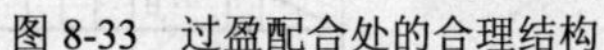

图 8-33 过盈配合处的合理结构

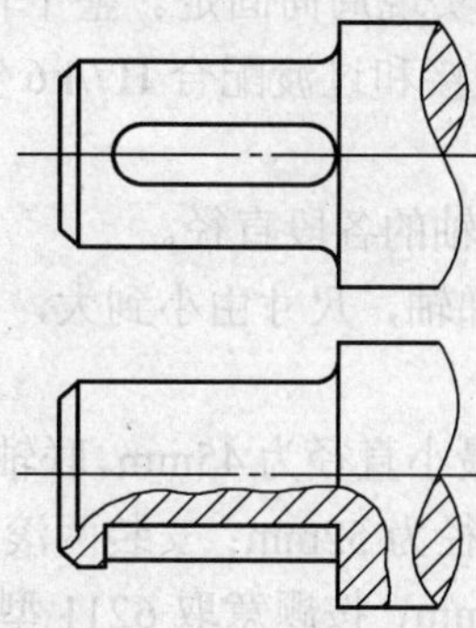

图 8-34 键槽的不合理位置

例 8-10 设计图 8-35 所示单级齿轮减速器中的从动轴。已知传递功率 $P = 10\text{kW}$，从动轮转速 $n_2 = 202\text{r/min}$，分度圆直径 $d_2 = 356\text{mm}$，所受圆周力 $F_{t2} = 2\,656\text{N}$，径向力 $F_{r2} = 985\text{N}$，轴向力 $F_{a2} = 522\text{N}$，轮毂宽度 $L = 80\text{mm}$，齿轮单向传动，轴承采用 6200 型。

解 (1) 选择轴的材料及热处理方法，并确定许用应力。

选用 45 钢，正火处理，$\sigma_B = 600\text{MPa}$，由表 8-5 查得

$$[\sigma_B]_{-1} = 55\text{MPa}$$

(2) 按扭转强度估算最小直径。

由式（8-8）及表（8-3）查得 $C = 112$，可得

$$d \geqslant C\sqrt[3]{\frac{P}{n}} = 112 \times \sqrt[3]{\frac{10}{202}}\text{mm} = 41.4\text{mm}$$

最小直径还应符合相配零件（这里是联轴器）的孔径标准尺寸，故取 $d = 45\text{mm}$。

(3) 轴结构尺寸的确定（参照图 8-36）。

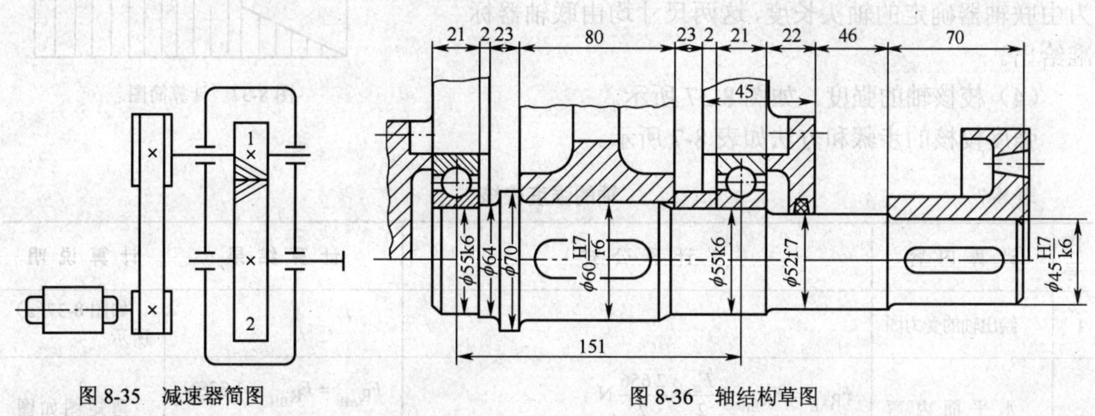

图 8-35 减速器简图

图 8-36 轴结构草图

① 确定轴上零件布置及固定方式。

因为是单级齿轮减速器，可将齿轮布置在中央，轴承对称布置在两侧，轴的外伸端安装联轴器。齿轮以轴环和套筒实现轴向定位和固定，以平键联接及过盈配合 H7/r6 实现周向固定。轴头设有装配锥度。两端轴承分别以轴肩和套筒，实现轴向定位，以过渡配合 k6（轴公差带）实现周向固定。整个轴系（包括轴承）以两端轴承盖实现轴向固定。联轴器以轴肩、平键联接和过渡配合 H7/k6 实现轴向固定和周向固定。

② 确定轴的各段直径。

采用阶梯轴，尺寸由小到大，由两端向中央的顺序确定。

外伸端最小直径为 45mm，联轴器定位轴肩高 h_{min} = 3.5mm，直径为 52mm；安装两滚动轴承处的轴颈直径相同为 55mm，按题意取 6211 型轴承。由轴承安装尺寸要求，查轴承有关标准得轴肩高 h_{min} = 4.5mm，轴肩和套筒外径为 64mm，圆角 r = 1mm；取与齿轮相配的轴头的直径为 60mm，定位环 h = 5mm，直径为 70mm；其余圆角查有关标准均为 1.5mm。

③ 确定各轴段的长度。

按照齿轮、轴承和联轴器的尺寸，可先在草图上画出这些零件的大致位置，然后再确定各相关长度。

齿轮处于中央位置，按轮毂宽度 L = 80mm，取轴头长度为 78mm；轴承对称布置在齿轮的两侧，按轴承宽度取这段轴长度为 21mm；齿轮两端与箱体内壁距离各取 23mm，以容纳轴环和套筒，从而定出轴的跨距 l = 151mm。按结构需要，内壁至右轴承盖外端距离为 45mm（此尺寸有时需要考虑箱盖和箱座结合面联接螺栓位置及扳手空间等因素）。轴端伸出长度为 46mm，为安装联轴器要求的空间位置，70mm 为由联轴器确定的轴头长度，这两尺寸均由联轴器标准给出。

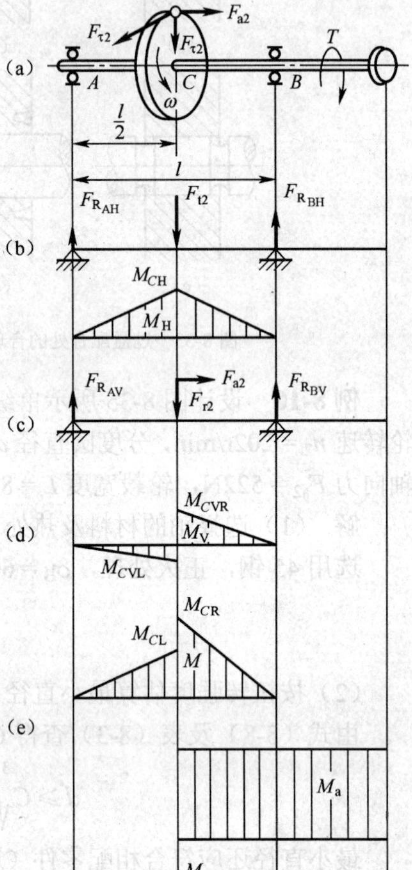

图 8-37 计算简图

（4）校核轴的强度，如图 8-37 所示。

强度校核的步骤和方法如表 8-7 所示。

表 8-7 轴的强度校核

序号	计算内容	计算公式	计算结果	计算说明
1	绘出轴的受力图			如图 8-37(a)所示
2	水平面内弯矩、弯矩图	$F_{R_{AH}} = F_{R_{BH}} = \frac{F_a}{2} = \frac{2\,656}{2}$ N $M_{CH} = F_{R_{AH}} \cdot \frac{l}{2} = 1328 \times \frac{0.151}{2}$ N·m	$F_{R_{AH}} = F_{R_{BH}} = 1\,328$N $M_{CH} = 100$ Nm $M_A = 0$ $M_B = 0$	弯矩图如图 8-37（b）所示

续表

序号	计算内容	计算公式	计算结果	计算说明
3	垂直面内弯矩、弯矩图	$F_{R_{AV}}=\dfrac{F_{r2}}{2}-\dfrac{F_{a2}d_2}{2l}=\left(\dfrac{985}{2}-\dfrac{522\times356}{2\times151}\right)$N $F_{R_{BV}}=\dfrac{F_{r2}}{2}+\dfrac{F_{a2}d_2}{2l}=\left(\dfrac{985}{2}+\dfrac{522\times356}{2\times151}\right)$N $M_{CVL}=F_{R_{AV}}\cdot\dfrac{l}{2}=-123\times\dfrac{0.151}{2}$N·m $M_{CVR}=F_{R_{BV}}\cdot\dfrac{l}{2}=1108\times\dfrac{0.151}{2}$N·m	$F_{R_{AV}}=-123$N $F_{R_{BAV}}=1108$N $M_{CVL}=-9.28$N·m $M_{CVR}=83.65$N·m $M_A=0\quad M_B=0$	弯矩图如图 8-37（c）所示
4	合成弯矩图	$M_{CL}=\sqrt{M_{CH}^2+M_{CVL}^2}=\sqrt{100^2+(-9.28)^2}$ $M_{CR}=\sqrt{M_{CH}^2+M_{CVR}^2}=\sqrt{100^2+83.65^2}$	$M_{CL}=100.42$ N·m $M_{CR}=130.37$ N·m	合成弯矩图如图 8-37（d）所示
5	扭矩、扭矩图	$T=9\,550\dfrac{P}{n_2}=9\,550\dfrac{10}{202}$N·m	$M_n=T=472.77$ N·m	扭矩图如图 8-37（e）所示
6	当量弯矩，当量弯矩图	$M_{Ac}=0$ $M_{CLc}=\sqrt{M_{CL}^2+(aM_n)^2}$ $=\sqrt{100.42^2+0}$ $M_{CRc}=\sqrt{M_{CR}^2+(aM_n)^2}$ $=\sqrt{130.37^2+(0.6\times472.77)^2}$ $M_{Bc}=\sqrt{M_B^2+(aM_n)^2}=\sqrt{0+(0.6\times472.77)^2}$ N·m	$M_{Ac}=0$ $M_{CLc}=100.42$ N·m $M_{CRc}=312.18$ N·m $M_{Bc}=283.66$ N·m	因单向转动，可认为扭矩按脉动循环变化，取 $a=0.6$。当量扭矩图如图 8-37（f）所示
7	截面 C 处的直径	$d\geqslant\sqrt[3]{\dfrac{M_{CRc}}{0.1[\sigma_E]_{-1}}}=\sqrt[3]{\dfrac{312.18\times10^3}{0.1\times55}}$mm	$d\geqslant38.43$mm	

因截面 C 处的键槽，故将直径放大 5%，即 38.43×1.05mm = 40.35mm，根据结构设计时，此处直径为 60mm 强度足够，且裕度较大；但不必修改，因轴的尺寸主要由结构决定，按强度算出的尺寸，仅是必须满足的最小尺寸。

（5）绘制轴的工作图，如图 8-38 所示。

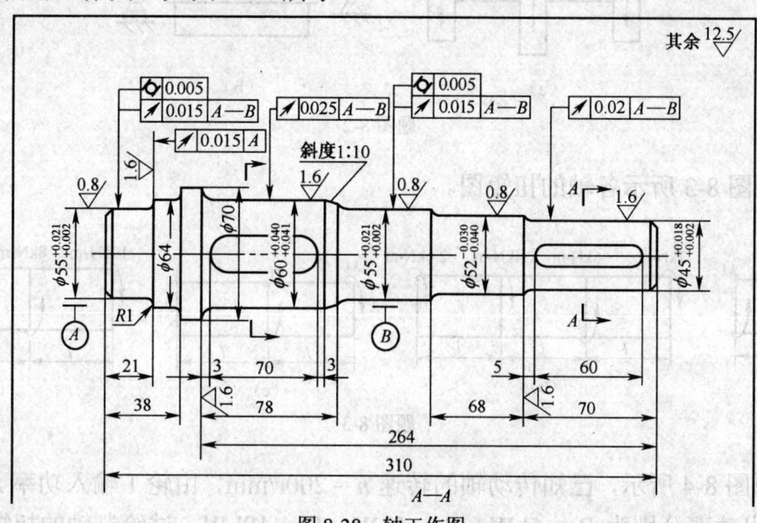

图 8-38　轴工作图

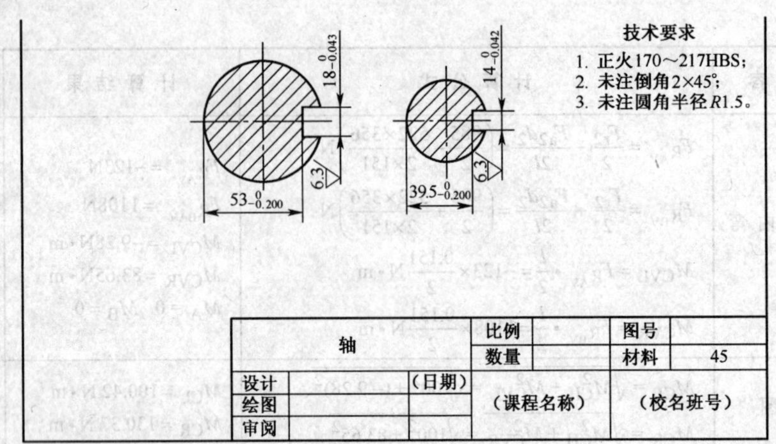

图 8-38 轴工作图（续）

习 题

8-1 自行车前轴、后轴、中轴各属于什么类型的轴？

8-2 试从减小轴上载荷、提高轴的强度观点出发，分别指出题图 8-2（a）中哪一种布置形式及题图 8-2（b）中哪一种卷筒的轮毂更为合理？

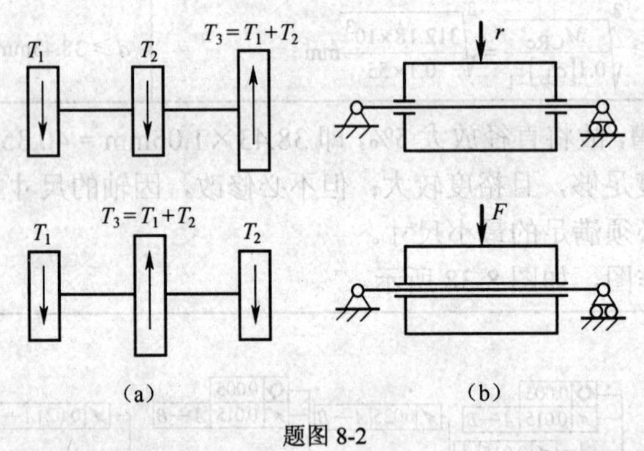

题图 8-2

8-3 作题图 8-3 所示各轴的扭矩图。

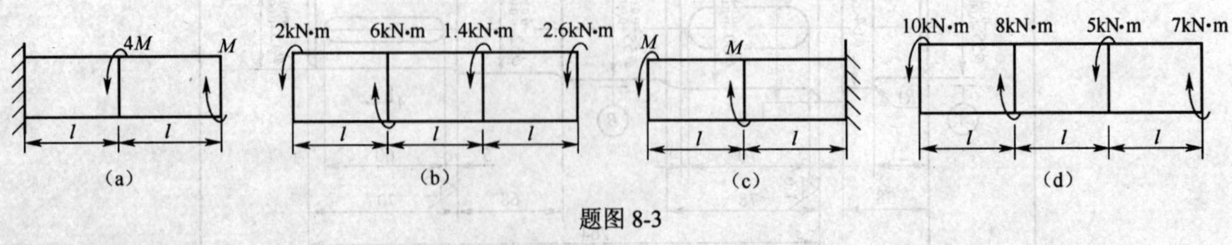

题图 8-3

8-4 如题图 8-4 所示，已知传动轴的转速 $n = 200\text{r/min}$，由轮 1 输入功率 $P_1 = 20\text{kW}$，轮 2、3、4 的输出功率分别为 $P_2 = 5\text{kW}$、$P_3 = 5\text{kW}$、$P_4 = 10\text{kW}$，试绘制轴的扭矩图。

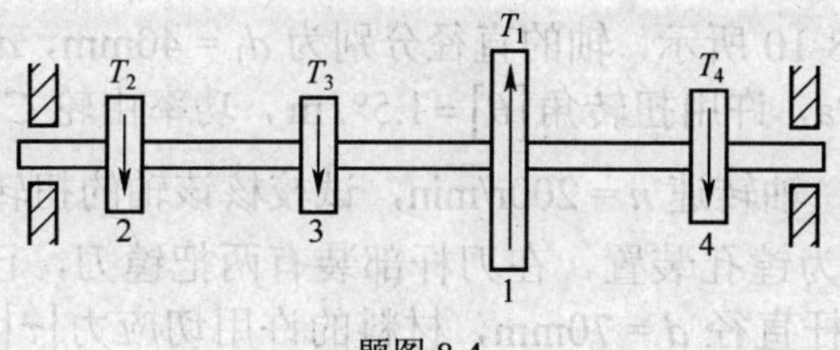

题图 8-4

8-5　如题图 8-5 所示，试求：

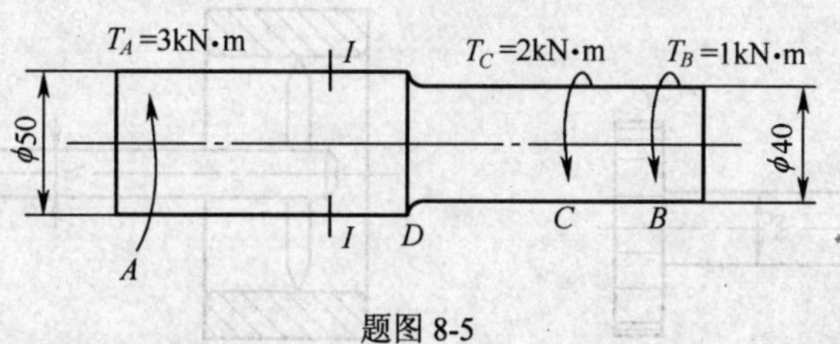

题图 8-5

（1）轴 AB 截面上离圆心距离为 20mm 各点的切应力；

（2）I—I 截面上最大切应力；

（3）AB 轴的最大切应力。

8-6　轴的尺寸如题图 8-6 所示。转矩 $T = 300\text{N}\cdot\text{m}$，轴材料的许用切应力 $[\tau] = 60\text{MPa}$，试校核该轴的强度。

8-7　如题图 8-7 所示，绞车由两人操作，每人加在手柄上的力 $F = 250\text{N}$，已知 AB 轴的许用切应力 $[\tau] = 4\text{MPa}$，按扭转强度计算 AB 轴的直径。

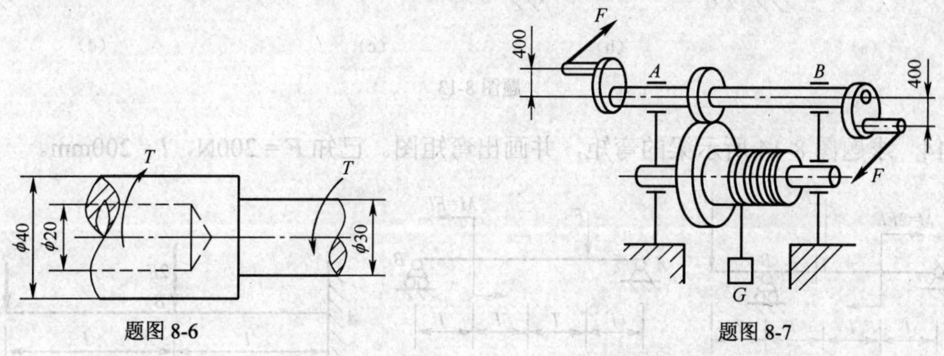

题图 8-6　　题图 8-7

8-8　一级圆柱齿轮减速器如题图 8-8 所示。已知主动轮转速 $n_1 = 960\text{r/min}$，传递功率 $P = 100\text{kW}$，$z_1 = 20$，$z_2 = 55$，轴材料采用 45 钢。试按扭转强度条件估算两轴的最小直径。

8-9　一传动轴受力如题图 8-9 所示，已知材料许用切应力 $[\tau] = 40\text{MPa}$，材料许用扭转角 $[\theta] = 1.5°/\text{m}$，材料剪切弹性模量 $G = 80\text{GPa}$，试计算轴的直径。

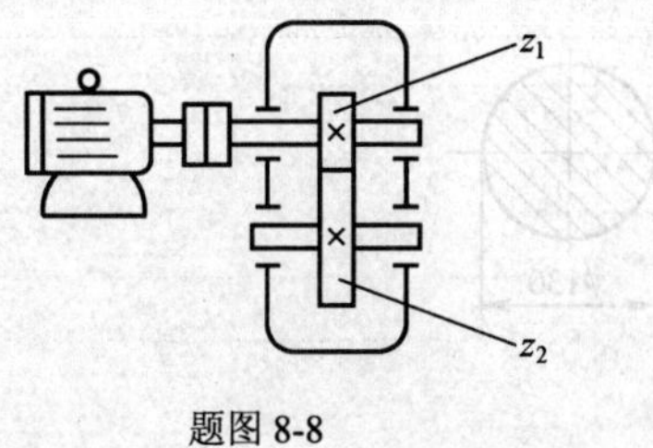

题图 8-8

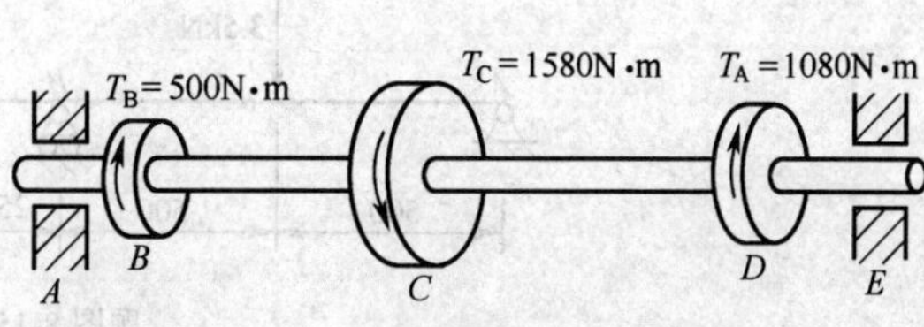

题图 8-9

8-10　阶梯轴如题图 8-10 所示，轴的直径分别为 $d_1 = 40\text{mm}$，$d_2 = 50\text{mm}$，材料许用切应力 $[\tau] = 60\text{MPa}$，$G = 80\text{GPa}$，许用扭转角 $[\theta] = 1.5°/\text{m}$，功率由轮 C 输入，已知：$P_C = 30\text{kW}$，轮 A 输出功率 $P_A = 13\text{kW}$，轴转速 $n = 200\text{r/min}$，试校核该轴的扭转强度和刚度。

8-11　题图 8-11 所示为镗孔装置，在刀杆部装有两把镗刀，已知切削功率 $P = 8\text{kW}$，刀杆转速 $n = 60\text{r/min}$，刀杆直径 $d = 70\text{mm}$，材料的许用切应力 $[\tau] = 60\text{MPa}$，$[\theta] = 0.5°/\text{m}$，$G = 80\text{MPa}$，试校核该刀杆的扭转强度和刚度。

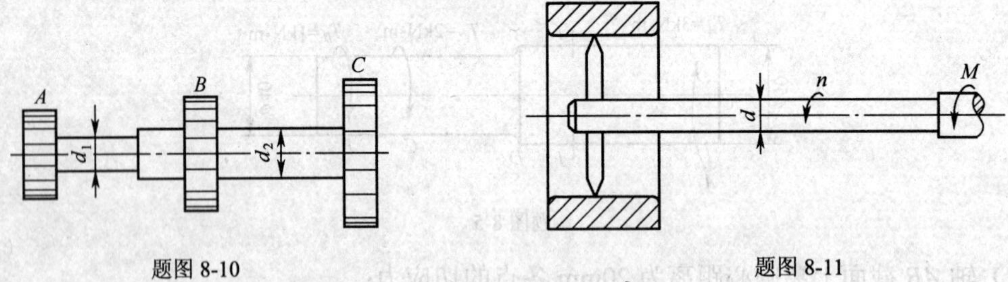

题图 8-10　　题图 8-11

8-12　心轴弯曲时，一般情况下其横截面上会产生什么内力？

8-13　试判断题图 8-13 所示各梁，哪种加载方式使梁产生的弯矩最大？哪种最小？

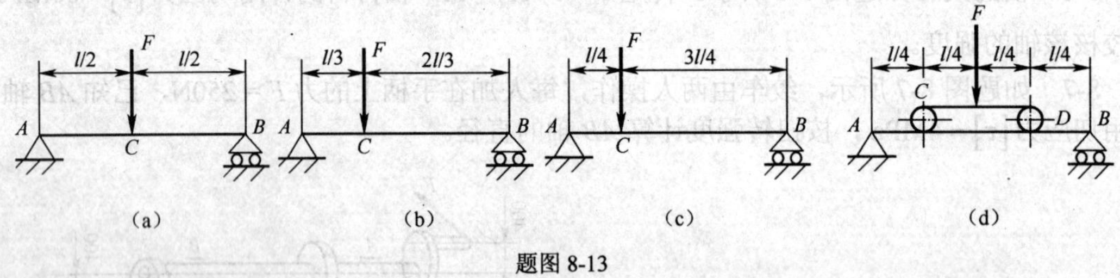

题图 8-13

8-14　求题图 8-14 所示梁的弯矩，并画出弯矩图。已知 $F = 200\text{N}$，$l = 200\text{mm}$。

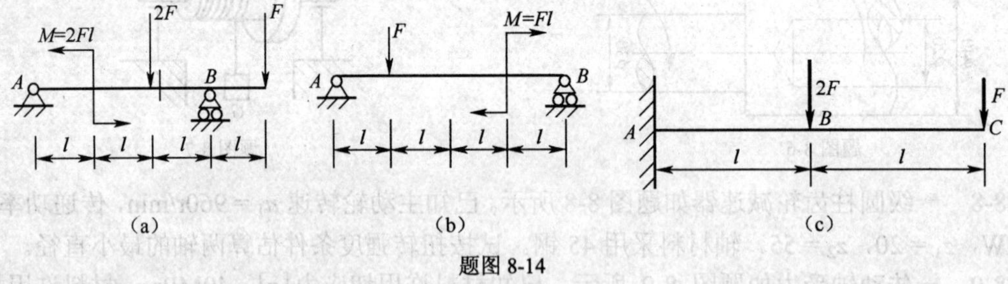

题图 8-14

8-15　圆截面外伸梁受载如题图 8-15 所示，试计算支座 B 处梁截面上的最大正应力。

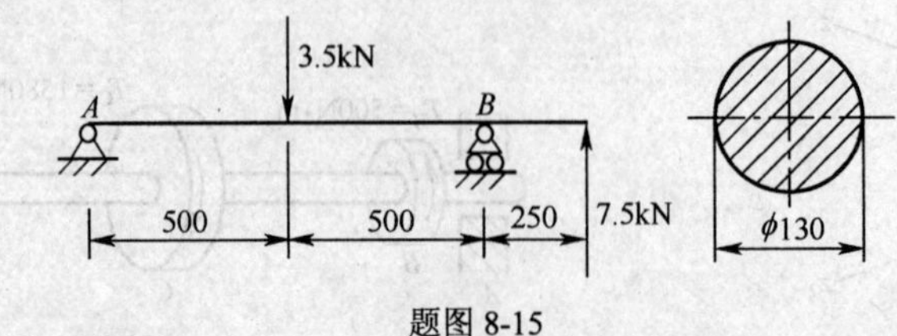

题图 8-15

8-16 空心管受载如题图 8-16 所示，已知$\left[\sigma_{B}\right]_{+1}=150\text{MPa}$，管外径 $D=60$ mm，在保证安全的条件下，求内径 d 的最大值。

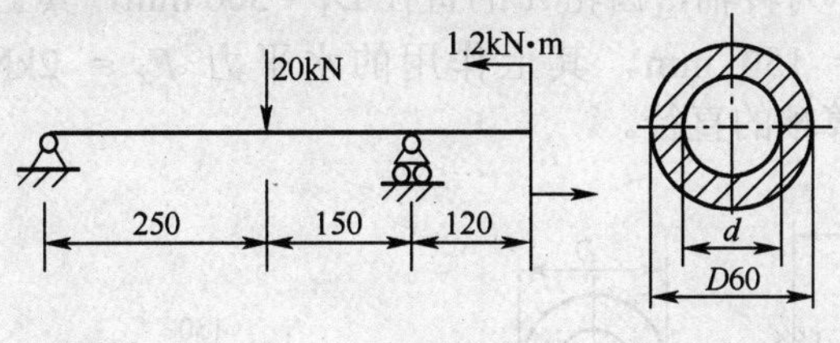

题图 8-16

8-17 由矩形截面钢（20×40）制成的外伸梁如题图 8-17 所示，在外伸端 C 处作用集中载荷 F，已知许用弯曲应力$\left[\sigma_{B}\right]_{+1}=160\text{MPa}$，外伸端的长度为 2m，求最大许可载荷。

8-18 一级圆柱齿轮减速如题图 8-18 所示。已知输入功率 $P=13\text{kW}$，转速 $n=980\text{r/min}$，齿数 $z_1=18$，$z_2=72$，模数 $m=5\text{mm}$，主动轮与齿轮成一体，采用 $40C_r$，从动轴采用 45 钢，装齿轮处的轴头直径 $d=65\text{mm}$，开有键槽，跨距 $l=200\text{mm}$，齿轮双向转动。

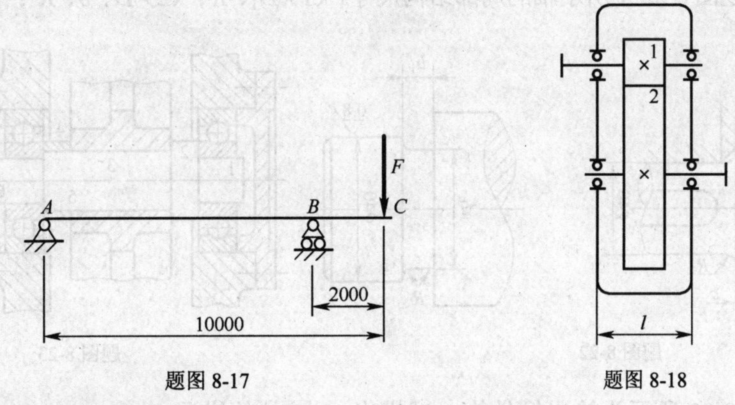

题图 8-17　　题图 8-18

（1）估算主动轴的最小直径。

（2）验算从动轴的强度。

8-19 如题图 8-19 所示，折杆 AB 段为圆截面 AB 垂直 BC，已知 AB 杆的直径 $d=140\text{mm}$，材料的许用应力$\left[\sigma_{B}\right]_{-1}=80\text{MPa}$，试确定许用载荷。

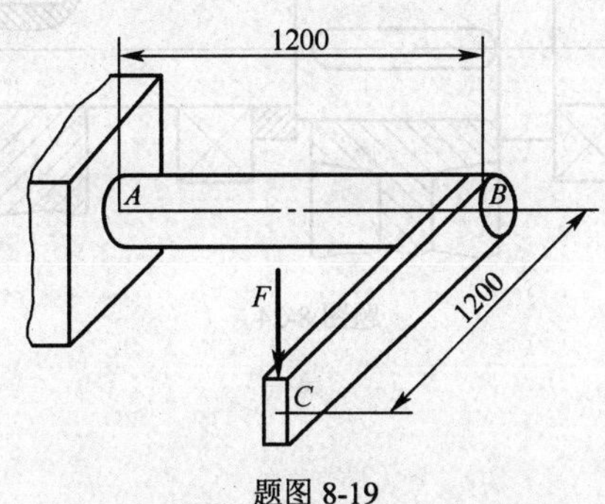

题图 8-19

8-20 如题图 8-20 所示，绞车的最大载重量 $W=0.8\text{kN}$，鼓轮的直径 $D=380\text{mm}$，绞车

材料的许用应力 $[\sigma_B]_{-1} = 80MPa$，试确定绞车轴直径。

8-21　题图 8-21 所示为转轴，齿轮 A 的直径 $D_1 = 300$ mm，其上作用垂直力 $F_y = 1$ kN，齿轮 B 处的直径 $D_2 = 150$ mm，其上作用的水平力 $F_x = 2$kN，轴材料的许用应力 $[\sigma_B]_{-1} = 160MPa$，试计算轴的直径。

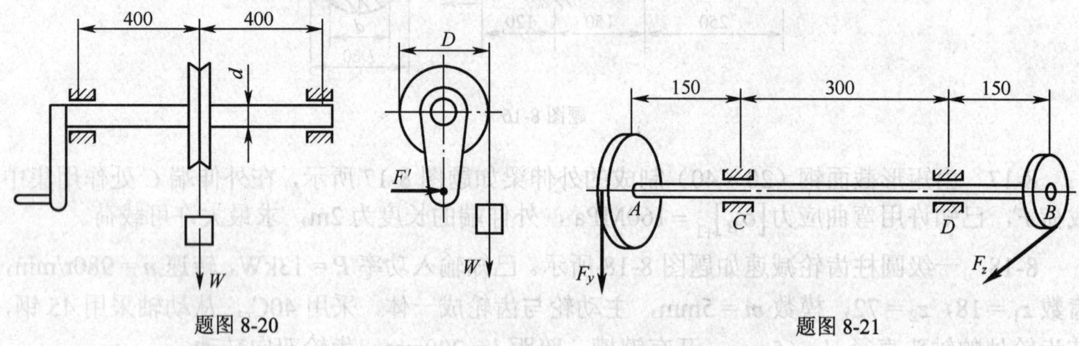

题图 8-20　　题图 8-21

8-22　注出题图 8-22 中所示轴的局部结构尺寸。(1) D_1、R'；(2) D、b、R''；(3) d_1、b_1、R。

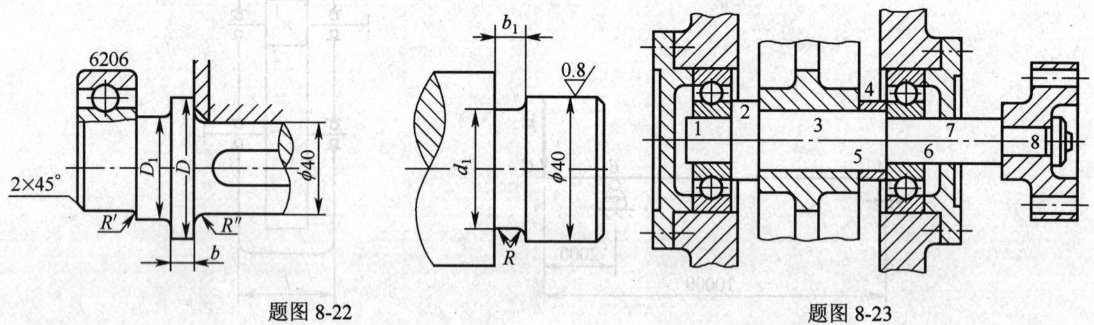

题图 8-22　　题图 8-23

8-23　题图 8-23 所示为输出轴结构，试指出 1～8 处的错误。

8-24　指出题图 8-24 所示轴结构中的错误。

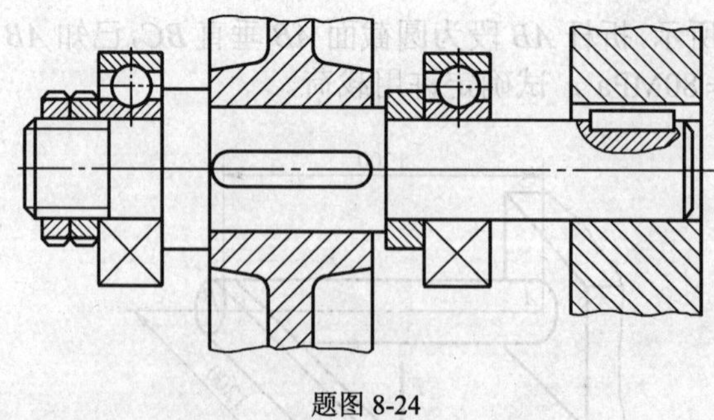
题图 8-24

第 9 章　联　　接

为了便于机器的制造、安装、维修和运输，在机器和设备的各零部件间广泛采用各种联接。所谓联接，就是指被联接件与联接件的组合结构，其中起联接作用的零件称为联接件，如螺栓、螺母、键、销等。本章主要介绍螺纹联接、键联接、销联接、联轴器、离合器等机械中常用的联接形式的类型、结构和应用特点。

教学目标

- 了解常用联接方式的种类、特点及应用；
- 掌握螺纹联接的类型、应用、结构特点和结构设计要点；
- 掌握普通平键联接的选择和承载能力计算方法；
- 了解联轴器、离合器、制动器及其他常用联接的类型和应用特点。

9.1　螺 纹 联 接

螺纹联接是用带有螺纹的零件将需要相对固定的零件联接在一起。这种联接结构简单、工作可靠、装拆方便、成本低廉，因此得到了广泛应用。

9.1.1　概述

1．螺纹及其主要参数

在圆柱表面上，沿螺旋线切制出特定形状的沟槽即形成螺纹。根据牙型，螺纹可分为普通（三角形）螺纹、管螺纹、矩形螺纹、梯形螺纹、锯齿形螺纹等，如图 9-1 所示。三角形螺纹主要用于联接，矩形、梯形和锯齿形螺纹主要用于传动。

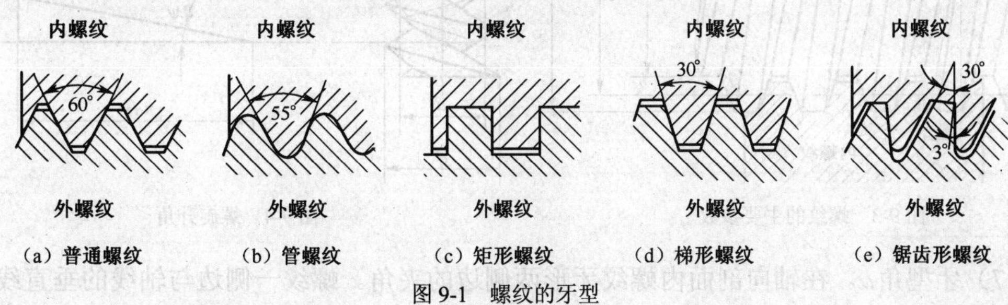

图 9-1　螺纹的牙型

根据螺纹旋向，螺纹又分左旋和右旋，一般用右旋。螺纹还分单线、双线等，如图 9-2 所示。按螺纹牙所在表面不同，又可分为内螺纹和外螺纹。

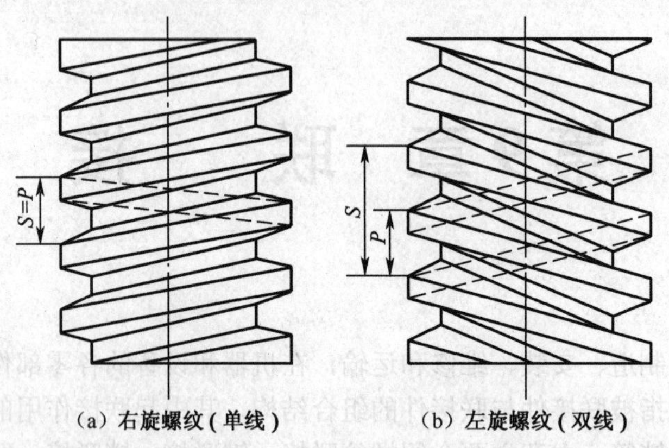

图 9-2　螺纹的旋向和线数

螺纹的主要参数如图 9-3 所示。

（1）大径 d。螺纹的最大直径，标准中规定为公称直径。

（2）小径 d_1。螺纹的最小直径。

（3）中径 d_2。螺纹轴向截面内，牙型上沟槽和凸起宽度相等处的假想圆柱的直径，是确定螺纹几何参数和配合性质的直径。

（4）螺距 P。螺纹相邻两牙在中径线上对应两点间的轴向距离。

（5）导程 S。在同一条螺旋线上，相邻两牙在中径线上对应两点间的轴向距离。如果螺纹线数为 n，则 S 与 P 的关系为

$$S = nP \tag{9-1}$$

（6）螺旋升角 ψ。在中径圆柱面上，螺旋线的切线与垂直于轴线的平面间的夹角，如图 9-4 所示。其计算式为

$$\tan\psi = \frac{S}{\pi d_2} = \frac{nP}{\pi d_2} \tag{9-2}$$

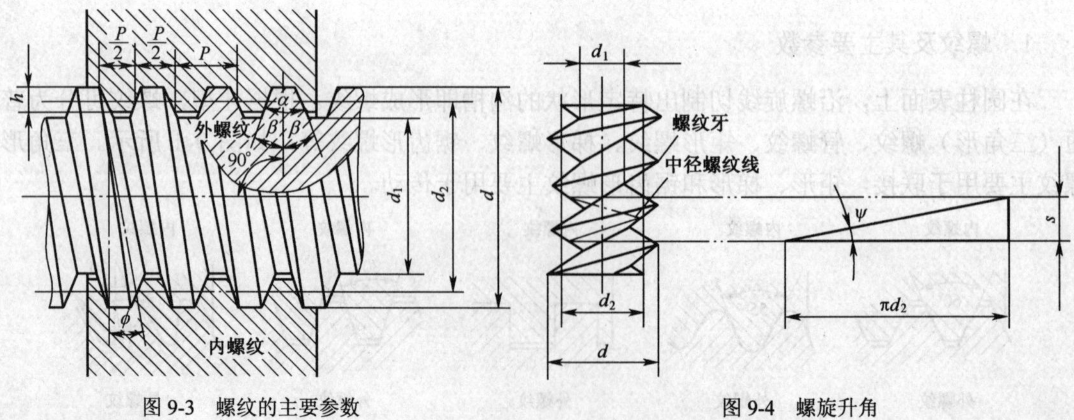

图 9-3　螺纹的主要参数　　　　图 9-4　螺旋升角

（7）牙型角 α。在轴向剖面内螺纹牙形两侧边的夹角。螺纹一侧边与轴线的垂直线间的

夹角β，称为牙侧角。

2．螺纹标注及公差

螺纹的完整标注，是由螺纹代号、螺纹公差带代号和螺纹旋合长度代号 3 部分组成的，具体如下：

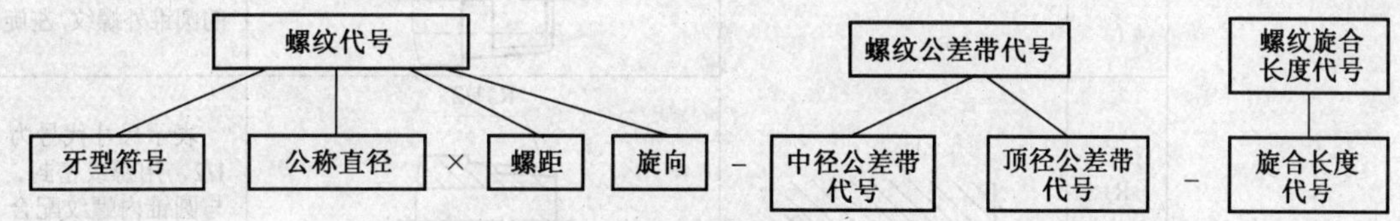

螺纹代号由牙型符号、公称直径、螺距和旋向组成。牙型符号代表螺纹的特征，各类螺纹的特征代号见表 9-1。普通粗牙螺纹不必标注螺距，右旋螺纹不标注旋向，左旋标注“LH”。

螺纹公差带代号由中径公差带代号和顶径公差带代号组成。螺纹旋合长度代号分为 S（短旋合）、N（中等旋合）、L（长旋合），中等旋合长度不标注 N。螺纹公差按短（S）、中（N）、长（L）3 组旋合长度给出了精密、中等、粗糙 3 种精度，螺纹公差带的选用见表 9-2。选用时可按下述原则考虑：精密级用于要求配合性质变动较小的精密螺纹；中等级用于一般用途的螺纹；粗糙级用于精度要求不高或制造比较困难的螺纹。

表 9-1　　常用标准螺纹的标注

螺纹类别		特征代号	牙型	标注示例	说明
普通螺纹 GB/T 196，197—1981	粗牙	M	60°	M24−5g6g−S	表示公称直径为 24mm 的右旋粗牙普通外螺纹，中径公差带代号为 5g，顶径公差带代号 6g，短旋合长度
	细牙			M24×2−6H	表示公称直径为 24mm，螺距为 2mm 的细牙普通内螺纹、中径、顶径公差带代号为 6H，中等旋合长度
梯形螺纹 GB/T 5796—1986		T_r	30°	Tr40×14(*P*7)LH−7e	表示公称直径为 40mm，导程为 14mm，螺距为 7mm 的双线、左旋梯形外螺纹，中径公差带为 7e
锯齿形螺纹 GB/T 13576—1992		B	30° 3°	B32×7−7c	表示公称直径为 32mm，螺距为 7mm 的右旋锯齿形外螺纹，中径公差带代号为 7c，中等旋合长度

续表

螺纹类别	特征代号	牙型	标注示例	说明
55°密封管螺纹 GB/T 7306—2000	R_1	55°	$R_1 1/2-LH$	表示尺寸代号为1/2，用螺纹密封，与圆柱内螺纹配合的圆锥外螺纹，左旋
	R_2		$R_2 1/2$	表示尺寸代号为1/2，用螺纹密封，与圆锥内螺纹配合的圆锥外螺纹
	R_p		$R_p 3/4$	表示尺寸代号为3/4，用螺纹密封的圆柱内螺纹
	R_c		$R_c 3/4$	表示尺寸代号为3/4，用螺纹密封的圆锥内螺纹
非螺纹密封的管螺纹 GB/T 7303—1987	G	55°	G3/4　G3/4B	表示尺寸代号为3/4，非螺纹密封的圆柱内螺纹及B级圆柱外螺纹
60°圆锥管螺纹 GB/T 12716—1991	NPT	60°	NPT3/4　NPT3/4	表示尺寸代号为3/4，牙型角60°的圆锥管螺纹

表 9-2　螺纹公差带的选用

内螺纹选用公差带

精度	公差带位置 G			公差带位置 H		
	S	N	L	S	N	L
精密				4H	4H5H	5H6H
中等	（5G）	（6G）	（7G）	5H*	[6*]	7H*
粗糙		（7G）			7H	

外螺纹选用公差带

精度	公差带位置 e			公差带位置 f			公差带位置 g			公差带位置 h		
	S	N	L	S	N	L	S	N	L	S	N	L
精密										（3h4h）	4h*	（5h4h）
中等		6e*			6f*		（5g6g）	[6g*]	（5h6g）	（5h6h）	6h*	（7h6h）
粗糙								8g			（8h）	

注：① 大量生产的精制紧固件螺纹，推荐采用带方框的公差带。

② 带*的公差带应优先选用，不带*的公差带其次，括号内的公差带尽可能不用。

9.1.2　螺纹联接类型及螺纹联接件

1．螺纹联接的主要类型

螺纹联接有 4 种基本类型，如表 9-3 所示。

表 9-3　　　　　　　　　　　　　**螺纹联接的主要类型**

类　型	构　造	特点及应用	主要尺寸关系
螺栓联接	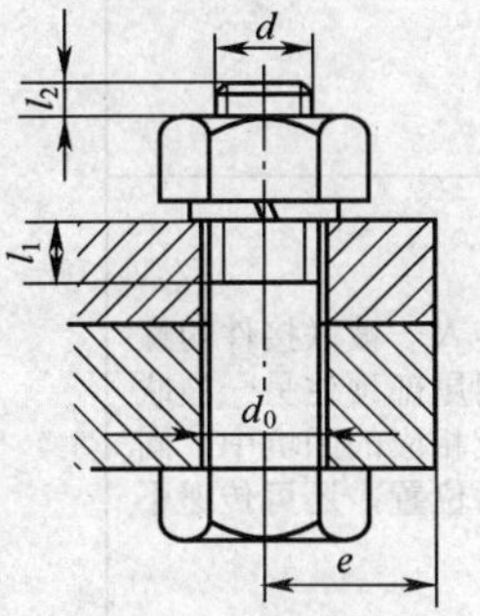 普通螺栓联接	螺栓穿过被联接件的通孔，与螺母组合使用，装拆方便，成本低，不受被联接件材料限制。广泛用于传递轴向载荷且被联接件厚度不大，能从两边进行安装的场合	（1）螺纹余留长度 静载荷 $l_1 \geqslant (0.3 \sim 0.5)d$ 变载荷 $l_1 \geqslant 0.75d$ 冲击、弯曲载荷 $l_1 \geqslant d$ 铰制孔时 $l_1 \approx d$ （2）螺纹伸出长度 $l_2 \approx (0.2 \sim 0.3)d$ （3）旋入被联接件中的长度被联接件的材料为 钢或青铜 $l_3 \approx d$ 铸铁 $l_3 = (1.25 \sim 1.5)d$ 铝合金 $l_3 = (1.5 \sim 2.5)d$ （4）螺纹孔的深度 $l_4 = l_3 + (2 \sim 2.5)P$ （5）钻孔深度 $l_5 = l_3 + (3 \sim 3.5)P$ （6）螺栓轴线到被联接件边缘的距离 $e = d + (3 \sim 6)\text{mm}$ （7）通孔直径 $d_0 \approx 1.1d$ （8）紧定螺钉直径 $d = (0.2 \sim 0.3)d_{轴}$
	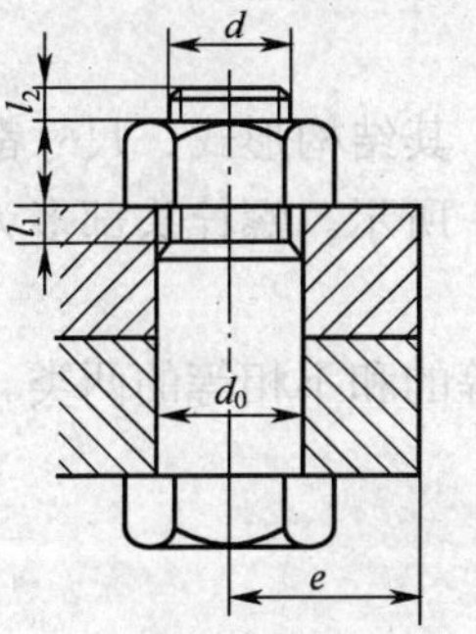 铰制孔用螺栓联接	螺栓穿过被联接件的铰制孔并与之过渡配合，与螺母组合使用，适用于传递横向载荷或需要精确固定被联接件的相互位置的场合	
双头螺柱联接	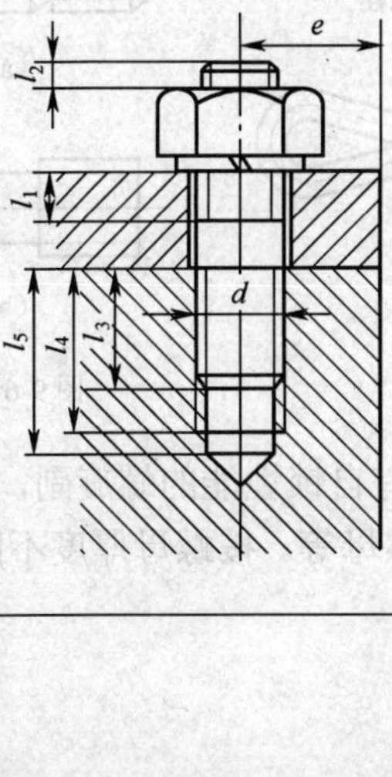	双头螺柱的一端旋入较厚被联接件的螺纹孔中并固定，另一端穿过较薄被联接件的通孔，与螺母组合使用，适用于被联接件之一较厚、材料较软且经常装拆，联接紧固或紧密程度要求较高的场合	

续表

类　型	构　造	特点及应用	主要尺寸关系
螺钉联接	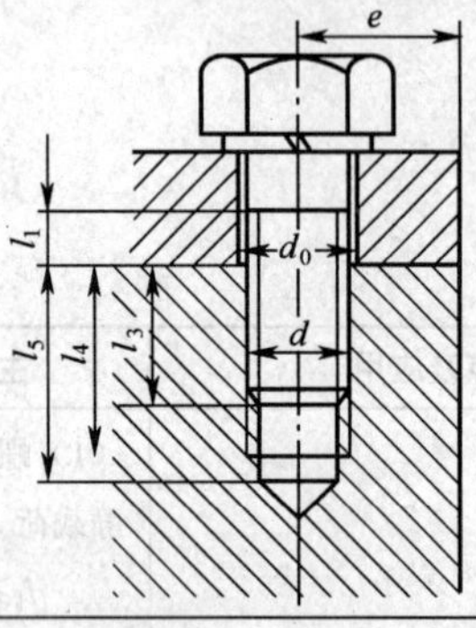	螺钉穿过较薄被联接件的通孔，直接旋入较厚被联接件的螺纹孔中，不用螺母，结构紧凑，适用于被联接件之一较厚、受力不大、且不经常装拆、联接紧固或紧密程序要求不太高的场合	同上
紧定螺钉联接	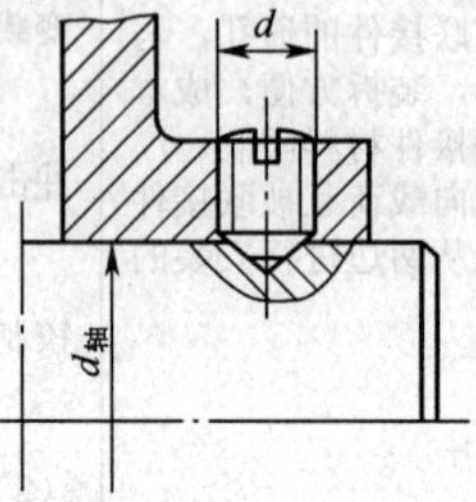	紧定螺钉旋入一被联接件的螺纹孔中，并用尾部顶住另一被联接件的表面或相应的凹坑中，固定他们的相对位置，还可传递不大的力或转矩	

2. 螺纹联接件

常用的螺纹联接件有螺栓、螺钉、螺母、垫圈等，其结构形式、尺寸都已标准化。

（1）螺栓。有普通螺栓和铰制孔螺栓等，如图 9-5 所示。螺栓头部多为六角形，杆部有部分螺纹和全螺纹两种。

（2）双头螺柱。双头螺柱的两头螺纹长度，有相等的和不相等的两类。型式有 A 型、B 型两种，如图 9-6 所示。

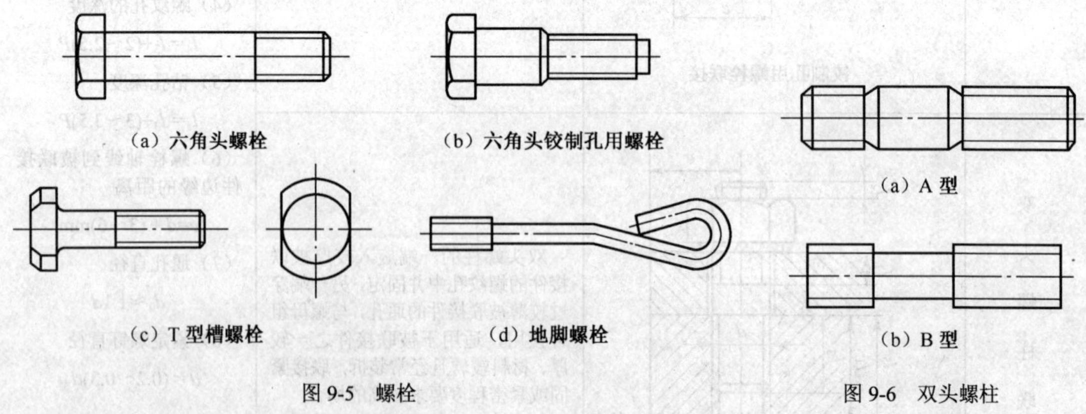

（a）六角头螺栓　（b）六角头铰制孔用螺栓　（c）T 型槽螺栓　（d）地脚螺栓

图 9-5　螺栓

（a）A 型　（b）B 型

图 9-6　双头螺柱

（3）螺母。螺母与螺栓或螺柱的螺纹部分组成具有自锁性能的螺旋副，可保持静载时联接不松动。六角螺母最常用，此外还有方形螺母、圆螺母等。按螺母厚度不同，分普通螺母、薄螺母和厚螺母，如图 9-7 所示。

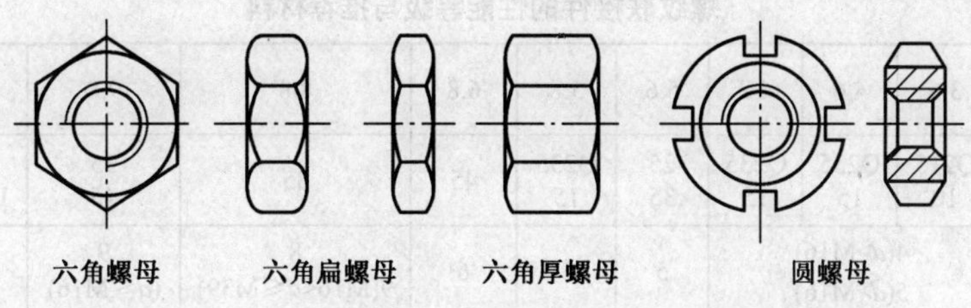

图 9-7 螺母

（4）联接螺钉和紧定螺钉。联接螺钉的螺杆部分与螺栓相同，其头部有多种形状，以适应不同的装配要求，如图 9-8 所示。紧定螺钉用末端顶住被联接件，其头部、末端有多种形状，如图 9-9 所示。

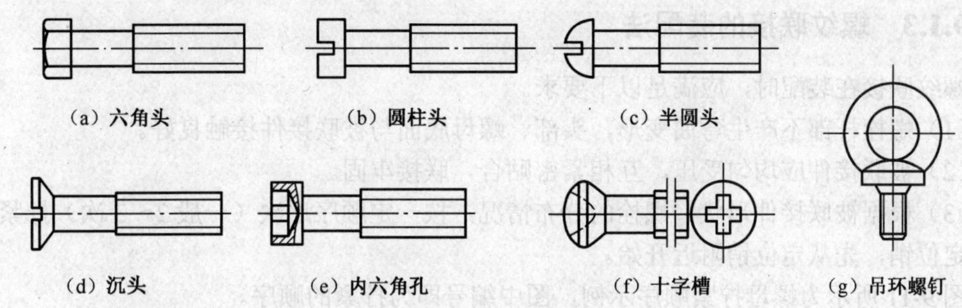

图 9-8 联接螺钉

（5）垫圈。其作用是增大被联接件的支承面，降低支承面的压强，防止拧紧螺母时擦伤被联接件的表面。常用的有平垫圈和弹簧垫圈等，如图 9-10 所示。

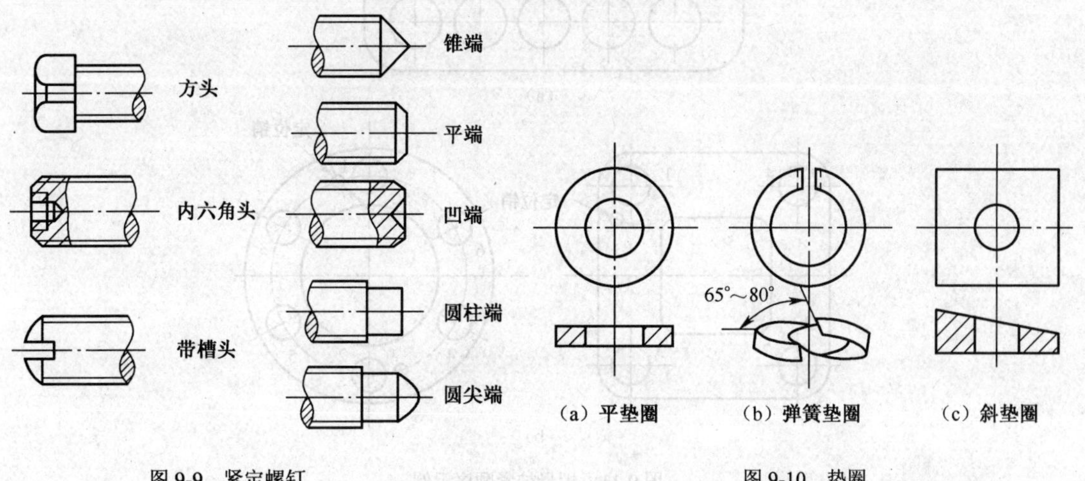

图 9-9 紧定螺钉

图 9-10 垫圈

螺纹联接件分 A、B、C 三个精度等级，A 级精度最高，C 级最低。螺栓、螺柱与相同等级的螺母相配，机械上常用 A 级和 B 级。螺纹联接件的性能等级与推荐材料，如表 9-4 所示。

表 9-4　　　　螺纹联接件的性能等级与推荐材料

螺栓 双头螺柱 螺钉	性能等级	3.6	4.6	4.8	5.6	5.8	6.8	8.8	9.8	10.9	12.9
	推荐材料	Q215 10	Q235 15	Q235 15	25 35	Q235 15	45	35	35 45	40Cr 15MnVB	30CrMnSi 15MnVB
相配螺母	性能等级	4(d>M16) 5(d>M16)			5	5	6	8 9(M16<$d\leqslant$M39)	9 ($d\leqslant$M16)	10	12 ($d\leqslant$M39)
	推荐材料	Q215 10	Q215 10	Q215 10	Q215 10	Q215 10	Q235 15	35	35	40Cr 15MnVB	30CrMnSi 15MnVB

注：① 螺栓、双头螺柱、螺钉的性能等级代号中，点前数字为σ_{bmin}/100，点后数字为 10 ×（σ_{smin}/σ_{bmin}）MPa；如“5 •8”表示σ_{bmin}= 500MPa，σ_{smin}=400MPa；螺母性能等级代号为σ_{bmin}/100。

② 同一材料通过工艺措施可制成不同等级的联接件。

③ 大于 8.8 级的联接件材料要经淬火并回火。

9.1.3　螺纹联接的装配法

螺纹联接在装配时，应满足以下要求。

（1）螺栓杆部不产生弯曲变形，头部、螺母底面与被联接件接触良好。

（2）被联接件应均匀受压，互相紧密贴合，联接牢固。

（3）根据被联接件形状、螺栓的分布情况，按一定顺序逐次（一般 2～3 次）拧紧螺母，如有定位销，先从定位销附近开始。

图 9-11 所示为螺母拧紧顺序示例，图中编号即为拧紧的顺序。

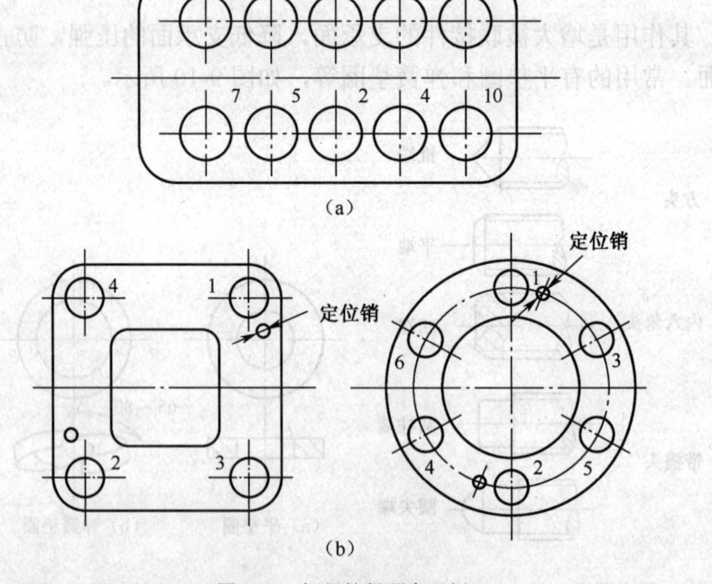

图 9-11　螺母拧紧顺序示例

螺纹联接可分为一般紧固螺纹联接和规定预紧力的螺纹联接。前者，无预紧力的要求，联接时可用普通扳手、风动或电动扳手拧紧螺母；后者有预紧力要求，联接时可采用定扭矩扳手等方法拧紧螺母。

9.1.4　螺纹联接的防松

螺纹联接件常为单线螺纹，满足自锁条件。螺纹联接在拧紧后，一般不会松动。但在冲击、振动或变载荷作用下，或当温度变化较大时，联接可能松动，甚至松开，其危害很大，必须采取防松措施。螺纹联接常用的防松方法如表 9-5 所示。

表 9-5　　螺纹联接常用的防松方法

摩擦力防松			
	弹簧垫圈材料为弹簧钢，装配后垫圈被压平，其反弹力能使螺纹间保持压紧力和摩擦力	利用两螺母的对顶作用使螺栓始终受到附加的拉力和附加的摩擦力。结构简单，可用于低速重载场合	螺母中嵌有尼龙圈，拧上后尼龙圈内孔被胀大，箍紧螺栓
机械防松			
	六角开槽螺母拧紧后，用开口销穿过螺栓尾部小孔和螺母的槽，也可以用普通螺母拧紧后再配钻开口销孔	使垫圈内翅嵌入螺栓（轴）的槽内，拧紧螺母后将垫圈外翅之一褶嵌于螺母的一个槽内	将垫圈褶边以固定螺母和被联接件的相对位置
其他方法防松	冲点 (1~1.5)P	涂黏合剂	
	冲点防松用冲头冲 2～3 点	黏合法防松 用黏合剂涂于螺纹旋合表面，拧紧螺母后黏合剂能自行固化，防松效果良好	

9.2　键联接和销联接

键联接和销联接主要用于轴和轴上零件之间的周向固定，以传递转矩。销联接还可用作固定零件之间的相对位置和安全装置中的过载剪断元件。键联接类型很多，主要有平键、半圆键、楔键、切向键和花键联接等。

9.2.1 键联接的类型

键联接主要用于轴和轴上零件之间的周向固定，以传递转矩。有的键也可兼有轴向固定作用，还有的键在轴上零件沿轴向移动时起导向作用。键联接按键在联接中的松紧状态分为松键联接和紧键联接两类。

1. 松键联接

松键联接依靠键的两侧面传递转矩。键的上表面与轮毂键槽底面间有间隙，装配时不影响轴与轮毂的同轴度，装拆方便。松键联接有平键联接、半圆键联接等。

（1）平键联接。平键联接按用途分为普通平键、薄型平键、导向平键和滑键。

普通平键联接如图 9-12 所示。这种键应用最广，其端部形状分为圆头（A 型）、平头（B 型）和单圆头（C 型）3 种。A、C 型键的轴上键槽用键槽铣刀切制，端部应力集中较大。B 型键的轴上键槽用盘铣刀铣出，轴上应力集中较小，但对于尺寸较大的键，要用紧定螺钉压紧，以防松动。

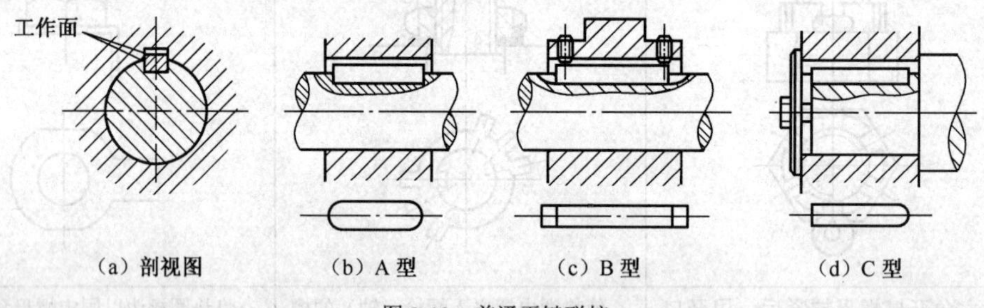

图 9-12　普通平键联接

薄型平键也有圆头、平头和单圆头 3 种。标准薄型平键的高度约为普通平键的 60%～70%，因而传递转矩的能力较小，适用于空心轴、薄壁轮毂或只传递运动的轴毂联接。

导向平键和滑键都用于轮毂需作轴向移动的动联接。导向平键一般用螺钉固定在轴槽中，导向平键与轮毂的键槽采用间隙配合，轮毂可沿导向平键轴向移动。为了装拆方便，键中间设有起键螺孔。导向平键适用于轮毂移动距离不大的场合，如图 9-13 所示。当轴上零件移动距离较长时，可采用图 9-14 所示的滑键联接。

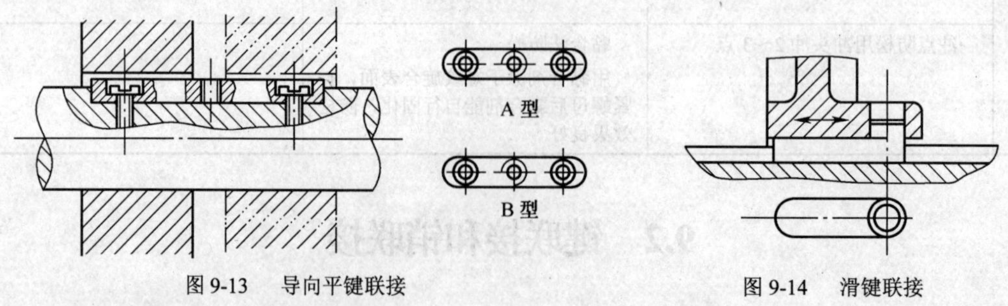

图 9-13　导向平键联接　　图 9-14　滑键联接

（2）半圆键联接。半圆键联接如图 9-15 所示。半圆键呈半圆形，轴槽也是相应的半圆形，轮毂槽开通。半圆键能在轴的键槽内摆动，键槽窄而深，对轴的强度削弱较大，主要用于轻载联接，尤其适用于锥形轴头与轮毂的联接。

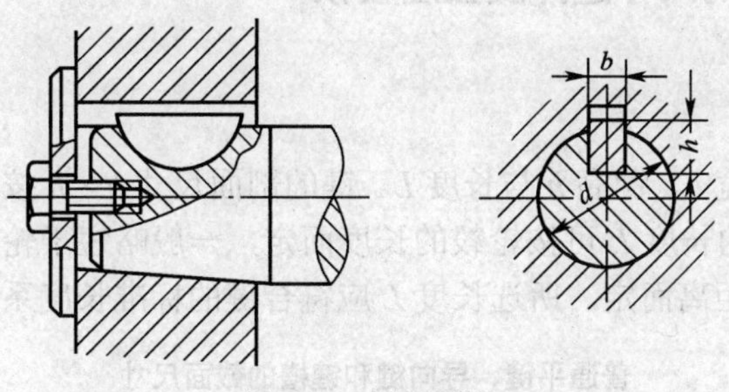

图 9-15　半圆键联接

2. 紧键联接

用于紧键联接的键具有斜面。由于斜面的楔紧作用，使轮毂与轴产生偏心，定心精度不高。紧键联接有楔键联接和切向键联接等。

（1）楔键联接。楔键联接适用于静联接。如图 9-16 所示，楔键的上表面和轮毂槽底面均有 1∶100 斜度，键的上下两面为工作面。键楔入键槽后，工作表面产生很大的预紧力。工作时靠表面摩擦力传递转矩，并能承受单向的轴向力，起轴向固定作用。楔键分普通楔键和钩头楔键两种，前者有 A 型和 B 型两种形式，而钩头楔键的钩头是为装拆用的，因此，钩头与轮毂端面间应留有余地。

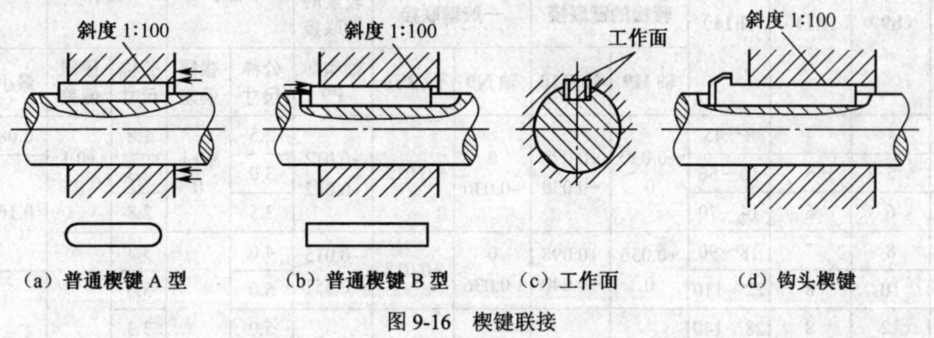

图 9-16　楔键联接

（2）切向键联接。切向键联接如图 9-17 所示，它由两个普通楔键组成。装配时两个键分别自轮毂两端楔入。切向键的工作面是上下相互平行的窄面，工作时主要依靠工作面直接传递转矩。采用一组切向键只能传递单方向的转矩。传递双向转矩，必须采用两组切向键，两键应相隔 120°～135°，如图 9-17（c）所示。切向键能传递很大的转矩，常用于重型机械。

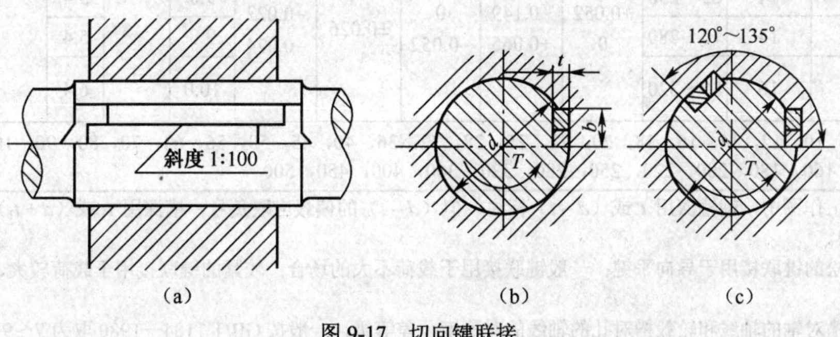

图 9-17　切向键联接

9.2.2 平键联接的尺寸选择及强度校核

1. 尺寸选择

键的主要尺寸为键宽 b、键高 h 与长度 L。键的剖面尺寸 $b \times h$ 按轴的直径 d 由标准中选定，如表 9-6 所示。键的长度 L 可按轮毂的长度而定，一般略短于轮毂的长度，而导向键则按轮毂的长度及其滑动距离而定。所选长度 L 应符合键的标准长度系列值。

表 9-6　　普通平键、导向键和键槽的截面尺寸　　mm

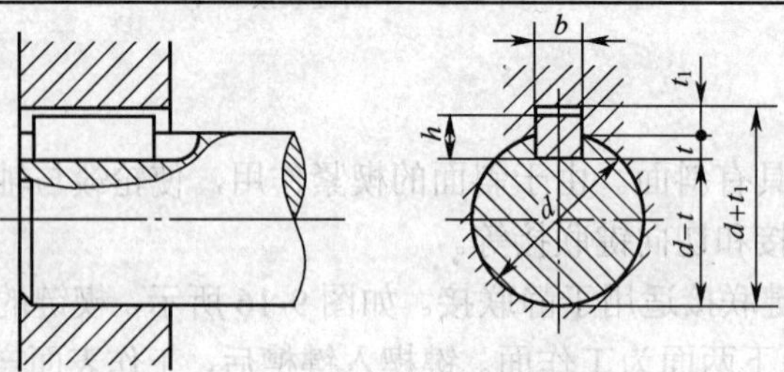

轴	键			键槽										
				宽度 b					深度					
				极限偏差										
公称直径 d	b（h9）	h（h11）	L（h14）	较松的键联接		一般键联接		较紧的键联接	轴 t		毂 t_1		半径 r	
				轴 H9	毂 D10	轴 N9	毂 JS9	轴和毂 P9	公称尺寸	极限偏差	公称尺寸	极限偏差	最小	最大
>10～12	4	4	8～45	+0.030 0	+0.078 +0.030	0 −0.030	±0.015	−0.012 −0.042	2.5	+0.1 0	1.8	+0.1 0	0.08	0.16
>12～17	5	5	10～56						3.0		2.3		0.16	0.25
>17～22	6	6	14～70						3.5		2.8			
>22～30	8	7	18～90	+0.036 0	+0.098 +0.040	0 −0.036	±0.018	−0.015 −0.051	4.0	+0.2 0	3.3	+0.2 0		
>30～38	10	8	22～110						5.0		3.3		0.25	0.40
>38～44	12	8	28～140	+0.043 0	+0.120 +0.050	0 −0.043	±0.021 5	−0.018 −0.061	5.0		3.3			
>44～50	14	9	36～160						5.5		3.8			
>50～58	16	10	45～180						6.0		4.3			
>58～65	18	11	50～200						7.0		4.4			
>65～75	20	12	56～220	+0.052 0	+0.149 +0.065	0 −0.052	±0.026	−0.022 −0.074	7.5		4.9		0.40	0.60
>75～85	22	14	63～250						9.0		5.4			
>85～95	25	14	70～280						9.0		5.4			
>95～110	28	16	80～320						10.0		6.4			
L 系列	6，8，10，12，14，16，18，20，22，25，28，32，36，40，45，50，56，63，70，80，90，100，110，125，140，160，180，200，220，250，280，320，360，400，450，500													

注：① 在工作图中，轴槽深用 t 或（$d-t$）标注，但（$d-t$）的偏毂应取负号；槽深用 t_1 或（$d+t_1$）标注；轴槽的长度公差用 H14。

② 较松的键联接用于导向平键；一般键联接用于载荷不大的场合；较紧的键联接用于载荷较大、有冲击和双向转矩的场合。

③ 轴槽对轴的轴线和轮毂槽对孔的轴线的对称度公差等级，一般按 GB/T 1184—1980 取为 7～9 级。

2．强度校核

（1）剪切的概念和剪切强度。如图 9-18 所示，作用于平键左右两个侧面的力，可简化成一对 P 力，将使键的上下两部分沿截面 $m—n$ 发生相对错动的变形，这就是剪切，$m—n$ 截面称为剪切面。剪切现象广泛存在，机器中的联接件，如键、销钉、铆钉等都是承受剪切的零件。

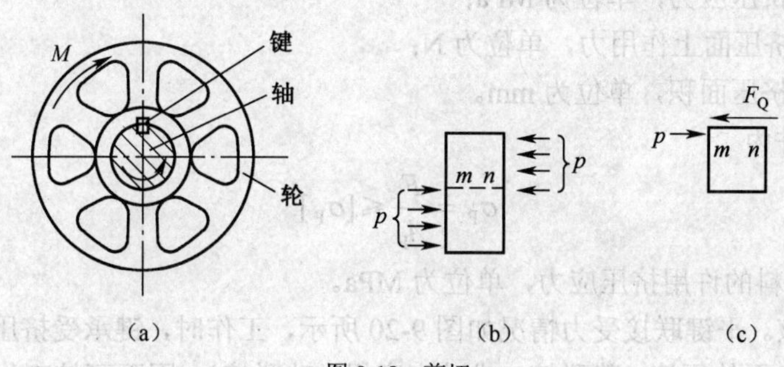

图 9-18　剪切

由此可见，剪切的特点是：作用于构件两个侧面上且与构件轴线垂直的外力，可以简化成大小相等、方向相反、作用线相距很近的一对力，使构件两部分沿剪切面有发生相对错动的趋势。

构件受到剪切作用时，剪切面内将产生抵抗剪切破坏的内力，这种内力称为剪力，它的大小可以用截面法求得，如图 9-18（c）所示。剪力在剪切面上的分布比较复杂，为了简便起见，工程上常采用近似方法处理，即假设应力在剪切面内均匀分布。如果剪切面的面积为 A，剪切面内的剪力为 F_Q，剪切面上的应力用 τ 表示，则

$$\tau=\frac{F_Q}{A} \tag{9-3}$$

式中，τ ——切应力，与剪切面相切，单位为 MPa；

F_Q——剪力，单位为 N；

A——剪切面面积，单位为 mm。

为了保证受剪切的构件安全可靠地工作，应使构件中最大切应力限制在材料的许可范围内，即应使工作时的最大切应力小于（或等于）材料的许用切应力。

$$\tau=\frac{F_Q}{A}\leqslant[\tau] \tag{9-4}$$

式中，$[\tau]$——许用切应力，单位为 MPa。

许用切应力$[\tau]$，可以在有关资料中查到。

（2）挤压和挤压强度。销钉、键等联接件除了承受剪切外，在联接件和被联接件的接触面上将相互压紧，这种现象称为挤压。例如，图 9-19 所示为配合螺栓受力挤压破坏的情形，因螺栓与螺栓孔之间存在挤压，就可能使孔或螺栓产生局部塑性变形。图 9-19 表示出螺栓孔被挤压成长圆孔的情况。

挤压面上的压强习惯上称为挤压应力，用 σ_P 表示。挤压面内的应力分布比较复杂，

在工程实际计算中，可以作近似假定计算：如果挤压面是平面，挤压应力均匀分布在挤压平面内。挤压面是曲面时（如螺栓的外圆柱表面、销钉），则可近似地认为挤压应力均匀分布在圆柱的直径平面上。若挤压面积用 A_F 表示，F 为挤压面上的作用力，则挤压应力 σ_P 为

$$\sigma_P = \frac{F}{A_F} \tag{9-5}$$

式中，σ_P——挤压应力，单位为 MPa；

F——挤压面上作用力，单位为 N；

A_F——挤压面积，单位为 mm。

于是建立强度条件为

$$\sigma_P = \frac{F}{A_F} \leqslant [\sigma_P] \tag{9-6}$$

式中，$[\sigma_P]$——材料的许用挤压应力，单位为 MPa。

（3）强度校核。平键联接受力情况如图 9-20 所示，工作时，键承受挤压和剪切。主要失效形式是较弱工作面的压溃（静联接）或过度磨损（动联接），因而可按工作面的平均压强进行挤压强度或耐磨性的条件性计算，其校核公式为

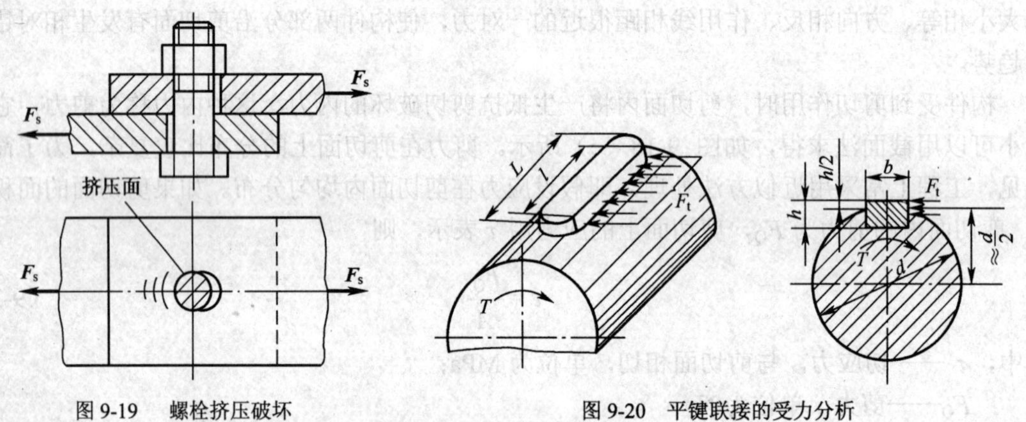

图 9-19　螺栓挤压破坏　　　　图 9-20　平键联接的受力分析

静联接

$$!!\ \sigma_P = \frac{2T/d}{\frac{h}{2}\cdot l} = \frac{4T}{hld} \leqslant [\sigma_P]$$

动联接

$$p = \frac{4T}{hld} \leqslant [p]$$

式中，T——传递的转矩，单位为 N·mm；

d——轴的直径，单位为 mm；

h——键高，单位为 mm；

l——键的工作长度；单位为 mm；A 型键 $l = L - b$，B 型键 $l = L$，C 型键 $l = L - b/2$；

!!$[\sigma_P]$——键或被联接件的许用挤压应力，单位为 MPa，见表 9-7；

$[p]$——键或被联接件的许用压强，单位为 MPa，见表 9-7。

表 9-7　　键联接的许用挤压应力、许用压强　　MPa

许　用　值	键或被联接件的材料	载荷性质		
		静　　载	轻微冲击	冲　　击
静联接许用挤压应力[σ_P]	钢	125～150	100～120	60～90
	铸铁	70～80	50～60	30～45
动联接许用压强[p]	钢	50	40	30

例 9-1　图 9-21 中所示的齿轮和轴用 B 型平键联接，键的尺寸为 5mm × 5mm × 25mm（$b \times h \times l$），其材料为 45 号钢，许用挤压应力[σ_P] = 150MPa，轴径 d = 30mm，轴的转矩 T = 75N・m，试校核平键的挤压强度。

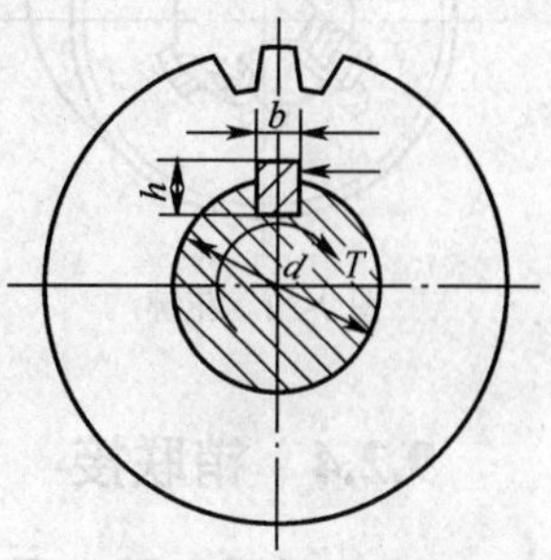

图 9-21　平键联接

解　平键的挤压应力为

$$\sigma_P = \frac{4T}{hld} = \frac{4 \times 75 \times 10^3}{5 \times 25 \times 30}\text{N/mm}^2 = 80\text{MPa} < [\sigma_P]$$

平键的挤压强度满足使用要求。

如果键联接的强度不足，在结构允许时可适当增加轮毂长度和键长，或间隔 180°布置两个键。考虑到制造误差及载荷在各键上分布不均，双键联接按一个键接触面积的 1.5 倍计算。

9.2.3　花键联接

花键联接如图 9-22 所示，其齿侧面是工作面。与平键联接相比，它有很高的承载能力，较好的定心性和导向性，对轴的削弱较小。一般需用专门的设备加工，成本较高。花键联接适用于载荷较大，定心精度要求较高的场合。

花键联接按齿形不同，分为矩形花键和渐开线花键两种。

1．矩形花键

矩形花键的齿廓由内圆、外圆和两条直线组成，如图 9-23 所示。矩形花键按齿数和齿高的不同分轻、中两个系列。轻系列用于载荷较轻的静联接，中系列用于中等载荷的静联接或动联接。

矩形花键常采用小径定心，轴和孔在热处理后可以磨削，因而制造精度、定心精度高，导向性能好。

2．渐开线花键

渐开线花键的齿廓为渐开线，如图 9-24 所示。标准压力角有 30°及 45°两种。与矩形花键相比，渐开线齿廓齿根较厚，应力集中较小，联接强度较高，寿命长。受载时齿的侧面既起驱动作用，又能自动定心，可利用加工渐开线齿轮的方法制造，工艺性好。但加工花键孔的拉刀制造成本较高，常用于载荷较大、定心精度要求较高及尺寸较大的联接。

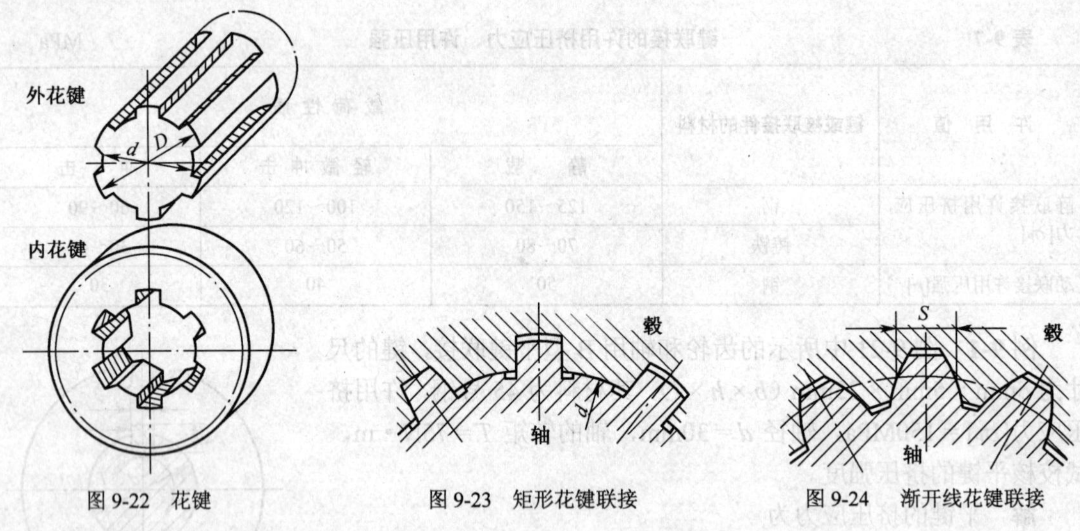

图 9-22 花键　　图 9-23 矩形花键联接　　图 9-24 渐开线花键联接

9.2.4 销联接

销主要用来固定零件之间的相对位置，如图 9-25 所示的定位销；也可用于轴与毂的联接，如图 9-26 所示的联接销；还可充当安全装置中的过载剪断元件，如图 9-27 所示的安全销。

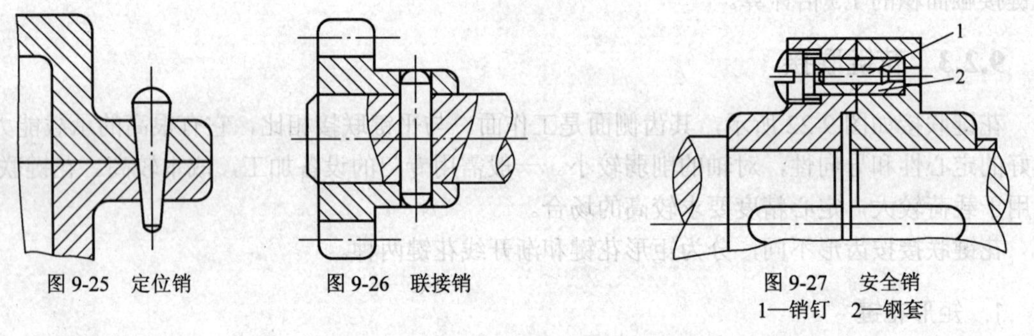

图 9-25 定位销　　图 9-26 联接销　　图 9-27 安全销
1—销钉 2—钢套

销按形状分为圆柱销、圆锥销和异形销 3 类。圆柱销与销孔采用过盈配合，为保证定位精度和联接的紧固性，不宜经常拆装。圆柱销主要用于定位，也用作联接销和安全销。圆锥销具有 1∶50 的锥度，小端直径为公称直径，自锁性能好，定位精度高，主要用于定位，也可作为联接销使用。圆柱销和圆锥销的销孔均需铰制。异形销种类很多，其中开口销工作可靠、拆卸方便，常与槽形螺母配合使用，锁定螺纹联接件。

9.3 联轴器、离合器和制动器

联轴器、离合器和制动器是机械传动中的重要部件。联轴器、离合器可用来联接两轴，使之一起回转并传递转矩。制动器则主要用于降低机械的运转速度或迫使机械停止运转。

9.3.1　概述

联轴器和离合器是联接不同机构中的两根轴，使之一起回转并传递转矩的一种部件。用联轴器联接的两根轴，只有机器停止运转后，经过拆卸才能分离，而用离合器联接的两根轴在运转过程中能随时根据需要接合或分离。

对联轴器与离合器的一般要求是：工作可靠，结构紧凑，调整容易，装拆方便，价格低廉。对离合器还要求操纵方便，接合或分离平稳。对联接高速轴的联轴器应力求径向尺寸小、重量轻，避免由于离心力过大或挠性变形过大导致失效。

常用的联轴器大多已标准化，离合器也有一些行业标准。在选择和计算联轴器和离合器时，传递的最大转矩应考虑启动时的惯性力矩以及过载等因素，根据计算转矩、轴径、转速，由手册或标准中选择型号和尺寸。

9.3.2　联轴器

联轴器所联接的两轴，由于制造和安装误差、受载变形、温度变化、机座下沉等原因，可能产生轴线的径向、轴向、角向或综合偏移，如图 9-28 所示，因而，要求联轴器在传递转矩的同时，还应具有一定范围的补偿轴线偏移、缓冲吸振的能力。联轴器常分为以下 3 类。

（1）刚性联轴器。

（2）挠性联轴器，又可分为无弹性元件挠性联轴器和有弹性元件挠性联轴器。

（3）安全联轴器。

1. 刚性联轴器

刚性联轴器结构简单，制造容易，承载能力大，制造成本低，但没有补偿轴线偏移的能力，适用于载荷平稳、转速稳定、两轴对中良好的场合。

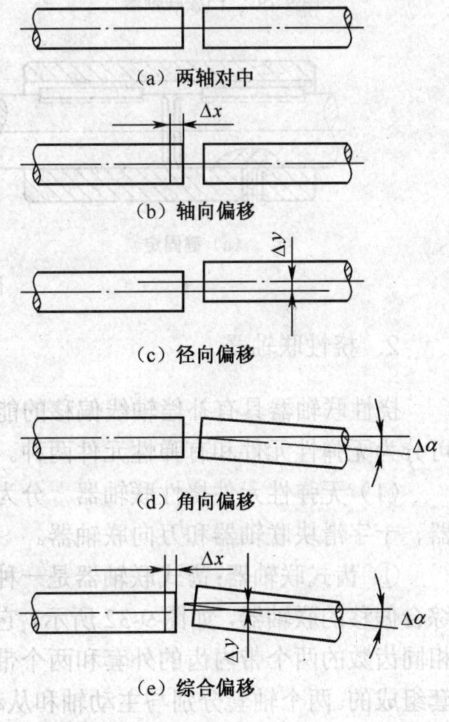

图 9-28　轴线偏移的形式

（1）凸缘联轴器。如图 9-29 所示，凸缘联轴器由两个带有凸缘的半联轴器用螺栓联接而成。两半联轴器端面有定心止口，以保证两轴对中。凸缘联轴器结构简单，使用方便，对中精确，刚性好，传递转矩能力大，但要求安装准确。

（2）夹壳联轴器。如图 9-30 所示，夹壳联轴器利用螺栓组将两个沿轴向剖分的夹壳夹紧（留有间隙 c），靠摩擦力传递转矩，以实现两轴的联接。夹壳联轴器装拆方便，常用于低速、载荷平稳的场合。

（3）套筒联轴器。如图 9-31 所示，套筒联轴器是用套筒把两根轴线重合的轴联接起来，轴与套筒用键或销固定。这种联轴器结构简单，径向尺寸小，制造成本低，但装拆方便，适用于两轴同轴度高、工作平稳、转速不高的场合。

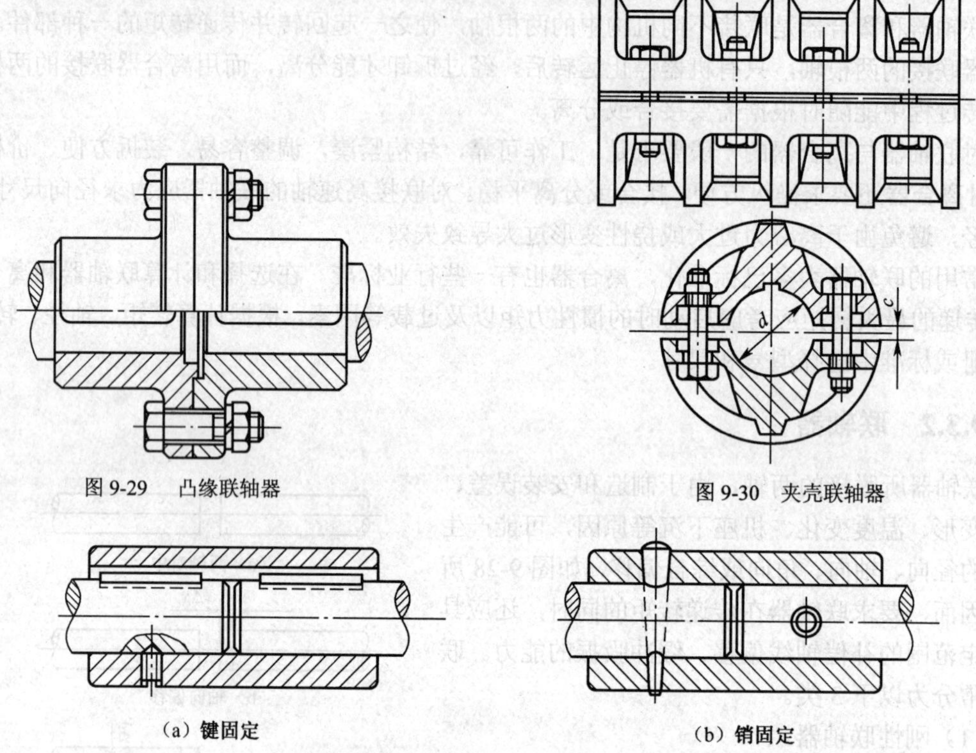

图 9-29　凸缘联轴器

图 9-30　夹壳联轴器

（a）键固定

（b）销固定

图 9-31　套筒联轴器

2. 挠性联轴器

挠性联轴器具有补偿轴线偏移的能力，适用于载荷和转速有变化及两轴有偏移的场合，可分为无弹性元件和有弹性元件两种。

（1）无弹性元件挠性联轴器　分为齿式联轴器、十字滑块联轴器和万向联轴器。

① 齿式联轴器：齿式联轴器是一种允许轴线综合偏移的联轴器，如图 9-32 所示，它是由具有相同齿数的两个带内齿的外套和两个带外齿的轴套组成的。两个轴套分别与主动轴和从动轴联接，两个外套用一组螺栓联接。其外廓尺寸紧凑、传递转矩大，但制造成本较高。适用于高速、重载、起动频繁和经常正反转的场合。

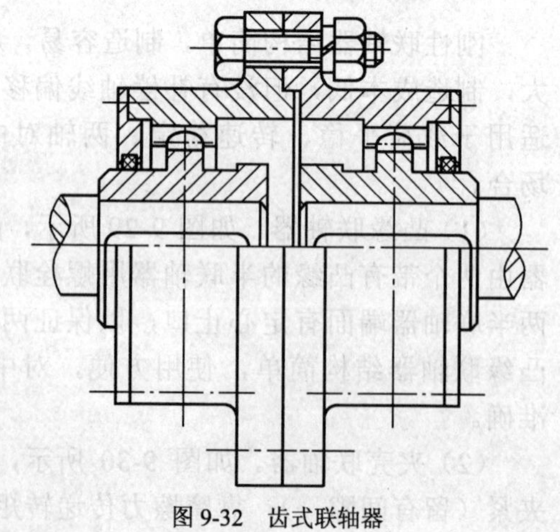

图 9-32　齿式联轴器

② 十字滑块联轴器：如图 9-33 所示，十字滑块联轴器是利用中间滑块与两个半联轴器端面的径向槽配合实现两轴联接。滑块沿径向滑动补偿径向偏移 Δy，并能补偿角偏移 $\Delta\alpha$。其结构简单、制造方便。但由于滑块偏心，工作时会产生较大的离心力，故只用于低速。

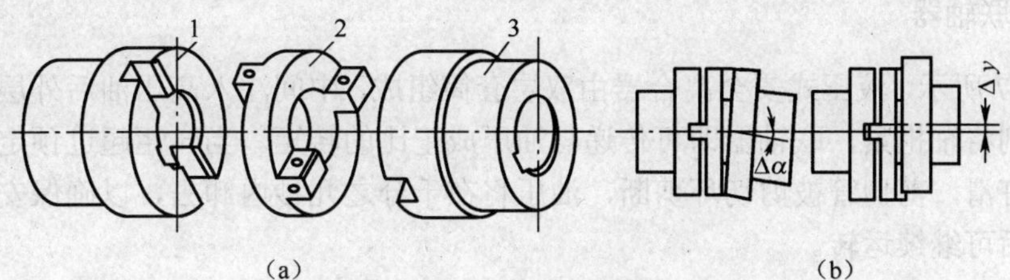

图 9-33 十字滑块联轴器

1、3—半联轴器 2—中间滑块

③ 万向联轴器：图 9-34 所示为一种小型万向联轴器，它由两个叉形零件和一个中间轴以及轴销等组成。由于叉与轴销之间构成可动铰链联接，因而允许被联接的两轴有较大的角偏移。这种联轴器结构紧凑，维护方便。

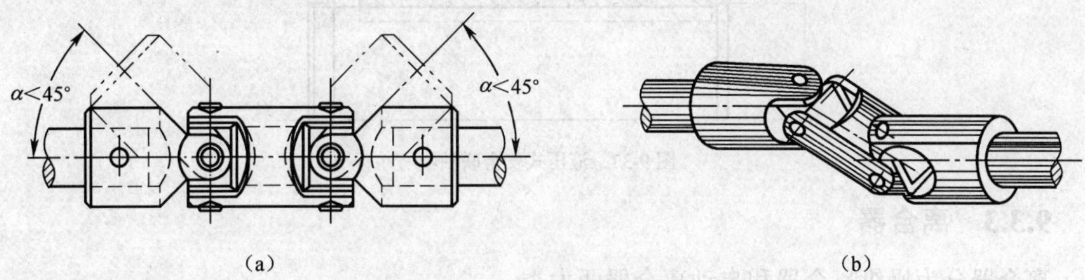

图 9-34 万向联轴器

（2）有弹性元件挠性联轴器 分为弹性套柱销联轴器和弹性柱销联轴器。

① 弹性套柱销联轴器：如图 9-35 所示，弹性套柱销联轴器上有带有锥度的柱销固定于半联轴器 1 上，柱销上套装的橡胶弹性套伸入半联轴器 4 上的孔中，实现两轴联接。其制造、维修方便，适用于启动及换向频繁的高、中速轴的中、小转矩传动。

② 弹性柱销联轴器：如图 9-36 所示，弹性柱销联轴器利用置于半联轴器凸缘孔中的尼龙柱销，实现两轴联接。固定在半联轴器端面的挡板是为了防止柱销外窜。该联轴器适用于轴向窜动量较大、需正反转或启动频繁的传动。

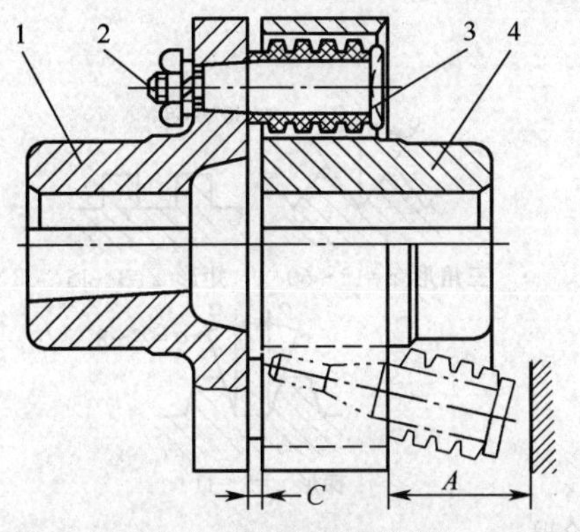

图 9-35 弹性套柱销联轴器

1、4—半联轴器 2—带锥度的柱销 3—橡胶弹性套图

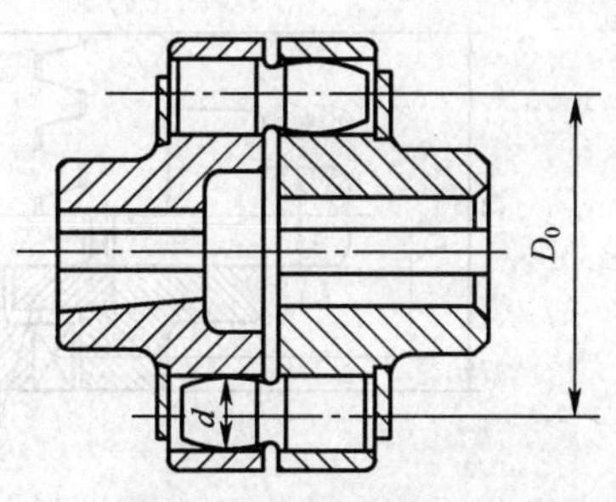

图 9-36 弹性柱销联轴器

3. 安全联轴器

如图 9-37 所示，液压式安全离合器由双层套筒组成，中间注入高压油后外层扩张与轮毂挤紧，内层则将轴抱紧，联轴器即可传递与油压成正比的转矩。当转矩超过预定值时，联轴器即在轴上打滑，剪切管被剪切环剪断，油压将在千分之几秒内卸去，以确保安全。换新剪切管在注油后可继续运转。

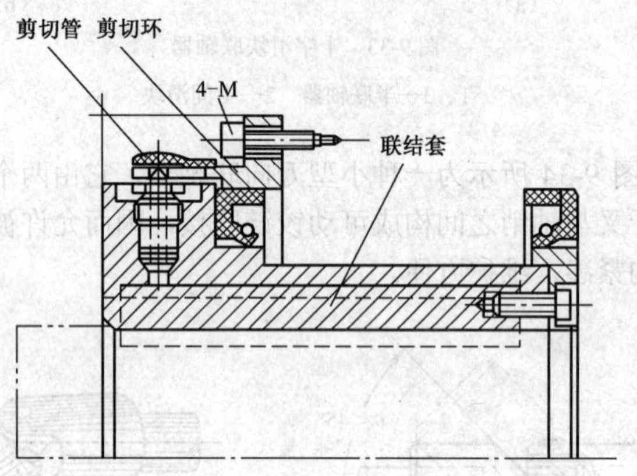

图 9-37 液压式安全联轴器

9.3.3 离合器

离合器分为操纵离合器和自动离合器两大类。

1. 操纵离合器

操纵离合器是通过各种操纵方式使之接合或分离的离合，主要有啮合式、摩擦式和电磁感应式 3 种。

（1）啮合式离合器。啮合式离合器又分为牙嵌式离合器、齿式离合器、转键式离合器等。下面只介绍牙嵌式离合器。如图 9-38 所示，牙嵌式离合器主要由端面带牙的两个半离合器组成。半离合器 1 用平键与主动轴联接，另一半离合器 2 用导向键与从动轴联接，并用滑环操纵离合器的分离与接合，对中环用来保证两轴不致发生歪斜。牙嵌式离合器的齿形有三角形、梯形、矩形等。三角形齿传递中、小转矩，梯形齿和矩形齿传递较大的转矩。梯形齿有补偿磨损作用，冲击小，应用广泛。

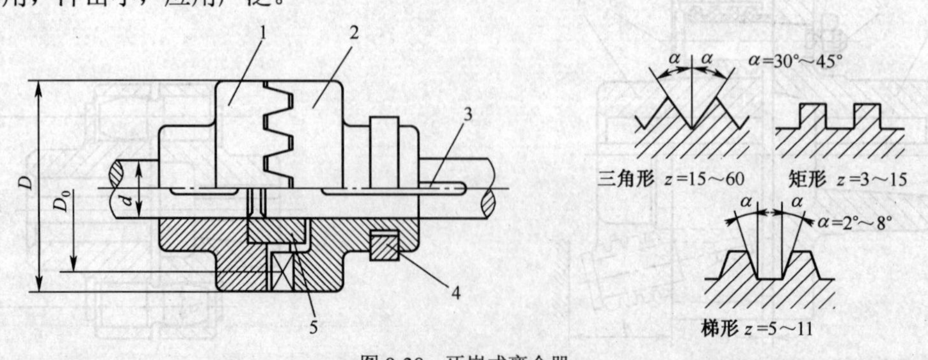

图 9-38 牙嵌式离合器

1、2—半离合器 3—导向键 4—滑环 5—对中环

（2）摩擦式离合器。摩擦式离合器利用摩擦副的摩擦力传递转矩，主要有圆盘摩擦片（块）式、圆锥摩擦式、涨圈摩擦式、扭簧摩擦式等。如图 9-39 所示为多片圆盘摩擦离合器，离合器左半 1 固定在主动轴Ⅰ上，右半 4 固定在从动轴Ⅱ上。1 与外摩擦片组、4 与内摩擦片组构成类似花键联接。当滑环在图示位置时，通过压板压紧交替安放的内、外摩擦片，则两轴接合；向右移动滑环，则两轴分离。

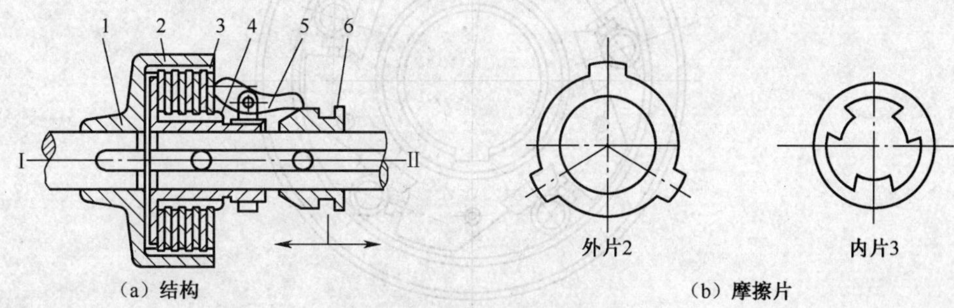

（a）结构　（b）摩擦片

图 9-39 多片圆盘摩擦离合器

增加摩擦片数目，能使离合器在径向尺寸和轴向压紧力都不增大的情况下，提高其传递转矩的能力。但摩擦片过多要影响分离动作的灵活性，故一般限制在 10～15 对以下。

摩擦式离合器接合平稳，冲击与振动小，有过载保护作用。

2. 自动离合器

自动离合器利用离心力、弹力限定所传递数据的数值，自动控制离合；或利用特殊的楔效应，在正反转时自动控制离合。自动离合器有安全离合器、离心离合器和超越离合器 3 种。

（1）安全离合器。安全离合器又分为啮合式和摩擦式两种，啮合式如牙嵌式、钢珠式等，摩擦式如圆盘式、圆锥式等。图 9-40 所示为牙嵌式安全离合器，端面带牙的离合器左半 2 和右半 3，靠弹簧嵌合压紧以传递转矩。当从动轴上的载荷过大时，牙面上产生的轴向分力将超过弹簧的压力，而迫使离合器发生跳跃式滑动，使从动轴自动停转。调节螺母可改变弹簧压力，从而改变离合器传递转矩的大小。

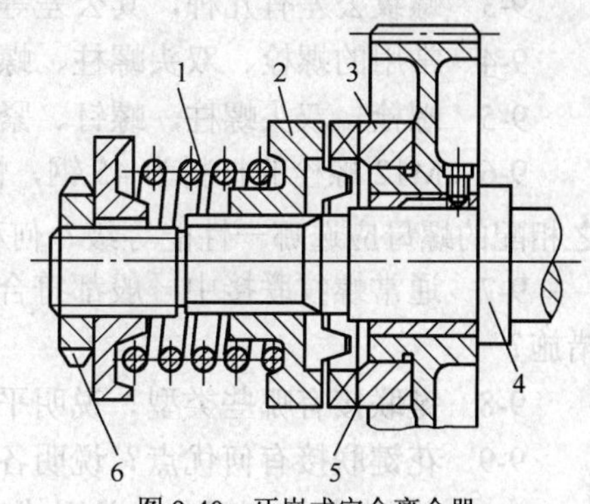

图 9-40 牙嵌式安全离合器

1—弹簧 2—左半离合器 3—右半离合器
4—从动轴 5—牙面 6—螺母

（2）超越离合器。超越离合器也分为啮合式和摩擦式两种，啮合式如牙嵌式、棘轮式等，摩擦式如滚柱式、楔块式等。图 9-41 所示为滚柱式超越离合器，星轮和外环分别装在主动件和从动件上。星轮与外环间有楔形空间，内装滚柱。每个滚柱都被弹簧推杆以适当的推力推入楔形空腔的小端，且处于临界状态（即稍加外力便可楔紧或松开的状态）。星轮和外环都作顺时针回转时，根据相对运动关系，如外环转速小于星轮转速，则滚柱楔紧内、外接触面，外环与星轮接合。反之，滚柱与内、外接触面松开，外环与星轮分离。由此可见，只有当星轮超过外环转速，才能起到传递转矩并一起回转的作用。

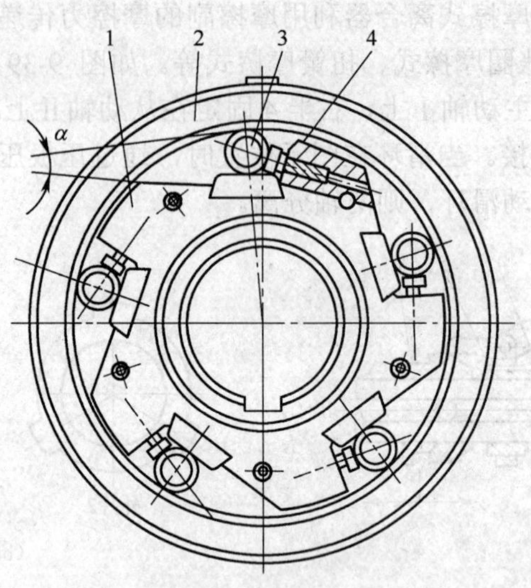

图 9-41　超越离合器

1—星轮　2—外环　3—滚珠　4—弹簧推杆

习　题

9-1　螺纹有哪些主要参数？

9-2　螺纹导程和螺距有什么不同？两者有什么关系？

9-3　螺纹公差有几种，其公差等级、代号是什么？

9-4　常用的螺栓、双头螺柱、螺钉、螺母、垫圈有哪些形式？

9-5　螺栓、双头螺柱、螺钉、紧定螺钉在应用上有什么不同？

9-6　M12 螺栓的材料为 45 钢，性能等级为 9．8 级，试问其 σ_b、σ_s 各为多少 MPa？与之相配的螺母应选哪一性能等级？何种材料？螺栓与螺母是否需要热处理？

9-7　通常螺纹联接中一般都符合自锁条件，为什么还要采取防松措施？通常用哪些防松措施？

9-8　键联接有哪些类型？说明平键联接和楔键联接的工作特点和应用场合。

9-9　花键联接有何优点？说明各种花键联接的应用场合和定心方式。

9-10　平键联接有哪些失效形式？尺寸如何确定？

9-11　销联接的类型、特点有哪些？

9-12　常用联轴器有哪些类型？各自的特点是什么？

9-13　选用联轴器应考虑哪些主要因素？

9-14　齿式联轴器为什么允许补偿综合位移？

9-15　多片式圆盘摩擦离合器的内摩擦片与哪根轴同转？摩擦片数目为什么一般限制在 15 对以下？

9-16　牙嵌式离合器与牙嵌式安全离合器有何区别？

9-17　试分析自行车的飞轮应用了哪种离合器的工作原理。

9-18　一铸铁 V 带轮与钢轴用 A 型普通平键联接。已知轴径 $d=50$mm，带轮轮毂长 $l=100$mm，传递转矩 $T=450$N·m。试选择键联接（键的尺寸、代号、强度校核），作图并标出键槽尺寸和极限偏差。

9-19　分析题图 9-19 中，螺纹联接有哪些不合理之处？画出正确的结构图。

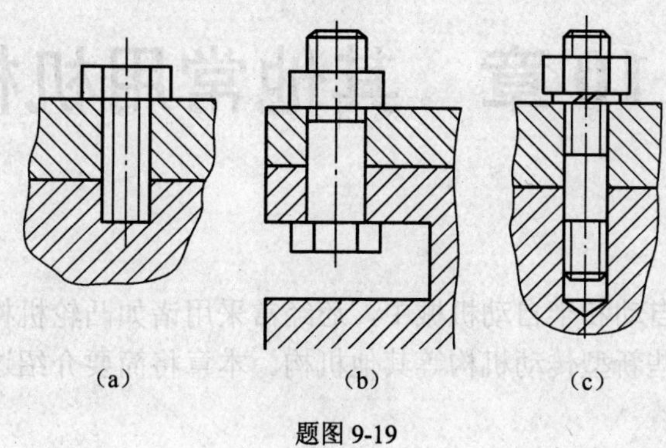

(a)　(b)　(c)

题图 9-19

第 10 章　其他常用机构

在机械中，特别是自动和半自动机械中，还经常采用诸如凸轮机构、间歇运动机构、螺旋机构、组合机构及一些新型传动机构等其他机构。本章将简要介绍这些机构的工作原理、类型、特点及应用场合。

教学目标

- 理解凸轮机构的组成、类型及应用特点；
- 掌握螺旋机构的运动分析方法及其应用；
- 了解各种间歇运动机构的组成、特点、分类和应用；
- 了解各种新型传动机构的传动原理和应用特点。

10.1　凸 轮 机 构

在自动化机器中，为实现各种复杂的运动要求，常采用凸轮机构。其设计比较简便，只要将凸轮的轮廓曲线按照从动件的运规律设计出来，从动件就能较准确的实现预定的运动规律。凸轮机构类型很多，应用也较为广泛。

10.1.1　凸轮机构的组成、类型及特点

在机械工业中，尤其是在自动控制机械中，为实现某些特殊或复杂的运动规律，广泛地应用着各种凸轮机构。

凸轮机构的功用是将凸轮的连续转动或往复移动转换为从动件的连续或不连续的移动或摆动。它是由凸轮、从动件和机架 3 个基本构件组成的，如图 10-1 所示。其中，凸轮是一个具有控制从动件运动规律的曲线轮廓或凹槽的主动件，通常作连续等速转动或往复移动；从动件则在凸轮轮廓或凹槽的驱动下按预定运动规律作往复直线移动或摆动。

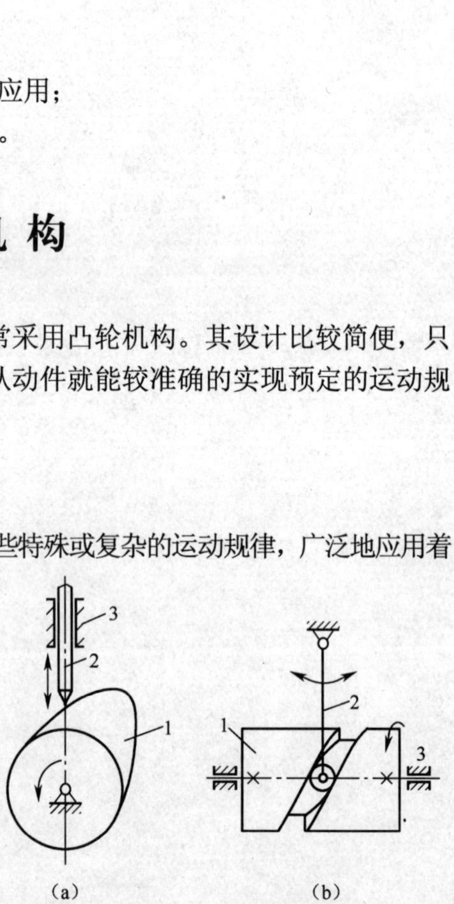

(a)　　(b)

图 10-1　凸轮机构示意图

1—凸轮；2—从动件；3—机架

图 10-2 所示为凸轮形状。图 10-2（a）所示为

盘状凸轮，它类似于圆盘，能作转动，其廓线位于外缘或端面上，它的回转中心到凸轮廓线的各点之间的距离称为向径，其大小是变化的，因此从动件能依照接触处的向径变化获得往复移动或摆动。图 10-2（b）所示为圆柱凸轮，它能作转动，其圆柱面或端面上具有廓线凹槽。图 10-2（c）所示为移动凸轮，可以相对于机架作往复移动。

图 10-2　凸轮形状

图 10-3 所示为从动件形状。图 10-3（a）所示为尖顶从动件，尖顶能与任意复杂的凸轮轮廓保持接触，从而保证从动件实现复杂的运动规律。但尖顶与凸轮是点接触，磨损快，故只适宜受力小、低速和运动精确的场合，如仪器仪表中的凸轮控制机构等。图 10-3（b）所示为滚子从动件，即在从动件的尖顶处安装一滚子，滚子与凸轮之间由滑动摩擦变为滚动摩擦，故磨损小，可以承受较大载荷，在机械中应用最广泛。图 10-3（c）所示为平底从动件，它与凸轮轮廓表面接触的端面为一平面，其优点是凸轮与从动件之间的作用力始终垂直于平底的平面（不计摩擦时），受力比较平稳，且接触面间易于形成油膜，利于润滑，减少磨损，适用于高速传动，但它不能应用在有凹槽轮廓的凸轮机构中，因此，运动规律受到一定的限制。

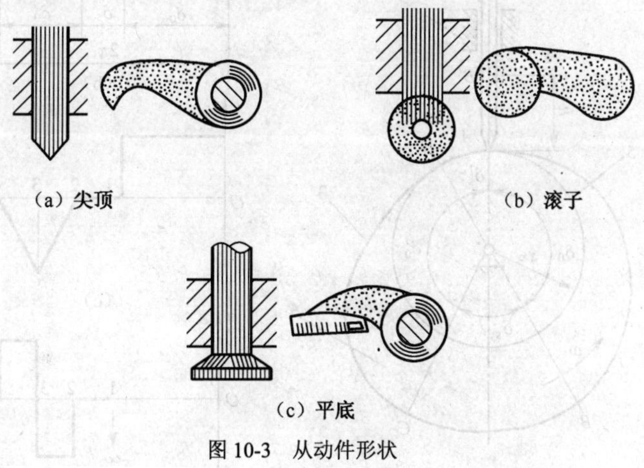

图 10-3　从动件形状

以上 3 种从动件均可作往复直线运动和往复摆动，前者称为直动从动件，后者称为摆动从动件。直动从动件的导路中心线通过凸轮的回转中心时，称为对心从动件，否则称为偏置从动件。

各种基本类型的凸轮和不同形状、不同运动形式的从动件的组合，可得到多种凸轮机构的类型。

凸轮机构的主要优点：便于准确地实现给定的运动规律和轨迹，结构简单紧凑，易于设计。其缺点：凸轮与从动件以点或线接触，不便于润滑，易磨损；凸轮加工制造复杂。因此，凸轮机构多用于需要实现特殊运动规律而传力不大的自动机械、仪表、控制机构及调节机构中。

10.1.2 工作原理

图 10-4（a）所示为一尖顶对心直动从动件盘形凸轮机构。在凸轮上，以凸轮转动中心 O 为圆心，凸轮轮廓的最小向径 r_b 为半径所作的圆称为基圆，r_b 称为基圆半径。在图示位置，从动件与凸轮在 A 点相接触，从动件处于最低位置，当凸轮顺时针转动时，从动件处于上升的起始位置。当凸轮以等角速度 ω 转过 δ_0 角时，其向径渐增的轮廓 AB 段将从动件按一定的运动规律推至最远位置 B' 点，这个过程称为推程或升程，对应的凸轮转角 δ_0 称为推程运动角；从动件上升的最大位移 h 称为行程。当凸轮继续转过 δ_s 角时，由于轮廓 BC 段为向径不变的圆弧，从动件停留在最远位置不动，此过程称为远停程，对应的凸轮转角 δ_s 称为远停程角。当凸轮又继续转过 δ_0' 角时，从动件在弹簧力或重力作用下，与凸轮廓线的 CD 段接触，向径渐减的轮廓 CD 段使从动件以一定的运动规律由最远位置回到最近位置（从动件与凸轮在 D 点接触），此过程称为回程，对应的凸轮转角 δ_0' 称为回程运动角。当凸轮继续转过 δ_s' 角时，由于轮廓 DA 段为向径不变的基圆圆弧，从动件又在最近位置停止不动，此过程称为近停程，对应的凸轮转角 δ_s' 称为近停程角。这时 $\delta_0+\delta_s+\delta_0'+\delta_s'=2\pi$，凸轮刚好转过一圈，机构完成了一个工作循环。凸轮继续转动，则从动件重复进行“升—停—降—停”的运动循环。

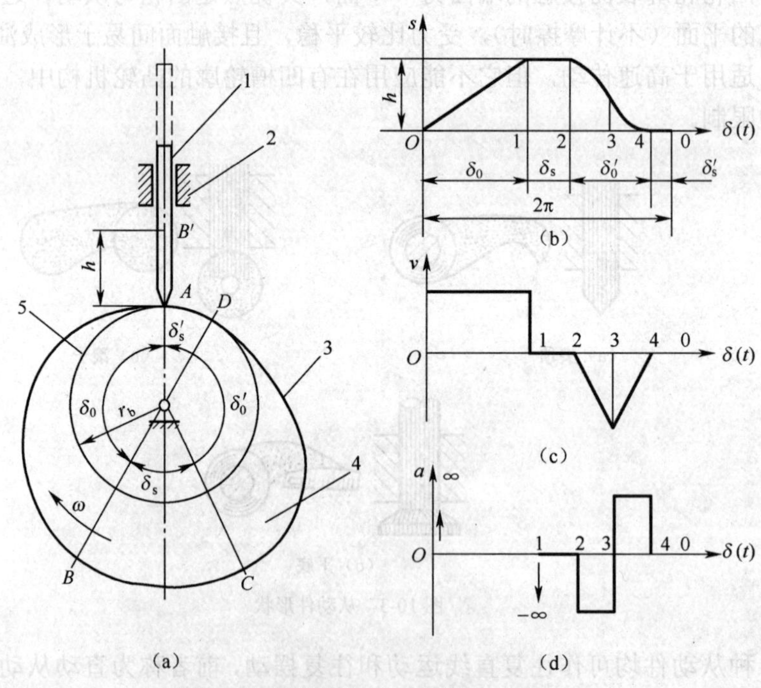

图 10-4 凸轮机构的工作过程和运动规律

1—尖顶；2—机架；3—凸轮轮廓线；4—凸轮

本例仅是一种典型的凸轮机构运动过程。一般情况下，推程是凸轮机构的工作行程，凸轮机构中是否需要远停程或近停程，要视具体工作要求而定。

以从动件的位移 s 为纵坐标，对应的凸轮转角δ为横坐标，则可以逐点画出从动件的位移 s 与凸轮转角δ或时间 t（凸轮通常以等角速度 ω 转动，$\delta=\omega t$）之间的关系曲线。此曲线称为从动件的位移曲线，即 $s-\delta(t)$ 曲线，如图 10-4（b）所示，它表明了从动件位移 s 与凸轮转角δ或时间 t 之间的函数关系。

从动件在运动过程中，其位移 s、速度 v、加速度 a 随时间 t（或凸轮转角δ）的变化规律，如图 10-4（b）、（c）、（d）所示，称为从动件的运动规律。从动件的运动规律有等速运动、等加速等减速运动、简谐运动、摆线运动和函数曲线运动等。由上述可见，从动件的运动规律完全取决于凸轮的轮廓形状；反之，设计凸轮轮廓时，必须首先根据工作要求确定从动件的运动规律，并按此运动规律——位移线图设计凸轮轮廓，以实现从动件预期的运动规律。

10.1.3　应用实例

图 10-5 所示为刀架进给机构，它主要由 3 个盘状凸轮、带扇形齿轮的滚子摆动从动件、齿条及 3 个刀架等组成。3 个盘状凸轮廓线的初始位置，按一定的要求安装在分配轴上，工件的转动是切削主运动。当驱动分配轴时，经 3 个滚子摆动从动件与 3 个盘状凸轮的廓线直接接触，分别使滚子从动件作一定范围的摆动，其中从动件 5 通过扇形齿轮、齿条的啮合，直接驱动前刀架 A；从动件 4 通过扇形齿轮传动，再经扇形齿轮、齿条的啮合驱动后刀架 B；从动件 6 通过扇形齿轮传动，连杆及扇形齿轮、齿条的啮合驱动立刀架 C。该机构利用 3 个凸轮的廓线，可使各刀架实现快速进入→等速进给→快速退回→静止等循环动作。

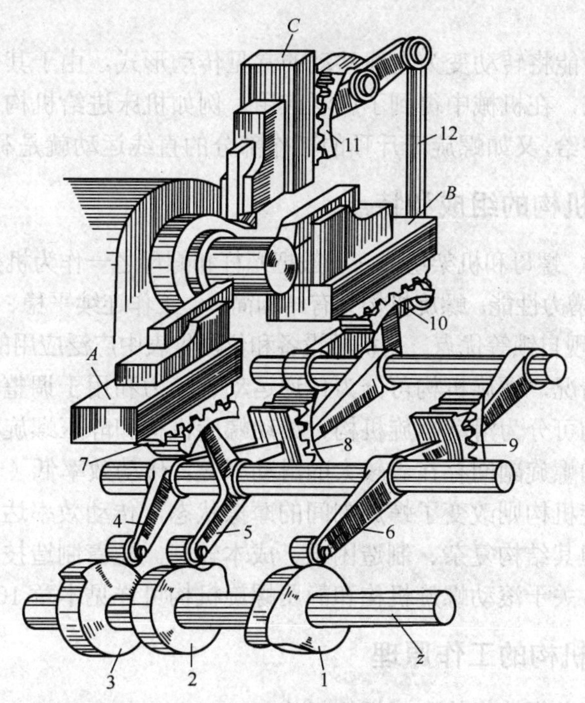

图 10-5　刀架进给机构

1，2，3—盘状凸轮；4，5，6—滚子摆动从动件；7，8，9，10，11—扇形齿轮；12—连杆；A—前刀架；B—后刀架；C—立刀架；z—分配轴

图 10-6 所示为齿轮变速操纵机构，它主要由带两条廓线的圆柱凸轮、两个角形摆动从动

件及双联齿轮、三联齿轮、箱体等组成。两个摆动从动件的一端用圆柱销插入廓线凹槽的相应位置，另一端与拨叉相连。当扳动手柄使圆柱凸轮转动时，通过廓线凹槽的直接接触，推动两从动件作一定范围的摆动，然后再经拨叉分别带动双联齿轮、三联齿轮在花键轴上滑移，使不同的齿轮进入对应啮合，从而改变主轴的转速。

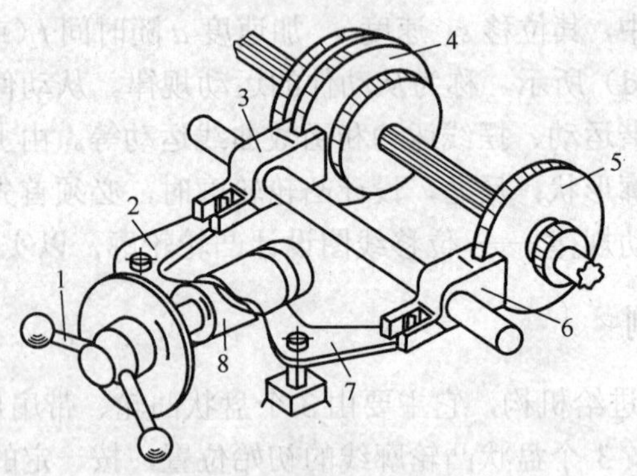

图 10-6　齿轮变速操纵机构

1—手柄；2，7—角形摆动从动件；3，6—拨叉；
4—三联齿轮；5—双联齿轮；8—圆柱凸轮

10.2　螺旋机构

螺旋传动是一种能将转动变为直线移动的常见传动形式。由于其传递运动准确、工作平稳、承载力大等特点，在机械中得到了广泛应用。例如机床进给机构中采用螺旋传动实现刀具或工作台的直线进给，又如螺旋千斤顶的工作部分的直线运动就是利用螺旋传动来实现的。

10.2.1　螺旋机构的组成和特点

螺旋机构由螺杆、螺母和机架组成（一般把螺杆和螺母之一作为机架），能将旋转运动变换为直线运动，并具有增力性能。螺旋机构具有结构简单、工作连续平稳、传动比大、承载能力强、传递运动准确，易实现自锁等优点，是机械设备和仪器仪表中广泛应用的一种传动机构。

按用途和受力情况，螺旋机构可分为传递运动、动力和用于调整 3 种类型；按螺旋副的摩擦性质，螺旋机构可分为滑动螺旋机构、滚动螺旋机构和静压螺旋机构 3 种类型。

滑动螺旋机构的螺旋副间存在着较大的滑动摩擦，传动效率低（一般为 0.3～0.4）。滚动螺旋机构和静压螺旋机构则改变了螺旋副间的摩擦状态，传动效率达到了 0.9 以上，是新型理想的传动机构，但其结构复杂、制造困难、成本较高。随着制造技术的不断发展，其应用正在得到不断推广。关于滚动螺旋机构和静压螺旋机构可详见本章 10.4 节。

10.2.2　螺旋机构的工作原理

螺旋机构可分为单螺旋机构和双螺旋机构。

1．单螺旋机构

由一个螺杆和一个螺母组成。根据螺杆和螺母相对运动的组合，单螺旋机构有 4 种基本传动形式，其运动形式及应用特点如表 10-1 所示。

由表 10-1 可知，无论以何构件为主动件，同一构件的转动和移动方向均符合左右手定则：左旋螺纹用左手，右旋螺纹用右手。螺旋机构移动速度

$$v=\frac{nS}{60}(\mathrm{mm/s}) \tag{10-1}$$

式中，n——主动件转速，单位为 r/min；

S——导程，单位为 mm。

表 10-1　　螺旋机构 4 种基本传动形式及特点

	基本传动形式	示　意　图	特点和应用
1	螺母固定、螺杆转动并轴向移动		可获得较高的传动精度，适合于行程较小的场合，如千斤顶、压力机、台虎钳
2	螺杆固定、螺母转动并轴向移动		结构简单、紧凑，但精度较差，使用不便，应用较少
3	螺母转动、螺杆轴向移动		结构较复杂，用于仪器调节机构，如螺旋千分尺的微调机构
4	螺杆转动、螺母轴向移动		结构紧凑、刚性好．适用于行程较大的场合，如车床的丝杠进给机构
移动方向判别：左（右）手定则——四指握向代表转动方向，拇指指向代表移动方向。右旋螺纹用右手定则，左旋螺纹用左手定则			

图 10-7 所示为车床丝杆传动，丝杆 2（螺杆）转动，螺母 1 带动刀架实现纵向进给运动。

2. 双螺旋机构

由一个具有两段螺纹的螺杆与两个螺母组成两个螺旋副，如图 10-8 所示。通常将两个螺母中的一个固定，另一个移动（只能移动不能转动），并以螺杆为转动主动件。

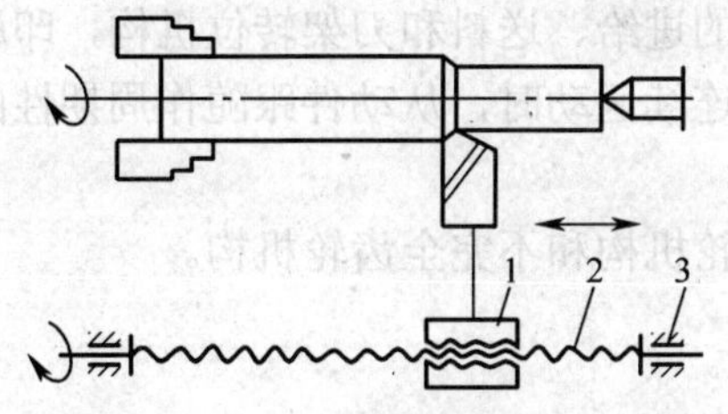

图 10-7　车床丝杆传动

1—螺母；2—丝杆（螺杆）；3—机架

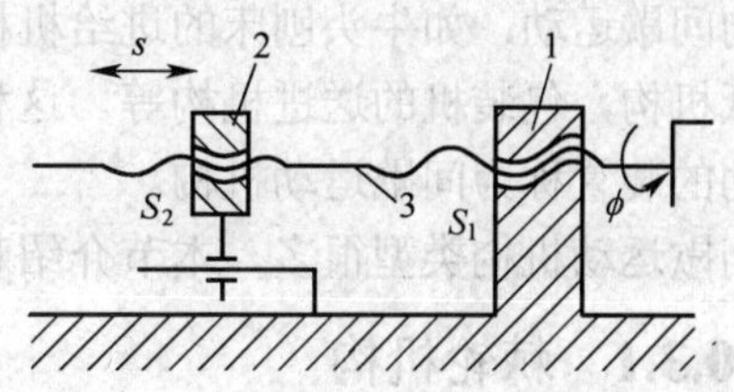

图 10-8　双螺旋机构

1—固定螺母；2—移动螺母；3—螺杆

由两螺旋副的旋向，双螺旋机构可形成以下两种传动形式。

（1）差动螺旋机构。当两螺旋副中的螺纹旋向相同时，则形成差动螺旋机构。在图 10-8 中，

设两处螺纹的导程分别为 S_1、S_2，且 $S_1 > S_2$。当螺杆转过ϕ角时，移动螺母相对机架的位移$\overline{S}$为

$$\overline{S} = (S_1 - S_2)\phi / 2\pi \tag{10-2}$$

当 S_1 和 S_2 相差很小时，位移$\overline{S}$可以很小。利用这一特性，可将差动螺旋机构应用于各种微动装置中，如测微器、分度机构、精密机械进给机构及精密加工刀具等。

（2）复合螺旋机构。当两螺旋副中的螺纹旋向相反时，则形成复合螺旋机构。当螺杆转过ϕ角时，移动螺母相对机架的位移$\overline{S}$为

$$\overline{S} = (S_1 + S_2)\phi / 2\pi \tag{10-3}$$

复合螺旋机构可应用于需快速移动或调整的装置中，故也称为倍速机构。实际应用中，如要求两构件同步移动，只需使 $S_1 = S_2$ 即可，如图 10-9 所示的电线杆张紧器就是倍速机构，它能迅速拉紧及放松拉线。图 10-10 所示为应用螺旋机构的粗动和微动调节装置。粗动调节是由粗动手轮带动螺杆来实现的；微动时，由螺母 1 和螺母 2 的螺距差来实现。

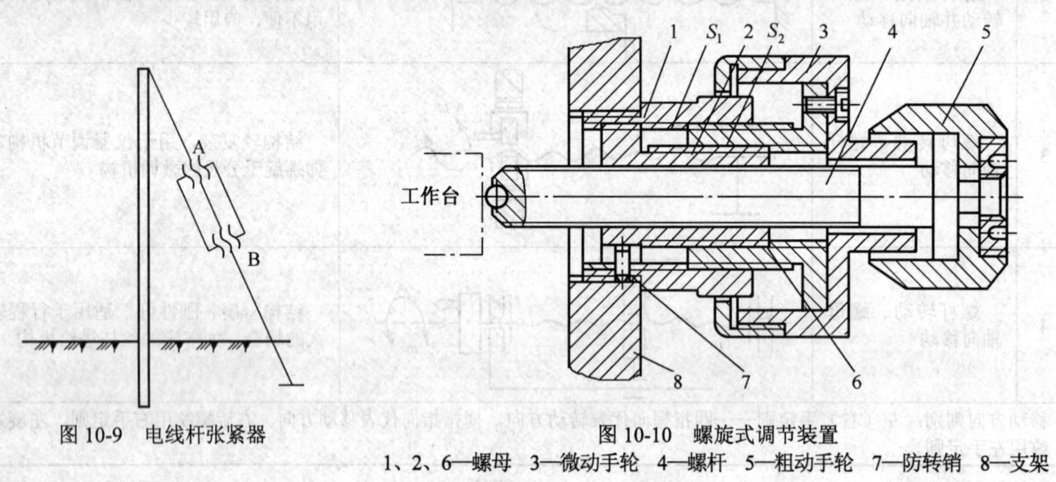

图 10-9　电线杆张紧器

图 10-10　螺旋式调节装置

1、2、6—螺母　3—微动手轮　4—螺杆　5—粗动手轮　7—防转销　8—支架

10.3　间歇运动机构

在机器工作时，常常需要某些机构的主动件作连续运动，而从动件则产生周期性的时动时停的间歇运动，如牛头刨床的进给机构，自动机床的进给、送料和刀架转位机构，印刷机的进纸机构，包装机的送进机构等。这种当主动件作连续运动时，从动件跟随作周期性的间歇运动的装置称为间歇运动机构。

间歇运动机构类型很多，本节介绍棘轮机构、槽轮机构和不完全齿轮机构。

10.3.1　棘轮机构

1．棘轮机构的工作原理及类型

典型的棘轮机构如图 10-11 所示，该机构是由棘轮 3、棘爪 2、摇杆 1 和止动爪 4 等组成。弹簧 5 使止动爪 4 和棘轮 3 始终保持接触。当摇杆逆时针摆动时，棘爪便插入棘轮的齿间，推动棘

轮转过一定角度。当摇杆顺时针摆动时，止动爪阻止棘轮顺时针转动，同时棘爪在棘轮的齿面上滑过，故棘轮静止不动。这样，当摇杆连续往复摆动时，棘轮便得到单向的间歇运动。

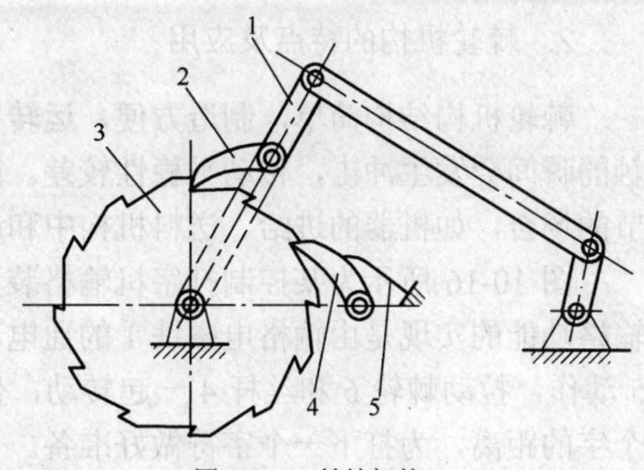

图 10-11　棘轮机构

1—摇杆　2—棘爪　3—棘轮　4—止动爪　5—弹簧

棘轮机构的类型按传递力的方式，可分为棘齿式和摩擦式两大类。棘齿式棘轮机构的棘轮如图 10-12 所示，其外缘（见图（a））、内缘（见图（b））或端面（见图（c））上具有棘齿。这种机构又可分为下列 3 种形式。

（1）单动式棘轮机构如图 10-11 所示，其特点是摇杆往复摆动一次，棘轮转过某一角度。

（2）双动式棘轮机构如图 10-13 所示，其特点是摇杆往复摆动时都能使棘轮按单一方向转动。

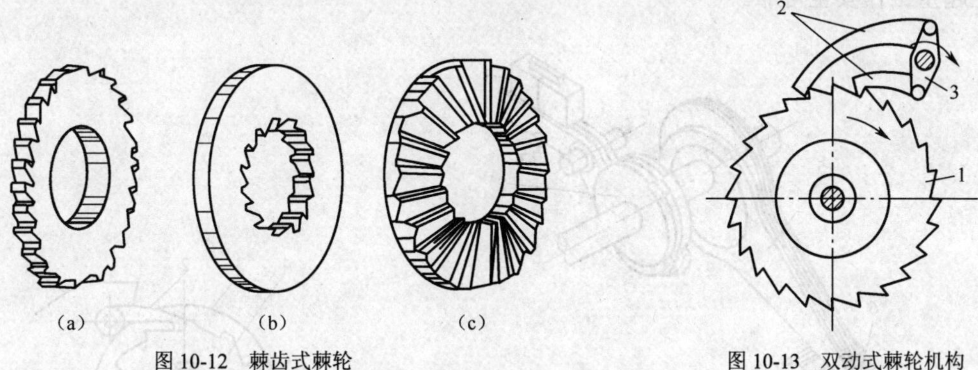

图 10-12　棘齿式棘轮

图 10-13　双动式棘轮机构

（3）可变向棘轮机构如图 10-14 所示，这种棘轮机构在实线时，主动杆 *OA* 与棘爪 *AB* 将使棘轮沿逆时针方向作间歇运动。当棘爪 *AB* 翻转到虚线位置 *AB*'时，主动杆 *OA* 与棘爪 *AB* 将使棘轮沿顺时针方向作间歇运动。

图 10-15 所示为摩擦式棘轮机构，通过棘爪压在棘轮上产生的摩擦力来推动棘轮转动。止退棘爪是为了防止棘轮倒转。这种机构在传动中没有噪声，而且可以是无级的改变棘轮转角的大小，但接触面容易发生滑动，为了增加摩擦力，常将棘轮制成槽形，棘爪嵌在棘轮槽内。

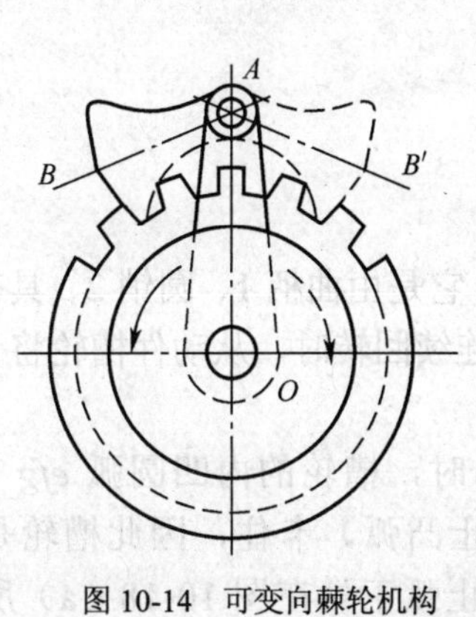

图 10-14　可变向棘轮机构

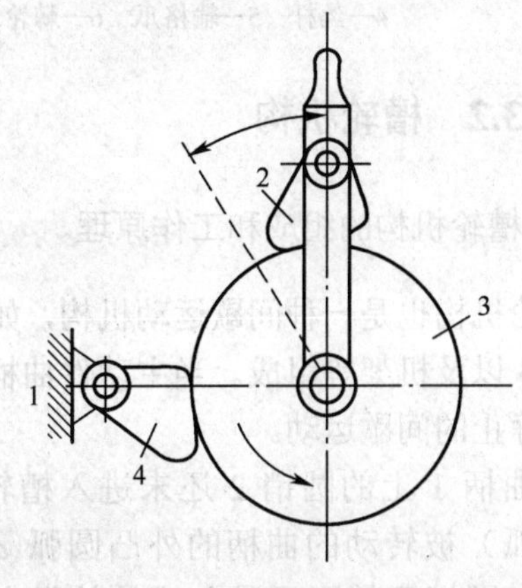

图 10-15　摩擦式棘轮机构

2. 棘轮机构的特点及应用

棘轮机构结构简单，制造方便，运转可靠，转角大小调节方便；但是棘爪和棘轮开始接触的瞬间会发生冲击，传动平稳性较差。因此常用于低速、轻载、转角小或转角大小需要调节的场合，如机器的进给、送料机构中和起重设备中的停止器。

图 10-16 所示为某控制打字机输格装置。当打完一个字符后使字车完成一个输格动作。输格功能的实现是由输格电磁铁 1 的通电动作，使输格离合器 2 转动一定角度，带动输格爪 5 动作，拉动棘轮 6 和丝杆 4 一起转动，使装在字车 3 上的滑块 3 与字车一起沿丝杆移动一个字的距离，为打下一个字符做好准备。

图 10-17 所示为防止机构逆转的停止器。起重设备中常应用这种机构，当转动的鼓轮 3 带动工件 5 上升到所需高度位置时，鼓轮 3 就停止转动。为了防止鼓轮 3 的逆转，使用棘爪 2 依靠弹簧 1 而嵌入棘轮 4 的轮齿间，这样就可以防止鼓轮在任意位置停留时产生的逆转，保证起重工作安全可靠。

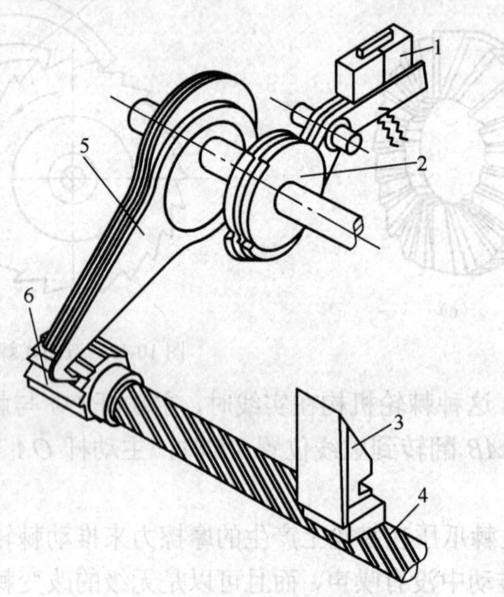

图 10-16　某控制打字机输格装置
1—电磁铁　2—离合器　3—字车
4—丝杆　5—输格爪　6—棘轮

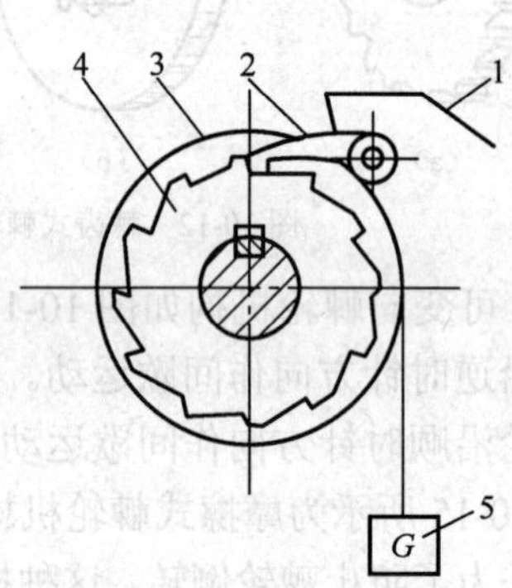

图 10-17　提升机棘轮停止器
1—弹簧　2—棘爪　3—鼓轮
4—棘轮　5—工件

10.3.2　槽轮机构

1. 槽轮机构的组成和工作原理

槽轮机构也是一种间歇运动机构，如图 10-18 所示。它是由曲柄 1、圆销 2、具有径向槽的槽轮 3 以及机架等组成。当主动件曲柄 1 以等角速度连续回转时，从动件槽轮将作时而转动时而静止的间歇运动。

当曲柄 1 上的圆销 2 还未进入槽轮 3 的径向槽内时，槽轮的内凹圆弧 *efg*（即槽轮锁止凹弧）被转动的曲柄的外凸圆弧 *abc*（即曲柄锁止凸弧）卡住，因此槽轮是静止不转的；当圆销开始刚要进入槽轮的径向槽内时，则锁止弧正处在图 10-18（a）所示的位置。此时已不起锁紧作用，所以圆销 2 就可带动槽轮 3 转动，使槽轮转过一个角度。当圆销从槽轮的径向槽内离开时，如图 10-18（b）所示，则槽轮的另一锁止凹弧又被曲柄的锁止凸弧“卡住”而不能转动，直到圆销再开始进入下一个径向槽，然后重复上述循环。这样就可以将曲柄的连续转动变为槽轮的间歇运动。

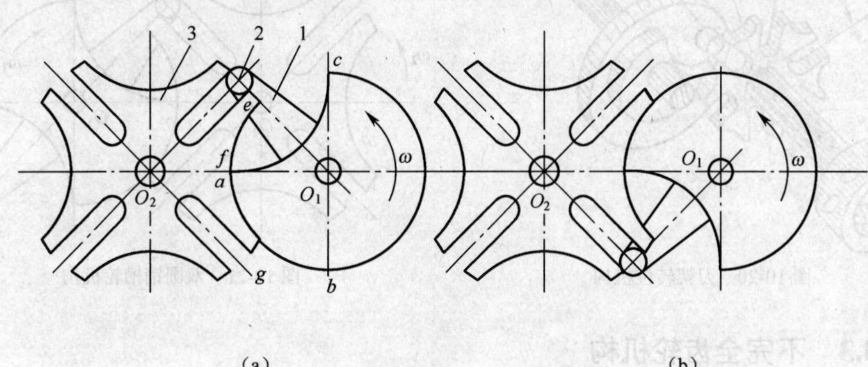

图 10-18　单圆销外啮合槽轮机构
1—曲柄　2—圆销　3—槽轮

2. 槽轮机构的特点及应用

槽轮机构结构简单，制造方便，工作可靠，机械效率高，能平稳地实现间歇运动，因此，它广泛应用于自动化机械中。

图 10-19 所示为在电影放映机中用于实现电影胶片间歇运动的槽轮机构。为了适应人们的视觉暂留现象，要求电影胶片作间歇运动。当圆销拨动槽轮转动时，胶片移动一段距离，当销子退出槽轮时，胶片静止不动，以使影片的画面有一段停留时间。

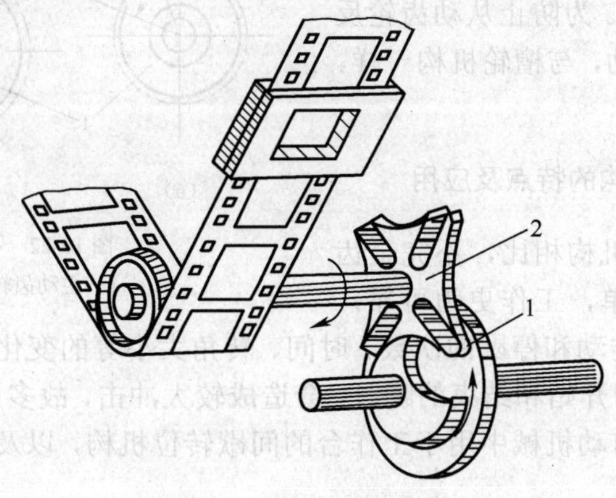

图 10-19　放映机的卷片机构

图 10-20 所示为用于六角车床刀架转位的槽轮机构。为了按照零件加工工艺的要求，能自动地改变需要的刀具，故采用槽轮机构。与槽轮固联在一起的刀架上装有 6 种刀具，当圆销进、出槽轮一次，就推动槽轮转动 60°，从而将下一工序所用的刀具转换到工作位置。

图 10-21 所示为双圆销的槽轮机构，在工作中曲柄旋转一周，则双圆销即可使槽轮间歇地转动两次。

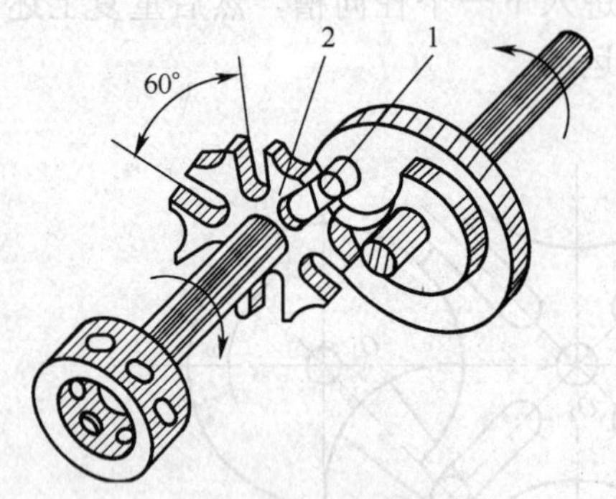

图 10-20　刀架转位机构

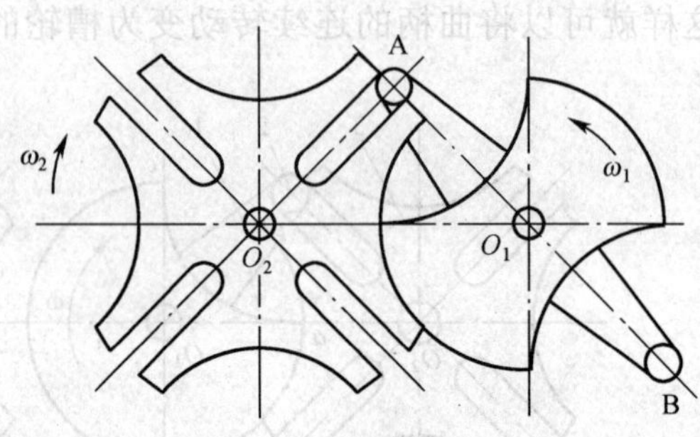

图 10-21　双圆销槽轮机构

10.3.3　不完全齿轮机构

1. 不完全齿轮机构的工作原理

不完全齿轮机构是由渐开线齿轮机构演变而成的一种间歇运动机构。如图 10-22 所示，在一对齿轮传动中的主动齿轮 1 上只保留 1 个或几个轮齿，根据其运动与停歇时间的要求，在从动齿轮 2 上制出与主动齿轮相啮合的齿间。这样，当主动齿轮匀速转动时，从动齿轮就只作间歇转动。图 10-22（a）中所示的主动齿轮转一周，从动齿轮转 1/8 周；图 10-22（b）中所示的主动齿轮转一周，从动齿轮转 1/4 周。为防止从动齿轮反过来带动主动齿轮转动，与槽轮机构一样，应设锁止弧。

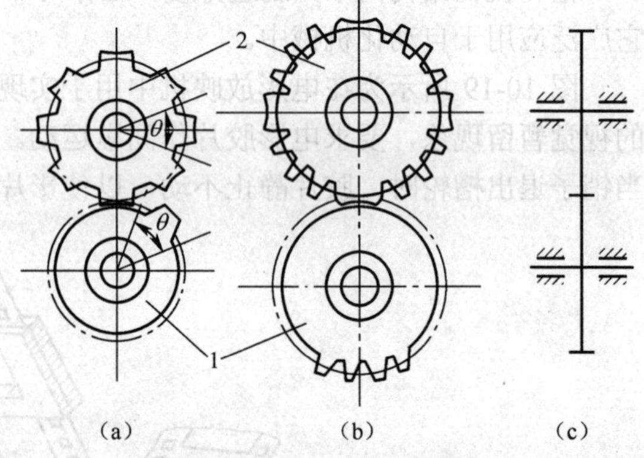

图 10-22　不完全齿轮机构
1—主动齿轮；2—从动齿轮

2. 不完全齿轮机构的特点及应用

与其他间歇运动机构相比，不完全齿轮机构的结构更为简单，工作更为可靠，且传递力大，从动轮传动和停歇的次数、时间、转角大小等的变化范围均较大。缺点是工艺复杂，从动轮运动的开始和结束的瞬时，会造成较大冲击，故多用于低速、轻载的场合，如在多工位自动、半自动机械中用于工作台的间歇转位机构，以及某些间歇进给机构、记数机构等。

图 10-23 所示为压制蜂窝煤工作台的间歇机构传动图。工作台用 5 个工位完成煤粉的填装、压制、退煤等动作。因此工作台需要作间歇运动，即每次转过 1/5 转。为了满足这一运动的要求，在工作台上装有一个大齿圈，用中间齿轮传动。主动齿轮为不完全齿轮，当连续转动时，它与中间齿轮组成间歇齿轮机构，可使工作台得到预期的间歇运动。

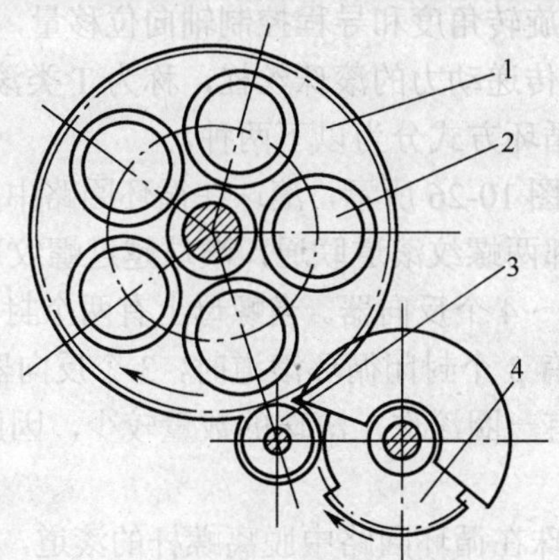

图 10-23 压制蜂窝煤工作台的间歇机构
1—工作台；2—工位；3—中间齿轮；
4—主动齿轮（不完全齿轮）

10.4 其他新型传动机构

10.4.1 滚动螺旋传动

1. 滚珠丝杠的工作原理及分类

图 10-24 所示为滚动螺旋传动结构图。在螺杆和螺母之间设有封闭循环的滚道，在滚道内填充钢珠，使螺旋副的滑动摩擦变为滚动摩擦，当螺杆相对于螺母旋转时，两者发生轴向位移，滚珠可沿着滚道既自转又循环滚动。这种螺旋传动称为滚动螺旋传动，又称滚珠丝杆副，它是一种回转运动与直线运动相互转换的新型理想传动。图 10-25 所示为滚珠丝杠的示例图。

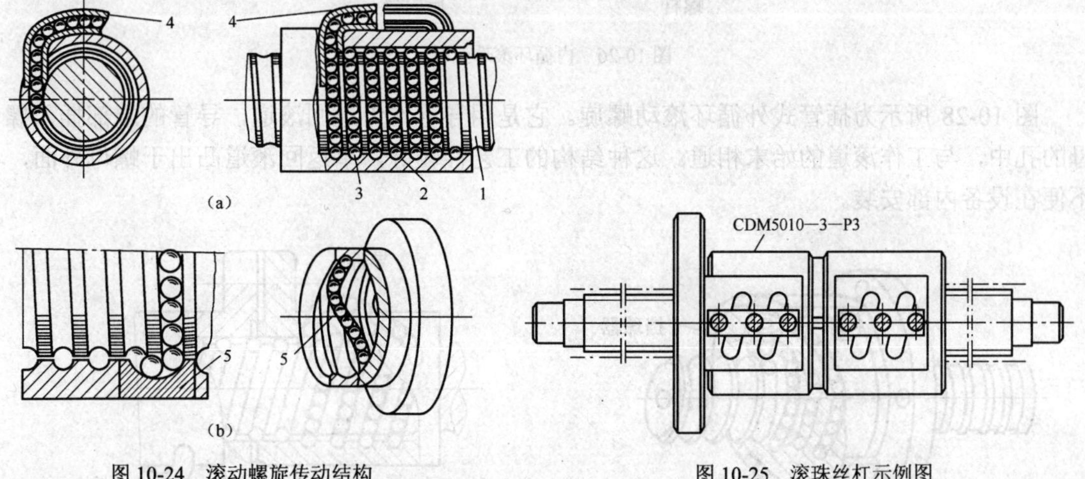

图 10-24 滚动螺旋传动结构
1—螺杆；2—螺母；3—滚珠；4—外滚道；5—内滚道

图 10-25 滚珠丝杠示例图

（1）滚珠丝杠按用途可分为以下两种。

① 定位滚珠丝杠：通过旋转角度和导程控制轴向位移量，称为 P 类滚珠丝杠。

② 传动滚珠丝杠：用于传递动力的滚珠丝杠，称为 T 类滚珠丝杠。

（2）滚珠丝杠按滚珠的循环方式分为以下两种。

① 内循环滚珠丝杠：如图 10-26 所示，滚珠在循环回路中始终和螺杆接触，螺母上开有侧孔，孔内装有反向器将相邻两螺纹滚道联通，滚珠越过螺纹顶部进入相邻滚道，形成一个循环回路。一个螺母常装配 2～4 个反向器。当螺母上有两个封闭循环滚道时，两个反向器在圆周上相隔 180°；当螺母上有 3 个封闭循环滚道时，3 个反向器在圆周上两两相隔 120°。内循环的每一封闭循环滚道只有一圈滚珠，滚珠的数量较少，因此流动性好、摩擦损失小、传动效率高、径向尺寸小。

② 外循环滚珠丝杠：滚珠在循环回路中脱离螺杆的滚道，在螺旋滚道外进行循环。常见的外循环形式有螺旋槽式和插管式两种。图 10-27 所示为螺旋槽式外循环滚动螺旋。这是在螺母的外表面上铣出一个供滚珠返回的螺旋槽，其两端钻有圆孔，与螺母上的内滚道相通。在螺母的滚道上装有挡珠器，引导滚珠从螺母外表面上的螺旋槽返回滚道，循环到工作滚道的另一端。这种结构的加工工艺性比内循环滚珠丝杠好，故应用较广，但缺点是挡珠器的形状复杂且容易磨损。

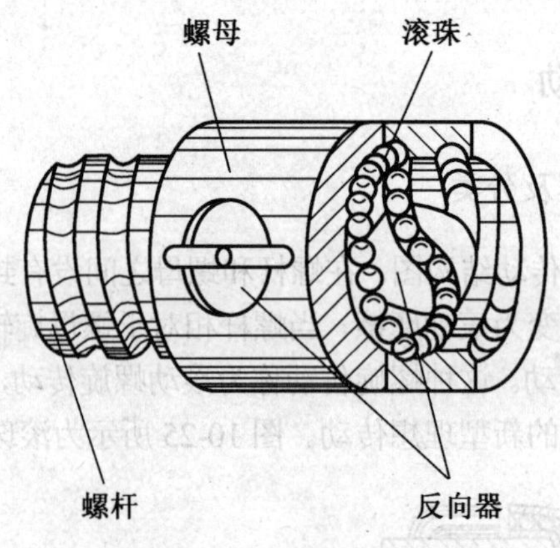

图 10-26　内循环滚珠丝杠

图 10-28 所示为插管式外循环滚动螺旋。它是用导管作为返回滚道，导管的端部插入螺母的孔中，与工作滚道的始末相通。这种结构的工艺性较好，单返回滚道凸出于螺母外面，不便在设备内部安装。

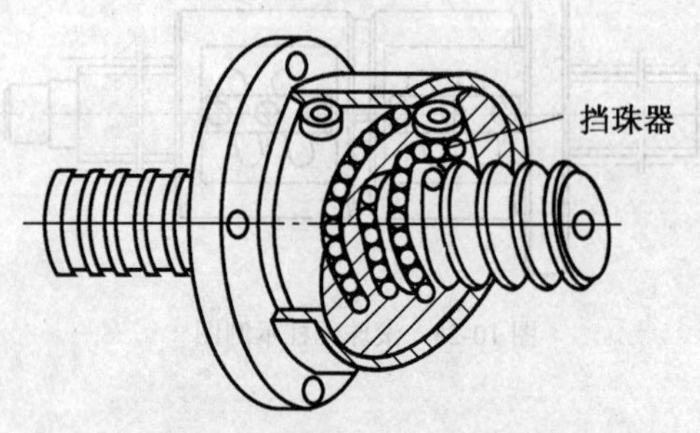

图 10-27　螺旋槽式外循环滚动螺旋

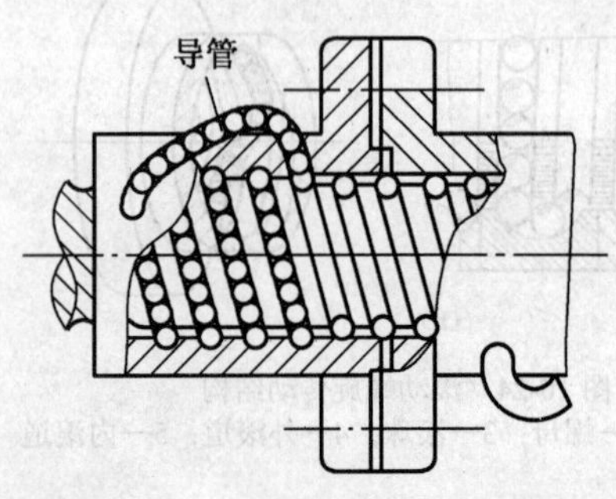

图 10-28　插管式外循环滚动螺旋

2. 滚珠丝杠的特点

与滑动螺旋传动比较，滚珠丝杠的主要优点如下。

① 传动效率高：滚动摩擦系数小，其效率可达 90%以上，摩擦系数 f=0.002～0.005。

② 运动平稳无爬行：摩擦系数与速度的关系不大，故启动扭矩接近运转扭矩，工作较平稳。

③ 磨损小且寿命长：其寿命一般比滑动螺旋传动高 5~6 倍。

④ 运动精度高：可用调整装置调整间隙，传动精度与刚度均得到提高。

⑤ 不具有自锁性：可将直线运动变为回转运动。

滚珠丝杠的缺点如下。

① 结构复杂，制造成本高。

② 在需要防止逆转的机构中，要加自锁机构。

③ 承载能力不如滑动螺旋传动大。

滚珠丝杠多用在车辆转向机构及对传动精度要求较高的场合，如飞机机翼和起落架的控制驱动、大型水闸闸门的升降驱动、数控机床的进给机构及各种机电一体化产品的传动机构。

10.4.2　静压螺旋传动

如图 10-29 所示，静压螺旋的螺杆仍为普通螺杆，但螺母每圈螺纹牙的两个侧面上都开 3～4 个油腔。通过一套附加的供油系统给油腔供油，靠压力油的油压来承受载荷，从而使得静压螺旋传动在工作时，螺旋副之间转化为液体摩擦。

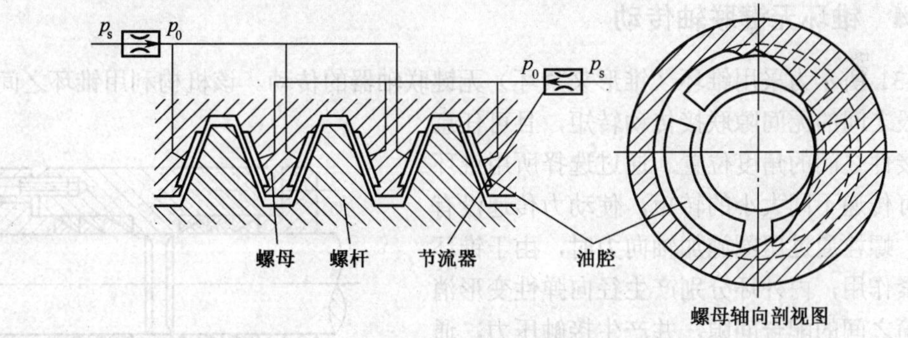

图 10-29　静压螺旋传动

10.4.3　滚珠花键传动

如图 10-30 所示，滚珠花键传动装置由花键、花键套、循环装置及滚珠组成。在花键轴的外圆上，配置有等分的 3 条凸起轨道，分别放置 12 条滚珠列，其中 6 条用于负载，6 条用于滚珠循环退出。当花键套沿花键轴运动时，滚珠在滚道和保持的通道内循环，并可自动定心。花键套与花键轴间通过滚珠还可以传递一定的转距。当花键套承受载荷相对，6 条负荷滚珠列中的 3 条可自动定心，并传递转矩，另 3 条则不承受负载；反转时，另 3 条承受并自动定心。通过选配滚珠的直径使滚珠花键副内产生过盈，即预加载荷，以提高接触刚度、运动精度和抗冲击能力。花键套有键槽以备联接其他传动件；保持架使滚珠互不摩擦，且拆卸时不会脱落；用橡胶圈密封防尘，以提高使用寿命；通过油孔润滑可减少各件之间的摩擦。

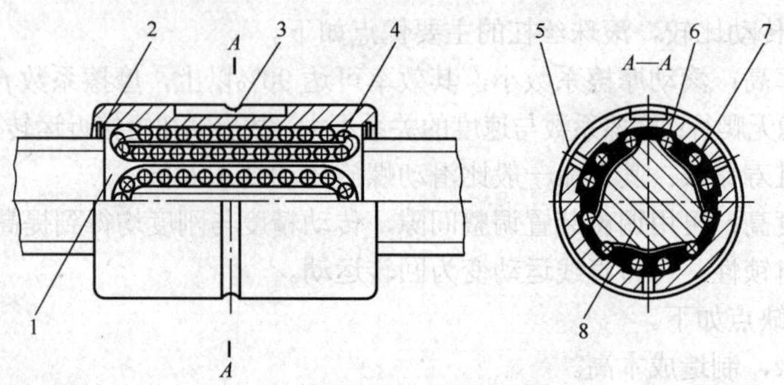

图 10-30 滚珠花键传动

1—保持架 2—橡胶密封圈 3—键槽 4—外筒 5—油孔
6—负荷滚珠列 7—退出滚珠列 8—花键轴

由于滚珠花键副中花键轴与花键套之间既可作灵敏、轻便的直线运动，也可以轴带套或套带轴作回转运动，所以滚动花键副既可作高速运动（可达 60m/min）机构的导轨，又是一种新颖的传动机构，目前广泛地用做镗床、钻床、组合机床等机床的主轴部件，各类测量仪器、自动绘图仪中精密导向机构，压力机、自动搬运机等机械的导向轴，各类变速装置及刀架的精密分度轴以及各类工业机器人的执行机构等。

10.4.4 锥环无键联轴传动

图 10-31 所示为采用锥环（锥形夹紧环）无键联轴器的传动。该机构利用锥环之间摩擦实现轴与毂之间的无间隙联接传动转矩，且可任意调节两联接件之间的角度位置。通过选择所用锥环的对数，可传递不同大小的转矩，使动力传递没有反向间隙。螺栓通过压圈施加轴向力时，由于锥环之间的契紧作用，内外环分别产生径向弹性变形消除轴与套筒之间的配合间隙，并产生接触压力，通过摩擦传递转矩，而且套筒与轴之间的角度位置可以任意调节。这种传递定心性好、承载能力强、传递功率大、转速高、使用寿命长，具有过载保护能力，能在受振动和冲击载荷等恶劣条件下连续工作，安装、使用和维护方便，作用于系统中的载荷小、噪声低，在传动精度较高的机电一体化产品中得到了广泛应用。

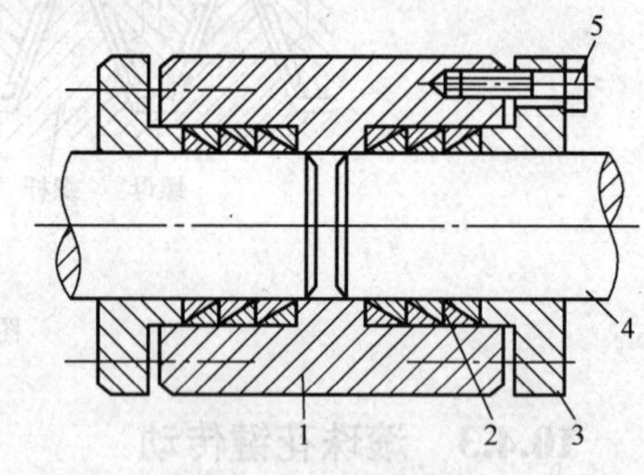

图 10-31 锥环无键联轴器

1—套筒 2—内外环 3—压圈 4—轴 5—螺栓

10.4.5 摆线针轮行星传动

图 10-32（a）所示为摆线针轮传动机构的结构简图。它主要与主动轴固联的偏心套 1，滚动轴 2，齿数为 z_1 并具有摆线齿形的摆线轮 3，与壳体机架固联、数量为 z_2 的针齿销 4 及其上面的针齿套 5、等速传动机构 6 及机架 7 等组成。

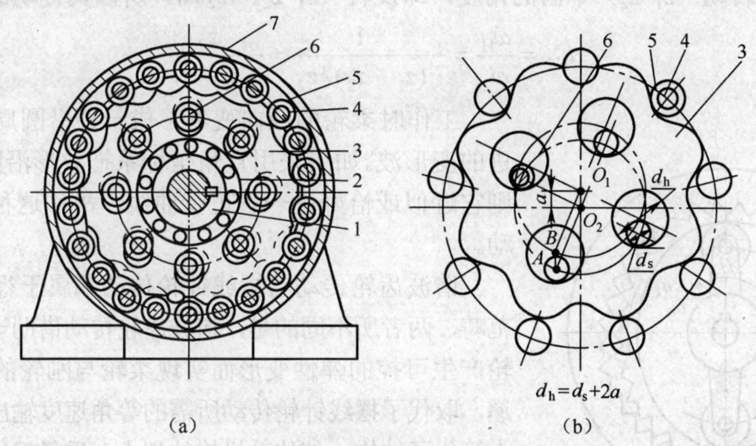

图 10-32　摆线针轮传动机构

1—偏心套；2—滚动轴；3—摆线轮；4—针齿销；
5—针齿套；6—等速传动机构；7—机架

图 10-32（b）所示为摆线针轮传动机构的啮合传动原理图。主动轴带动偏心套 1 转动，从而带动摆线轮 3 作公转，在针齿销 4、针齿套 5 的约束下，摆线轮反向作自转运动，因此摆线轮 3 可看作行星轮。针齿销 4、针齿套 5 及壳体机架可看作中心轮，称为针轮。偏心轮 1 可看作转臂 H。摆线轮 3 上的 4 个销孔与等速传动机构 6 上的 4 个销轴啮合，从而使摆线轮 3 的低速自转运动经有 4 个销轴的等速传动机构 6 输出。

可以证明，摆线针轮行星传动能保证传动比恒定不变，针齿销数（针轮齿数）与摆线轮齿数的齿数差（z_2～z_1）只能为 1，所以其传动比为

$$i_{13}=\frac{\omega_1}{\omega_2}=\frac{z_1}{z_1-z_2}=-z_1 \tag{10-4}$$

摆线针轮行星传动的传动特点是传动比范围较大，单级传动的传动比为 9～87，两级传动的传动比可达 121～7 569。由于同时参加啮合的齿数多（理论上一半的齿参加传递载荷），故承载能力较强，传动平稳。又由于针齿销可加套筒，使摆线轮之间的摩擦为滚动摩擦，故轮齿磨损小，使用寿命长，传动效率较高。摆线针轮行星传动在国防、冶金、矿山等部门得到广泛的应用。

10.4.6　谐波齿轮传动

谐波齿轮传动由美国的 C.W.Wusser 发明，其工作原理不同于普通齿轮传动。它是通过波发生器所产生的连续移动变形波使柔性齿轮产生弹性变形，从而产生齿间相对位移而达到传动的目的。

如图 10-33 所示，谐波齿轮传动由 3 个基本构件组成，即具有内齿的刚轮 1（相当于中心轮）、可产生弹性变形的柔轮 2（它相当于行星轮）及波发生器 H（其长度大于柔轮内孔直径，相当于行星架）。当波发生器装入柔轮内孔后，将使柔轮产生径向变形而成椭圆状。椭圆长轴两段的柔轮外齿与刚轮内齿啮合，短轴两端则与钢轮处于脱开状态，其他各点处于啮合与脱开的过渡阶段。一般刚轮固定不动，当波发生器回转时，柔轮产生的径向变形方向也不断变化，使柔轮与刚轮的啮合区跟着转动。由于柔轮比刚轮少（z_1–z_2）个齿，故柔轮相对刚

轮沿相反方向转动（z_1–z_2）个齿的角度，即反转（z_1–z_2）/z_2 周，所以其传动比 i_{H2} 为

$$i_{H2}=\frac{\omega_H}{\omega_2}=-\frac{1}{(z_1-z_2)/z_2}=-\frac{z_2}{z_1-z_2} \qquad (10\text{-}5)$$

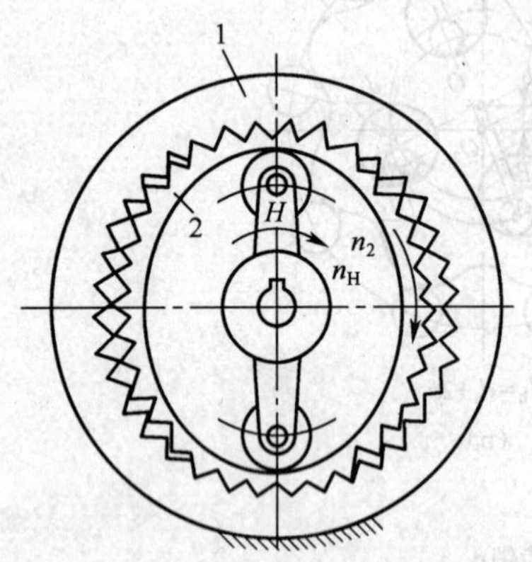

图 10-33　谐波齿轮传动
1—刚轮　2—柔轮

工作时柔轮的径向变形形成一种沿圆周方向周期性前进的变形波。如果采用直角坐标系把波形沿圆周方向展开，则它近似或恰好是一条正弦曲线，故称这种传动为谐波传动。

谐波齿轮传动与摆线针轮传动都属于行星齿轮传动的范畴，两者所不同的是，谐波齿轮传动借助于波发生器使柔轮产生可控的弹性变形而实现柔轮与刚轮的啮合及运动传递，取代了摆线针轮传动所需的等角速度输出机构，因而大大简化了结构，使传动机构体积小、重量轻、安装方便。同时，谐波齿轮传动同时啮合的齿数较多，且柔轮采用了高疲劳强度的特殊钢材，因而传动平稳，承载能力强。此外，其摩擦损失也较小，故传动效率高。

谐波齿轮传动可获得较大的传动比，单级传动比可达70～320，其缺点是使用寿命会受柔轮疲劳损伤的影响。目前，谐波齿轮传动已广泛用于能源、造船、航天等部门。

习　题

10-1　凸轮机构由哪几个基本构件组成？举出生产实际中应用凸轮机构的几个实例，通过实例说明凸轮机构的特点。

10-2　螺旋机构有哪些基本运动形式？各自的特点及应用如何？

10-3　题图 10-3 所示为一偏心圆凸轮机构，O 为偏心圆的几何中心。偏心距 e = 15 mm，d = 60mm 。试在图中标出：①该凸轮的基圆半径、从动件的最大位移值 h 和推程运动角 δ_0 的值；②凸轮转过 90° 时从动件的位移值 s。

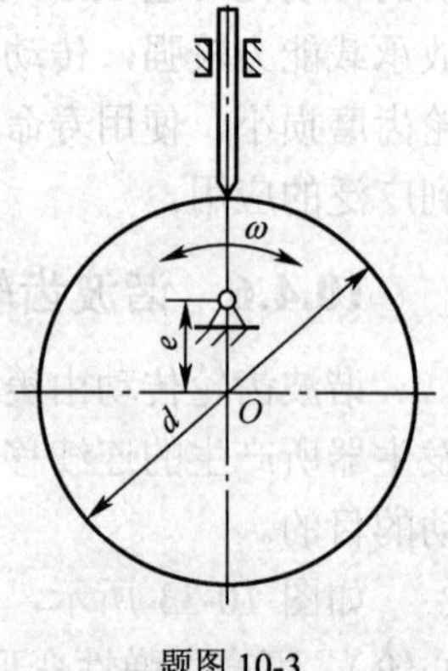

题图 10-3

10-4　题图 10-4 所示为螺旋机构，已知左旋双线螺杆的螺距为3mm，问当螺杆按图示方向转动 180° 时，螺母移动了多少距离？向什么方向移动？

10-5　题图 10-5 所示为一微调螺旋机构，通过调整螺杆 1 的转动可使被调螺母 2 左右微移。设螺旋副 A 为右旋，导程为 1mm，要求调整螺杆按图示方向转动一周，螺母左移 0.2mm，这时 B 螺旋副的旋向和导程应如何设计？

10-6　什么叫间歇运动机构？常用的间歇运动机构有哪些？各有何运动特点？

10-7　试述滚珠丝杠的工作原理及滚珠循环方式。

10-8　滚珠丝杠有哪些特点？应用情况如何？

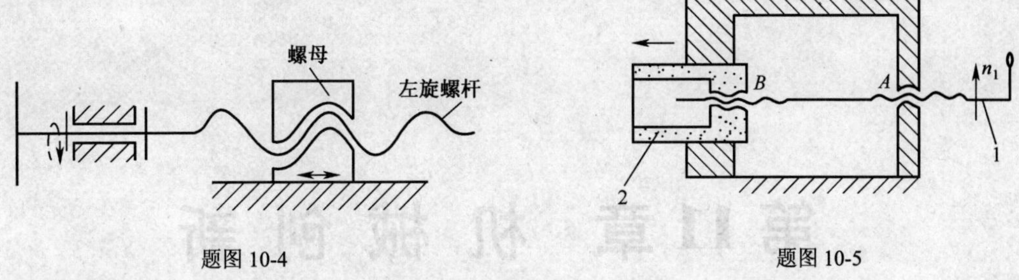

题图 10-4　　题图 10-5

10-9　试述滚珠花键传动、锥环无键联轴传动的工作原理及应用特点。

10-10　摆线针轮传动机构中，针轮与摆轮的齿数差为多少？

10-11　试述谐波齿轮传动的工作原理。该传动中刚轮与柔轮的齿数差如何确定？

第11章 机械创新

机械创新设计属于技术创新范畴。创新设计的要求比对普通设计提高了许多，是一种创造性、经济性、时效性的活动。本章主要介绍机械创新设计的一般方法及规律，并分析几个机械创新设计实例，以利于培养和提高学生的创新意识和创新能力。

教学目标

- 了解机械创新设计的思维与基本技法；
- 理解机构组合的原理及特点、创新设计的规律与过程；
- 了解机构的演化特点与规律。

11.1 机械创新设计概述

设计是人类社会最基本的一种生产活动，它是创造精神财富和物质财富的重要环节。创新设计是技术创新的重要内容。工程设计是建立技术系统的第一道工序，它对产品的技术水平和经济效益起决定性的作用，据统计，产品成本的75%～80%是由设计阶段确定的。

设计的本质是革新和创造。强调创新设计是要求在设计中更充分发挥设计者的创建力，利用最新科技成果，在现代设计理论和方法的指导下，设计出更具有竞争力的新颖产品。

11.1.1 机械创新设计的概念

机械创新设计是指充分发挥设计者的创造力和智慧，利用人类已有的相关科学理论、方法和原理，进行新的构思，设计出新颖、有创造性及实用性的机构或机械产品（装置）的一种实践活动。它包含两个部分：一是改进、完善生产或生活中现有机械产品的技术性能、可靠性、经济性、适用性等；二是创造设计出新机器、新产品，以满足新的生产或生活的需要。由于机械创新设计过程凝结了人们的创造性智慧，因而，机械创新设计的产品无疑是科学技术与艺术结晶的产物，具有美学性，反映出和谐统一的技术美。

1. 机械创新设计与常规机械设计的关系

机械的类型、用途、性能和结构的特点虽然千差万别，但它们的设计过程却大多遵循着同样的规律。概括起来说，常规机械设计过程一般可分为 4 个阶段：①机械总体方案设计；②机械的运动设计；③机械的动力设计；④机械的结构设计。常规设计一般是在给定机械结构或只对某些结构作微小改动的情况下进行的，其主要内容是进行尺度设计、动力设计和结构设计。

机械创新设计是相对常规设计而言的，它特别强调人在设计过程中，特别是在总体方案设计阶段中的主导性及创造性作用。机械创新设计有高低层次之分，这可用创新度来衡量。创新度可用来衡量一个设计项目创新含量的深度和广度。创新度大，创新层次高；反之，创新层次低。例如，工厂中的非标准件设计虽属常规设计范畴，却已含有较多的创造性设计成分。

2．机械创新设计与机械创造发明的关系

机械的创造发明大多属于机械结构方案的创新设计。创造发明过程及方法的专著已问世，但大多是作宏观概括的论述，缺少具体的可操作性。学生学过之后，在机械创新设计的原理、方法及实现等方面仍缺少实用的知识。机械创新设计要完成的一个核心内容，就是要探索机械产品创新发明的机理、模式及方法，要具体描述机械产品创新设计过程，并将它程式化、定量化，乃至符号化、算法化。

11.1.2 机械创新设计的特点

1．独创性

机械创新设计必须具有独创性和新颖性。设计者应追求与前人、众人不同的方案，打破一般思维的常规惯例，提出新功能、新原理、新机构、新材料，在求异和突破中体现创新。

2．实用性

机械创新设计必须具有实用性。纸上谈兵无法体现真正的创新。发明创造成果只是一种潜在的财富，只有将它们转化为现实生产力或市场商品，才能真正为经济发展和社会进步服务。设计的实用化主要表现为市场的适应性和可生产性两方面。

3．多方案选优

机械创新设计涉及多种学科，如机械、液压、电力、气动、热力、电子、光电、电磁及控制等多种科技的交叉、渗透与融合，应尽可能从多方面、多角度、多层次寻求多种解决问题的途径，在多方案比较中求新、求异、选优，以发散性思维探求多种方案，再通过收敛评价取得最佳方案，这是创新设计方案的特点。

11.1.3 机械创新设计中的创新思维

机械创新设计是人类创造活动的具体领域，需要设计者对创新思维的特点、本质、形成过程有所掌握，认识创新思维与其他类型的思维、创新原理、创新技法的关系等。创新设计不是简单的模仿或技术改造，而应具有突破性、新颖性、创造性、实用性以及带来的社会效益性。

创新思维是一种高层次的思维活动，它是建立在常规思维基础上的人脑机能在外界信息激励下，自觉综合主观和客观信息后产生新的客观实体（如工程领域中的新成果，自然规律或科学理论的新发现等）的思维活动和过程。创新思维的主要特点有：综合性、跳跃性、新颖性、潜意识的自觉性、顿悟性、流畅灵活性等。

人类现代文明的一切成果，无不是人的创新思维的结果。创新思维是人们从事创造发明的源泉，是创造原理和创新技法的基础。例如，逆反创造原理源于有序思维、综合创造原理源于发散—收敛思维、迂回创造原理源于创新思维的形成过程原理等。了解和掌握创新思维的基本知识有助于创新思维的培养，有利于学习、掌握创造原理和创新技法。有利于人们从事各类创新活动。

创新思维的形成过程大致可分为 3 个阶段。

1. 储存准备阶段

这一阶段就是明确要解决的问题，围绕问题收集信息，并试图使之概括化和系统化，使问题和信息在脑细胞及神经网络中留下印记。大脑的信息存储和积累是诱发创新思维的先决条件，存储愈多，诱发愈多。任何一项创造发明都需要一个准备过程，只是准备的时间长短不同。

2. 悬想加工阶段

在围绕问题进行积极的思索时，大脑会不断地对神经网络中的递质、突触、受体进行能量积累，为产生新的信息而运作。这一阶段人脑能总体上根据各种感觉、知觉、表象提供的信息，认识事物的本质，使大脑神经网络的综合创造力有超前力量和自觉性。在准备之后，一种研究的进行或一个问题的解决，难以一蹴而就，往往需经过探索尝试，故这一阶段也常常叫做探索解决问题的潜伏期、孕育阶段。

3. 顿悟阶段

人脑有意无意地突然出现某些新的形象、新的思想，使一些长久未能解决的问题在突然之间得以解决。进入这一阶段，问题的解决一下子变得豁然开朗。创造主体突然间被特定情景下的某一特定启发唤醒，创新意识猛然被发现，以前的困扰顿时一一化解，问题顺利解决。这一阶段是创新思维的重要阶段，被称为“直觉的跃进”，“思想上的光芒”。这一阶段客观上是由于重要信息的启示、艰苦不懈的思索。主观上是由于孕育阶段内，研究者未全身心投入去思考，从而使无意识思维处于积极活动状态，不像专注思索时思维按照特定方向运行，这时思维范围扩大，多种信息相互联系并相互影响，从而为问题的解决提供了良好的条件。

11.1.4 常用创新技法

创新技法是以创新思维为基础，通过时间总结出的一些创造发明的技巧和方法。由于创新设计的思维过程复杂，有时发明者本人也说不清楚是用哪种方法获得成功的，但通过不断的实践和对理论的总结，大致可总结出以下几种方法。

1. 智力激励法（集思广益法）

智力激励法是一种典型的群体集智法。它是通过召开智力激励会、书面集智或函询集智来实施。

2. 提问追溯法

提问追溯法在思维方面具有逻辑推理的特点。它是通过对问题进行分析，加以推理以扩展思路，或把复杂问题进行分解，找出各种影响因素，再进行分析推理，从而寻求问题解答的一种创新技法。

3. 联想类推法

联想类推法是通过启发、类比、联想、综合等创造出新的想法以解决问题，主要有相似联想法、抽象类比法、借用法、仿生法等。

4. 组合创新法

组合创新法就是利用事物间的内在联系，用已有的知识和成果进行新的组合而产生新的方案。主要有以下两种方法。

（1）组合法。把现有的技术或产品通过功能、原理、模块等方法的组合变化，形成新的技术思想或新的产品。

（2）综摄法。通过已知的东西作为媒介，把毫无关联的、不相同的知识要素结合起来，摄取各种产品的长处将其综合在一起，制造出新产品的一种新的创新技法。它具有综合摄取的组合特点。例如，日本南极探险队在输油管不够的情况下，因地制宜，用铁管做模子，绑上绷带，层层淋水使之结成一定厚度的冰，做成冰管，作为输油管的代用品，这就是综摄法的应用。

11.2 平面四杆机构尺寸的确定

平面四杆机构的结构尺寸，主要是根据给定的条件，通过解析法、几何法或实验法来确定的。几何法和实验法比较直观、简明；解析法比较精确，但计算复杂。若用计算机辅助设计，则既精确，又迅速，是设计方法的新方向。

11.2.1 按给定的连杆位置确定四杆机构

1. 给定连杆的两个位置

例 11-1 已知连杆 BC 的长度 l_{BC}，连杆的两个给定位置 B_1C_1、B_2C_2，如图 11-1 所示，试确定该四杆机构的结构尺寸。

解 按已知条件 l_{BC}、位置 B_1C_1、B_2C_2 作出机构示意图，如图 11-1（a）所示，只要确定固定铰链中心 A、D，便可定出各构件长度。显然，由于连杆上 B、C 两点的轨迹分别在以 A、D 两点为圆心的圆周上，所以 A、D 两点必然分别位于 B_1B_2 和 C_1C_2 的中垂线 b_{12} 和 c_{12} 上。

根据以上分析，得出下列作图步骤（见图 11-1（b））。

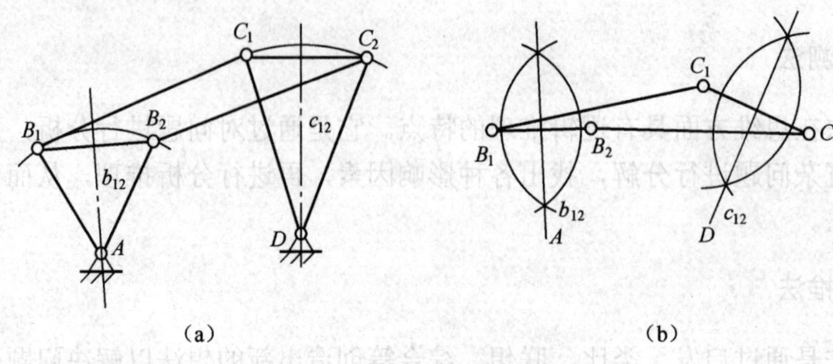

图 11-1　给定连杆的两个位置

（1）选取比例尺，按给定位置画出 B_1C_1 和 B_2C_2。

（2）连接 B_1B_2 和 C_1C_2，作 B_1B_2 和 C_1C_2 的中垂线 b_{12} 和 c_{12}。

（3）在 b_{12} 上任取一点 A，在 c_{12} 上任取一点 D，连 AB_1、B_1C_1、C_1D，则 AB_1C_1D 即为所求四杆机构。各构件长度由图中量取按比例确定。

由于 A、D 两点可在 b_{12} 和 c_{12} 上任意取，故可有无穷多个解，必须给定辅助条件（如构件尺寸范围等），才能确定 A、D 的位置。

2. 给定连杆的 3 个位置

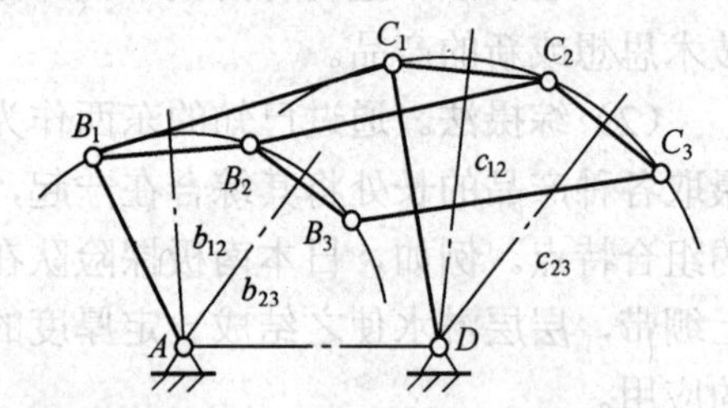

图 11-2　给定连杆的 3 个位置

如图 11-2 所示给定连杆 3 个位置 B_1C_1、B_2C_2、B_3C_3 及连杆长度 l_{BC}，确定四杆机构的方法与给定连杆两个位置的相同，只是固定铰链 A 是 B_1B_2 的中垂线 b_{12} 和 B_2B_3 的中垂线 b_{23} 的交点；固定铰链 D 是 C_1C_2 的中垂线 c_{12} 和 C_2C_3 的中垂线 c_{23} 的交点，结果是唯一的。

11.2.2　按给定的行程速比系数 *K* 确定四杆机构

给定行程速比系数 K，就给定了四杆机构急回的运动条件。在此条件下，先按 K 求出极位夹角 θ，再按极限位置的几何关系，结合给定的辅助条件，即可定出机构的尺寸。

以曲柄摇杆机构为例说明如下。

已知条件：摇杆长度 l_{CD} 及其摆角 ψ 和行程速比系数 K。

分析：按已知条件，试作该机构运动示意图如图 11-3（a）所示。由图可知，关键在于确定铰链中心 A 的位置。因为当 A 点确定后，便可求得 $l_{AB}=\dfrac{l_{AC_2}-l_{AC_1}}{2}, l_{BC}=\dfrac{l_{AC_2}+l_{AC_1}}{2}$ 和 l_{AD}。A 点是极位夹角 θ 的顶点。由图 11-3（b）可知，若过 C_1、C_2、A 三点作一辅助圆 L，则 $\overset{\frown}{C_1AC_2}$ 弧上的任意点 P 与 C_1、C_2 点连线的夹角都等于 θ，故 A 点应在 $\overset{\frown}{C_1AC_2}$ 弧上。

给定行程速比系数，确定四杆机构尺寸的步骤如下（见图 11-3（b））。

（1）计算 θ。

$$\theta=180^\circ\frac{K-1}{K+1}$$

（2）作摇杆两极限位置，任选一点 D，按比例及摆角 ψ 作 C_1D 和 C_2D。

（3） 作辅助圆 L，连接 C_1C_2 作 $C_1M \perp C_1C_2$，作 $\angle C_1C_2N = 90^\circ - \theta$，$C_1M$ 与 C_2N 交于 P 点。以 C_1、C_2、P 作辅助圆 L，由于 $\angle C_1PC_2 = \theta$，故弧 $\overset{\frown}{C_1PC_2}$ 内任一点都满足极位夹角顶点 A 的要求。

（4）定出各构件长度。在 $\overset{\frown}{C_1PC_2}$ 弧上任取一点 A，连接 AD、AC_1、AC_2。各构件的尺寸如下：

$$l_{\mathrm{AB}} = \frac{\left(l_{\mathrm{AC}_2} - l_{\mathrm{AC}_1}\right)}{2}$$

$$l_{\mathrm{BC}} = \frac{\left(l_{\mathrm{AC}_2} + l_{\mathrm{AC}_1}\right)}{2}$$

由于 A 点是任选，因此解答不唯一，需要给出辅助条件，如给出机架长度 l_{CD} 等，才能得出最终结果。

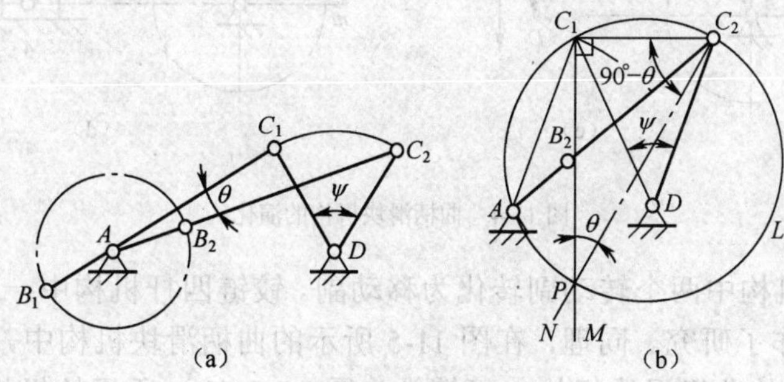

图 11-3　给定行程速比系数

11.3　机构的演化

在实际机械中，平面连杆机构的形式是多种多样的，但其中绝大多数是在铰连四杆机构的基础上发展和演化而成的，一般可通过以下途径演化。

1. 转动副转化成移动副

（1）铰链四杆机构中一个转动副转化成移动副。如图 11-4 所示的曲柄摇杆机构中，摇杆 3 上 C 点的轨迹是以 D 点为圆点，杆 3 的长度 L_3 为半径的圆弧 $\overset{\frown}{mm}$。如将转动副 D 扩大，使其半径等于 L_3，并在机架上按 C 点的近似轨迹 $\overset{\frown}{mm}$ 作成一弧形槽，摇杆 3 作成与弧形槽相配的弧形块，如图 11-4（b）所示。此时，虽然转动副 D 的外形改变，但机构的运动特性并没有改变。若将弧形槽的半径增至无穷长，则转动副 D 的中心移至无穷远处，弧形槽变为直槽，转动副 D 则转化为移动副，构件 3 由摇杆变成了滑块，于是曲柄摇杆机构就演化为曲柄滑块机构，如图 11-4（c）所示。此时移动方位线 mm 不通过曲柄回转中心，故称为偏置曲柄滑块机构。曲柄转动中心至其移动方位线 mm 的垂直距离称为偏距 e，当移动方位线 mm 通过曲柄转动中心 A 时（即 $e = 0$），则称为对心曲柄滑块机构，如图 11-4（d）所示。

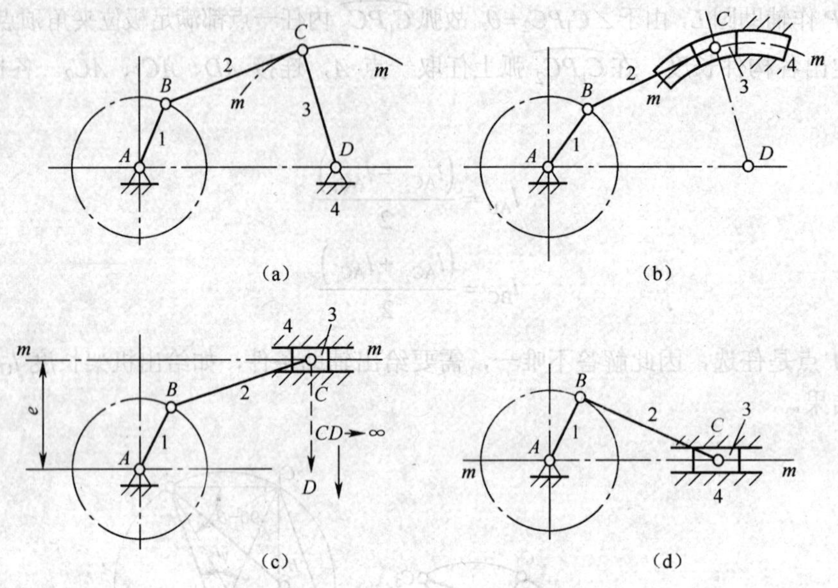

图 11-4　曲柄滑块机构的演化

（2）铰链四杆机构中两个转动副转化为移动副。铰链四杆机构中一个转动副如何转化为移动副，上面已作了研究。同理，在图 11-5 所示的曲柄滑块机构中，将转动副 *C* 扩大，则图 11-5（a）所示的曲柄滑块机构，可等效为图 11-5（b）所示的机构。若将圆弧槽 *mm* 的半径逐渐增加至无穷长时，则图 11-5（b）所示机构就演化为图 11-5（c）所示的机构。此时连杆 2 转化为沿直线 *mm* 移动的滑块 2；转动副 *C* 则变成为移动副，滑块 3 转化为移动导杆。曲柄滑块机构便演化为具有两个移动副的四杆机构，此机构称为曲柄移动导杆机构，是含有两个移动副四杆机构的基本型式之一。

由于此机构当主动曲柄 1 等速回转时，从动导杆 3 的位移为简谐运动规律，故又称为正弦机构，如图 11-6 所示的缝纫机引线机构即为其应用实例。

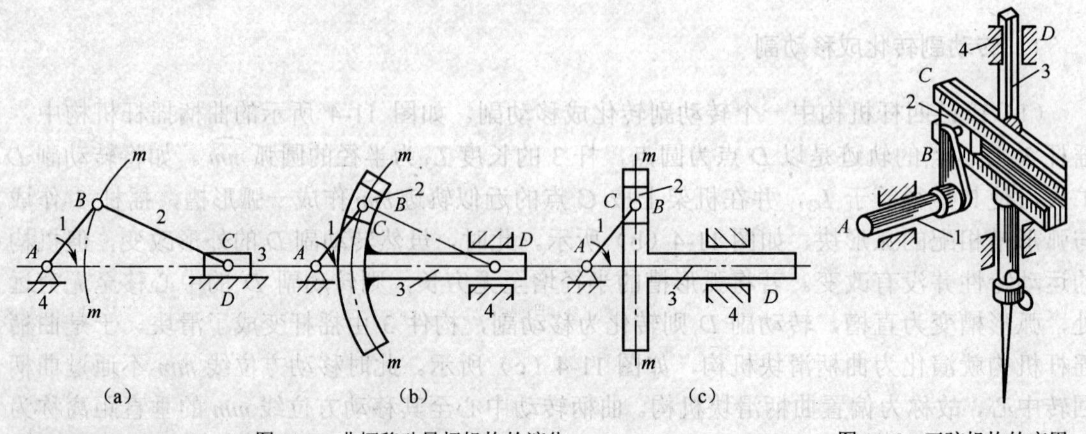

图 11-5　曲柄移动导杆机构的演化　　图 11-6　正弦机构的应用

2. 取不同构件为机架

当以铰链四杆机构中的曲柄摇杆机构、含有一个移动副中的曲柄滑块机构以及含有两个移动副四杆机构中的正弦机构为基础时，通过分别选取此三类机构中的不同构件为机架，则可获得相应的各种派生的四杆机构，如表 11-1 所示（表中图（*l*）所示摆动导杆滑块机构除外，它为含两个移动副的四杆机构的另一种基本型式，此种型式的特点是两个移动副不相邻）。在表 11-1 中有阴影线者为选取机架的构件。

表 11-1　　四杆机构取不同的构件作为机架的派生型式

铰链四杆机构	含有一个移动副的四杆机构	含有两个移动副的四杆机构
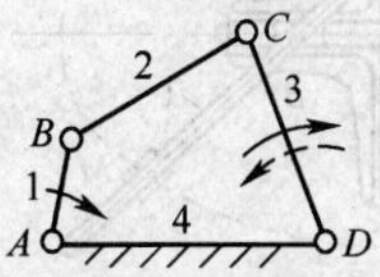 （a）曲柄摇杆机构	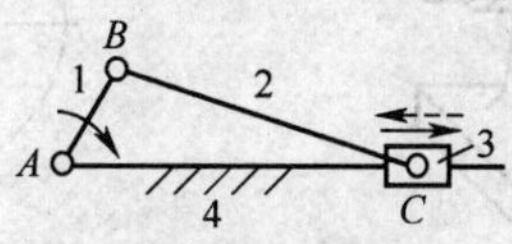 （e）曲柄（摇杆）滑块机构	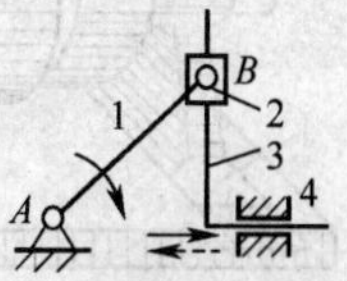 （i）曲柄移动导杆机构
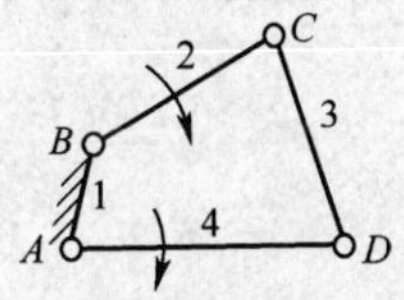 （b）双曲柄机构	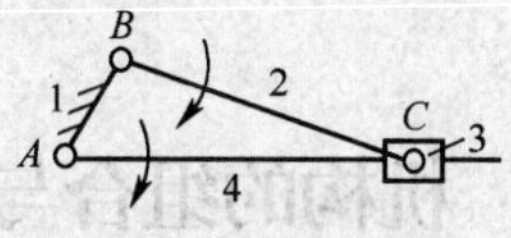 （f）曲柄转动导杆机构	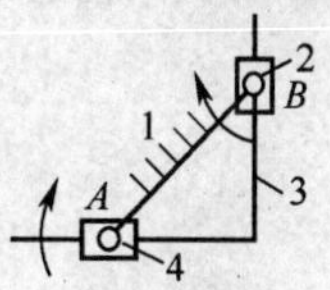 （j）双转块机构
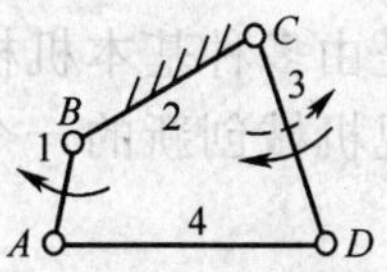 （c）曲柄摇杆机构	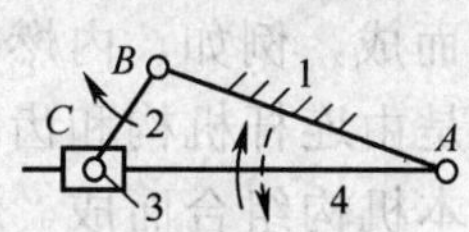 （f′）曲柄摆动导杆机构 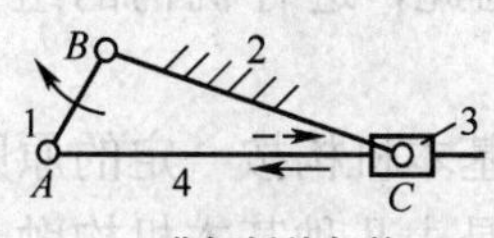 （g）曲柄摇块机构	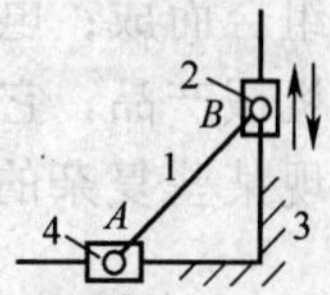 （k）双滑块机构
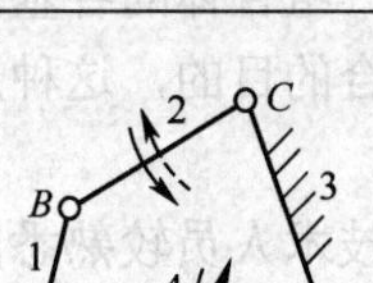 （d）双摇杆机构	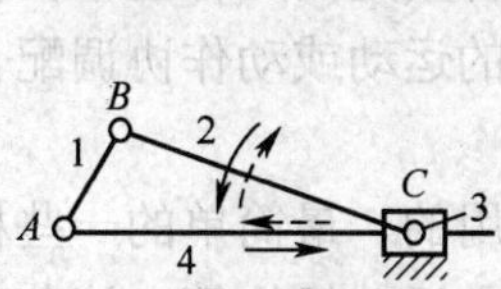 （h）定块机构	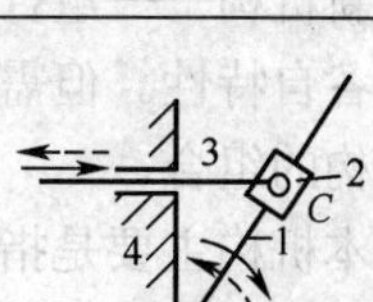 （l）摆动导杆滑块机构

在铰链四杆机构中，取不同的构件作为机架，形成相应的机构已在前面章节讨论过。

在含有一个移动副曲柄滑块机构，设杆 1，2，4 的长度分别为 l_1，l_2，l_4，若选杆 1 为机架，当 $l_2>l_1$ 时为转动导杆机构；当 $l_2<l_1$ 时为摆动导杆机构，如表 11-1（f）图与（f′）图所示。导杆机构广泛应用于回转式油缸、牛头刨床等机器中。若选杆 2 为机架，则形成曲杆摇块机构，如自卸式卡车的自动卸料装置。若选滑块 3 为机架时，则形成定块机构。

在含有两个移动副的四杆机构中，若选用杆 1 为机架时，则可形成双摇块机构，如

表 11-1 中（j）图所示。此种机构的两滑块均能相对于机架作整周转动，当其主动滑块 2 转动时，通过连杆 3 可使从动滑块 4 获得与主动滑块 2 同步的转动，因此，它作十字滑块联轴节，如图 11-7 所示。当其主动轴 2 和从动轴 4 的轴线不重合时，仍可保证两轴转速同步。若选构件 3 为机架，则可形成双滑块机构，如表 11-1 中（k）图所示。一般两滑块的移动方向垂直，其连杆 *AB*（或其延长线）上的任一点的轨迹必为椭圆，故常用作椭圆仪，如图 11-8 所示。

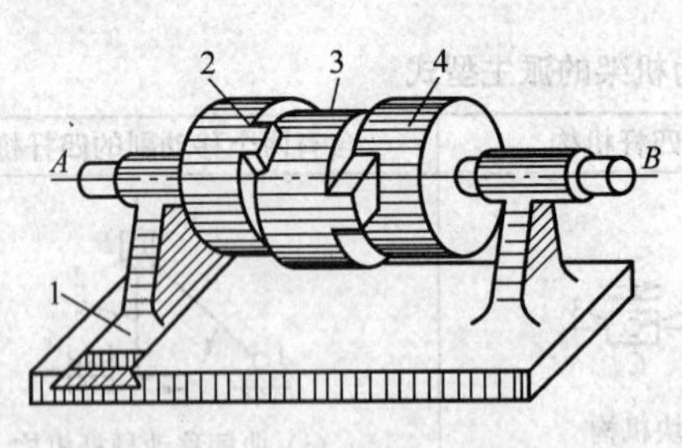

图 11-7　双摇块机构

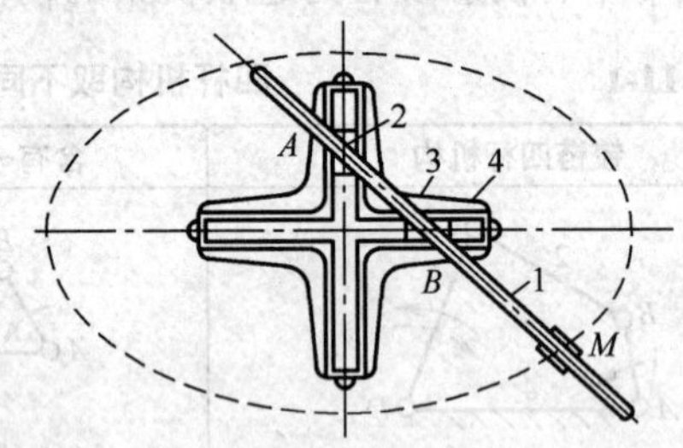

图 11-8　双滑块机构

11.4　机构的组合与创新

机械常由简单的基本机构组合而成，例如，内燃机是由连杆机构、凸轮机构、齿轮机构等组合而成；电风扇摇头机构是由连杆机构和齿轮机构组合面成；点阵打印机是一种现代机械产品，它也是由许多基本机构组合而成。这些机械都是由多种基本机构的组合来实现某些复杂的运动要求，因此，进行机构的组合设计是实现机械创新的一个重要途径。

机构的组合原理，是指将几个基本机构按一定的原则或规律。组合成一个复杂的机构。这个复杂的机构有两种形式：一种是由几种基本机构融合成性能更加完善、运动形式更加多样化的新机构——组合机构：另一种则是由几种基本机构组合在一起，组合体的各基本机构还保持各自特性。但需要各个机构的运动或动作协调配合，以实现组合的目的，这种形式被称为机构的组合。

基本机构主要是指机械中最常用的、最简单的一些机构，如工程技术人员较熟悉的四连杆机构、凸轮机构、齿轮机构、间歇运动机构等，这些基本机构应用较广。但随着生产过程机械化、自动化的发展，对机构输出的运动和动力特性提出了更高的要求，而单一的基本机构的运动和动力性能都具有一定的局限性，使其在某些性能上不能满足要求。例如，四连杆机构不能完全精确地实现任意给定的运动规律；凸轮机构虽然可以实现任意运动规律，但不能使从动件作整周的转动；齿轮机构只能实现一定规律的连续单向转动；棘轮机构、槽轮机构等间歇运动机构只能实现单向的间歇运动等。为解决这些问题，必须进行创新设计，充分利用各种基本机构的良好性能，改善它们的不良特性，运用机构组合原理构造出既满足工作要求，又具有良好运动和动力性能的机构。

机构的组合方式很多，下面主要介绍串联式机构组合、并联式机构组合、复合式机构组合和叠加式机构组合。

11.4.1　串联式机构组合与创新

1. 串联式机构组合的原理与创新方法

串联式机构组合是指若干个单自由度的基本机构顺序连接，以前一个机构的输出构件作为后一个机构的输入构件的机构组合方式。若连接点设在前一个机构中作简单运动的连架杆上，则称其为Ⅰ型串联；若连接点没在前一个机构中作平面复杂运动的构件上，则称其为Ⅱ型串联。

串联式机构组合的特点是运动顺序传递，结构简单。

下面结合具体实例，论述串联式机构组合的两种结构形式，分析其运动和动力性能，以及如何实现各种特殊要求。

2. 串联式机构组合的主要功能分析

（1）Ⅰ型串联式组合。下面主要讨论两个基本机构的串联组合问题，假使这两个基本机构分别为前置子机构和后置子机构。在对基本机构进行串联组合时，需要了解每种基本机构的性能特点，分析各种基本机构在什么条件下适合作前置子机构或后置子机构，这样才能完成具体的组合。可推荐的串联组合方法有以下几种。

① 前置子机构为连杆机构：连杆机构的输出构件一般是连架杆，它能实现往复摆动、往复移动及变速转动输出，且具有急回特性。常采用的后置子机构有：

- 连杆机构，可利用变速转动的输入获得等速转动的输出，还可利用杠杆原理确定合适的铰接位置，在不减小机构传动角的情况下实现增程和增力作用；
- 凸轮机构，可使凸轮获得变速转动和往复移动的输入，使后置子机构的从动件获得更多的运动规律；
- 齿轮机构，利用摆动或移动的输入，使从动齿轮或齿条获得大行程摆动或移动，还可利用变速转动的输入进一步通过后置的齿轮机构进行减速或增速；
- 槽轮机构，利用变速转动的输入，减小槽轮转位时的速度波动；
- 棘轮机构，利用往复摆动和移动输入拨动棘轮间歇转动。

例 11-2　图 11-9 所示为缝纫机梭心摆动机构，前置子机构为铰链四杆机构，后置子机构为导杆机构，其中导杆 O_BC 与摇杆 O_BB 联为一体。当主动曲柄 O_AA 回转时，从动摇杆 O_BB 作往复摆动，其最大摆角为 ψ_3。该摆角满足不了缝纫机梭心摆动的摆角要求，为此，通过串联一导杆机构，则摇杆 O_CC 的摆角 ψ_5，可达 200°左右，增大了输出摆角，即可满足缝纫机梭心的摆动要求。该串联式机构组合，实现了输出摆角增大的作用。

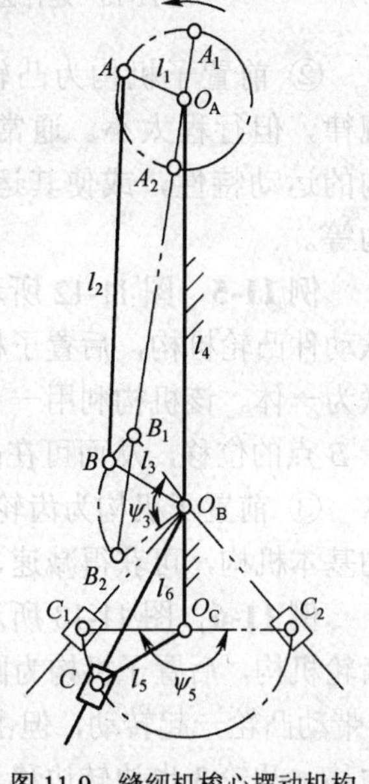

图 11-9　缝纫机梭心摆动机构

例 11-3　图 11-10 所示为连杆齿轮齿条行程倍增机构，前置子机构为连杆机构，后置子机构为齿轮齿条机构。主动曲柄

1 转动，推动齿轮 3 与上、下齿条 4、5 啮合传动，上齿条 4 固定，下齿条 5 作往复移动。其行程 $S=4R$，即把连杆机构的输出行程扩大了一倍。显然，输出位移相同的前提下，其曲柄比一般对心曲柄滑块机构的曲柄可缩小一半，从而可缩小整个机构尺寸。若将齿轮 3 改为双联齿轮 3—3′，节圆半径分别为 r_3, r_3'，齿轮 3 与固定齿条 4 啮合，齿轮 3′与移动齿条 5 啮合，其行程为

$$S=2\left(1+\frac{r_3'}{r_3}\right)R$$

当 $r_3'>r_3$ 时，$S>4R$。该串联式机构组合，实现了输出行程成倍增大作用。

例 11-4 图 11-11 所示为连杆槽轮机构，前置子机构为双曲柄机构，后置于机构为槽轮机构。由于普通槽轮机构工作时，其主动拨盘一般作匀速转动，且回转半径不变，而当运动传递给槽轮时，主动拨盘的滚销在槽轮的传动槽内沿径向位置相对滚动，致使槽轮的受力作用点也沿径向位置发生变化，导致槽轮在一次转位过程中，角速度由小变大，再由大变小。而连杆槽轮机构中，双曲柄机构 $ABCD$ 中的从动曲柄 CD 与槽轮机构的主动拨盘 DE 联为一体，故槽轮机构工作时，其主动拨盘可作非匀速转动，若在设计双曲柄机构时考虑好 E 点的速度变化，能够中和槽轮的转速变化，则槽轮将以近似等速转位。由此可见，经串联组合的槽轮机构的运动和动力性能，均有较大改善。

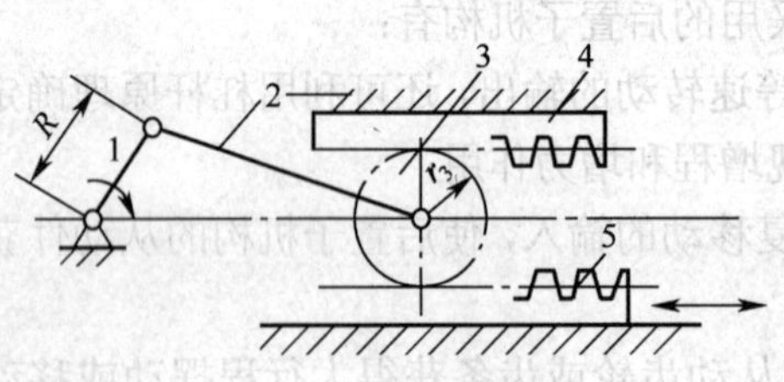

图 11-10　连杆齿轮齿条机构

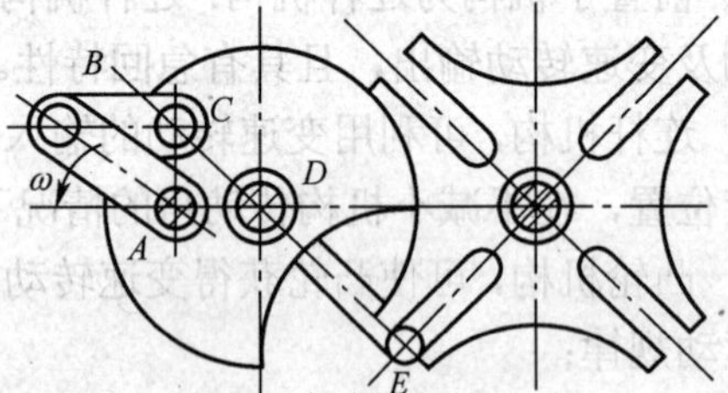

图 11-11　连杆槽轮机构

② 前置子机构为凸轮机构：凸轮机构的输出通常为移动或摆动，可实现任意的运动规律，但行程太小。通常后置子机构利用凸轮机构输出构件的运动规律，改善后置子机构的运动特性，或使其运动行程增大。后置子机构可以是连杆机构、齿轮机构、槽轮机构等。

例 11-5 图 11-12 所示为使运动行程增大的凸轮—连杆机构示意图，前置子机构为摆动从动件凸轮机构，后置子机构为摇杆滑块机构。凸轮机构的从动件与摇杆滑块机构的主动件联为一体。该机构利用一个输出端半径 r_2 大于输入端半径 r_1 的摇杆 BAC，使 C 点的位移大于 B 点的位移，从而可在凸轮尺寸较小的情况下，使滑块获得较大行程。

③ 前置子机构为齿轮机构：齿轮机构的输出通常为转动或移动；后置子机构用各种类型的基本机构，可获得减速、增速以及其他的功能要求。

例 11-6 图 11-13 所示为齿轮和圆柱凸轮组合的行程增大（减小）机构，前置子机构为齿轮机构，后置子机构为圆柱凸轮机构。齿轮 2 与凸轮 3，5 固定连接，齿轮 1 转动时，齿轮 2 带动凸轮一起转动，但由于凸轮机构“5 与 4”中的从动件 4 不能左右移动，故凸轮 5 边转边移，凸轮 3 也边转边移，带动从动件 6 往复移动，使从动件 6 的行程增大或减小。若凸轮

3，5 曲线槽的升程分别是 S_3，S_5，从动件 6 的移距 S_6 则是 S_3，S_5 的合成

$$S_6 = S_3 \pm S_5$$

若两凸轮的曲线槽反向时，上式用正号，即机构为行程增大机构；两凸轮的曲线槽同向时用负号，即机构为行程减小机构。

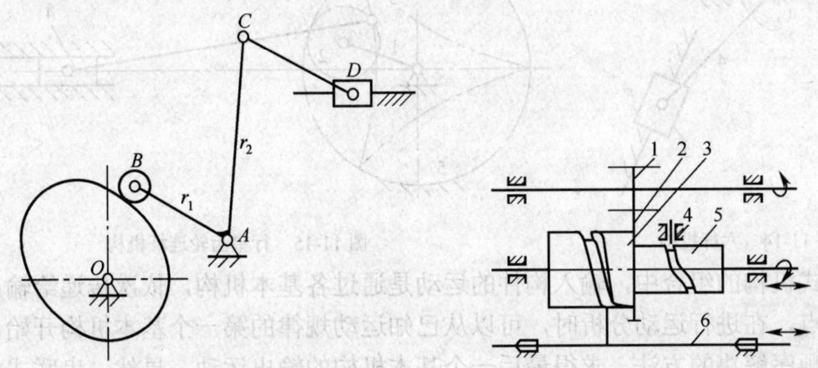

图 11-12　凸轮—连杆机构　　　　图 11-13　齿轮和圆柱凸轮组合机构

综上所述，Ⅰ型串联式组合机构常用于改善输出构件的运动和动力性能，常见于后置子机构输出的运动性能不很满意的情况，如速度与加速度有较大波动，从而造成运转不稳定，并且产生振动等。为改变这种状况，可串联一个输出非匀速运动的前置子机构，用以中和后置于机构的速度变化，改善输出构件的运动和动力性能。此外，Ⅰ型串联式组合机构还用于运动或力的放大，此时可根据运动或力放大的具体要求选择不同的方法。若选择连杆机构，则按杠杆原理确定支点的位置，即确定相关杆的长度比；若选择齿轮机构，则需要确定适当的齿数比。

（2）Ⅱ型串联式组合。在Ⅱ型串联式组合中，后置子机构的输入构件一般与前置子机构中作平面复杂运动的连杆在某一点连接。若前置子机构为周转轮系，则后置子机构的输入构件与前置子机构中的行星轮连接。这主要是利用前置子机构与后置子机构连接点处的特殊运动轨迹 —— 直线、圆弧曲线、“8”字自交形曲线等，使机构的输出构件获得某些特殊的运动规律，如停歇、行程两次重复等。

例 11-7　图 11-14 所示为六杆机构，在一个运动循环内，滑块可实现两个不同的行程。在铰链四杆机构 *BCDE* 中，连杆 2 的 *A* 点的运动轨迹为一个具有自交点的横向 8 字形的曲线（见图 11-14 中虚线所示），构件 4 与连杆 2 在 *A* 点铰接，与滑块 5 在 *F* 点铰接，滑块 5 可沿固定导路移动。这样，当曲柄 1 回转一周时，滑块 5 可往复移动两次。这就是利用连杆机构中连杆上某点的特殊轨迹串联一个后置子机构，实现特殊的运动要求。

例 11-8　图 11-15 所示为行星齿轮连杆机构，系杆 1 为输入构件，行星齿轮 2 与固定内齿轮 5 相啮合。当两齿轮的齿数满足 $z_5 = 3z_2$ 时，齿轮 2 节圆上点的轨迹是 3 段近似圆弧的摆线，其圆弧半径近似等于 $8r_2'$（r_2' 为齿轮 2 的节圆半径），输出件行星齿轮 2 在节圆处与连杆 3 铰接，当连杆 3 的长度等于 $8r_2'$ 时，滑块 4 与连杆 3 的铰接点近似位于圆心处，则当系杆转动一圈时，滑块 4 有三分之一的时间处于停歇状态。这就是利用行星轮系中行星齿轮的平面复合运动输出特殊的运动规律，串联组合后置子机构，使输出构件满足特殊的运动要求。

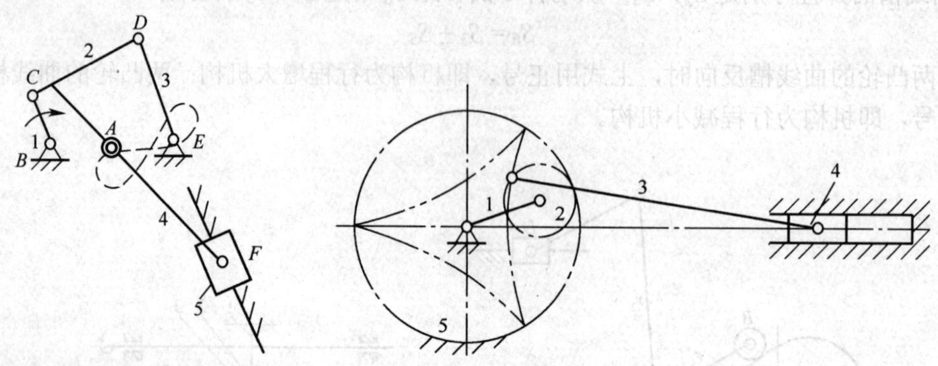

图 11-14　六杆机构　　　图 11-15　行星齿轮连杆机构

在串联式机构的组合中，输入构件的运动是通过各基本机构，依次传递给输出构件的。根据这个特点，在进行运动分析时，可以从已知运动规律的第一个基本机构开始，按照运动的传递路钱顺序解决的方法，求得最后一个基本机构的输出运动。显然，串联式机构组合的位移关系，是各基本机构位移函数的复合函数。

11.4.2　并联式机构组合与创新

1. 并联式机构组合原理与创新方法

两个或两个以上基本机构并列布置，称为并联式机构组合。各个基本机构具有各自的输入构件，而有共同的输出构件则为Ⅰ型并联；各个基本机构有共同的输入与输出构件则为Ⅱ型并联；各个基本机构有共同的输入构件，但却有各自的输出构件则为Ⅲ型并联。并联式机构组合的特点是运动并行传递，按输出运动的性质划分，可分为简单型和复杂型。

简单型并联式机构组合，要求并联的两个子机构的类型、形状和尺寸完全相同，并且对称布置。它主要用于改善机构的受力状态、动力特性、自身的动平衡，解决机构运动中的死点问题及输出运动的可靠性等问题。并联的两子机构常采用连杆机构或齿轮机构，它们共同的输入或输出构件，一般是两子机构共有的同一构件。输入或输出运动的性质，是简单的移动、转动或摆动。

复杂型并联式机构组合的两并联子机构，可以是不同类型的基本机构，也可以是同一类型但具有不同结构尺寸的基本机构，还可以是经过串联组合的机构。它主要用于实现复杂的运动或动作要求，它的输出形式一般按功能要求而设定。如果用于运动的合成，则一个子机构的输出构件是连架杆，输出简单运动，而另一子机构的输出构件与其通过运动副连接，并按预定的要求实现复杂运动或动作的输出。如果用于运动的分解，则两个子机构均输出简单运动，但两简单运动一般要求动作协调配合。这类复杂型的并联组合问题，设计时要求两个子机构严格控制时序关系。

下面通过具体实例说明其组合特点及实际应用。

2. 并联式机构组合的主要功能分析

（1）Ⅰ型并联式组合。该组合相当于运动的合成，其主要功能是对输出构件运动形式的补充、加强和改善。设计时要求两个并联的机构要协调，以满足所要求的输出运动。

例 11-9 图 11-16 所示为六缸发动机曲柄连杆机构，由多个曲柄滑块机构并联组合而成，各曲柄滑块机构的曲柄为制成一体的曲轴，当运动由各曲柄滑块机构的活塞输入时，曲柄即可实现无死点位置的定轴回转运动，且具有良好的平衡、减振作用。但应注意，各并联机构的结构尺寸必须相同。

例 11-10 图 11-17 所示为缝纫机针杆传动机构，由凸轮机构和曲柄滑块机构并联组合而成。原动件分别为曲柄 1 和凸轮 4，从动件为针杆 3，可以实现上下往复移动和摆动的复杂平面运动。若想改变摆角，可通过调整偏心凸轮的偏心距来实现。该机构组合具有两个自由度，必须有两个输入运动才能确定。设计时，两个主动构件的运动一定要协调配合，要按照输出构件的复合运动要求绘制运动循环图，按照运动循环图确定两个主动构件的初始位置。

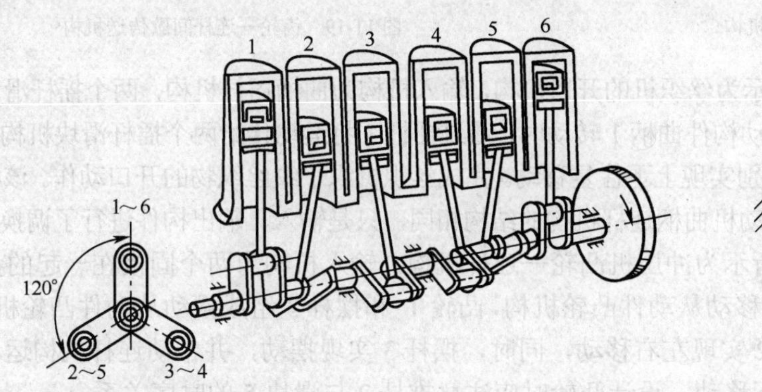

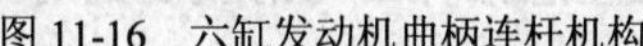
图 11-16 六缸发动机曲柄连杆机构

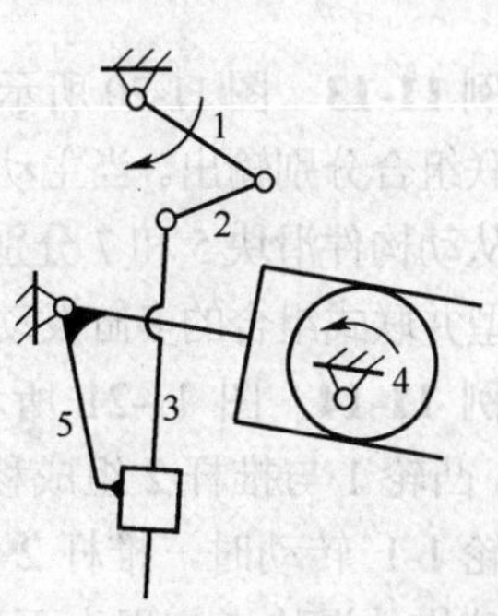

图 11-17 缝纫机针杆传动机构

（2）Ⅱ型并联式组合。该组合相当于将一个运动分解为两个运动，再将这两个运动合成为一个运动输出。其主要功能也是用于改善输出构件的运动状态和运动轨迹，同时还可以改善机构的受力状态，可以使机构获得自身的动平衡。设计的主要问题，也是两个并联的机构要协调配合，或完全对称布置。

例 11-11 图 11-18 所示为平板印刷机上吸纸机构的机构示意图，由两个摆动从动件凸轮机构和一个五杆机构组成，两盘形凸轮固接在同一转轴上，五杆机构的两连架杆分别与凸轮机构的从动件联为一体。当凸轮转动时，推动从动件 2，3 分别按要求的运动规律运动，并带动五杆机构的两连架杆，使固接在连杆 5 上的吸纸盘 P 按要求的矩形轨迹运动，以此完成吸纸和送进等动作。该并联式组合机构，可使连杆的输出运动实现指定的运动轨迹。

例 11-12 图 11-19 所示为齿轮—连杆间歇传送机构，由两个齿轮机构和两个连杆机构组成。齿轮 1 经两个齿轮 2 与 2′带动一对曲柄 3 与 3′同步转动，曲柄使连杆 4（送料动梁）平动，5 为工作滑轨，6 为被推送的工件。由于动梁上任一点的运动轨迹如图 11-18 中点画线所示，故可间歇地推送工件。该机构将齿轮机构的连续转动转化为间歇运动，运动可靠，常用于自动机的物料间歇送进。

（3）Ⅲ型并联式组合。该组合相当于运动的分解，其主要功能是实现两个运动输出，而这两个运动又相互配合，完成较复杂的工艺动作。设计的主要问题，是两个并联机构动作的协调和时序的控制。

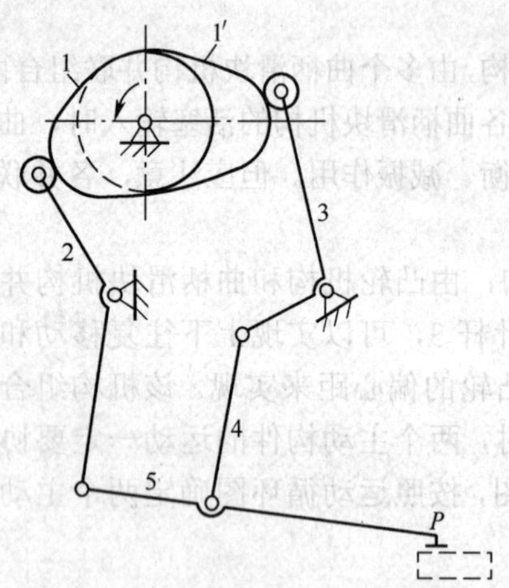

图 11-18　吸纸机构

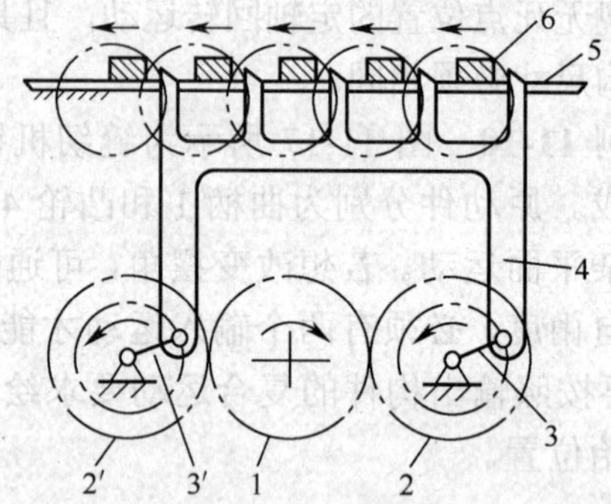

图 11-19　齿轮—连杆间歇传送机构

例 11-13　图 11-20 所示为丝织机的开口机构，输入机构为曲柄摇杆机构，两个摇杆滑块机构并联组合分别输出。当主动构件曲柄 1 转动时，通过摇杆 3 将运动传给两个摇杆滑块机构，使两个从动构件滑块 5 和 7 分别实现上下往复移动。完成丝织机织平纹丝织物的开口动作。该机构与Ⅰ型并联式组合的多缸发动机曲柄连杆机构的结构相同，只是输入、输出构件进行了调换。

例 11-14　图 11-21 所示为冲压机凸轮—连杆机构，输入机构为两个固接在一起的盘状凸轮，凸轮 1 与推杆 2 组成移动从动件凸轮机构，凸轮 1′ 和摆杆 3 组成摆动从动件凸轮机构，当凸轮 1-1′ 转动时，推杆 2 实现左右移动，同时，摆杆 3 实现摆动，并带动连杆机构运动，使从动构件滑块 5 实现上下移动。设计凸轮时应注意推杆 2 与滑块 5 的时序关系。

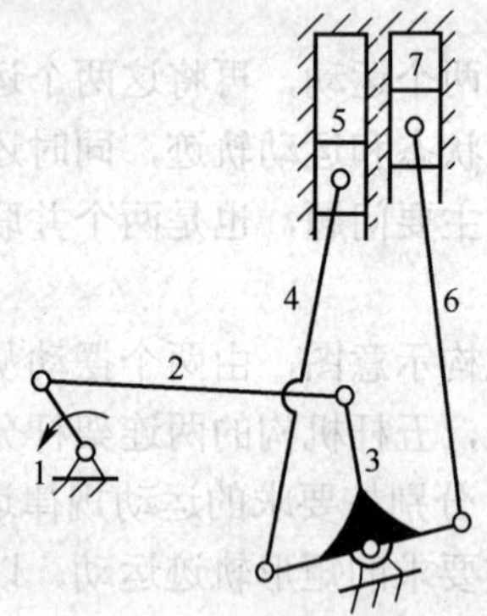

图 11-20　丝织机的开口机构

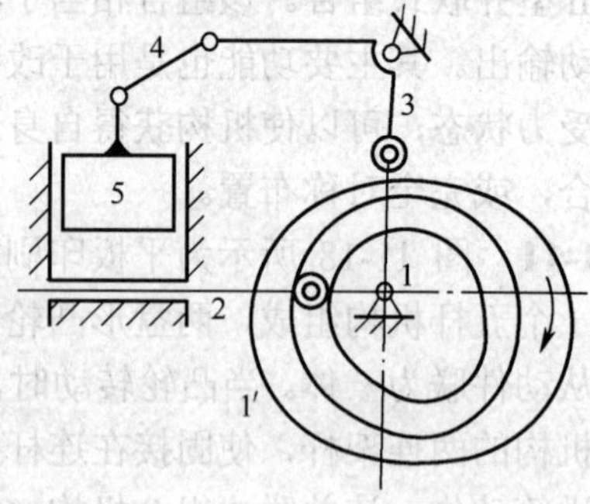

图 11-21　凸轮—连杆机构

11.4.3　复合式机构组合与创新

1. 复合式机构组合原理与创新方法

一个具有两个或两个以上自由度的基础机构和一个附加机构并接在一起的组合形式称为复合式机构组合。这是一种比较复杂的组合形式，基础机构的输入运动除来自自身的主动构件外，必有一个来自附加机构。复合式机构组合中的基础构件一般为二自由度机构，如五杆机构、差动齿轮机构等，或引入空间运动副的空间运动机构，而附加机构则为各种基本机构及其串联式组合。复合式机构组合一般是不同类型的基本机构的组合，且各种基本机构有机地融合为一体，成为一种新机构，如齿轮—连杆机构、凸轮—连杆机构、齿轮—凸轮机构等。其主要功能是可以实现任意运动规律的输出，如一定规律的停歇、逆转、加速、减速、前进、倒退等。但设计比较复杂，缺乏共同规律，需要根据具体的机构进行分析和综合。

下面通过具体实例分析其主要功能。

2. 复合式机构组合的主要功能分析

例 11-15 图 11-22 所示为 IHI 摆式飞剪机剪切机构，其中具有两个自由度的五杆机构 *ABCDE* 为基础机构，四杆机构 *AFGE* 为附加机构。基础机构中的连架杆 *AB* 与附加机构中的连架杆 *AF* 并接，基础机构中的连架杆 *DE* 与附加机构中的连架杆 *GE* 并接，输出构件为基础机构中的连杆。当给整个机构一个输入时，由四杆机构带动五杆机构的连架杆运动，合成后使基础机构中连杆按指定运动规律输出。该飞剪机剪切机构可实现上刀刃输出图示运动轨迹，而在剪切时（相当于上刀刃在 *ab* 段）刀刃的水平分速度与钢带连续送进速度相同。

例 11-16 图 11-23 所示为滚齿机工作台校正机构，基础机构为差动凸轮机构，即由齿轮 1、2，凸轮 4、从动摇杆 3 及系杆 H 组成，附加机构为齿轮 1、6、5、4 组成的定轴轮系。当运动由齿轮 1 输入差动凸轮机构的同时，又由齿轮 1 经定轴轮系，将运动输入到差动凸轮机构中的凸轮 4，使凸轮在滚齿机工作台旋转一周时，比齿轮 1 多转一周，从而通过摇杆 3 使行星齿轮 2 获得附加转动。由于上述两种运动的叠加，使系杆 H 时而转得快，时而转得慢。由于系杆 H 与分度蜗杆 7 相连，凸轮廓形是按事先测定的分度蜗杆副的传动误差来设计的，因此，可用分度蜗杆的转角快慢来补偿分度蜗杆副中的传动误差，使工作台获得理论上精确的转角。

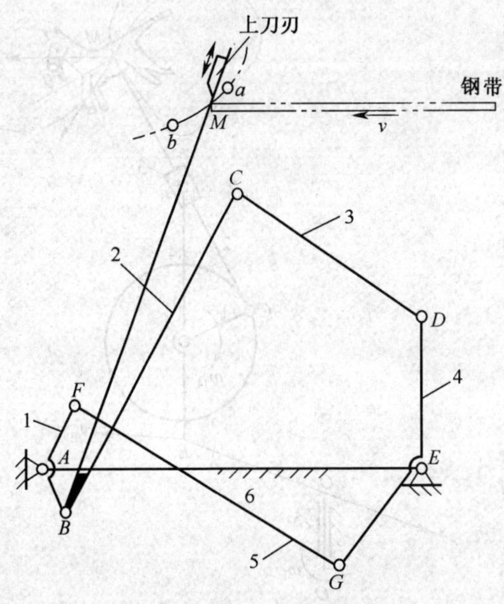

图 11-22 IHI 摆式飞剪机剪切机构

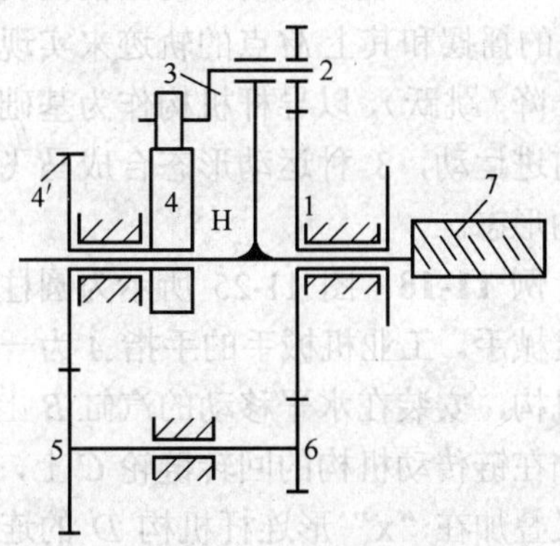

图 11-23 滚齿机工作台校正机构

11.4.4 叠加式机构组合与创新

1. 叠加式机构组合原理与创新方法

将一个机构安装在另一机构的某个运动构件上的组合形式，称为叠加式机构组合，其输出运动是若干个机构输出运动的合成。叠加式机构组合的主要功能，是实现特定的输出，完成复杂动作。设计的主要问题，是根据所要求的运动和动作，选择各子机构的类型和解决输入运动的控制。对于控制问题，主要借助于机械、液压、气压、电磁等控制系统解决，使输出的复杂动作适度并符合工作要求。而各子机构的类型通常选择单自由度的，使其运动的输入、输出形式简单，以达到容易控制的目的，通常为实现水平移动选择移动式液压缸或气缸、齿轮齿条机构等，实现垂直移动选择移动式液压缸或气缸、“x”形连杆机构、螺旋机构等，实现转动采用齿轮机构、带传动或链传动机构等，实现平动采用平行四边形机构等，实现伸缩、仰俯、摆动可选择摆动液压缸、曲柄摇块机构等。

叠加式机构组合的运动关系有两种情况：一种为运动独立式，即各机构的运动关系是相互独立的，其最后一个子机构往往动作要求比较复杂，有搬运、夹持、抓取等。可采用的机构类型较多，如连杆机构、齿轮机构、液压机构、挠性件机构等，常见于各种机械手；另一种为运动相关式，即各机构之间的运动有一定的影响，通常设定一个子机构为基础机构，另一子机构为附加机构，通过附加机构叠加在基础机构的一个活动构件上，同时附加机构的从动件又与基础机构的另一活动构件固接，虽输入一个独立运动，却获得输出两个运动合成的复合运动，如摇头电扇的传动机构。

下面通过具体实例分析其主要功能。

2. 叠加式机构组合的主要功能分析

（1）运动独立式。

例 11-17 图 11-24 所示为电动玩具马的主体运动机构，能够模仿马飞奔前进的运动形态。它由曲柄摇块机构 *ABC* 安装在导杆机构的转动导杆 4 上组合而成，工作时分别由转动构件 4 和曲柄 1 输入转动，使曲柄摇块机构中导杆 2 的摇摆和其上 *M* 点的轨迹来实现马的俯仰和升降（跳跃），以导杆机构作为基础机构使马作前进运动，3 种运动形态合成马飞奔前进的运动形态。

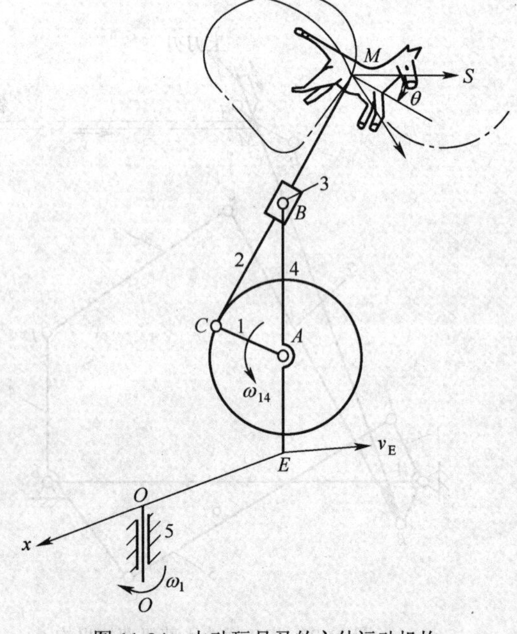

图 11-24 电动玩具马的主体运动机构

例 11-18 图 11-25 所示为圆柱坐标型工业机械手。工业机械手的手指 *A* 为一开式运动链机构，安装在水平移动的汽缸 *B* 上，汽缸 *B* 叠加在链传动机构的回转链轮 *C* 上，链传动机构又叠加在“x”形连杆机构 *D* 的连杆上，使机械手的终端实现上下移动、回转运动、水平移动以及机械手本身的手腕转动和手指抓取的多自由度、多方位动作效果，以适应各种场合的作业要求。

（2）运动相关式。

例 11-19　图 11-26 所示为摇头电扇的传动机构。电动机安装在双摇杆机构的摇杆上，向蜗杆输入转动，双摇杆机构的主动构件是由电动机轴通过蜗杆蜗轮传动的，蜗轮固定在连杆上，故两个机构的运动通过蜗轮与连杆的固接互相影响，使得电扇在实现蜗杆带动翼片快速成转动的同时又以较慢的速度摆动。

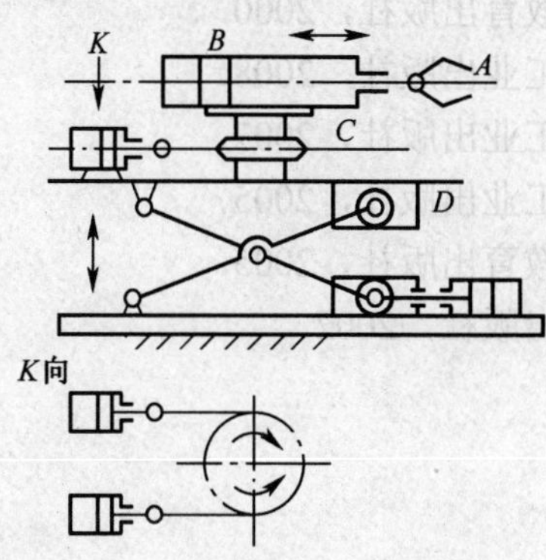

图 11-25　圆柱坐标型工业机械手

图 11-26　摆头电扇传动机构

习　题

11-1　常用的创新技法有哪些？各有何特点？

11-2　试用图解法设计一导杆机构。已知机架长度为 100mm，行程速比系数 K=1.4。

11-3　试用图解法设计一曲柄摇杆机构。已知摇杆长 $l_{CD}=100\text{mm}$，最大摆角 $\psi=45°$，行程速比系数 $K=1.25$，机架长 $l_{AD}=115\text{mm}$。

11-4　题图 1-4 所示为六杆机构，试通过变换演化为凸轮齿轮齿条机构。

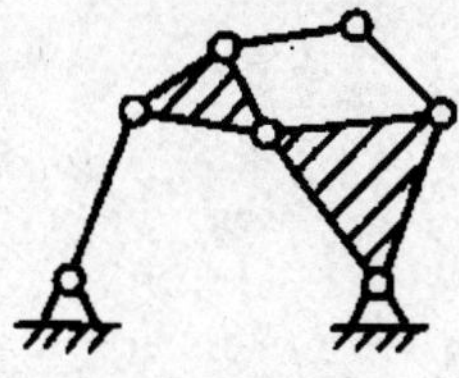

题图 11-4

参 考 文 献

[1] 黄森彬．机械设计基础．北京：高等教育出版社，2003.
[2] 吴建生．工程力学．北京：机械工业出版社，2008.
[3] 倪森寿．机械制造基础．北京：高等教育出版社，2005.
[4] 邓昭铭．机械设计基础．北京：高等教育出版社，2000.
[5] 胡家秀．机械设计基础．北京：机械工业出版社，2008.
[6] 罗绍新．机械创新设计．北京：机械工业出版社，2007.
[7] 柴鹏飞．机械设计基础．北京：机械工业出版社，2005.
[8] 陈立德．机械设计基础．北京：高等教育出版社，2005.
[9] 倪森寿．机械基础．北京：高等教育出版社，2002.